U0943935

全国优秀教材一等奖

“十四五”职业教育国家规划教材

浙江省普通高校“十三五”新形态教材

智能制造专业群系列教材

机械零件数控车削加工

（第四版）

主　编　李银海　戴素江

副主编　章正伟　周寅龙　陈丰土　杨小华

主　审　马　广

科学出版社

北　京

内 容 简 介

本书根据“工学结合”的思想，按“项目导向”和“任务驱动”的理念进行编写，将精益化生产管理与职业技能鉴定的内容融入教材，注重学生对学习过程及学习成果的自我管理，内容丰富，结构新颖。

根据数控车削加工对象的类型，本书由6个项目（18个任务）组成，内容由易到难，由浅到深，循序渐进。根据加工任务的难易程度或加工任务的类型不同，每个项目分成 2～4 个任务。根据生产与教学的需要，任务又由工作任务、相关知识、工艺准备、任务实施、考核评价等部分组成。

本书内容简洁实用，既可作为职业院校数控专业学生的学习教材，又可作为从事数控加工的技术人员和操作人员的培训教材。

图书在版编目（CIP）数据

机械零件数控车削加工 / 李银海，戴素江主编. —4 版. —北京：科学出版社，2020.1（2023.6 修订）

ISBN 978-7-03-063455-9

Ⅰ. ①机… Ⅱ. ①李… ②戴… Ⅲ. ①机械元件-数控机床-车床-车削-高等职业教育-教材 Ⅳ. ①TH13 ②TG519.1

中国版本图书馆 CIP 数据核字（2019）第 254594 号

责任编辑：张振华 / 责任校对：马英菊

责任印制：吕春珉 / 封面设计：东方人华平面设计部

科学出版社 出版

北京东黄城根北街 16 号

邮政编码：100717

http://www.sciencep.com

三河市骏杰印刷有限公司印刷

科学出版社发行 各地新华书店经销

*

2008 年 12 月第 一 版 2024 年 1 月第十四次印刷

2011 年 6 月第 二 版 开本：787×1092 1/16

2016 年 12 月第 三 版 印张：18 1/2

2020 年 1 月第 四 版 字数：400 000

定价：58.00 元

（如有印装质量问题，我社负责调换〈骏杰〉）

销售部电话 010-62136230 编辑部电话 010-62135120-2005

第四版前言

本书于2008年12月首次出版，2009年12月被评为浙江省“十一五”重点建设教材，2014年7月被评为“十二五”职业教育国家规划教材，2019年4月被评为浙江省普通高校“十三五”新形态教材，2020年12月被评为“十三五”职业教育国家规划教材，2021年9月荣获首届全国优秀教材一等奖，2023年6月被评为“十四五”职业教育国家规划教材。这都是对我们全体编写人员莫大的支持和鼓励。多年来，本书受到广大读者的普遍欢迎，被众多院校指定为相关专业的专用教材，销量不断攀升。使用本书的职业院校遍布全国，学生涉及机械类、机电类等专业。许多热心读者在使用本书后提出了宝贵的修订建议。

党的二十大报告指出:“加快建设国家战略人才力量，努力培养造就更多大师、战略科学家、一流科技领军人才和创新团队、青年科技人才、卓越工程师、大国工匠、高技能人才。”为了深入贯彻落实二十大报告精神，编者根据二十大报告和《职业院校教材管理办法》《高等学校课程思政建设指导纲要》《“十四五”职业教育规划教材建设实施方案》等相关文件精神，在保留了第四版的编写风格和主要内容的基础上，对本书内容做了更新、完善等修订工作。

在修订过程中，紧紧围绕“培养什么人、怎样培养人、为谁培养人”这一教育的根本问题，以落实立德树人为根本任务，以学生综合职业能力培养为中心，以培养卓越工程师、大国工匠、高技能人才为目标。通过这次修订，本书的体例更加合理和统一，概念阐述更加严谨和科学，内容重点更加突出，文字表达更加简明易懂，工程案例和思政元素更加丰富，配套资源更加完善。具体而言，主要具有以下几个方面的突出特点。

（1）校企“双元”联合编写，行业特色鲜明。编者均来自教学或企业一线，具有多年的教学或实践经验。在编写过程中，编者能紧扣该专业的培养目标，遵循教育教学规律和技术技能人才培养规律，将新理论、新技术、新标准融入教材，符合当前企业对人才综合素质的要求。

（2）项目引领，任务驱动，与实际工作岗位对接。本书采用“项目化”教学的编写理念，以真实生产项目、典型工作任务、案例为载体组织教学内容，能够满足模块化、项目化等不同教学方式要求。

（3）体现以人为本，注重动手能力和创新精神培养。本书编写切实从职业院校学生的实际出发，对结构及版式进行精心设计，以浅显易懂的语言和丰富的图表来进行说明，符合职业院校学生的认知规律，着重强调培养学生的动手能力、创新精神等。

（4）对接职业标准和大赛标准，体现“岗课赛证”融通。本书全部采用最新的国家标准，注重对接 1+X 证书、职业资格证书和国家职业技能标准以及技能大赛要求，体现“书证”融通、“岗课赛证”融通。增加了职业技能鉴定的内容，在附录中选摘了《数控车工国家职业标准》。

（5）融入思政元素，落实课程思政。为落实立德树人根本任务，充分发挥教材承载的思政教育功能，本书对原有的教学内容进行了挖掘、改造，凝练思政要素，融入精益化生产管理理念，将安全意识、质量意识、职业素养、工匠精神的培养与教材的内容相结合，使学生在学习专业知识的同时，潜移默化地提升思想政治素养。

（6）配套立体化教学资源，便于实施信息化教学。

1）本书配有教学资源，包括工作页、多媒体课件、教学方案等。下载地址：www.abook.cn。

2）为便于教学，增强学习效果，书中穿插有丰富的二维码链接，读者可通过手机等终端扫描后观看图片、动画等内容。

3）更多的相关教学资料也可以从浙江省高等学校在线开放课程共享平台——机械零件数控加工的课程网站中下载，共享平台的主页：http://www.zjooc.cn。

本书参考学时数为 150 学时（以一学期 5 周，30 学时/周计算），具体各项目及学时安排见下表。各校可以根据实际情况选学部分项目或任务。

内容	学时	内容	学时
项目 1　数控车床基本操作	24	项目 4　盘、套类零件的加工	24
项目 2　轴类零件的加工	24	项目 5　螺纹零件的加工	30
项目 3　成型面零件的加工	18	项目 6　子程序、宏程序与自动编程的应用	30

本书由金华职业技术学院李银海、戴素江任主编，浙江交通职业技术学院章正伟、昆明理工大学周寅龙、浙江汤溪齿轮机床有限公司陈丰土、丽水职业技术学院杨小华任副主编，金华职业技术学院胡新华、俞鸿斌、郭生霞、陈霓等参与编写。全书由李银海统稿和定稿，由义乌工商职业技术学院马广审定。

在编写过程中，得到了浙江汤溪齿轮机床有限公司、浙江科惠医疗器械有限公司和浙江巴奥米特医药产品有限公司的大力支持，广大读者也提供了很多宝贵意见，在此一并表示真挚的感谢。

由于编者水平有限，书中难免有疏漏和不妥之处，敬请广大读者批评指正。

第一版前言

近年来，随着计算机技术的发展，数字控制技术已经广泛应用于工业控制的各个领域，尤其是机械制造业中，普通机械正逐渐被高效率、高精度、高自动化的数控机械所替代。数控加工作为目前机加工的一种重要手段，已成为衡量一个国家制造业水平的重要标志。专家们预言：21 世纪机械制造业的竞争，其实质是数控技术的竞争。

加入世贸组织后，中国正逐步变成“世界制造中心”。为了增强竞争力，制造企业已广泛使用先进的数控技术，但掌握数控技术的人才奇缺，高薪难聘数控高级技工成为全社会普遍关注的热点问题。目前，我国数控机床的操作与编程人员短缺数百万，这严重地制约着我国制造业的发展。

高职教育和中职教育都是我国职业教育的重要组成部分，我国的职业学院（校）担负着为我国制造业现代化培养数控技能人才的重任。近几年来，每年都有大批数控专业学生从学校走向企业，并在相应的岗位上发挥着重要的作用。如今，虽然我国企业数控人才短缺的问题已有所缓解，但不管是从数量还是从质量上，这个问题都还无法从根本上得到解决。为了能改进教学质量，提高学生的数控编程与操作水平，改变教学模式、更新教学理念、强化师资建设、改善教学设施、全方位开展数控专业建设已迫在眉睫。经过不断的实践，我们逐渐领悟到工学结合的教学模式对数控人才培养的重要性，也悟出了项目化与任务驱动的教学理念对数控人才培养的必要性。工学结合的教学模式和项目化与任务驱动的教学理念，也是笔者编写本书的指导思想。

数控加工技术综合了数控机床、数控加工工艺、数控刀具、机械制图、公差配合、计算机、数学等知识，是一门综合性的应用型技术，因此其学习应考虑知识的系统性、全面性和逻辑性。

本书共分 6 大项目，包括数控车床的基本操作、轴类零件加工、成型面零件加工、盘套类零件加工、螺纹零件加工以及子程序、宏程序、自动编程等内容。每个项目根据加工的难易程度或加工对象的不同又由 2～3 个“任务”组成，每个“任务”包括工作任务、相关知识、工艺准备、任务实施、考核评价和自主练习等环节中的几项，意在通过对每个教学环节的精心组织，使学生能扎实地掌握数控车削加工的各种知识和技能。

本书将企业的生产实践与学校的教学有机结合在一起，将项目化与任务驱动的教学理念贯穿于整个数控的教学过程中，着眼于提高学生的数控编程与操作水平，着重培养学生分析与解决实际问题的能力。另外，本书在编写过程中，重视材料的节约与二次使用，在如何降低学校的教学成本方面下了一定的功夫。

本书由李银海和戴素江任主编，俞鸿斌和胡新华任副主编，参加本书编写的人员还有章跃洪、李军、庄晓龙、吴德胜、胡金涛和刘高进，全书由李银海统稿和定稿，马广主审。在编写本书过程中，得到了浙江汤溪齿轮机床有限公司和浙江科惠医疗器械有限公司的大力支持，兄弟院校的同仁提出了很多宝贵意见，在此一并表示感谢。

由于编者水平有限，书中难免存在一些不足之处，恳请广大读者批评指正。

目　录

项目 1 数控车床基本操作

◎ **项目导读**

走进数控车间，融入车间管理，是学习数控技术的“第一课”。将精益化生产管理理念融入教学，可促使学生职业素养的养成和管理能力的提高。在本项目中，通过对 6S 现场管理法的学习，使学生对 6S 有初步的认识，能按规范执行现场管理与设备保养工作；通过对国内主流数控车床、数控系统的学习，使学生掌握机床面板操作、程序编辑、工件的定位与装夹、刀具准备与对刀、程序调试与运行等数控车床基本操作技能，从而达到《数控车工国家职业标准》规定的各项要求。

◎ **最终目标**

能规范执行数控车床各项基本操作。

◎ **促成目标**

1. 能理解 6S 管理的含义及其主要思想；
2. 能根据 6S 的要求执行现场管理和设备保养；
3. 能使用操作面板上的常用功能键（如回零、手动、MDI、修调等）；
4. 能够通过操作面板编辑加工程序；
5. 能使用通用夹具（如自定心卡盘、单动卡盘）进行工件装夹与定位；
6. 能够安装和调整数控车床常用刀具；
7. 能够按照操作规程启动及停止机床；
8. 能进行对刀、确定相关坐标系，并设置刀具参数；
9. 能够对程序进行校验、单步执行、空运行并完成零件试切；
10. 能熟练运用常用量具测量零件的长度和直径。

◎ **思政目标**

1. 树立正确的学习观，坚定技能报国、民族复兴的信念；
2. 树立安全第一、质量至上的意识，培养职业认同感。

认识 6S 管理

一、工作任务

认识车间管理，参与 6S 现场管理活动，按图 1.1.1 所示张贴现场 6S SOP（standard operating procedure，标准作业程序）表。根据现场 6S SOP 表进行规范的现场管理作业，根据数控车床保养 SOP 表执行规范的设备保养作业，填写设备安全运行率登记表（附表 2.1）、设备运行率登记表（附表 2.2）和设备维护保养表（附表 2.3）。

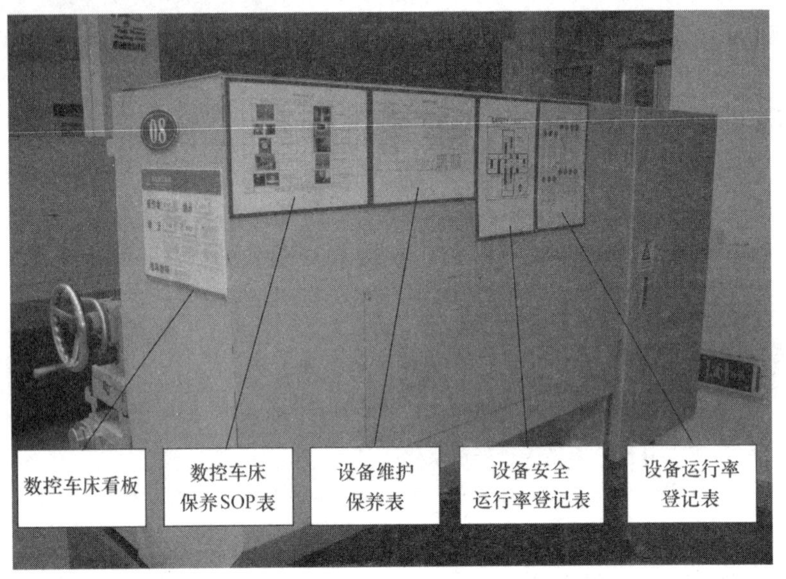

图 1.1.1　工作任务

二、相关知识

（一）6S 现场管理法

6S 是指在生产现场中对人员、机器、材料、方法等生产要素进行有效的管理的方法。所谓 6S 是指整理（SEIRI）、整顿（SEITON）、清扫（SEISO）、清洁（SEIKETSU）、素养（SHITSUKE）和安全（SECURITY）六个项目。要了解 6S 得先从 5S 说起。

5S 管理法起源于日本。1955 年，日本的 5S 的宣传口号为“安全始于整理整顿，终于整理整顿”。当时只推行了前两个 S，其目的仅是确保作业空间和安全。后因生产和品质控制的需要又逐步提出了后三个 S，也就是清扫、清洁、修养，从而使应用空间及适用范围进一步拓展。到了 1986 年，日本有关 5S 的著作逐渐问世，从而对整个现场管理模式造成了冲击。特别是在丰田公司的倡导推行下，5S 在塑造企业的形象、降低成本、准时交货、安全生产、高度标准化、创造令人心旷神怡的工作场所、现场改善等方面发挥了巨大作用，并逐渐被各国管理界所接受，由此掀起了 5S 的热潮。5S 现已广泛应用于制造业、服务业等行业，用以改善现场环境的质量和员工的思维方法，使企业能有效地迈向全面质量管理。有的企业在 5S 的基础上增加了安全，形成了 6S；有的企业甚至推行 12S，但是万变不离其宗，它们都是从 5S 衍生出来的。

1. 整理

定义：区分要与不要的物品，现场只保留必需的物品，如图 1.1.2 所示。

图 1.1.2　整理

目的：①改善作业环境，增加作业面积；②现场无杂物，通道畅通，提高工作效率；③减少磕碰的机会，保障安全，提高质量；④消除管理上的混放、混料等差错事故；⑤有利于减少库存量，节约资金；⑥改变作风，提高工作积极性。

意义：把要与不要的事、物分开，对不需要的事、物加以处理，对生产现场的各种物品进行分类，区分什么是现场需要的，什么是现场不需要的；对于车间里各个工位或设备前后、通道左右、厂房上下、工具箱内外，以及车间的各个死角，都要彻底搜寻和清理，达到现场无不用之物。

实施要领：①对自己的工作场所（范围）全面检查，包括看得到和看不到的；②制定“要”和“不要”的判别基准；③将“不要”的物品清除出工作场所；④调研需要的物品的使用频率，决定日常用量及放置位置；⑤制定废弃物处理方法；⑥每日自我检查。

2. 整顿

定义：必需品依规定定位、定方法摆放，整齐有序，明确标识，如图 1.1.3 所示。

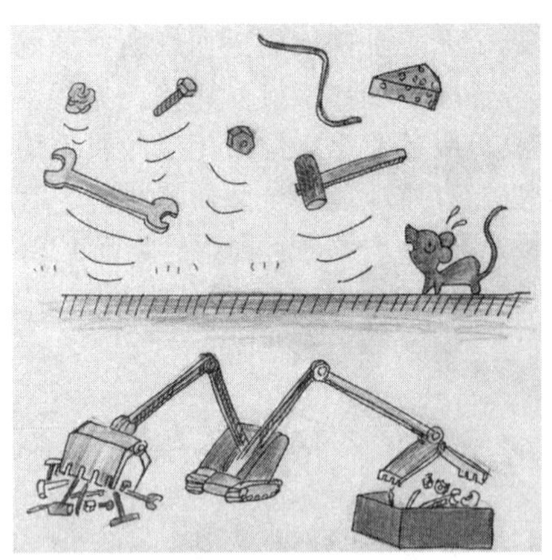

图 1.1.3 整顿

目的：不浪费时间寻找物品，提高工作效率和产品质量，保障生产安全。

意义：把需要的事、物加以定量、定位。通过前一步整理后，对生产现场需要留下的物品进行科学合理的布置和摆放，以便用最快的速度取得所需之物，在最有效的规章制度和最简洁的流程下完成作业。

要点：①物品摆放要有固定的地点和区域，以便于寻找，消除因混放而造成的差错。②物品摆放地点要科学合理。例如，根据物品使用的频率，经常使用的东西应放得近些（如放在作业区内），偶尔使用或不常使用的东西则应放得远些（如集中放在车间某处）。③物品摆放目视化管理，使定量装载的物品做到过目知数，摆放不同物品的区域采用不同的色彩和标记加以区别。

实施要领：①前一步骤整理的工作要落实；②流程布置，确定放置场所；③规定放置方法、明确数量；④划线定位；⑤场所、物品标识。

整顿的“三要素”：场所、方法、标识。

（1）放置场所

1）物品的放置场所原则上要 100%设定。

2）物品的保管要定点、定容、定量。

3）生产线附近只能放真正需要的物品。

（2）放置方法

1）易取。

2）不超出所规定的范围。

3）在放置方法上多下功夫。

（3）标识方法

1）放置场所和物品原则上一对一表示。

2）现有物品的表示和放置场所的表示。

3）某些表示方法全公司要统一。

4）在标识方法上多下功夫。

整顿的“三定”原则：定点、定容、定量。

1）定点：放在哪里合适（具备必要的存放条件，方便取用、还原放置的一个或若干个固定的区域）。

2）定容：用什么容器、颜色（可以是不同意义上的容器、器皿类的物件，如筐、桶、箱、篓等，也可以是车、特殊存放平台甚至是一个固定的存储空间等）。

3）定量：规定合适的数量（对存储的物件在量上规定上下限，或直接定量，方便将其推广为容器类的看板使用，一举两得）。

3. 清扫

定义：清除现场内的脏污，清除作业区域的物料垃圾，保持工作场所干净、亮丽的环境，如图 1.1.4 所示。

图 1.1.4　清扫

目的：清除脏污，保持现场干净、明亮。

意义：将工作场所之污垢去除，使异常发生源很容易发现，是实施自主保养的第一步。

要点：①自己使用的物品，如设备、工具等，要自己进行整理和清洁，而不要依赖他人，不增加专门的清洁工。②对设备的清扫，着眼于对设备的维护保养。清扫设备要同设备的点检结合起来，清扫即点检；清扫设备要同时做设备的润滑工作，清扫也是保养。③清扫也是为了改善。当清扫地面发现有飞屑和油水泄漏时，要查明原因，并采取措施加以改进。

实施要领：①建立清扫责任区（室内、室外）；②执行例行扫除，清理脏污；③调查污染源，予以杜绝或隔离；④建立清扫标准，作为规范。

4. 清洁

定义：将整理、整顿、清扫实施的做法制度化、规范化，保证效果，如

图 1.1.5 所示。

图 1.1.5　清洁

目的：认真维护并坚持整理、整顿、清扫的效果，使其保持最佳状态。

意义：通过对整理、整顿、清扫活动的坚持与深入，消除安全隐患，创造一个良好的工作环境，使职工能愉快地工作。

要点：①车间环境不仅要整齐，而且要做到清洁卫生，以保障员工身体健康，提高员工劳动热情；②不仅物品要清洁，而且员工本身也要做到清洁，如工作服要清洁，仪表要整洁，常理发、刮胡须、修指甲、洗澡等；③员工不仅要做到形体上的清洁，而且要做到精神上的“清洁”，待人要讲礼貌、要尊重别人；④要使环境不受污染，进一步消除浑浊的空气、粉尘、噪声和污染源，避免职业病。

实施要领：①落实前面 3S 工作；②制定考评方法；③制定奖惩制度，大力执行；④主管经常带头巡查，以表重视。

5. 素养

定义：人人按章操作、依规行事，养成良好的习惯，使每个人都成为有教养的人，如图 1.1.6 所示。

图 1.1.6　素养

目的：培养有好习惯、遵守规则的员工，营造团队精神。

意义：努力提高员工的自身修养，使员工养成良好的工作习惯和作风，让员工能通过实践 5S 获得人生境界的提升，与企业共同进步，是 5S 活动的核心。

实施要领：①制定服装、仪容、识别证标准；②制定共同遵守的有关规则、规定；③制定礼仪守则；④教育训练（加强新入职员工的 5S 培训）。

6. 安全

定义：重视对员工的安全教育，使之树立“安全第一，预防为主”的观念，防患于未然。

目的：建立起安全的生产环境，确保生产安全。

意义：消除隐患、排除险情、预防事故的发生，保障员工人身安全，减少经济损失。

安全工作的内容：

（1）开展安全教育

针对物的方面、人的方面和作业方面开展安全教育，大致内容见表 1.1.1。

表 1.1.1　安全教育的内容

序号	类别	目的
1	安全知识教育	1. 使其了解所使用的机械设备的结构、功能 2. 使其理解灾害发生的原因 3. 使其熟悉与安全有关的法规、标准
2	安全技能教育	1. 使其掌握机械设备操作方法 2. 培养动手能力，以实际操作为主 3. 以过去或现场存在的问题为例，使其了解从发现问题、查明原因、确认事实直到采取对策整个过程中涉及的手续和方法，理解处理问题的手续和方法，培养其观察问题的能力、分析能力和综合能力
3	安全态度教育	1. 牢固树立安全第一的观念 2. 遵守工作场所的纪律和安全生产规范 3. 提高参与安全生产的积极性

（2）做好安全识别

安全识别主要是利用颜色来刺激人的视觉，以起到警示和危险预知的作用。其中，安全色彩是一种必要的手段。通常，红色表示禁止、停止、消防、危险，蓝色表示指令及必须遵守规定，黄色表示警告、注意，绿色表示提示、安全状态、通行。此外，还可以利用安全标志，即由安全色、边框、图形符号或文字构成的标志。安全标志分为禁止标志、警告标志、命令标志和提示标志四大类。我们需要针对所反映信息的不同，设计、制作或购买安全标志，并张贴于车间等工作场所的出入口、立柱、墙面或设备外壳等醒目处，如图 1.1.7 和图 1.1.8 所示。

图 1.1.7　常见安全标志

图 1.1.8　张贴安全标志

（3）穿戴劳保用品

劳保用品的最大作用就是保护员工在工作过程中免受伤害，或者防止形成职业病。劳保用品包括服装（如作业帽、作业服、鞋、手套等）、保护用具（安全帽、保护眼镜、防噪耳塞、安全鞋、安全带、防尘和防毒面具、绝缘保护用具等）。在实际生产中，很多人对穿戴劳保用品理解不够，认为劳保用品碍手碍脚，是工作的累赘。这就要求管理者持续不断地加强教育、严格要求，使其养成习惯。可参照图 1.1.9 所示的规范穿戴劳保用品。

（4）设备操作安全

在操作设备过程中，一定要严格按照设备操作规程进行操作，细心谨慎，避免生产事故。

操作机械前：设备危险部分必须装有安全护罩；应设有容易触及的急停机制，用于发生意外时紧急停机；将机械安全操作指示张贴于醒目处；将机械器材稳固地设于桌面或地上，以防其意外被推翻对员工造成伤害；妥善地接驳地线及漏电断路器，以防触电意外发生；检查机器的电线接驳和装配是否良好无损；应接受适当的训练后才可授权操作机械；在维修保养过程中，上锁挂牌。

操作机械中：严格按照安全操作规程进行操作；穿戴劳保用品，将长发束好，并且避免穿戴饰物，如项链、手链、戒指等，以免被绞入机械的危险部分；手湿时严禁触摸电掣和使用机械；若机械发生故障，应该立即停用并挂上危险警告牌；切勿对运行中的机器进行清洁工作。

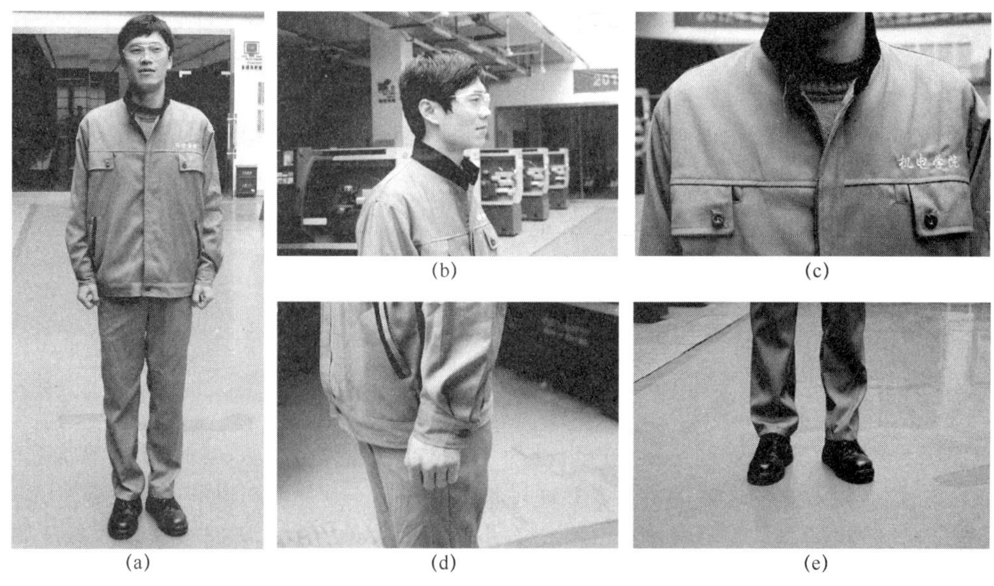

(a) (b) (c) (d) (e)

图 1.1.9 穿戴劳保用品

操作机械后：不使用的机械必须将电源关上；机械在清洁和调校时必须切断电源；定期由有资格的工作人员进行检查和维护。

（5）消防安全

消防安全包括两方面内容。一是消防设施，车间应配备消火栓、灭火器、安全出口指示灯、火警报警器、应急照明灯、应急电筒等，如图 1.1.10 所示。二是消防保障措施：①保持消防通道畅通；②禁止在消火栓或配电柜前放置物品；③灭火器应在指定的位置放置并处于可使用状态；④易燃品的持有量应在允许范围之内；⑤所有消防设施设备应处于正常待使用状态；⑥空调、电梯等大型设施设备的开关及使用应指定专人负责或制定相关规定；⑦电源、线路、开关的使用应指定专人负责或制定相关规定；⑧动火作业要采取足够的消防措施，作业完成后要确保没有火种遗留。

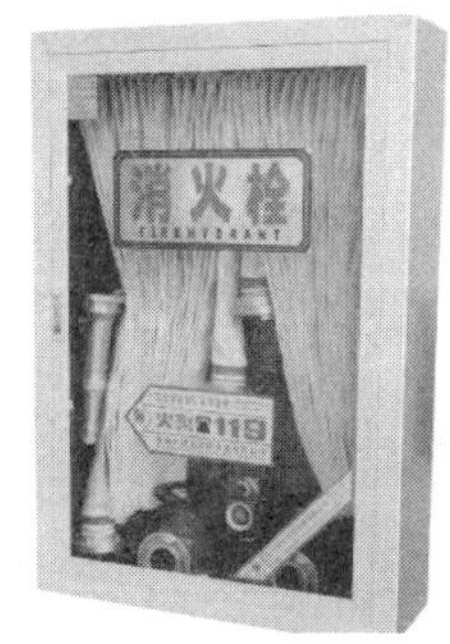

图 1.1.10 消防设施

（6）定期组织安全检查

从面向被检查的对象来说，安全检查的内容主要是查思想、查制度、查管理、查隐患。查思想，就是查企业全体职工是否牢固树立了“安全第一，预防为主”的观念，当生产、效益与安全发生矛盾时，把安全放在第一位。查制度，就是查企业的各项制度和操作规程是否健全，内容是否正确、完善，能否严格执行。查管理，就是检查企业的安全生产管理状况，即检查安全组织管理网络，全员管理、目标管理和生产全过程管理的工作。查隐患，就是深入生产作业现场，查管理上的漏洞，包括人的不安全行为和物的不安全状态。

（二）6S 的推行工具

1. 定置管理

定置管理是以生产现场为主要对象，研究分析人、物、场所的状况，以及它们之间的关系，并通过整理、整顿，改善生产现场条件，促进人、机器、原材料、制度、环境有机结合的一种方法。所谓“定置”不是一般意义上字面理解的“把物品固定地放置”。它的特定含义是：根据生产活动的目的，考虑生产活动的效率、质量等制约条件和物品自身的特殊的要求（如时间、质量、数量、流程等），划分出适当的放置场所，确定物品在场所中的放置状态，作为生产活动主体人与物品联系的信息媒介，从而有利于人、物的结合，有效地进行生产活动。因此，我们把对物品进行有目的、有计划、有方法的科学放置，称为现场物品的“定置”。

定置管理内容较为复杂，在工厂中可粗略地分为工厂区域定置、生产现场区域定置和可移动物件定置等，车间区域定置如图 1.1.11 所示。

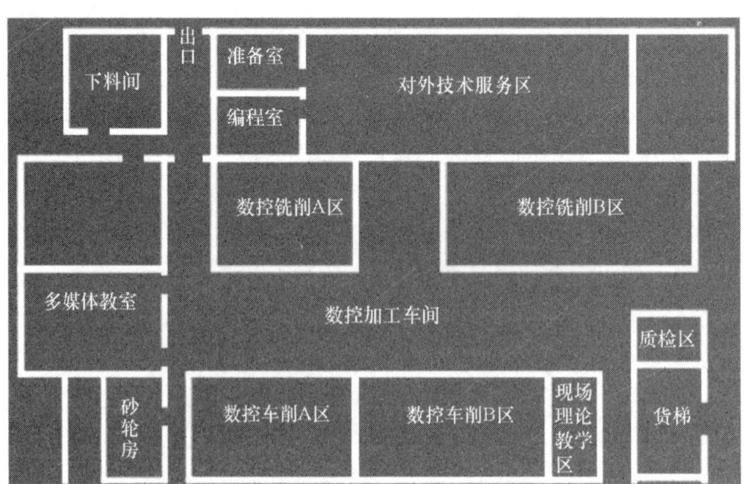

图 1.1.11　车间区域定置

1）工厂区域定置：包括生产区定置和生活区定置。生产区定置包括总厂、分厂（车间）、库房定置。总厂定置包括分厂、车间界线划分，大件报废物摆放，厂房改造拆除物临时存放，垃圾区、车辆存停等。分厂（车间）定置包括工段、工位、机器设备、工作台、工具箱、更衣箱定置等。库房定置包括货架、箱柜、贮存容器定置等。生活区定置包括道路建设、福利设施、园林修造、环境美化等。

2）现场区域定置：包括毛坯区、半成品区、成品区、返修区、废品区、易燃易爆污染物停放区定置等。

3）现场可移动物定置：包括劳动对象物定置（如原材料、半成品、在制品等），工卡、量具的定置（如工具、量具、胎具、容器、工艺文件、图纸等），废弃物的定置（如废品、杂物等），如图 1.1.12 所示。

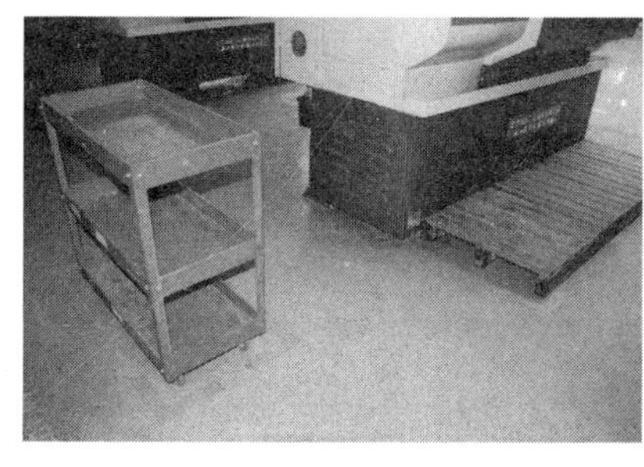

图 1.1.12　现场可移动物定置

2. 油漆作战

油漆作战（图 1.1.13）就是给地板、墙壁、机械设备等涂上新颜料，将原来的深色涂成明亮的浅色，将墙壁的上下部分涂上不同颜色。另外，在地板上也将通道和作业区域涂成不同颜色，使区域明确地划分开来。

图 1.1.13　油漆作战

油漆作战主要适用于清扫活动。在清扫阶段，通常的做法是做一次彻底的清扫，把看得见和看不见的地方都清扫干净。但是，仅仅做到了这一点还是不够的，因为现场经常会出现各类设施破旧、设备表面锈迹斑斑，地面、墙面油漆脱落等问题。所以，需要进行彻底清扫、修理修复、全面油漆，以创造清新宜人的工作场所，使老旧的场所、设备、用具等恢复如新，给员工提供宽敞、整洁的工作场所。

3. 可视化看板

看板管理，常作“Kanban 管理”，是丰田生产模式中的重要概念，原指为了达到准时生产方式（just in time，JIT）控制现场生产流程的工具。生产中，管理的项目（信息）通过各类管理板提示出来，从而实现管理状况众人皆知。因看板具有醒目、一目了然、使用方便等特点，在生产现场被广泛应用。生产现场的员工与管理者都很忙碌，不可能花很多时间来浏览看板的内容，所以看板应该尽量用简洁的图表、标志表示，少用文字，使人即使处于远处，也能对看板的内容一目了然。图 1.1.14 所示为数控车间的可视化看板。

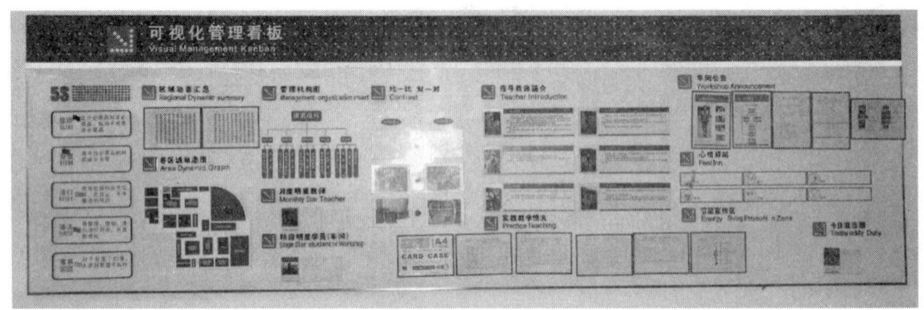

（a）6S 可视化管理看板

（b）操作流程看板

图 1.1.14　数控车间的可视化看板

推行 6S 现场管理法时，还可根据需要采用红牌作战、识别管理、颜色管理、定点摄影等工具或方法，以使 6S 管理能更加全面、细致、到位。因篇幅关系，在此不做详细介绍。

三、任务实施

1. 学生分组

按每台设备 2～3 名学员进行分组，确定组长 1 名，明确任务分工，并制作每位学员的名字标识。

2. 学习安全操作规程与车间管理规定

每名学员仔细阅读《车间管理规定》和《数控车床安全操作规程》等材料。组长需对本组学员的学习情况进行检查。

3. 劳保用品穿戴

参照图 1.1.9 衣着规范的要求，整理着装，穿好工作服和安全鞋。长发者需戴工作帽，并将长发盘入帽内。戴好护目镜［图 1.1.9（b）］，对于已佩戴近（远）视眼镜的学员可不作要求。工作服领口纽扣应扣至第二个或以上［图 1.1.9（c）］，袖口必须将纽扣扣好［图 1.1.9（d）］，不得处于松开状态。裤脚应整齐放下，安全鞋鞋带系好［图 1.1.9（e）］。

4. 熟悉数控车间与工作岗位

指导教师带领学员参观车间各个功能区块，并介绍车间的管理现状。参观完后，组长带领学员到指定的岗位，熟悉设备及其周边环境，并将制作好的学员的名字标识插入图 1.1.15 所示的数控车床可视化看板相应的插槽中。

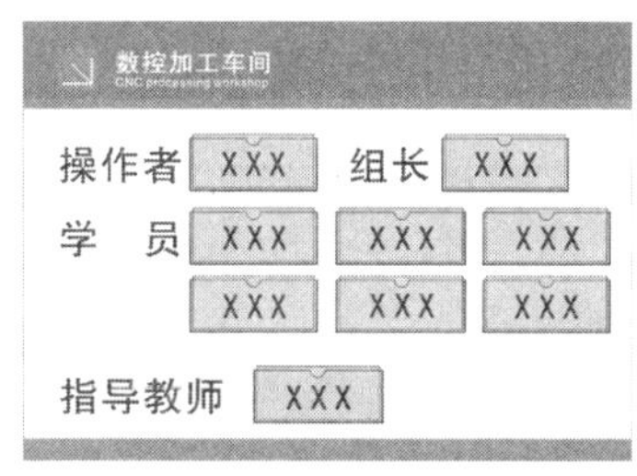

图 1.1.15 数控车床看板

5. 执行现场 6S 标准作业

参照表 1.1.2 所示的现场 6S SOP 表，逐项检查或实施现场的维护与管理作业的各项内容。

表 1.1.2 现场 6S SOP 表

序号	实施步骤	说明	频率	序号	实施步骤	说明	频率
1		检查工具、量具有无缺损，并将其按指定位置摆放	每班	5		将脚踏板摆放在指定位置	每班
2		清理工具柜上的油污	每班	6		把工具、量具归还到准备室指定位置	每班
3		擦拭计算机桌并将相关配件放入指定位置	每班	7		按机床号把零件放回到指定位置	每班
4		清理地面周围的金属切削物、垃圾等	每班	8		实训结束时关闭电风扇及照明灯	每班

6. 执行数控车床保养标准作业

参照表 1.1.3 所示的数控车床保养 SOP 表，逐项检查或实施设备的清洁与保养工作。

表 1.1.3　数控车床保养 SOP 表

序号	实施步骤	说明	频率	序号	实施步骤	说明	频率
1	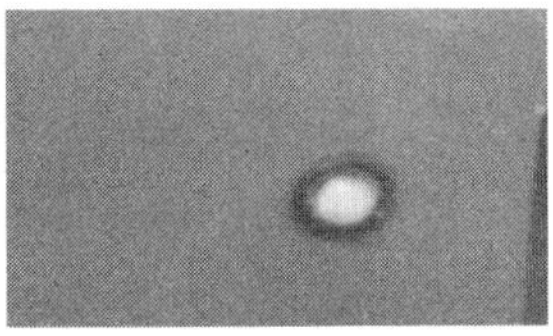	检查切削液高度，若不足，需补充	每天	5		清理机床外表面及操作台	每天
2	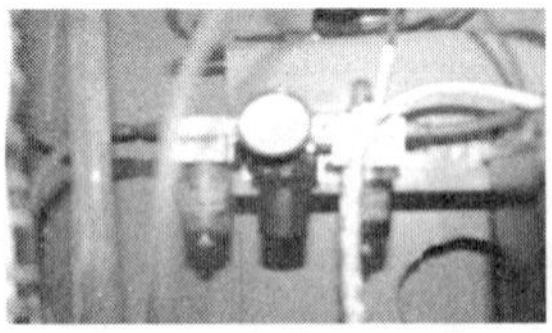	检查油压系统压力	每天	6		清洁主轴油冷却装置、散热器，以及电控柜通风口	每周
3	 CK360S	检查安全装置（急停开关、防护门等）	每天	7	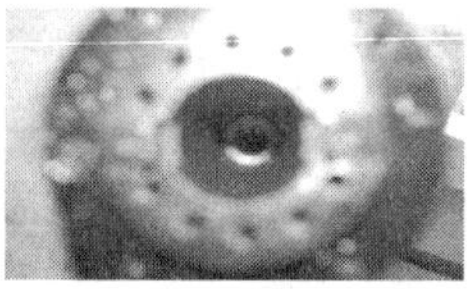	清洁主轴端部切削液管，清洁冷却油箱过滤器	每周
4		清除导轨护罩上和切削区的切屑并清洁	每天	8		检查油压系统油位，若不足，需补充	每周
每周五下午大扫除结束后给机床工作台、导轨加 32#润滑油							

7. 填写设备运行相关表格

根据设备使用与运行情况，填写设备安全运行率登记表（附表 2.1）、设备运行率登记表（附表 2.2）和设备维护保养表（附表 2.3）。

四、考核评价

根据附表 2.4～附表 2.9，对各组学生参与 6S 活动的情况进行记录、检查与评价，具体的内容包括整理、整顿、清洁、清扫、素养和安全六大方面。

数控车床面板操作

一、工作任务

对以下给定的加工程序进行图形模拟与校验。

```
O0110;
N10 G21 G40 G97 G99;
N20 M03 S560 T0101;
N30 G00 X42.0 Z2.0;
N40 G90 X38.5 Z-34.8 F0.2;
N50 X36.5 Z-14.8;
N60 X34.5;
N70 G00 S1000;
N80 G00 X28.0 Z2.0;
N90 G01 X34.0 Z-1.0 F0.06;
N100 Z-15.0;
N110 X36.0;
N120 X38.0 Z-16.0;
N130 Z-35.0;
N140 X40.0;
N150 G00 X100.0Z150.0;
N160 M05;
N170 M30;
%
```

二、相关知识

（一）数控车床及系统简介

数控车床，即用计算机数字控制的车床，与普通车床在车削原理上没有区别，主要区别在于普通车床纯粹由操作者手动操作、控制；而数控车床是将编制好的加工程序输入数控系统中，由数控系统通过车床 *X*、*Z* 坐标轴的伺服电动机去控制数控车床进给运动部件的动作顺序、移动量和进给速度，再配以主轴的转速和转向，自动加工出形状不同的轴类或盘类等回转体零件。

1. 数控车床的结构特点

与普通车床相比，数控车床除了具有数控系统外，在结构上也做了较多改进，特别是全功能型数控车床还具有以下特点。

（1）全封闭防护

车削时，锋利、发烫的切屑对操作者的安全会造成极大的威胁，因此数控车床都装有安全防护门，有效地排除了切屑伤人等安全隐患。另外，数控车床的操作大多由按键操控，所以数控车床可以制造成全封闭结构，除了有安全保护作用外，还可以将原来的单向冲淋冷却方式改变成多方位强力喷淋，从而改善刀具和工件的冷却效果。

（2）排屑方便

配有自动排屑装置和切屑运输小车的数控车床，可以使排屑更加方便。

（3）主轴转速高，工件夹紧可靠

因数控车床的总体结构刚性好、抗振性好，能够使主轴的转速更高，实现高速、强力切削，充分发挥数控的优势。

（4）自动换刀

数控车床都配有自动换刀刀架来实现自动换刀，以提高生产效率和自动化程度。

（5）传动链短，主传动与进给传动分离，并由数控系统协调工作

数控车床上沿纵、横两个坐标轴方向的运动是通过伺服驱动系统完成的。例如，对于卧式数控车床的横向运动，由伺服电动机→滚珠丝杠→床鞍及中滑板驱动，简化了普通车床的主轴电动机→主轴箱→挂轮箱→进给箱→溜板箱→床鞍及中滑板的冗长的传动过程。

另外，数控车床已经大部分或全部取消了主轴箱内的齿轮传动系统，改由主轴伺服电动机驱动，并能实现无级自动调速，因而省去了主轴箱内较为复杂的机械传动链。主传动与进给传动由数控系统协调工作，互不影响，故数控车床的加工精度更高。

2. 数控车床的组成

数控车床由床身、主轴箱、刀架进给系统、尾座、液压系统、冷却系统、润滑系统、排屑器等部分组成，如图 1.2.1 所示。

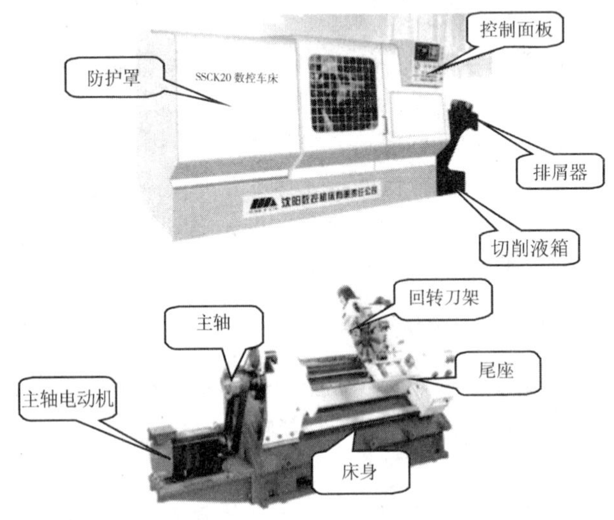

图 1.2.1　数控车床组成

（1）床身

数控车床的床身结构和导轨有多种形式，主要有水平床身、斜床身、

平床身斜滑板等。中小规格的数控车床采用斜床身和平床身斜滑板较多。斜床身多采用 30°、45°、60°、75°和 90°倾斜角。倾斜角度小，则排屑不便；倾斜角度大，则导轨的导向性差，受力情况差。导轨倾斜角度的大小还会直接影响机床的外形尺寸高度与宽度的比例。综合考虑中小规格的数控车床，其床身的倾斜角度以 60° 为宜。大型数控车床和小型精密数控车床多采用平床身。

（2）主传动系统及主轴部件

数控车床的主传动系统一般采用直流或交流无级调速电动机，通过带传动带动主轴旋转，实现自动无级调速及恒切削速度控制。主轴部件是机床实现旋转的执行部件。

（3）进给传动系统

进给传动系统有横向进给传动系统和纵向进给传动系统。横向进给传动系统是带动刀架做横向（X 轴）移动的装置，它控制工件的径向尺寸；纵向进给传动系统是带动刀架做纵向（Z 轴）移动的装置，它控制工件的轴向尺寸。

（4）自动回转刀架

刀架是数控车床的重要部件，它用于安装各种切削加工刀具，其结构直接影响机床的切削性能和工作效率。

3. 数控车床分类

随着制造技术的不断发展，形成了数控车床产品繁多、规格不一的局面，对数控车床的分类可采用不同的方法。

（1）按数控系统功能的不同分类

1）经济型数控车床。经济型数控车床一般是在普通车床的基础上进行改造设计的，如图 1.2.2 所示。

2）全功能型数控车床。全功能型数控车床一般采用闭环或半闭环控制系统，它具有高刚度、高精度和高效率等特点，如图 1.2.3 所示。

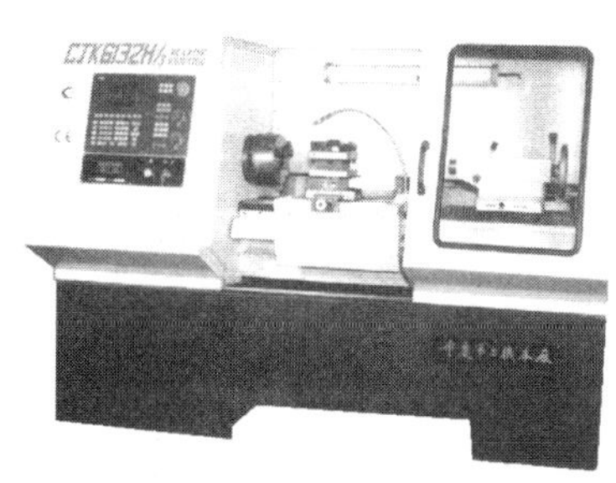

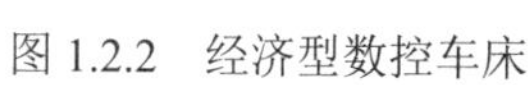
图 1.2.2　经济型数控车床

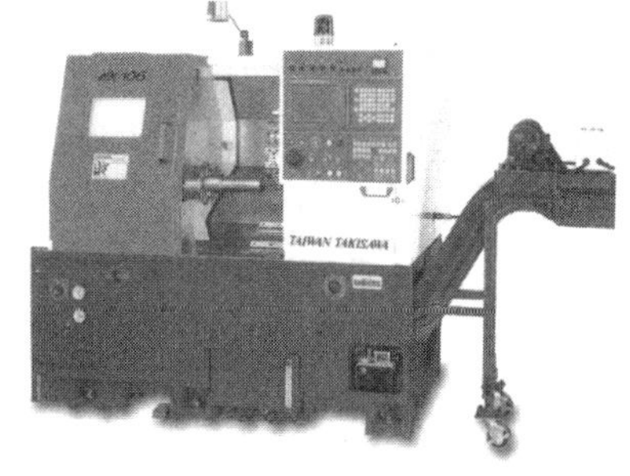

图 1.2.3　全功能型数控车床

3）车削中心。车削中心的主体是数控车床，配以动力刀座或机械手，可实现车、铣复合加工，如高效率车削、铣削凸轮槽和螺旋槽等，如图 1.2.4 所示。

视频：车削中心

图 1.2.4　车削中心

（2）按主轴配置形式的不同分类

1）卧式数控车床。主轴轴线处于水平位置的数控车床，如图 1.2.5 所示。

2）立式数控车床。主轴轴线处于垂直位置的数控车床，如图 1.2.6 所示。

视频：卧式数控车床

图 1.2.5　卧式数控车床

图 1.2.6　立式数控车床

另外，具有两根主轴的车床称为双轴卧式数控车床或双轴立式数控车床。

视频：立式数控车床

（3）其他分类方法

按数控系统的不同控制方式，数控车床还可分为直线控制数控车床、轮廓控制数控车床等；按特殊或专门的工艺性能的不同又可分为螺纹数控车床、活塞数控车床、曲轴数控车床等。

4. 数控车床的加工范围

数控车床与普通卧式车床一样，也是利用主轴的回转和刀具的移动来实现对多余材料的切削，从而完成零件的加工。因此，数控车床的主运动也是主轴的旋转运动，从运动也是刀具的移动，它的加工对象仍是回转体零件，如图 1.2.7 所示。数控车削能达到的尺寸公差等级及表面粗糙度，如表 1.2.1 所示。

图 1.2.7　数控车床加工零件

表 1.2.1　数控车削的精度等级

车削种类	尺寸公差等级	表面粗糙度 *Ra*/μm
粗车	IT12～IT11	25～12.5
半精车	IT10～IT9	6.3～3.2
精车	IT8～IT7 （外圆可达 IT6）	1.6～0.8 （精车有色金属可达 0.8～0.4）

数控车削与普通车削不一样的地方是，数控车床是在计算机的控制下，自动完成内外圆柱面、圆锥面、圆弧面、端面、螺纹等工序的切削加工。数控车床特别适合加工轮廓形状复杂、精度要求高的轴类、盘类和套类零件。

（1）轮廓形状特别复杂或难以控制尺寸的回转体零件

因车床数控装置都具有直线和圆弧插补功能，还有部分车床的数控装置具有某些非圆曲线插补功能，故能车削由任意平面曲线轮廓所组成的回转体零件，包括通过计算机处理后的、不能用方程描述的列表曲线类零件，以及难以控制尺寸的零件，如具有封闭内成型面的壳体零件等。

（2）精度要求高的零件

零件的精度要求主要指尺寸、形状、位置和表面等精度要求，其中的表面精度主要指表面粗糙度，如尺寸精度高（达 0.001mm 或更小）的零件和圆柱度要求高的圆柱体零件。

（3）特殊的螺旋零件

这里的螺旋零件是指特大螺距、变螺距、等螺距与变螺距或圆柱与圆锥螺旋面之间做平滑过渡的螺旋零件，以及高精度的模数螺旋零件（如圆柱、圆弧蜗杆）和端面（盘形）螺旋零件等。

（4）以特殊方式加工的零件

以单机代双机高效加工零件，如在一台六轴控制的数控车床上，有同轴线的左右两个主轴和前后两个刀架，既可同时车出两个相同的零件，又可同时车出两个多工序的不同零件。

在同样一台六轴控制并配有自动装卸机械手的数控车床上，棒料装夹在左主轴的卡盘上，用后刀架先车出有复杂内外形轮廓的一端后，由装卸机械手将其车后的半成品转送至右主轴的卡盘上定位并夹紧，然后通过前刀架按零件的总长要求切断，并进行其另外一端的内外形加工，从而实现一个位置精度要求高、内外形均复杂的特殊零件全部车削过程的自动化加工。

5. 数控车床典型数控系统介绍

数控车床在配置数控系统时，可根据其功能和性能要求，选用不同的数控系统。系统不同，其指令代码也有差异。目前，常用的数控系统主要有 FANUC、SIEMENS、华中数控等。

（1）FANUC 数控系统简介

FANUC 数控系统最初由日本富士通公司研制开发，目前隶属于日本法那克公司。FANUC 在我国应用比较广泛，目前在我国市场上应用于车床的数控系统主要有 0i 系列和 0i Mate 系列，图 1.2.8 所示为 FANUC 0i Mate-TC 数控系统面板。

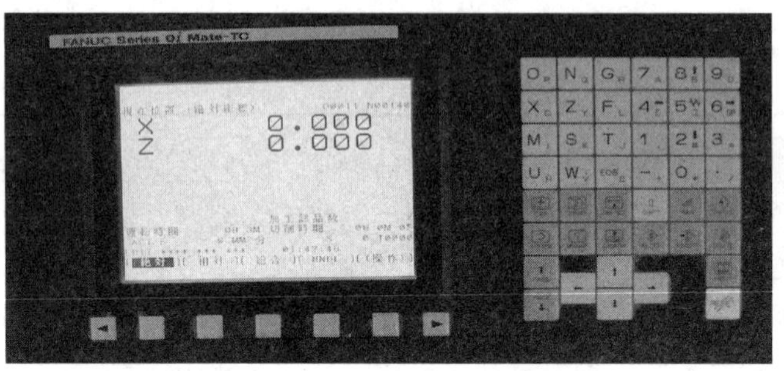

图 1.2.8　FANUC 0i Mate-TC 数控系统面板

（2）SIEMENS 数控系统简介

SIEMENS 数控系统是德国西门子公司开发研制的。目前，在我国市场上，常用的数控系统除 SINUMERIK 810、SINUMERIK 840 等型号外，还有专门针对我国市场开发并于南京生产的车床数控系统 SINUMERIK 802S/C base line、SINUMERIK 802D（图 1.2.9）。

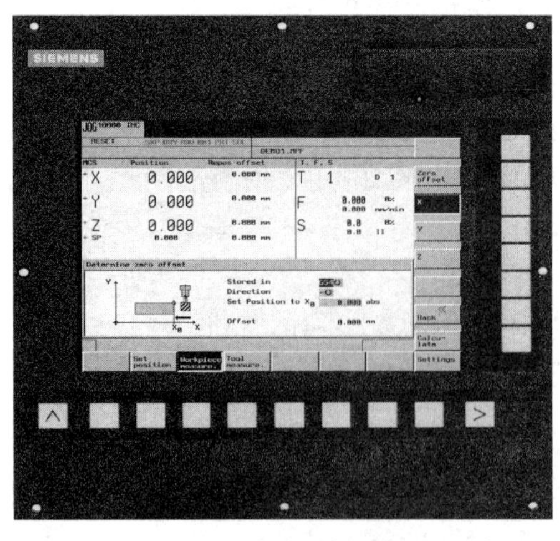

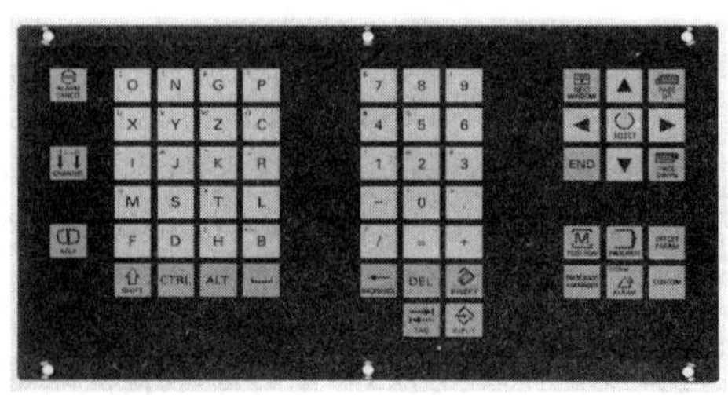

图 1.2.9　SINUMERIK 802D 数控系统面板

SINUMERIK 810/820 是西门子公司 20 世纪 80 年代中期开发的 CNC、PLC 一体型数控系统，它适合于普通车、铣、磨床的控制，系统结构简单、体积小、可靠性高，在 20 世纪 80 年代末、90 年代初的数控机床上使用广泛。

SINUMERIK 802 系列包括 802S/Se/S base line、802C/Ce/C base line、802D 等型号，它是西门子公司 20 世纪 90 年代末开发的集 CNC、PLC 于一体的经济型控制系统，近年来在国产经济型、普及型数控机床上有较大的使用量。

（3）国产数控系统简介

我国数控系统研制和生产自 20 世纪 80 年代初开始，起步虽晚，但发展很快。目前，用于车床的国产数控系统有华中数控系统（图 1.2.10）、广州数控系统（图 1.2.11）、凯恩帝数控系统（图 1.2.12）等。

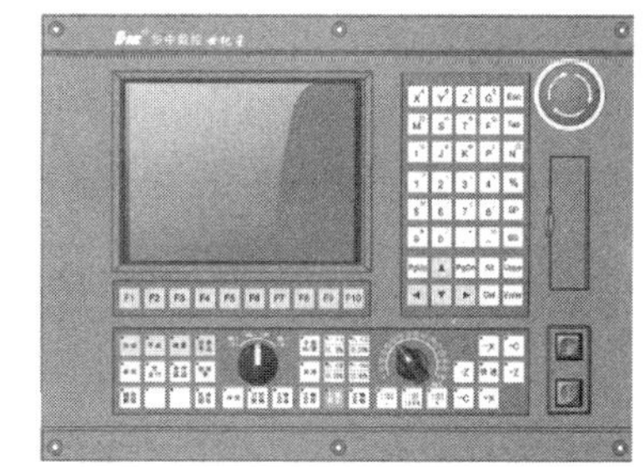

图 1.2.10　华中世纪星数控系统面板

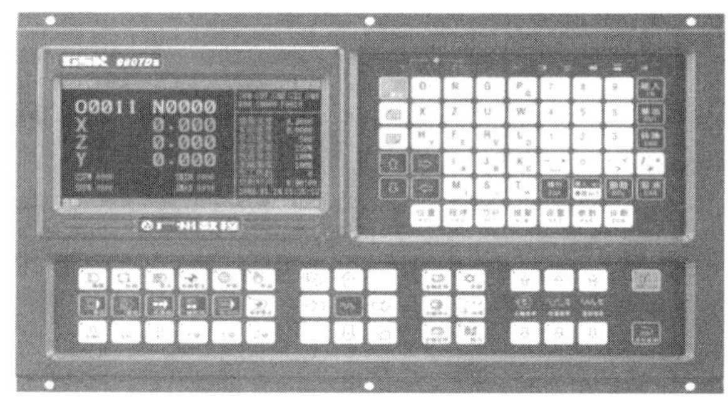

图 1.2.11　广州数控 980T 数控系统面板

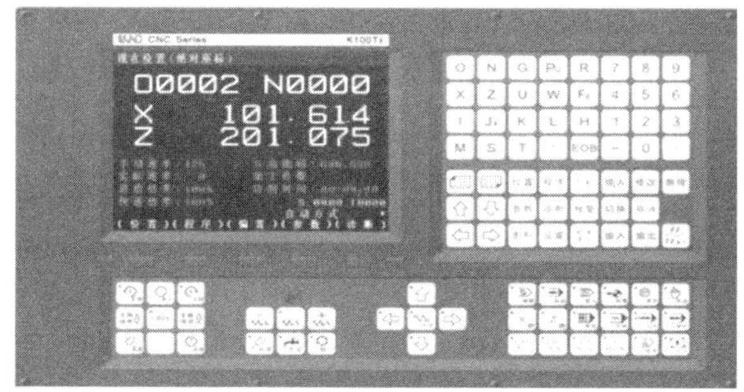

图 1.2.12　凯恩帝 K100T 数控系统面板

除此之外，国内使用较多的数控系统还有西班牙 FAGOR、日本三菱、美国 A-B 等。

6. 沈阳机床 CAK6136V/750 数控车床简介

CAK6136V/750 数控车床是沈阳数控机床（集团）有限责任公司生产的一款经济型数控车床，其外观及参数如图 1.2.13 和表 1.2.2 所示。

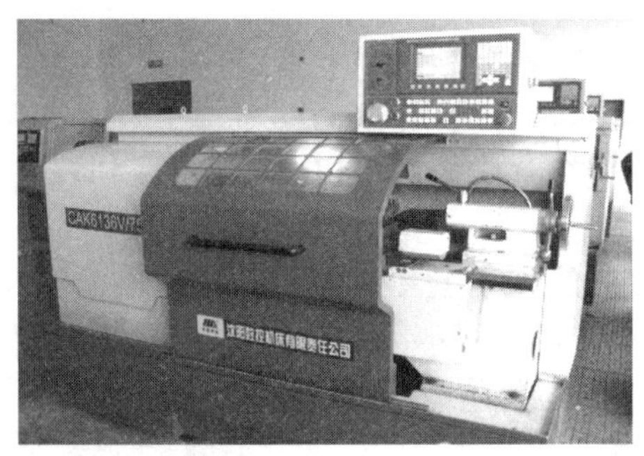

图 1.2.13　CAK6136V/750 数控车床

表 1.2.2　CAK6136V/750 数控车床参数

参数	标准值	参数	标准值
床身上最大回转直径/mm	ϕ360	*X* 轴最大行程/mm	220
滑板上最大回转直径/mm	ϕ180	*Z* 轴最大行程/mm	660
滑板上最大切削直径/mm	ϕ180	快移速度（*X*/*Z* 轴）/（m/min）	3.8～7.6
最大加工长度/mm	四工位 650	刀架刀位数	4
主轴通孔直径/mm	ϕ53	刀具安装尺寸/（mm×mm）	20×20
主轴头形式	A2-6	*X*/*Z* 轴重复定位精度/mm	0.007/0.01
主电动机功率(变频)/kW	5.5	加工精度	IT6～IT7
主轴转速/（r/min）	200～3000（手动 2000）	机床外形尺寸（长×宽×高）/（mm×mm×mm）	2180×1230×1700
尾台套筒直径/mm	ϕ60	机床净重/毛重/kg	1800/2010
尾台套筒行程/mm	140	包装箱尺寸（长×宽×高）/（mm×mm×mm）	2520×1660×2050
尾台套筒锥孔	莫氏 4 号	数控系统	FANUC 0i Mate-TC

（二）数控车床保养与维护

数控车床具有集机、电、液于一体的特点，是一种自动化程度很高的先进设备。为了充分发挥其效益，必须做好日常维护保养工作，使数控系统少出故障，以延长系统的平均使用时间。数控车床保养一览如表 1.2.3 所示。

表 1.2.3　数控车床保养一览

序号	检查周期	检查部位	检查要求
1	每天	导轨润滑油箱	检查并及时添加润滑油，检查润滑油压泵是否定时启动打油及停止
2	每天	主轴润滑恒温油箱	工作是否正常，油量是否充足，温度范围是否合适

续表

序号	检查周期	检查部位	检查要求
3	每天	机床液压系统	油箱泵有无异常噪声，工作油面高度是否合适，压力表指示是否正常，管路及各接头有无泄漏
4	每天	压缩空气气源压力	气动控制系统压力是否在正常范围之内
5	每天	X、Z 轴导轨面	清除切屑和脏物，检查导轨面有无划伤损坏，润滑油是否充足
6	每天	各防护装置	机床防护罩是否齐全有效
7	每天	电气柜各散热通风装置	各电气柜中冷却风扇是否工作正常，风道过滤网有无堵塞，及时清理过滤器
8	每周	各电气柜过滤网	清洗过滤网上的尘土
9	不定期	切削液箱	随时检查液面高度，及时添加切削液，若太脏应及时换新
10	不定期	排屑器	经常清理切屑，检查有无卡住现象
11	半年	各轴导轨，传送带	按说明书要求调整传送带松紧程度
12	半年	各轴导轨上镶条，压紧滚轮	按说明书要求调整松紧状态
13	一年	检查和更换电动机电刷	检查换向器表面，除去毛刺，吹净碳粉，磨损过多的电刷及时换新
14	一年	液压油路	清洗溢流阀、减压阀、滤油器、油箱，更换过滤液压油
15	一年	主轴润滑恒温油箱	清洗过滤器、油箱，更换润滑油
16	一年	冷却液压油泵过滤器	清洗冷却油池，更换过滤器
17	一年	滚珠丝杠	清洗丝杠上旧的润滑脂，涂上新油脂

1）在操作机床前必须确认主轴润滑油是否符合要求。如果润滑油不足，应按说明书的要求加入牌号、型号等合适的润滑油，确认油位是否正常。

2）防止灰尘进入数控装置。如果数控装置的空气过滤器灰尘积累过多，会使柜内冷却空气流通不畅，引起柜内温度过高而使数控系统工作不稳定。因此，应根据周围环境温度状况，定时检查清扫。电气柜内电路板和元器件上积有灰尘后，应及时清扫。

3）伺服电动机的保养。一般每 10～12 个月进行一次维护保养，加速或者减速变化频繁的机床要每两个月进行一次维护保养。维护保养的主要内容：用干燥的压缩空气吹去电刷的粉尘，检查电刷的磨损情况，如需更换，应选用规格型号相同的电刷，更换后要空载运行一段时间使其与换向器表面吻合。检查并清扫整流子以防短路；如装有测速发电机和脉冲编码器，要进行定期检查和清扫。

4）定期检查电器部件。检查各插头、插座、电缆、继电器的触点是否出现接触不良、断线和短路等故障，检查各印制电路板是否干净，检查主电源变压器、各电动机的绝缘电阻是否在 1MΩ 以上。

5）经常监视数控系统的电网电压。数控系统允许的电网电压范围在额定值的85%～110%，如果超出此范围，轻则使数控系统不能稳定工作，重则造成重要电子元器件损坏。

6）定期更换存储器用电池。数控系统中部分 CMOS 存储器中的存储内容在关机时靠电池供电保持，当电池电压降到某定值以下时会造成参数丢失，因此要定期检查电池电压。更换电池时一定要在数控系统通电状态下进行。

7）定期进行机床水平和机械精度检查并校正。机械精度的校正方法有软、硬两种：软方法主要通过系统参数补偿，如丝杠反向间隙补偿、各坐标定位精度定点补偿、机床回参考点位置校正等；硬方法一般要在机床进行大修时进行，如进行导轨修刮、滚珠丝杠螺母预紧调整反向间隙等，并对各坐标轴进行超程限位检验。

8）长期不用的数控机床的保养。在数控机床闲置不用时，应经常给数控系统通电，在机床锁住的情况下，使其空载运行。在空气湿度较大的梅雨季节应该天天通电，利用电气元器件本身发散的热量驱走数控柜内的潮气，以保证电子元器件的性能稳定可靠。

（三）数控车床开机与关机

1. 数控车床的开机顺序［图 1.2.14（a）～（c）］

01 合上数控车床电气柜总开关，机床正常送电。
02 按下操作面板通电按钮，给数控系统上电。
03 向右转动、拔出急停开关。

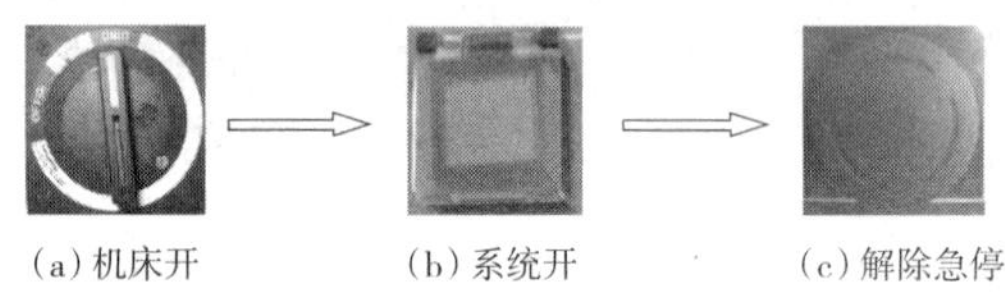

（a）机床开　（b）系统开　（c）解除急停

图 1.2.14　数控车床的开机的顺序

2. 数控车床的关机顺序［图 1.2.15（a）～（c）］

01 按下急停开关。
02 按下操作面板断电按钮。
03 断开数控车床电气柜总开关。

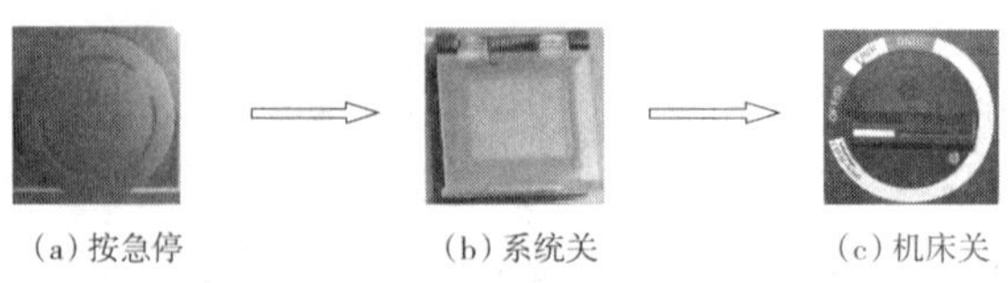

（a）按急停　（b）系统关　（c）机床关

图 1.2.15　数控车床的关机的顺序

（四）FANUC 0i Mate-TC 数控面板操作

1. 操作面板

图 1.2.16 所示为 FANUC 0i Mate-TC 沈阳机床 CAK6136V/750 数控车床的操作面板。

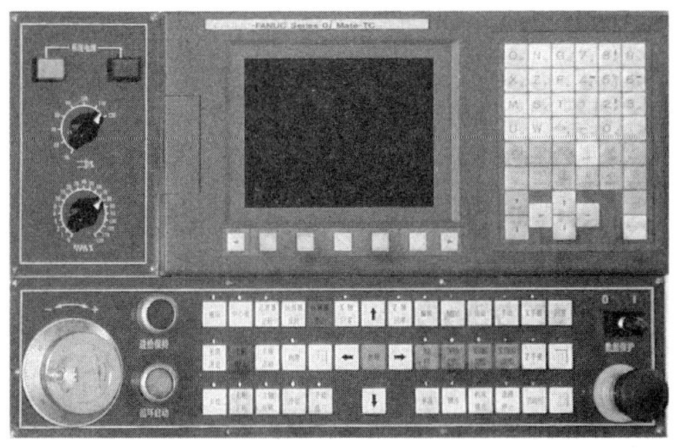

图 1.2.16　FANUC 0i Mate-TC 沈阳机床 CAK6136V/750 数控车床的操作面板

2. 回零功能

正常开机后，操作人员首先应进行回零（回参考点）操作（图 1.2.17）。因为机床断电后就失去了对各坐标位置的记忆，所以在接通电源后，必须让各坐标值回零。其操作步骤如下：

01 选择回零方式。

02 按轴向选择键“＋X”，待 *X* 轴的参考点指示灯亮，即表示 *X* 轴已完成回车床参考点操作。

03 按轴向选择键“＋Z”，待 *Z* 轴的参考点指示灯亮，即表示 *Z* 轴已完成回车床参考点操作。

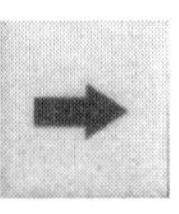

图 1.2.17　回零操作示意图

注：如出现下面几种情况必须进行回零操作。

1）机床关机后重新接通电源。

2）机床解除急停状态后。

3）机床超程解除后。

4）在“机床锁定”状态下进行程序空运行操作后。

3. 手动功能

按下手动操作（JOG）方式键，该键的指示灯亮，机床处于手动操作方式。这种方式下可实现所有手动功能的操作，如主轴的手动操作、手动选刀、切削液开关、*X*/*Z* 轴的点动等。

4. 手摇（轮）功能

按下手摇功能键，该键的指示灯亮，机床处于手摇（HANDLE）进给操作方式。操作者可以通过使用手轮控制刀架前后、左右移动。其速度可随意调节，非常适合于近距离对刀等操作。其操作步骤［图 1.2.18（a）～（c）］如下：

01 根据需要选择手摇脉冲倍率×1、×10、×100、×1000 中的一个按钮，被选的倍率指示灯亮。手摇脉冲倍率×1、×10、×100、×1000 对应值分别是 0.001mm、0.01mm、0.1mm、1mm。

02 选择手轮进给轴（*X* 轴或 *Z* 轴）。

03 顺时针或逆时针方向摇手轮。

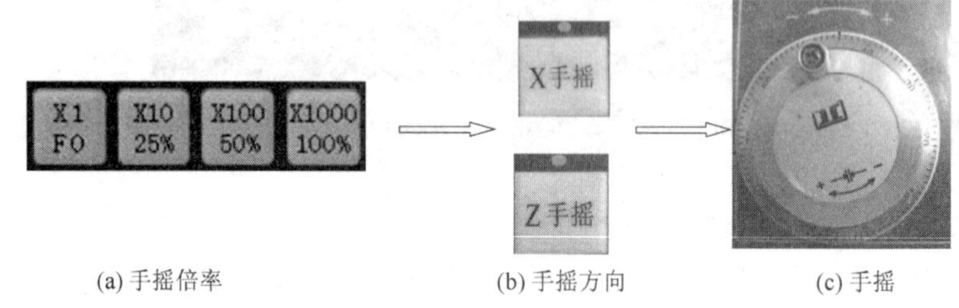

(a) 手摇倍率　(b) 手摇方向　(c) 手摇

图 1.2.18　手摇操作步骤

5. MDI 功能

手动数据输入（MDI）方式主要用于两个方面：一是修改系统参数；二是用于简单的测试操作，即通过数控系统键盘输入一段程序，然后按“循环启动”键执行。其操作步骤（图 1.2.19）如下：

01 按“MDI”键，该键指示灯亮，进入 MDI 操作方式。

02 按“PROG”键。

03 按“PAGE”键，显示出左上方带 MDI 的画面。

04 通过 CNC 字符键盘输入数控的指令字，按“INPUT”键，在显示屏上将显示出所输入的指令字。

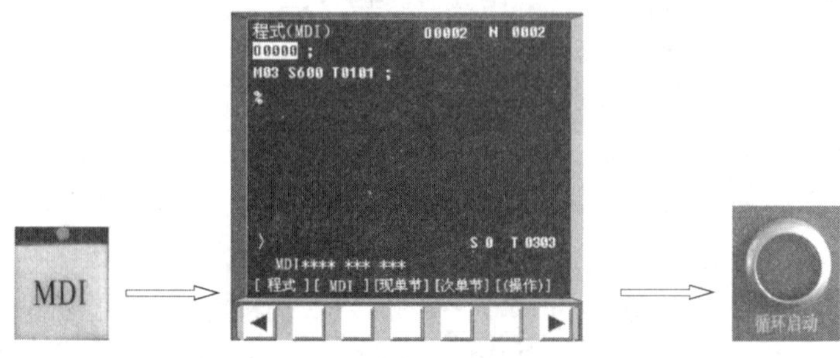

图 1.2.19　MDI 操作步骤

05 待全部指令字输入完毕后，按“循环启动”键，该键的指示灯亮，程序进入执行状态，执行完毕后，指示灯灭，程序指令随之删除。

注意：在MDI方式下，同一程序段的指令如要多次执行，必须重新输入，一次只能执行一个程序段。

6. 编辑功能

(1) 程序检索

方式选择为EDIT方式，按功能键中的“PROG”键，再按“O××××”（程序名），按“检索”（或按“↓”）键，此时，所要查看的程序就会在显示屏上显示出来。

(2) 输入新的加工程序

对于比较短的加工程序，可在数控车床键盘上进行输入；对于比较长的程序，可以在计算机中编辑好，然后用DNC传输的方法输入数控车床。

1) 方式选择为EDIT方式，按功能键中的“PROG”键。

2) 在键盘上按“O××××”（程序名），按“INSERT”键，按“EOB”键，再按“INSERT”键。

3) 输入整个程序后，按“RESET”键使光标返回程序的起始位置。

在输入指令时，地址或字不会马上进入程序段中，而首先在临时内存中，如果发现输入临时内存中的地址或字有错误，则按“CAN”键清除。在按下“INSERT”键后，临时内存中的地址或字才会真正输入数控系统内存中。如果发现输入内存中的地址或字有错误，则把光标移至错误的地址或字下，按下面两种方式进行修改：

① 重新输入正确的地址或字，然后按“ALTER”键进行替换；

② 把光标移动到错误的地址或字下，按“DELETE”键删除错误的地址或字，重新输入正确的地址或字。

在输入程序段中最后一个字到临时内存中后，可不按“INSERT”键，而直接按“EOB”键，这样既可把临时内存中的字输入数控系统内存中，又可使程序段换段，减少输入次数。

(3) 删除程序

1) 方式选择为EDIT方式，按功能键中的“PROG”键。

2) 在键盘上按“O××××”（要删除的程序名），按“DELETE”键，删除程序。

7. 自动功能

自动操作（AUTO）方式是按照程序的指令控制机床连续自动加工的操作方式，自动操作方式所执行的程序在循环启动前已装入数控系统的存储器内，所以，这种方式又称为存储程序操作方式。其基本步骤（图1.2.20）如下：

01 选择自动操作方式。

02 选择要执行的程序。

03 按下“循环启动”键，自动加工开始。程序执行完毕，循环启动指示灯灭，加工循环结束。

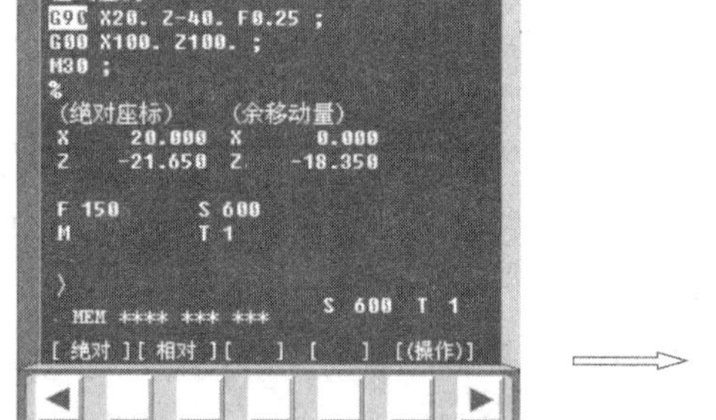

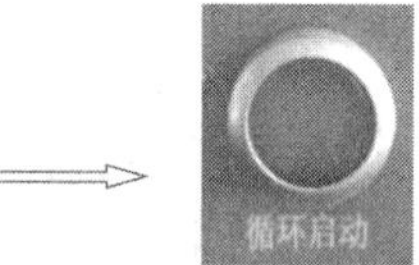

图 1.2.20 自动加工操作步骤

程序自动运行在下列情况下会被暂停：

1）按下“进给保持”键，进给暂停指示灯亮，此时按下“循环启动”键，程序恢复自动运行。

2）程序执行了 M00 指令，暂停，此时按下“循环启动”键，程序恢复自动运行。

3）在程序选择开关处于接通状态时，程序执行了 M01 指令，暂停，此时按下“循环启动”键，程序恢复自动运行。

4）单程序段开关接通，执行一个程序段就暂停，按下“循环启动”键，程序继续运行，但只要单程序段开关不关掉，每按一次“循环启动”键只能执行一个程序段。

8. 显示功能

（1）位置显示

FANUC 系统可以以三种方式显示坐标：绝对坐标［图 1.2.21（a）］、相对坐标［图 1.2.21（b）］和综合坐标［图 1.2.21（c）］，不同坐标显示间的切换方法是按相应的软键。

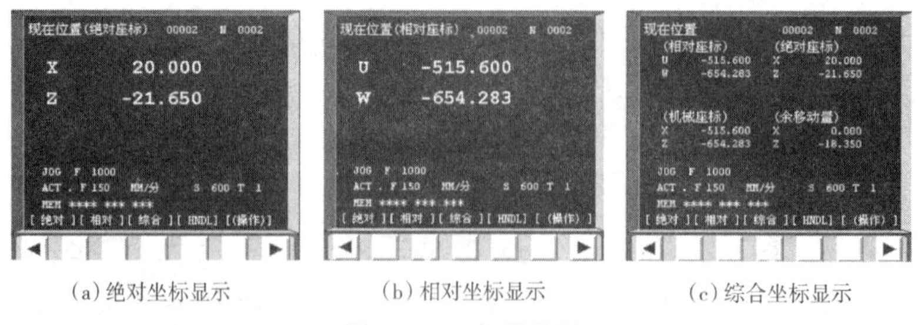

（a）绝对坐标显示　（b）相对坐标显示　（c）综合坐标显示

图 1.2.21 位置显示

（2）程序显示

FANUC 系统也可以在不同的状态下显示程序：图 1.2.22（a）为在

LIB 状态下显示的画面，图 1.2.22（b）为在程式状态下显示的画面，图 1.2.22（c）为在自动方式下显示的画面。

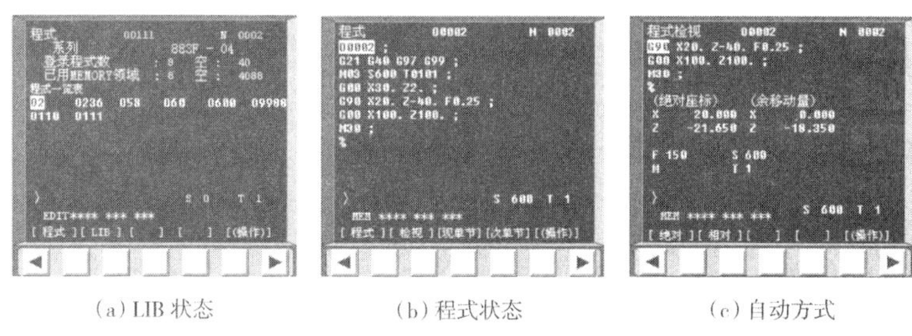

（a）LIB 状态　　（b）程式状态　　（c）自动方式

图 1.2.22　程序显示

（3）图形模拟

FANUC 0i Mate-TC 系统提供有图形模拟功能，图 1.2.23 为图形模拟的参数设置，图 1.2.24 为自动方式下运行程序后模拟出的加工轨迹。图形模拟的方法是自动方式下打开加工程序，开启和功能，按面板上的按钮并对模拟参数进行设置，按“图形”软键，按后开始模拟图形。

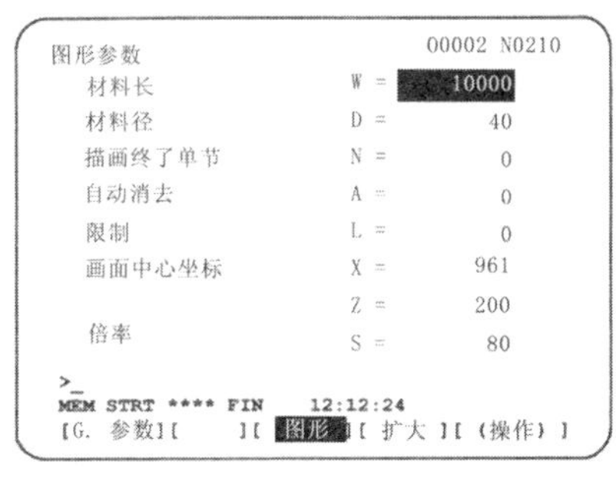

图 1.2.23　图形模拟的参数设置

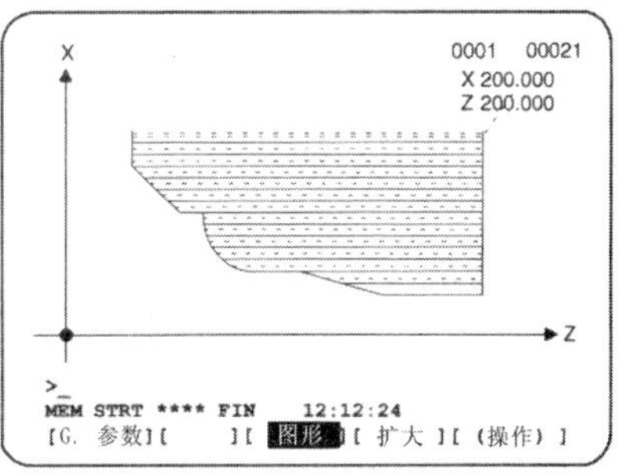

图 1.2.24　自动方式下运行程序后模拟出的加工轨迹

注：解除机床锁住功能后，应进行回零操作，并且将空运行功能关闭。

三、任务实施

01 开机后，执行机床日常维护，检查面板上各开关位置及指示灯状态，查看系统显示器显示机床状态。

02 执行回零操作。回零前，先在手动方式下将工作台移动到适当位置。回零通常先回 X 向，再回 Z 向。回零时，注意观察工作台相对尾座的位置，并观察回零指示灯状态。

03 MDI 方式下，尝试主轴正转、换刀等动作。

04 手动方式下，分别按 $+X$、$-X$、$+Z$、$-Z$ 四个方向键和快速按钮移动工作台，按主轴正转、主轴停、主轴反转、换刀等键。在移动工作台或主轴正转时，尝试改变进给倍率、主轴倍率、快速倍率，并观察机床实际状态和显示器上显示的相关信息。

05 手摇（轮）方式下，分别顺时针和逆时针旋转手动脉冲发生器。在旋转手动脉冲发生器时尝试改变手摇倍率，观察机床工作台移动状态和显示器显示的相关信息。

06 编辑方式下，新建加工程序 O0001，并输入程序内容（程序见工作任务）。

07 自动方式下，开启“机床锁住”和“空运行”功能，显示屏切换到图形模拟画面，运行程序，观察模拟轨迹。模拟完后，解除“机床锁住”和“空运行”功能，并执行回零操作。

08 自动方式下，运行加工程序，观察机床动作及刀架移动轨迹。在按“循环启动”键之前，先将快速倍率和进给倍率置于较低挡位。在刀架开始进刀后，检查刀架位置与显示器上显示的绝对坐标和剩余坐标是否正常。确认机床运行正常后，逐渐将进给倍率和快速倍率提高到正常挡位。运行期间，尝试改变各倍率开关和单段、进给保持（暂停）等键的状态，观察机床实际状态和显示器的相关信息。

09 对机床进行日常保养后，关闭机床。

对刀操作

一、工作任务

执行对刀操作，并根据给定的程序（见本任务工艺准备），完成如图 1.3.1 所示阶梯轴的加工。材料 45 钢，毛坯尺寸ϕ40×105。

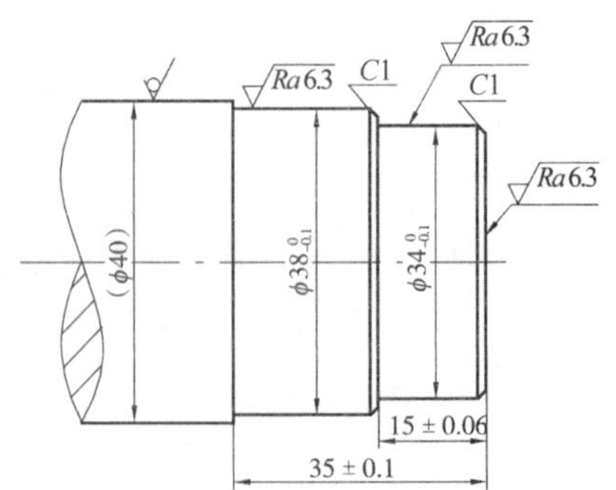

图 1.3.1 工作任务图

二、相关知识

（一）工件的安装与找正

1. 常用夹具介绍

（1）自定心卡盘

自定心卡盘如图 1.3.2 所示，它是数控车床最常见的通用夹具，其最大的优点是可以自动定心。它的夹持范围大，但定心精度不高，不适合于零件同轴度要求高时的二次装夹。常见的自定心卡盘有机械式和液压式两种，如图 1.3.2（a）和（b）所示。液压式自定心卡盘装夹迅速、方便，但夹持范围小，尺寸变化大时，需重新调整卡爪位置。自定心卡盘的卡爪有正爪和反爪两种形式。

视频：自定心卡盘

（2）单动卡盘

加工精度要求不高、偏心距较小、长度较短的零件时，可以采用单动卡盘进行装夹，如图 1.3.3 所示。单动卡盘的四个卡爪是各自独立移动的，可调整工件在车床主轴上的夹持位置，使工件加工表面的回转中心与车床主轴的回转中心重合。但是，单动卡盘找正比较烦琐，一般用于单件、小批量生产。单动卡盘的卡爪也有正爪和反爪两种形式。

视频：单动卡盘

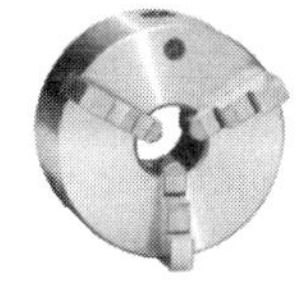

（a）机械式自定心卡盘

（b）液压式自定心卡盘

图 1.3.2　自定心卡盘

图 1.3.3　单动卡盘

2. 工件安装与找正

所谓找正，即通过调整卡爪，使工件的加工表面回转轴线（同时也是工件坐标系 Z 轴）与车床主轴回转中心重合。找正时，可根据需要找正工件外圆或找正端面，也可以利用划线盘或用百分表找正，如图 1.3.4 所示。对于较长零件应该选择外圆找正。由于自定心卡盘能够自动定心，因此在装夹轴向长度不大并且精度要求不高的工件时，可以不进行找正。

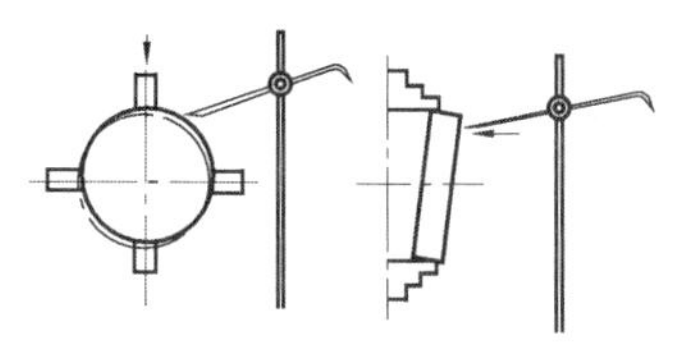

（a）用划线盘找正

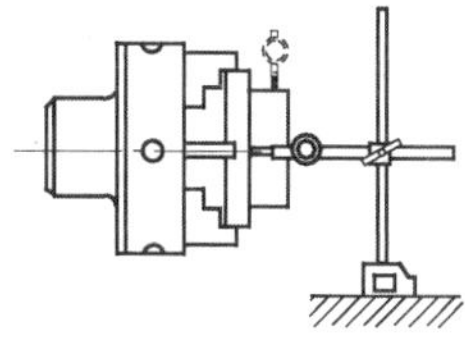

（b）用百分表找正

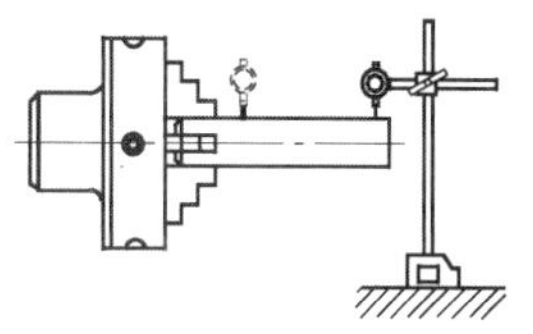

（c）用百分表找正较长工件外圆

图 1.3.4　工件安装打表找正

安装工件时，应控制其伸出长度比要加工的长度略长 10～15mm，经过找正，最后夹牢、夹稳。

（二）数控车刀的种类及特点

1. 数控加工对车刀的要求

数控车床加工时，能根据程序指令实现自动换刀。为了缩短数控车床的准备时间，适应柔性加工需要，数控车削对刀具提出了更高的要求。刀具要求精度高、刚性好、耐用度高、安装调整方便。刀具配备时应注意以下几个问题：

1）尽可能使被加工工件的形状、尺寸标准化，不换刀或少换刀，以缩短准备和调整时间。

2）使刀具规格化和通用化。

3）尽可能采用可转位刀片。

4）在设计或选择刀具时，应尽可能采用高效率、断屑和排屑性能好的刀具。

2. 数控车刀的种类

车床主要用于回转体表面的加工，如图 1.3.5 所示为数控车刀的种类、形状和用途。

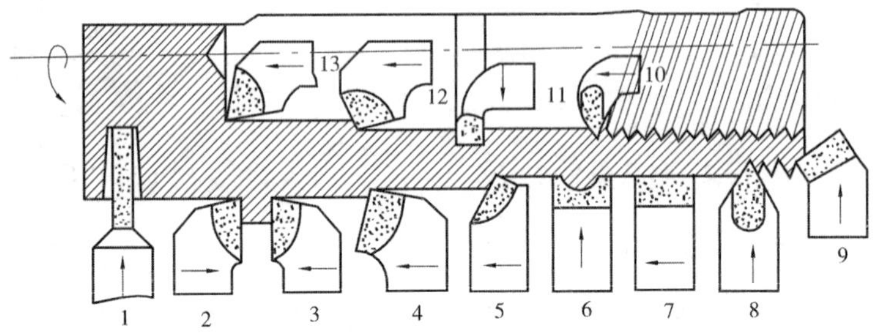

1. 切断刀；2. 右偏刀；3. 左偏刀；4. 弯头车刀；5. 直头车刀；6. 成型车刀；7. 宽刃精车刀；8. 外螺纹车刀；9. 端面车刀；10. 内螺纹车刀；11. 内车槽刀；12. 通孔车刀；13. 盲孔车刀。

图 1.3.5　数控车刀的种类、形状和用途

数控车削常用的车刀在结构上可分为整体式车刀、焊接式车刀和机械夹固式车刀三大类（图 1.3.6）。

(a) 整体式车刀　(b) 焊接式车刀　(c) 机械夹固式车刀

图 1.3.6　数控车刀类型

（1）整体式车刀［图 1.3.6（a）］

整体式车刀主要是整体式高速钢车刀，通常用于小型车刀、螺纹车刀和形状复杂的成型车刀。它具有抗弯强度高、冲击韧性好、制造简单、刃磨方便和刃口锋利等优点。

（2）焊接式车刀［图 1.3.6（b）］

焊接式车刀是将硬质合金刀片用焊接的方法固定在刀体上，经刃磨而成。这种车刀结构简单、制造方便、刚性好，但抗弯强度低，冲击韧

性差，切削刃不如高速钢车刀锋利，不宜制造复杂刀具。

（3）机械夹固式车刀［图 1.3.6（c）］

机械夹固式车刀是数控车床上用得比较多的一种车刀，它分为机械夹固式可重磨车刀和机械夹固式不重磨车刀两类。目前应用于生产的机械夹固式车刀以不重磨（可转位）车刀为主，这种车刀的刀片为多边形，有多条切削刃，当某条切削刃磨损钝化后，只需松开夹固元件，将刀片转一个位置便可继续使用。其最大优点是车刀几何角度完全由刀片保证，切削性能稳定，刀杆和刀片已标准化，加工质量好。

（三）刀具的安装

1. 数控车床刀架介绍

数控车床的刀架是最简单的自动换刀装置，有四工位刀架、转塔刀架等，如图 1.3.7 所示。数控车床的刀架必须具有良好的强度和刚度，以承受粗加工的切削力，同时保证回转刀架在每次转位时的重复定位精度。刀架作为数控车床的重要部件，其结构形式很多。

(a) 四工位刀架

(b) 六工位刀架

(c) 转塔刀架

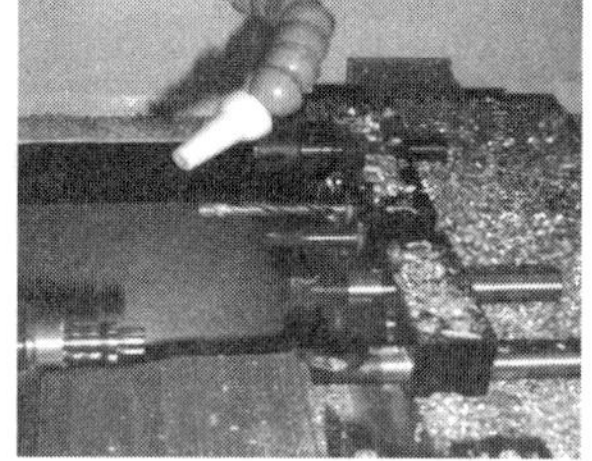
(d) 排式刀架

图 1.3.7　数控车床刀架

2. 刀具安装的要求与操作

刀具安装正确与否，将直接影响切削能否顺利地进行和加工质量的好坏。刀具安装应注意下列几个问题：

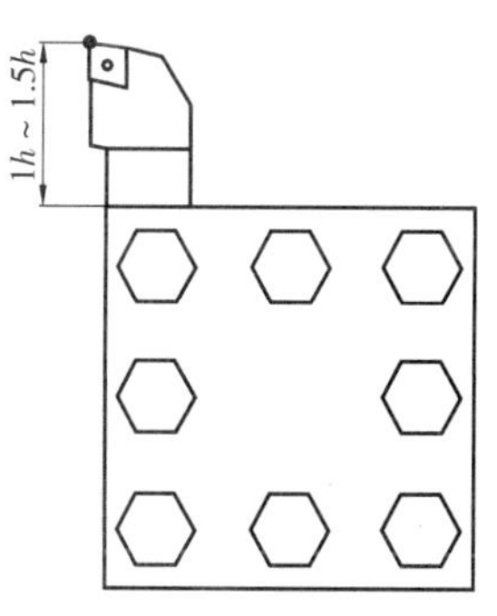

图 1.3.8　车刀伸出长度

1）车刀安装在刀架上，伸出部分不宜太长，伸出长度一般为刀杆高度的 1～1.5 倍，如图 1.3.8 所示。伸出过长会使刀杆刚性变差，切削时易产生振动，影响工件的表面粗糙度。

2）车刀垫铁要平整，数量要少，垫铁应与

刀架对齐。车刀至少要用两个螺钉压紧在刀架上，并逐个拧紧。

3）车刀刀尖应与工件轴线等高。安装刀具时，可以让刀尖与顶尖同高[图 1.3.9（a）]，或直接用车刀试车端面观察其是否过工件中心[图 1.3.9（b）]。若车刀刀尖高于或低于工件中心，车削后工件端面中心处会留有凸头，如图 1.3.10 所示。使用硬质合金车刀时，如不注意这一点，车削到中心处会使刀尖崩碎。

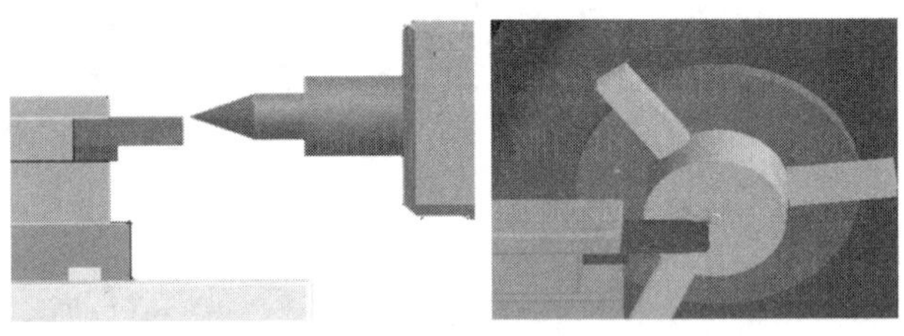

（a）刀尖与顶尖同高　　（b）刀尖与工件中心同高

图 1.3.9　装刀高度

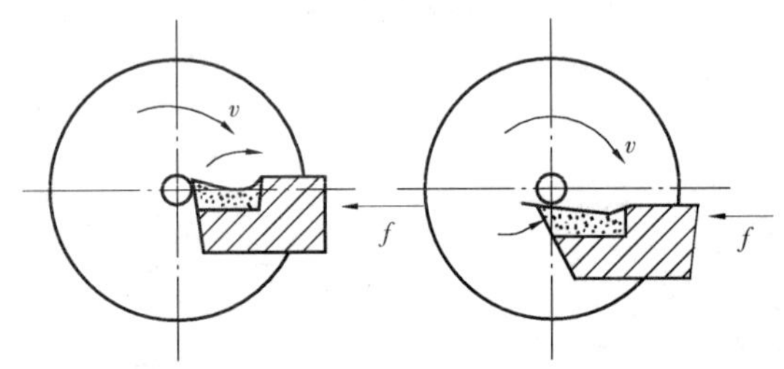

图 1.3.10　车刀安装高度不正确

视频：主偏角与副偏角

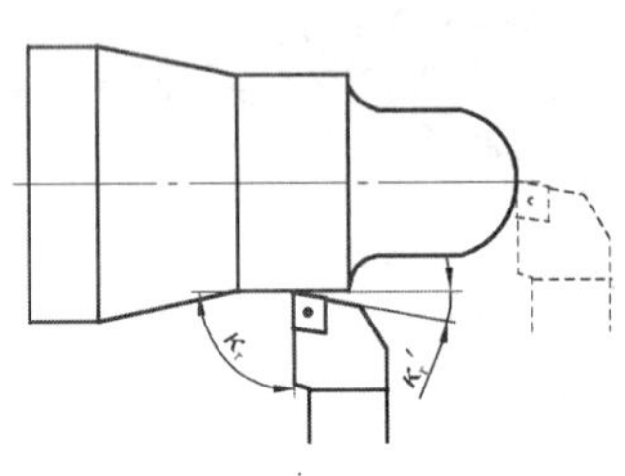

图 1.3.11　主偏角与副偏角

4）主偏角和副偏角。主偏角和副偏角不仅会影响刀具的切削性能，而且会影响整个加工过程能否顺利进行，因此应考虑刀具安装角度对主偏角和副偏角的影响。加工如图 1.3.11 所示零件时，为保证整个零件外形的完整和加工过程的顺利进行，安装刀具时应使主偏角 κ_r 为 90°～95°，副偏角 κ'_r 为 5°～8°。

（四）常用量具的介绍

1. 钢直尺

使用钢直尺时，应以左端的零刻度线为测量基准，这样不仅便于找正测量基准，而且便于读数。测量时，钢直尺要放正，不得前后左右歪斜。否则，从钢直尺上读出的数据会比被测的实际尺寸大。钢直尺及使用方法如图 1.3.12 所示。

用钢直尺测圆截面直径时，被测面应平，使尺的左端与被测面的边缘相切，摆动尺子找出最大尺寸，即为所测直径。

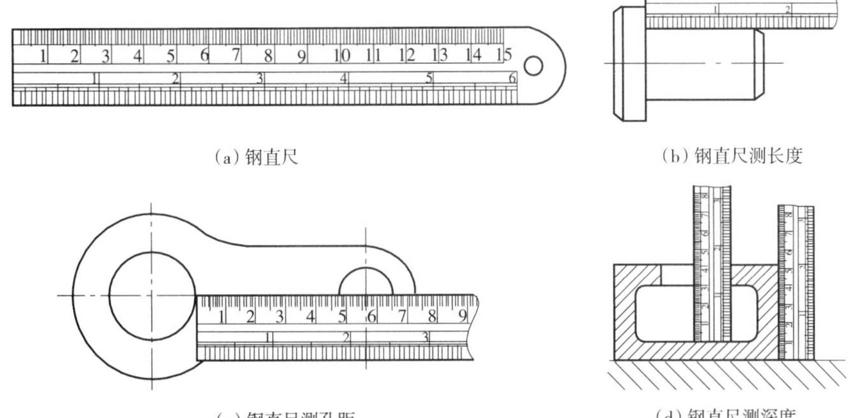

图 1.3.12 钢直尺及使用方法

2. 游标卡尺

(1) 游标卡尺的构成

游标卡尺是利用游标原理对两测量面相对移动分隔的距离进行读数的测量工具，可用来测量零部件的长度、宽度、深度和内、外径尺寸，结构如图 1.3.13 所示。常用的游标卡尺有 0～125mm、0～150mm、0～200mm、0～250mm、0～300mm 等多种规格，测量精度根据游标读数值有 0.1mm、0.05mm、0.02mm 三种。

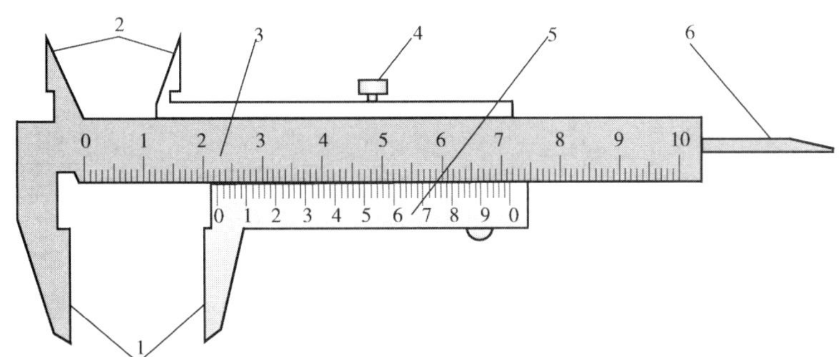

图 1.3.13 游标卡尺结构

视频：游标卡尺的使用

(2) 游标卡尺计数方法

游标卡尺在使用前要把尺身擦净，检查游标和尺身的零位是否对齐。要求两个量脚相互贴合，用肉眼看不出间隙，否则测量尺寸不准。在测量时，要求量脚和测件接触松紧恰当，读数时首先按游标零线所在的位置读出尺身刻度的整数部分，然后找出游标哪条刻线与尺身相对，即可读出它的小数部分，如图 1.3.14 所示尺寸为 23.46mm。测量时卡尺要拿平，使视线尽可能与卡尺刻线面垂直，不得用卡尺强制夹持零件，以防损坏卡尺。

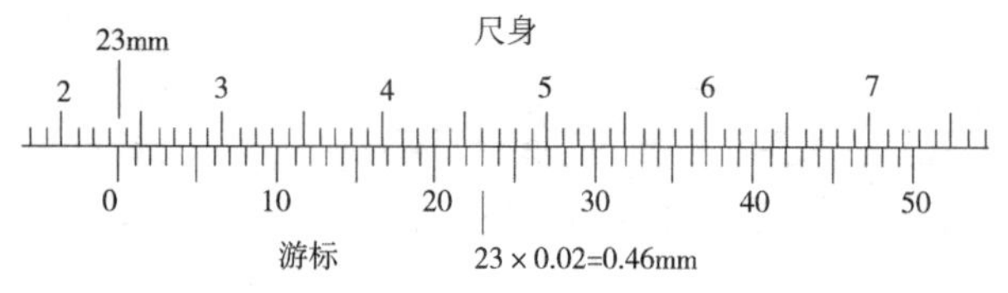

图 1.3.14　游标卡尺读数方法

（3）游标卡尺的使用方法

1）测量外尺寸时，应先把量爪张开得比被测尺寸稍大；测量内尺寸时，把量爪张开得比被测尺寸略小，然后慢慢推或拉动游标，使量爪轻轻接触被测件表面，如图 1.3.15（a）、（b）所示。

2）测量内尺寸时，不要用力转动卡尺，可以轻轻摆动找出最大值，如图 1.3.15（c）所示。

3）当量爪与被测件表面接触后，不要用力太大；用力的大小，应该正好使两个量爪恰好能够接触到被测件的表面。如果用力过大，量爪会倾斜，这样容易引起较大的测量误差。所以，在使用卡尺时，用力要适当，被测件应尽量靠近量爪测量面的根部。

4）使用游标卡尺测量长度或深度时，卡尺要摆正，不要前后左右倾斜，如图 1.3.15（d）所示。

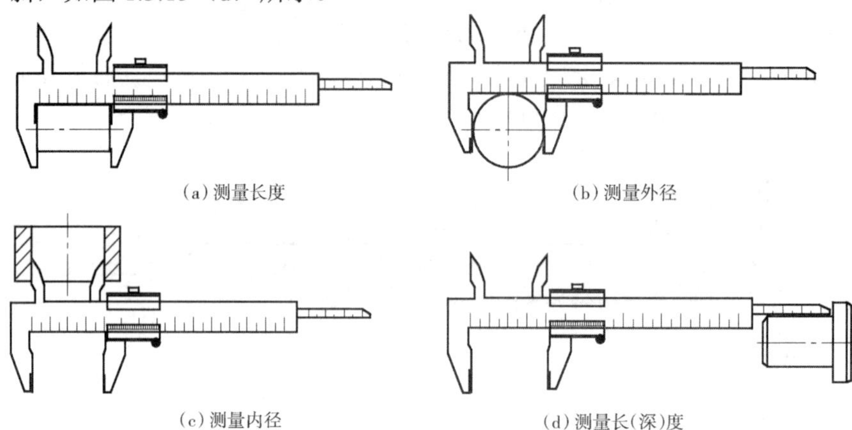

图 1.3.15　游标卡尺测量的方法

（4）其他游标卡尺

针对普通游标卡尺读数不够精确且不方便的缺点，目前市场上还有带表游标卡尺［图 1.3.16（a)］和数显游标卡尺［图 1.3.16（b)］。

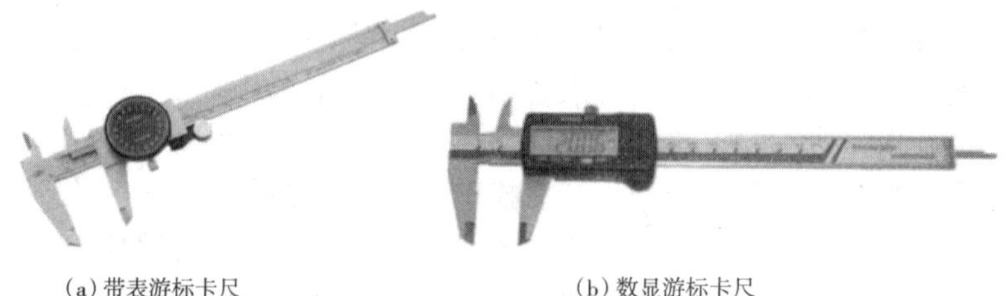

图 1.3.16　其他游标卡尺

3. 外径千分尺

外径千分尺常简称为千分尺，它是比游标卡尺更精密的测量仪器，量程有 0～25mm、25～50mm、50～75mm、75～100mm 等，常见的千分尺分度值为 0.01mm。千分尺由尺架、固定量杆、测微螺杆、微分筒、测力装置、锁紧装置等组成，如图 1.3.17 所示。固定套筒上有一条水平线，这条线上、下各有一列间距为 1mm 的刻度线，上面的刻度线恰好在下面两相邻刻度线中间。微分筒上的刻度线是将圆周分为 50 等分的水平线，它可以做旋转运动。千分尺读数时，先读固定套筒上的读数，再读微分筒上的读数，最后将两者相加，如图 1.3.18 所示。

视频：外径千分尺的使用

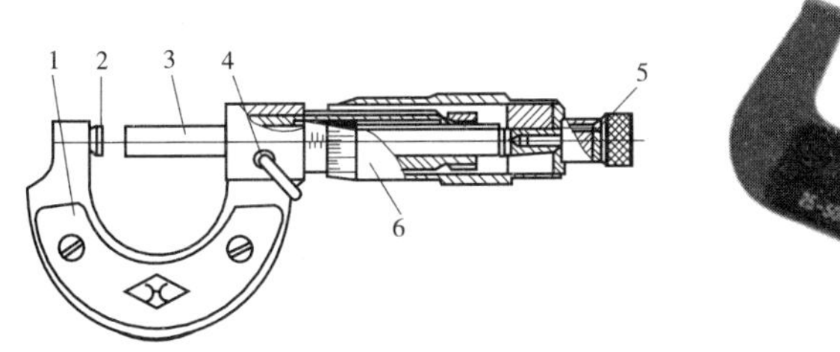

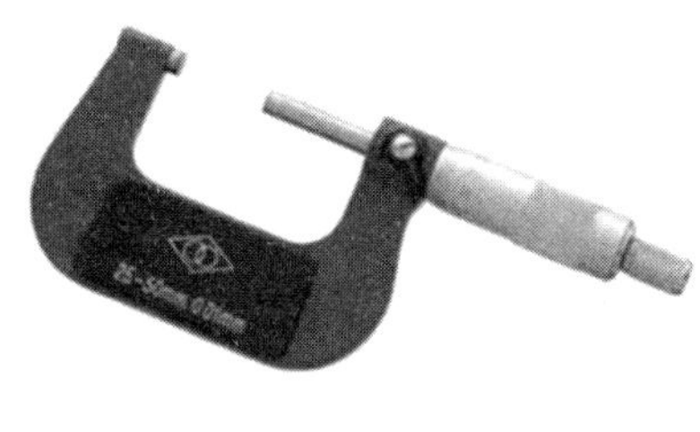

1．尺架；2．固定量杆；3．测微螺杆；4．锁紧装置；5．测力装置；6．微分筒。

图 1.3.17　千分尺结构与实物照片

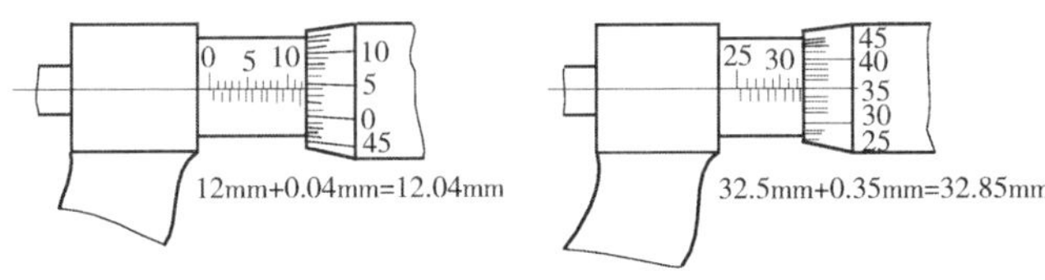

图 1.3.18　千分尺的读数

用千分尺测量工件的步骤如下：

01 清除被测工件表面油污和千分尺固定量杆与测微螺杆接触面的油污。

02 松开千分尺的锁紧装置，转动旋钮，使固定量杆与测微螺杆之间的距离略大于被测物体。

03 一只手拿千分尺的尺架，将待测物置于固定量杆与测微螺杆的端面之间，另一只手转动旋钮，当螺杆要接近物体时，改旋测力装置直至听到咔咔声。千分尺的正确测量姿势如图 1.3.19 所示。

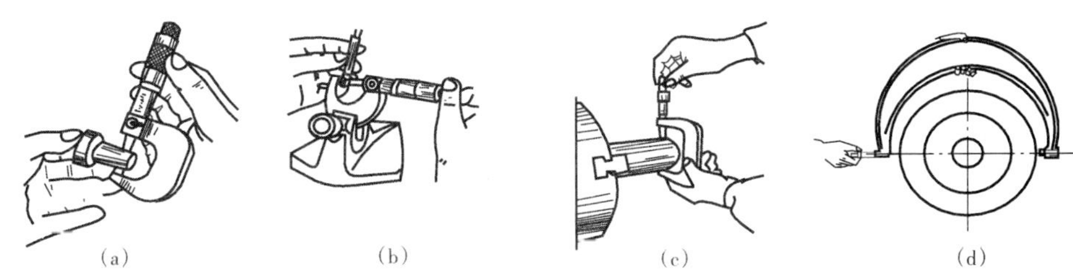

图 1.3.19　千分尺的正确测量姿势

04 旋紧锁紧装置（防止移动千分尺时螺杆转动），即可读数。

千分尺在使用前应进行零位校准（图 1.3.20），如果发现有零位偏差，应及时对千分尺进行调零，或在读数时对所测数据进行修正。必要时还可以用游标卡尺进行核对，以免误读。

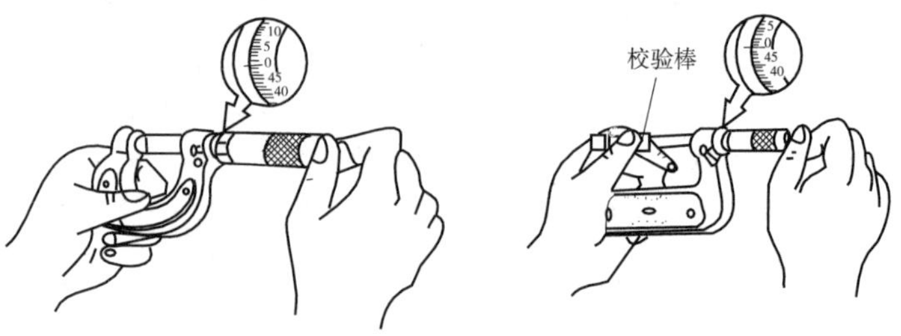

（a）0～25mm 千分尺的零位检查　（b）大尺寸千分尺的零位检查

图 1.3.20　千分尺的零位检查方法

4. 深度尺

深度尺可用于测孔（阶梯孔、盲孔）和槽的深度、台阶高度及轴肩长度等，较常见的是深度游标尺和深度千分尺，如图 1.3.21 所示。深度游标尺的规格有 0～150mm、0～200mm、0～300mm 等，分度值一般为 0.02mm，其读数原理与游标卡尺相同。深度千分尺的规格有 0～25mm、0～50mm、0～100mm、0～150mm、0～200mm 等，分度值一般为 0.01mm，其读数方法与千分尺相同。

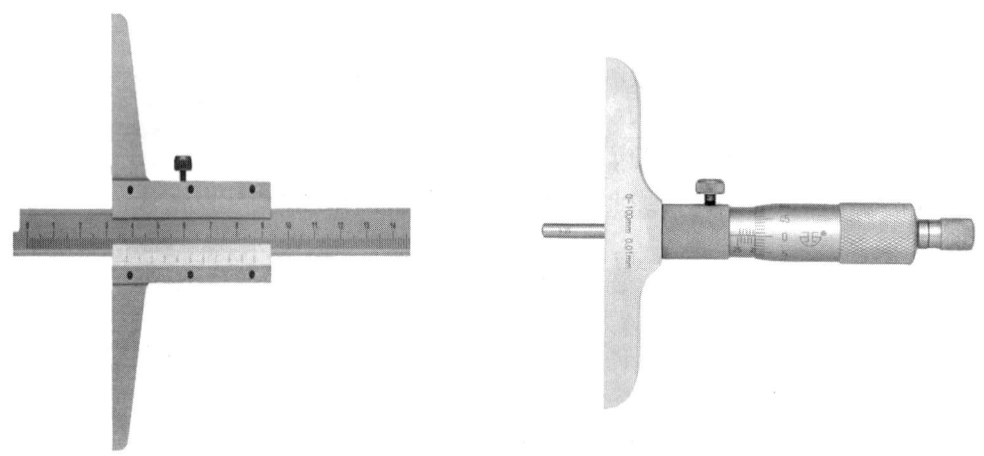

（a）深度游标尺　（b）深度千分尺

图 1.3.21　常见的深度尺

测量内孔深度时，应把基座的端面紧靠在被测孔的端面上，使尺身与被测孔的中心线平行，伸入尺身，尺身端面至基座端面之间的距离就是被测零件的深度。测量轴类等台阶时，测量基座的端面一定要压紧在基准面上，再移动尺身，直到尺身的端面接触到工件的量面（台阶面），然后用紧固螺钉固定尺框，提起深度尺，读出深度。

深度尺在使用时还要注意以下几点：

1）尺框的测量面比较大，在使用前应检查是否有毛刺、锈蚀等缺陷；要擦干净测量面上的油污、灰尘和切屑等。

2）深度尺可用于绝对测量和相对测量。测量时，要松开紧固螺钉，把尺框测量面靠在被测件的顶面上，左手稍加压力，不要倾斜，右手向下轻推尺身，当尺身下端面与被测底面接触后，就可以读数；或者用紧固螺钉把尺身固定好，取出深度尺进行读数。

3）深度尺使用完毕，要把尺身退回原位，用紧固螺钉固定，以免脱落。

4）使用深度尺前应该进行零位校准，以免产生读数误差。

（五）数控机床坐标

数控加工是建立在工件轮廓点坐标计算的基础上的。准确把握数控机床坐标轴的定义、运动方向的规定，以及根据不同坐标原点建立不同坐标系，是正确计算工件轮廓点坐标的关键，并会给程序编制和机床操作带来方便。

1. 机床坐标系

在数控机床上加工零件，机床的动作是由数控系统发出的指令来控制的。为了确定数控机床的运动方向和移动距离，需要在机床上建立一个坐标系，这就是机床坐标系。也就是说，机床坐标系是为了确定工件在机床上的位置、机床运动部件的特殊位置（如换刀点、参考点）及运动范围（如行程范围）等建立的几何坐标系，是机床固有的坐标系。

（1）机床坐标系的建立

确定数控机床坐标系，一般先确定 Z 轴，然后确定 X 轴和 Y 轴。

1）Z 轴及其正向。一般以传递切削力的主轴为 Z 轴。车床主轴的轴线方向是 Z 轴，并以增大工件和刀具距离的方向为其正向。

2）X 轴及其正向。X 轴一般为水平方向并垂直于 Z 轴。对于车床，X 轴方向是工件的径向并平行于导轨，同时也规定刀具远离工件的方向为其正向。

3）Y 轴及其正向。根据 X 轴和 Z 轴的方向，按右手笛卡儿直角坐标系确定 Y 轴。

4）旋转轴方向。X、Y、Z 轴旋转的圆周进给坐标轴分别由 A、B、C 表示。根据右手法则，若用大拇指指向 X、Y、Z 轴的正方向，则其余手指的指向是 A、B、C 的正方向。

对于两轴联动的数控车床，坐标轴只有 X 轴和 Z 轴，其坐标系如图 1.3.22 所示。图中 X 轴的正方向朝上建立，适用于斜床身和平床身斜滑板的卧式数控车床，这种类型数控车床的刀架位于机床内侧，称为后置刀架；X 轴的正方向朝下建立，适用于平床身卧式数控车床，这种类型数控车床的刀架处于机床的外侧，称为前置刀架。

（2）机床原点和参考点

机床原点（也称机床零点）是机床上设置好的一个固定点，用于确定机床坐标系的原点，如图 1.3.23 所示。机床原点在机床装配、调试时就已设置好，一般不允许用户进行更改。数控车床原点为主轴轴线与卡盘端面的交点，它是车床参考点及工件坐标系的基准点。

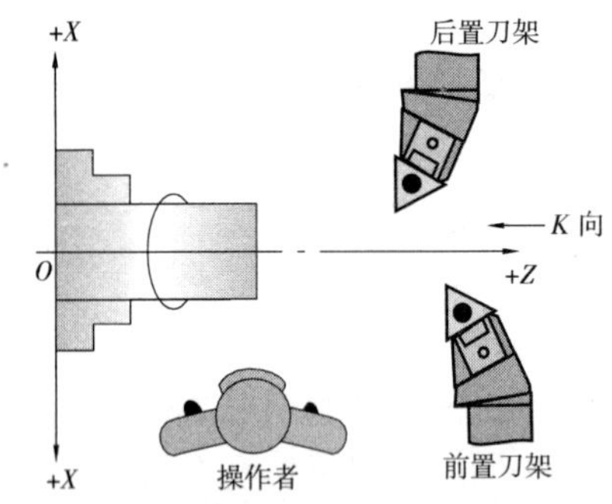

图 1.3.22　前置刀架坐标系和后置刀架坐标系

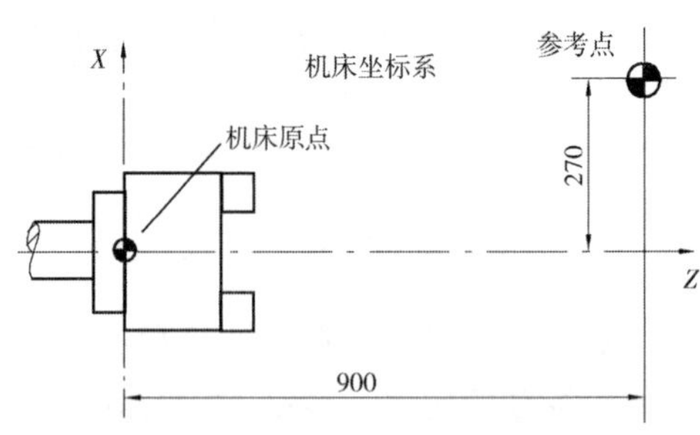

图 1.3.23　机床原点与参考点关系

机床参考点是机床上一个特殊位置的点，与机床原点的相对位置是固定的。对于大多数数控车床，开机第一步总是进行返回机床参考点的操作。开机回参考点的目的是建立机床坐标系，并确定机床坐标系的原点。该坐标系一经建立，在机床不断电的前提下，将保持不变，并且不能通过编程对它进行修改。

2. 绝对坐标与增量坐标

在编程时，刀具和机床运动位置的坐标值通常有两种表达方式，即绝对坐标和增量坐标。

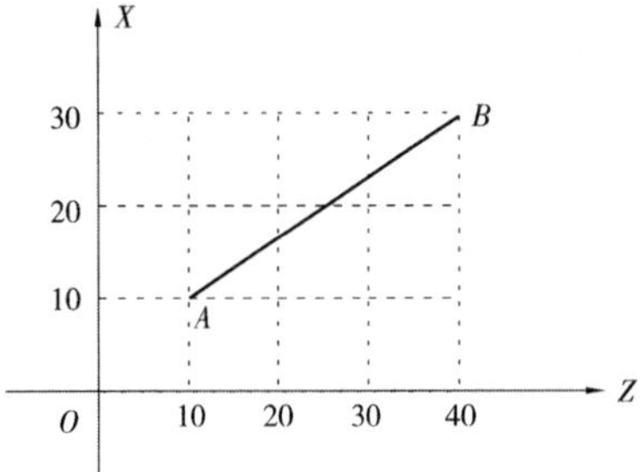

图 1.3.24　绝对坐标与增量坐标

绝对坐标是指刀具或机床运动位置的坐标值，是相对于坐标原点给出的，编程时其地址为 *X*、*Z*。如图 1.3.24 所示，*A*、*B* 两点的绝对坐标分别为 *A*（*X*10，*Z*10）和 *B*（*X*30，*Z*40）。

增量坐标是指刀具或机床运动位置的坐标值，是相对于前一位置而不是坐标系原点给出的，编程时其地址为 *U*、*W*。如图 1.3.24 所示，*B* 点相对于 *A* 点的增量坐标为（*U*20，*W*30），而 *A* 点相对于 *B* 点的增量坐标为（*U*−20，*W*−30）。

（六）对刀方法与操作

1. 数控机床建立坐标系的原理

编制数控程序时，首先要建立一个工件坐标系，程序中的坐标值均以此坐标系为依据。工件坐标系是编程人员在编程时使用的，以工件上的某一已知点为原点而建立的坐标系，也称编程坐标系，如图 1.3.25 所示。工件坐标系的原点要尽量满足编程简单、尺寸换算少、引起的加工误差小等条件。为了编程方便，通常将工件坐标系设在工件上，并将坐标原点设在图样的设计基准和工艺基准处，其坐标原点称为工件原点（或加工原点、程序原点）。

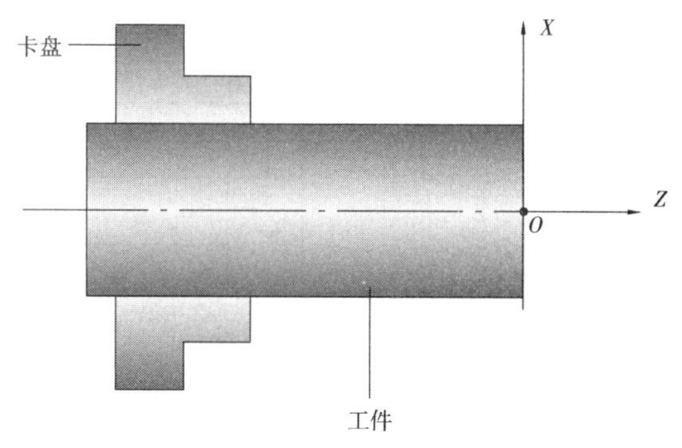

图 1.3.25　工件坐标系建立

动画：工件坐标系和工件原点

建立工件坐标系通过对刀来实现，对刀的目的是确定工件原点在机床坐标系中的位置，即工件坐标系与机床坐标系的关系。

2. 数控车床对刀的方法

建立刀具补偿值的测量过程称为对刀。数控车床对刀的方法有手动试切对刀［图 1.3.26（a）］、机外对刀仪对刀［图 1.3.26（b）］和自动对刀［图 1.3.26（c）］。对刀的目的是调整数控车床每把刀的刀位点，这样，在刀架转位后，虽然刀具的刀尖不在同一点上，但通过刀具补偿，将使每把刀的刀位点重合在某一理想位置上。这样，编程人员只需按照工件的轮廓编制程序，而不必考虑不同刀具的长度和刀尖圆弧半径的影响。对刀是数控车床加工中极其重要和复杂的工作。对刀精度的高低将直接影响到零件的加工精度。

视频：自动对刀议

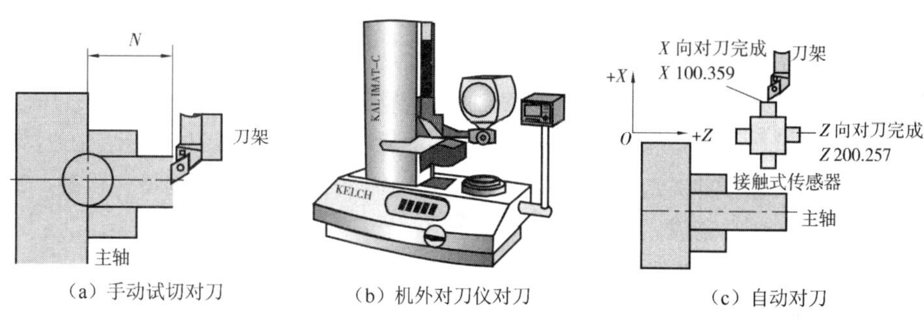

（a）手动试切对刀　（b）机外对刀仪对刀　（c）自动对刀

图 1.3.26　数控车床对刀方法

3. 数控车床手动试切对刀的操作过程

设有三把刀具：外圆车刀（1#刀）、螺纹车刀（2#刀）和内孔镗刀

（4#刀）。

01 用 1#刀车削工件右端面，车削端面后，*Z* 向不能移动，沿 *X* 正向退出，如图 1.3.27 所示。在刀具偏置补偿画面，如图 1.3.28 所示，将光标放在番号 G01 行，输入 *Z*0，再按“测量”软键，1#刀 *Z* 向对刀完成。

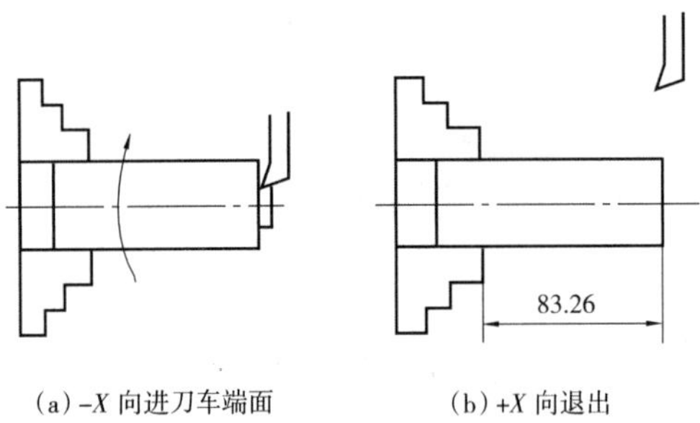

（a）−*X* 向进刀车端面　　（b）+*X* 向退出

图 1.3.27　*Z* 轴对刀

工具补正 / 形状			O9001	N0020
番号	*X*	*Z*	*R*	*T*
G 01	−205.371	−428.251	0.000	0
G 02	−208.198	−429.773	0.000	0
G 03	−198.563	−435.819	0.000	0
G 04	−283.624	−365.335	0.000	0
G 05	−268.681	−401.357	0.000	0
G 06	−203.796	−515.526	0.000	0
G 07	0.000	0.000	0.000	0
G 08	0.000	0.000	0.000	0
现在位置（相对坐标）				
	U −29.493		W −26.965	
ADRS.			S	0T
			EDIT	
[磨耗]	[形状]	[工件移]	[MACRO]	[　]

图 1.3.28　刀具偏置补偿画面

02 用 1#刀车削工件外圆，车外圆后，*X* 向不能移动，沿 *Z* 向正向退出后主轴停转，测量出外圆直径（假设 ϕ36.73mm），如图 1.3.29 所示，将光标放在番号 G01 行，输入 *X*36.73，再按“测量”软键，1#刀 *X* 向对刀完成。

03 让 1#刀分别沿 *X*、*Z* 轴正向离开工件到安全位置，换 2#刀。

04 让 2#刀的刀尖与工件右端面对齐，如图 1.3.30 所示，在刀具偏置补偿画面将光标放在番号 G02 行，输入 *Z*0，再按“测量”软键，2#刀 *Z* 向对刀完成。

05 让 2#刀的刀尖与工件已车的外圆对齐，如图 1.3.30 所示，在刀具偏置补偿画面将光标放在番号 G02 行，输入 *X*36.73，再按“测量”软键，2#刀 *X* 向对刀完成。

06 让 2#刀分别沿 *X*、*Z* 轴正向离开工件，换 4#刀。

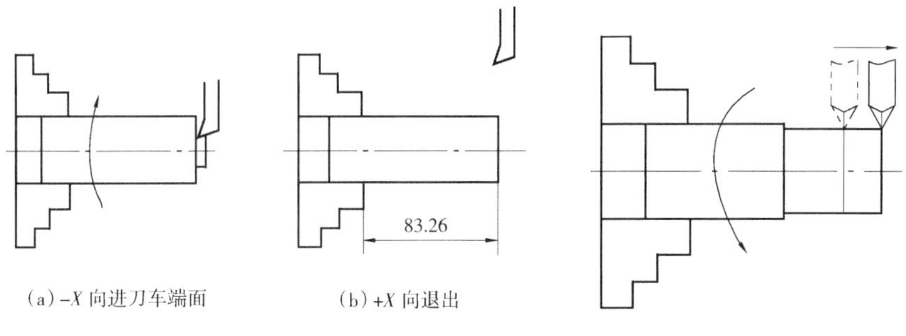

图 1.3.29　X 轴对刀　　　　图 1.3.30　螺纹车刀对刀

07 让 4#刀镗削工件内孔，X 向不能移动，沿 Z 轴正向退出，退至刀尖与端面平齐时停止移动，如图 1.3.31（a）、（b）所示，进入刀具偏置补偿画面，将光标放在番号 G04 行，输入 Z0，再按“测量”软键，4#刀 Z 向对刀完成。

08 设置完毕，继续沿 Z 轴正向移动一段距离后，主轴停转，如图 1.3.31（c）所示，测量内孔直径（假设ϕ21.75mm），进入刀具偏置补偿画面，将光标放在番号 G04 行，输入 X21.75，再按“测量”软键，4#刀 X 向对刀完成。

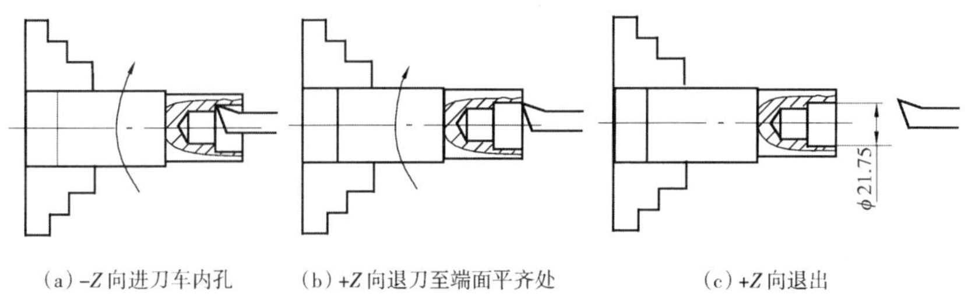

图 1.3.31　镗刀的对刀

值得注意的是，在对刀完毕时，由于数控系统并没有真正地执行刀具补偿计算，因此显示屏上显示的绝对坐标可能仍是对刀前的坐标。有时，在执行手动换刀操作后，显示坐标也仍保留前一把刀的坐标。为此，在编程时，应在程序开始的前几段或需要换刀时加上 T××××（如“T0101”等）指令，这样数控系统在自动方式运行程序时便能对该刀真正地执行刀具补偿。大家可以尝试在 MDI 方式下执行 T××××指令，然后观察其坐标变化。

用这种方法对刀的过程实际上已经建立了工件坐标系，所以，不必再用 G50 设定工件坐标系，在刀具与工件不干涉的前提下，刀架在任何位置都可以启动程序加工。

4. 刀补的修调

当刀具磨损或工件加工尺寸有误差时，只要修改刀具磨耗设置画面中的数值即可，如图 1.3.32 所示。一般可分为两种情况：

（1）磨耗 X、Z 向原数值是 0 的情况。例如，工件外圆直径加工尺寸应为 40mm，如果实际加工后测得 40.06mm，尺寸偏大 0.06mm，则在刀具磨损设置画面所对应刀具补偿号，如 1#刀具番号 W01 中的 X 向补偿值输入“－0.06”［图 1.3.32（a）］。如果实际加工后测得尺寸为 39.94mm，尺寸偏小 0.06mm，则在刀具磨耗设置画面所对应刀具补偿号，如 1#刀具番号 W01 中的 X 向补偿值输入“0.06”［图 1.3.32（b）］。

工具补正 / 磨耗			O9001 N0020	
番号	X	Z	R	T
W 01	-0.060	0.000	0.000	0
W 02	0.000	0.000	0.000	0
W 03	0.000	0.000	0.000	0
W 04	0.000	0.000	0.000	0
W 05	0.000	0.000	0.000	0
W 06	0.000	0.000	0.000	0
W 07	0.000	0.000	0.000	0
W 08	0.000	0.000	0.000	0
现在位置(相对坐标)				
	U -29.493		W -26.965	
ADRS.			S	0T
			EDIT	
[磨耗]	[形状]	[坐标系]	[MACRO]	[ ]

（a）磨耗设置 -0.06

工具补正 / 磨耗			O9001 N0020	
番号	X	Z	R	T
W 01	0.060	0.000	0.000	0
W 02	0.000	0.000	0.000	0
W 03	0.000	0.000	0.000	0
W 04	0.000	0.000	0.000	0
W 05	0.000	0.000	0.000	0
W 06	0.000	0.000	0.000	0
W 07	0.000	0.000	0.000	0
W 08	0.000	0.000	0.000	0
现在位置(相对坐标)				
	U -29.493		W -26.965	
ADRS.			S	0T
			EDIT	
[磨耗]	[形状]	[坐标系]	[MACRO]	[ ]

（b）磨耗设置 0.06

图 1.3.32　刀具磨耗设置画面

（2）磨耗 X、Z 向原数值不是 0 的情况。需要在原来数值的基础上进行累加，输入累加后的数值。例如，原来的 X 向补偿值中有数值 0.1，而尺寸偏大 0.06，则输入“－0.06”再按“＋输入”软键（或者输入“0.04”再按“输入”）软键。

当长度方向（Z 向）尺寸有偏差时，修改方法与 X 向相同。

在单件生产或首件试切时，为了保证零件的加工精度，我们需要在加工之前设定刀具磨耗值，在一次精加工后修改磨耗，再执行二次精加工。下面以图 1.3.33 零件的加工为例，说明刀补的修调过程。

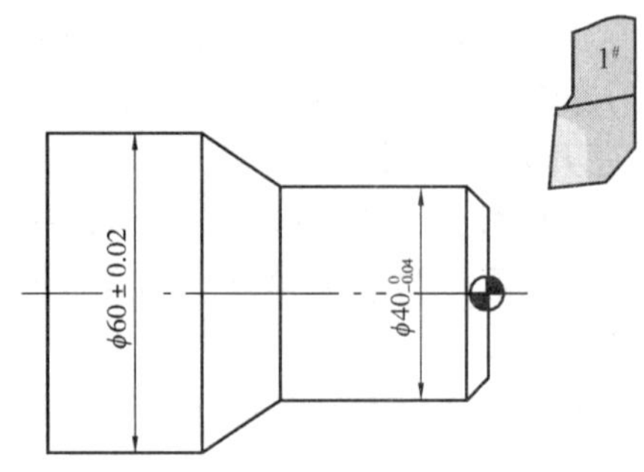

图 1.3.33　刀具磨耗修调举例

01 在对刀之后，将 1#刀的 X 向磨耗值设置为 0.5（设置之前为 0）。

02 自动方式运行加工程序，完成零件的粗车和一次精车。

03 对图 1.3.33 中关键尺寸进行测量，根据测量结果按表 1.3.1 进行操作。

表 1.3.1　刀补磨耗修调对策

<table>
<tr><th>目标尺寸</th><th colspan="2">实测尺寸</th><th>余量</th><th>对策</th><th>具体操作</th></tr>
<tr><td rowspan="4">ϕ39.98 和 ϕ60</td><td rowspan="2">I</td><td>ϕ40.52</td><td>0.54</td><td rowspan="2">修改磨耗</td><td rowspan="2">磨耗 W01 的 X 向，输入“−0.54”，按“+输入”软键</td></tr>
<tr><td>ϕ60.54</td><td>0.54</td></tr>
<tr><td rowspan="2">II</td><td>ϕ40.56</td><td>0.58</td><td>修改磨耗</td><td>磨耗 W01 的 X 向，输入“−0.54”，按“+输入”软键</td></tr>
<tr><td>ϕ60.54</td><td>0.54</td><td>修改程序</td><td>将程序中尺寸 X40 改为 X39.96</td></tr>
</table>

04 在编辑方式下将光标定位到精加工的程序段之前，然后切换到自动方式，执行二次精加工。

三、工艺准备

1. 刀具准备

90° 焊接式外圆车刀一把，用于外圆的粗、精车。

2. 夹具准备

自定心卡盘，用于装夹工件。

3. 量具准备

0～150mm 钢直尺一根，用于测长度。
0～150mm 游标卡尺一把，用于测量外圆和长度。
25～50mm 千分尺一把，用于测量外圆。

4. 加工程序准备

```
O0120;
N10G21G40G97G99;
N20 M03 S560T0101;
N30G00X42.0Z2.0;
N40G90X38.5Z-34.8F0.2;
N50X36.5Z-14.8;
N60X34.5;
N70G00 X100.0Z100.0;
N80M03S1000T0101;
N90G00X28.0Z2.0;
N100G01X34.0Z-1.0F0.06;
N110Z-15.0;
N120X36.0;
```

```
N130X38.0Z-16.0;
N140Z-35.0;
N150X40.0;
N160G00X100.0Z150.0;
N170M05;
N180M30;
%
```

四、任务实施

01 工件的装夹与找正。对工件进行装夹，并用百分表等进行找正。

02 刀具装夹。根据加工要求，将刀具安装到刀架相应的刀位上。安装刀具时，要注意刀具高度、角度与伸出刀架的长度。

03 对刀操作并执行刀补检查。手动选择刀具，用试切法进行对刀，注意小数点和正负号。对刀后，执行刀补，将刀位点靠近工件右端面，目测工件坐标系原点到刀位点的距离，看是否与显示屏上的坐标值相符。

04 修改磨耗。打开刀具磨耗设置画面，将加工刀具 X 向磨耗值设置为 0.5。

05 程序录入。编辑方式下，建立程序 O0120，并将给定的加工程序输入数控装置。

06 程序校验与图形模拟。选择自动方式，开启“机床锁住”和“空运行”功能，打开图形模拟画面，启动程序，观察刀具轨迹。注意，解除“机床锁住”功能后须执行回零操作。

07 执行加工程序，完成一次加工。自动方式下，按“循环启动”键运行加工程序，完成零件的粗车和一次精车。在进刀过程中，注意对快速倍率、进给倍率的控制，及时检查显示屏显示的坐标，尽量避免撞刀现象。

08 测量。对零件的关键尺寸进行测量，并根据测量的结果对刀具磨耗及程序做相应的修正。

09 二次加工。编辑方式下，将光标定位在精车的程序段前（即N80 段），切换到自动方式，按“循环启动”键完成零件的二次精车。

10 卸下工件，清理机床。

五、考核评价

1）学生完成零件自检，填写“考核评分表”（附表 2.14），并上交。

2）教师对零件进行检测，填写“考核评分表”（附表 2.14），并对学生整个任务的实施过程进行分析及成绩评定。

数控仿真加工

一、工作任务

根据给定程序（见本任务工艺准备），在宇龙仿真系统中完成如图 1.4.1 所示零件的仿真加工。

二、相关知识

（一）宇龙仿真系统启动

打开“开始”菜单。在“程序/数控加工仿真系统”中选择“数控加工仿真系统（FANUC）”，启动系统。

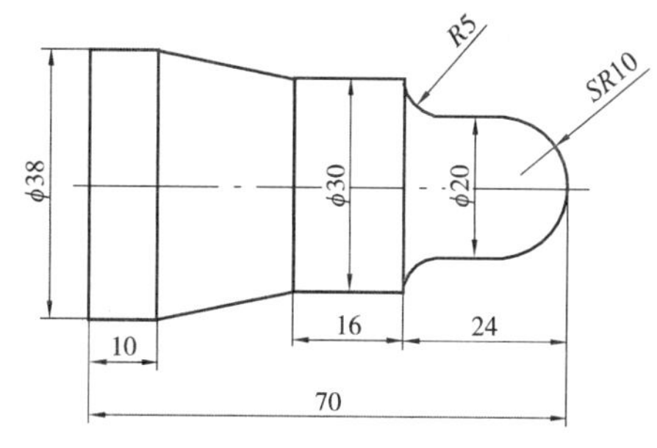

图 1.4.1　工作任务图

（二）机床的选择

单击菜单“机床/选择机床……”，在“选择机床”对话框（图 1.4.2）中，选择 FANUC 0i 控制系统和沈阳机床厂车床，并单击“确定”按钮，此时界面如图 1.4.3 所示。

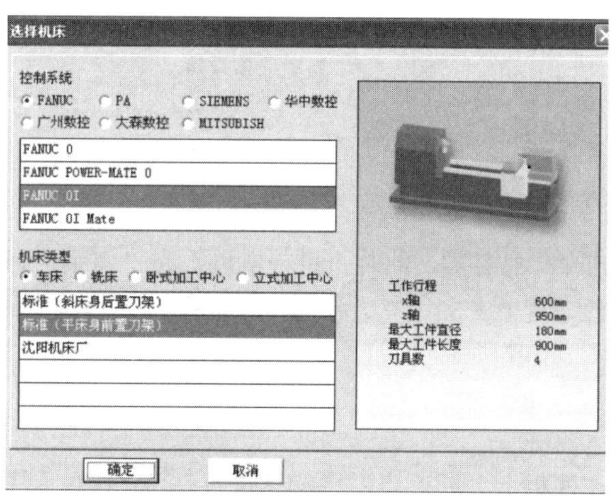

图 1.4.2　“选择机床”对话框

（三）视图选项设置

视图选项设置如图 1.4.4 所示。

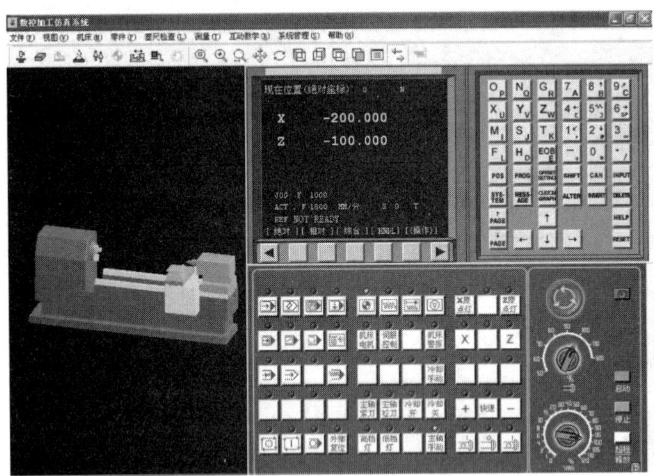

图 1.4.3　FANUC 0i 控制系统

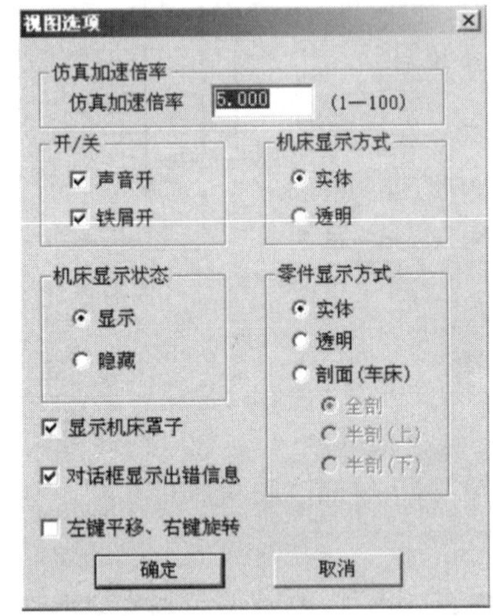

图 1.4.4　视图选项设置

（四）机床回零

1. 开机

单击“启动”按钮，此时“机床电机”和“伺服控制”的指示灯变亮；检查急停开关是否松开至状态，若未松开，按下急停开关，将其松开。

2. 回零

检查操作面板上“回原点”指示灯是否亮，若指示灯亮，则已进入回原点模式；若指示灯不亮，则按键，转入回原点模式。

在回原点模式下，先将 X 轴回原点，按控制面板上的键，使 X 轴方向移动指示灯变亮，按键，此时 X 轴将回原点，当 X 轴回原点指示灯变亮时，CRT 上的 X 坐标变为“600.00”。同样，再按“Z 轴方向移动”键，使 Z 轴方向指示灯变亮，按键，此时 Z 轴将回原点，当 Z 轴回原点指示灯变亮时，CRT 界面如图 1.4.5 所示。

（五）零件的安装

单击菜单“零件/定义毛坯……”，在“定义毛坯”对话框（图 1.4.6）中，将毛坯直径和长度分别设为 ϕ40 和 150，单击“确定”按钮。

图 1.4.5　CRT 界面

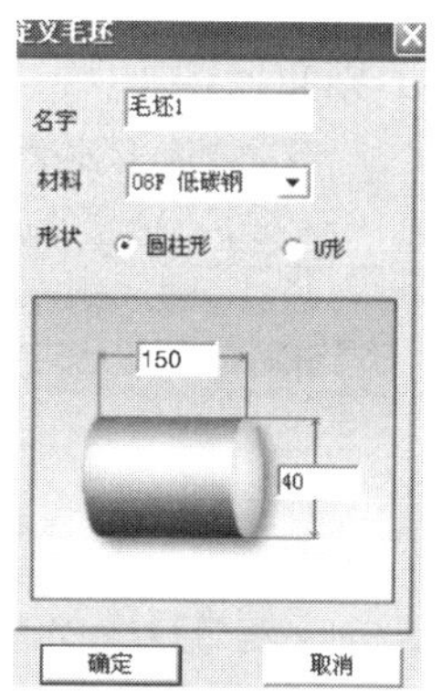

图 1.4.6　“定义毛坯”对话框

单击菜单“零件/放置零件……”，在“选择零件”对话框（图 1.4.7）中，选取名称为“毛坯 1”的零件，并单击“安装零件”按钮，界面上出现控制零件移动的面板，如图 1.4.8（a）所示，可以用其移动零件，单击面板上的“退出”按钮，关闭该面板，此时机床如图 1.4.8（b）所示，零件已安装于机床自定心卡盘内。

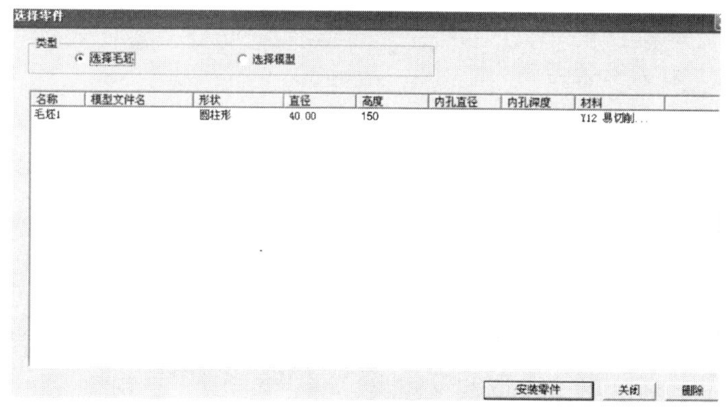

图 1.4.7　“选择零件”对话框

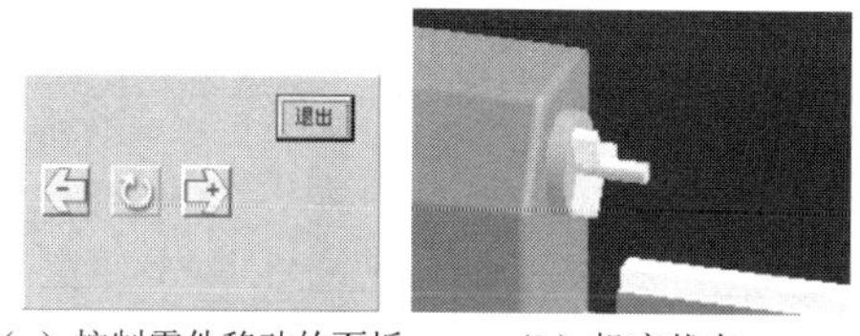

（a）控制零件移动的面板　（b）机床状态

图 1.4.8　安装零件

（六）数控加工程序的导入

按操作面板上的编辑键，编辑状态指示灯变亮，此时已进入编辑状态。按 MDI 键盘上的PROG键，CRT 界面转入编辑页面。单击“操作”按钮，在出现的子菜单中单击▶，可见“F 检索”，单击此按钮，在弹出的对话框中选择所需的 NC 程序 O0130，如图 1.4.9 所示，单击“打开”按钮确认。在同一菜单级中，按“读入”软键，按 MDI 键盘上的“数字/字母”键，输入“O0130”，单击“执行”按钮，则数控程序 O0130 显示在 CRT 界面上。

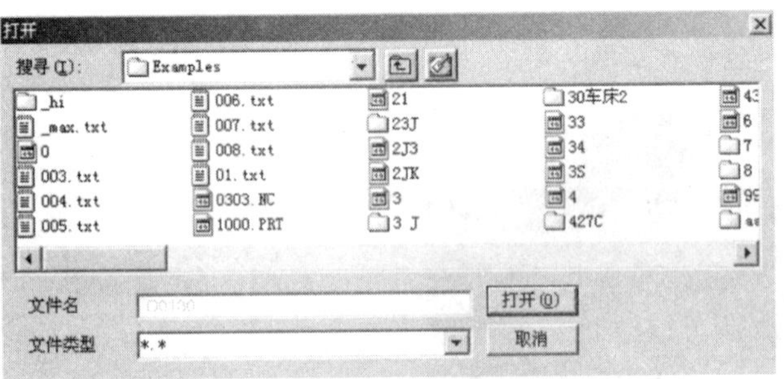

图 1.4.9　程序选择

注：软键在 CRT 界面下方，与 CRT 界面上的提示相对应，如图 1.4.10 所示。

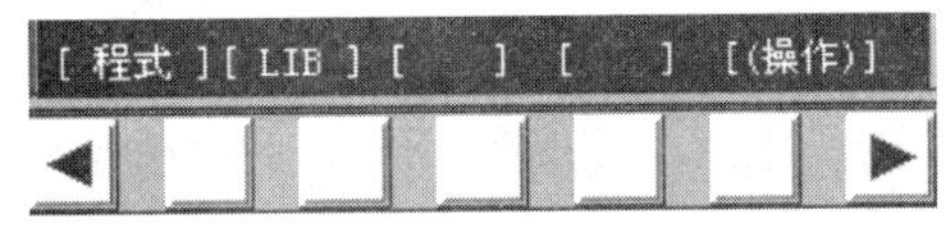

图 1.4.10　软键布局

（七）刀具安装与对刀

1. 刀具安装

单击菜单“机床/选择刀具”，在“刀具选择”对话框中根据加工方式选择所需的刀片。输入刀尖半径和刀具长度后，单击“确定”按钮退出，如图 1.4.11（a）所示。刀具安装后，机床如图 1.4.11（b）所示。

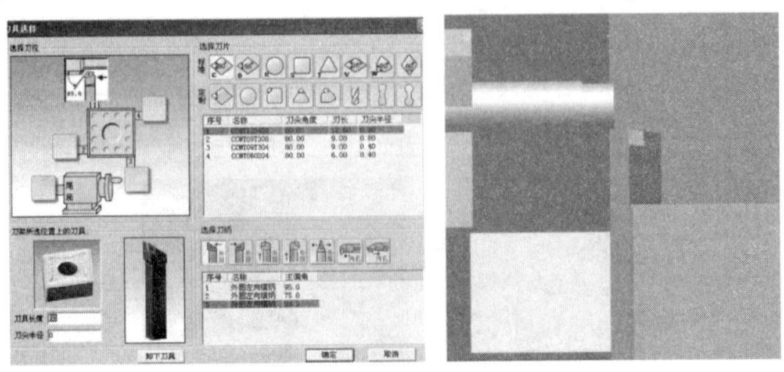

（a）刀具选择　　（b）刀具安装

图 1.4.11　刀具的选择与安装

2. 对刀

假设加工程序以零件右端面中心点为原点，下面将说明如何通过对刀来建立工件坐标系与机床坐标系的关系。

按操作面板上的“手动”键，手动状态指示灯变亮，机床进入手动操作模式，按控制面板上的 X 键，使 *X* 轴方向移动指示灯变亮，按 + 键，使机床在 *X* 轴方向移动；同样的方法使机床在 *Z* 轴方向移动。

按操作面板上的或键，使其指示灯变亮，控制主轴正转。再按“*Z* 轴方向移动”键 Z，使 *Z* 轴方向指示灯变亮，按 - 键，用所选刀具试切工件外圆，并在 *X* 轴方向不变情况下沿 *Z* 轴退出，如图 1.4.12 所示；停主轴，测量工件外圆直径为 ϕ36.198，如图 1.4.13 所示。按 MDI 键盘上的刀具偏置键，按“形状”软键，如图 1.4.14 所示。将光标移到 *X* 坐标方向，输入 *X*36.198，按“测量”软键。

图 1.4.12　*X* 方向对刀

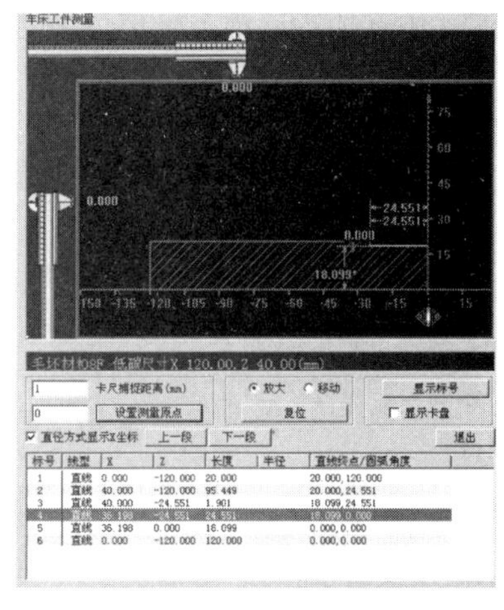

图 1.4.13　工件测量

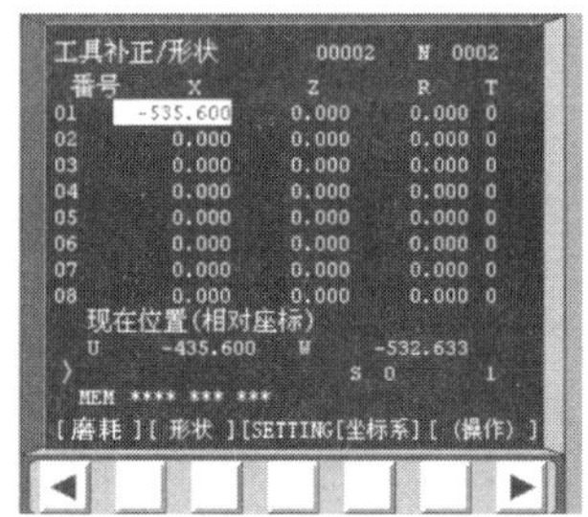

图 1.4.14　*X* 方向刀具补偿

同理，试切工件端面，如图 1.4.15 所示，按 MDI 键盘上的键，按“形状”软键，如图 1.4.16 所示。将光标移到 *Z* 坐标方向，输入 *Z*0，按“测量”软键。

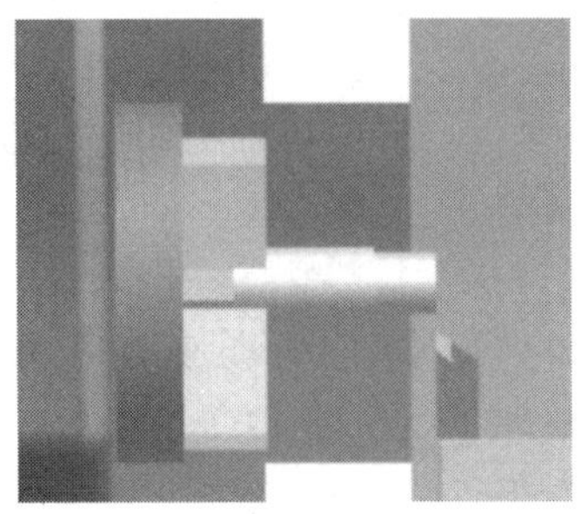

图 1.4.15　*Z* 方向对刀

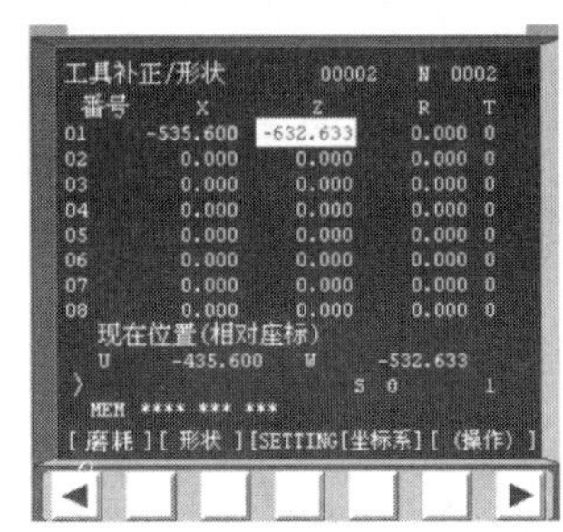

图 1.4.16　*Z* 方向刀具补偿

（八）自动加工

完成对刀，导入数控程序后，就可以开始自动加工了。按操作面板上的“自动运行”键，使其指示灯亮，按“循环启动”键，开始自动加工。仿真加工过程及结果如图 1.4.17 所示。

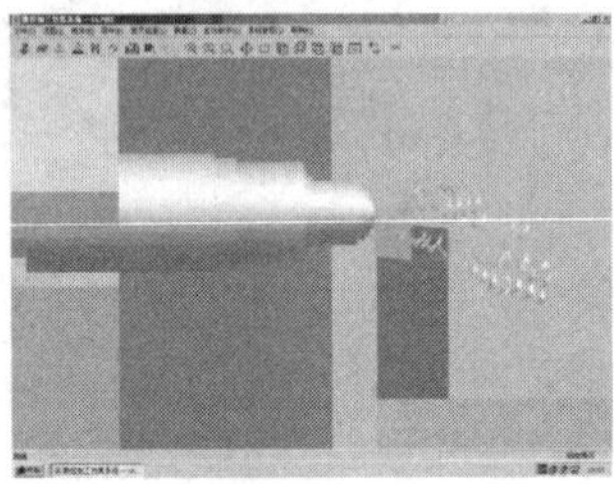

(a) 加工过程

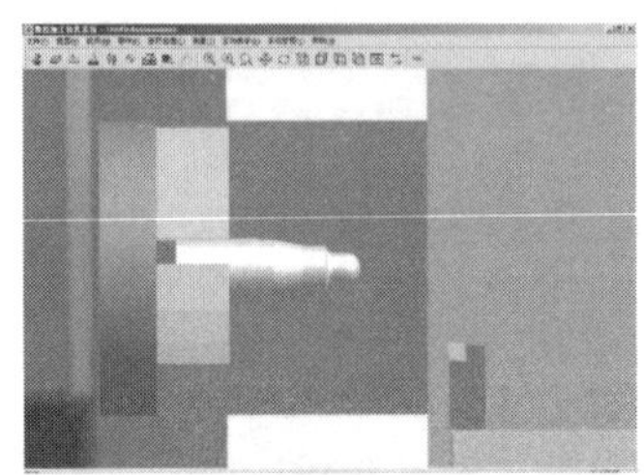

(b) 加工结果

图 1.4.17　仿真加工过程及结果

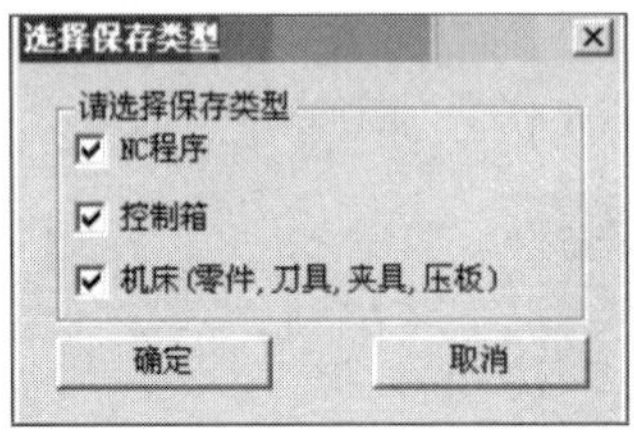

图 1.4.18　仿真保存设置

（九）仿真结果保存

单击菜单“文件”→“保存”，在图 1.4.18 所示对话框中选择要保存的类型，单击“确定”按钮保存。

三、工艺准备

加工程序准备：将如下所示加工程序输入记事本中，并保存为 O0130。

```
N10G21G40G97G99;
N20M03 S600 T0101;
N30G00 X42.0 Z2.0;
N40G71 U1.5 R0.5;
N50G71 P60 Q130 U0.5 W0.2 F0.2;
N60 G00 X0;
N70G01 Z0 F0.05;
```

```
N80G03 X20.0 Z-10.0 R10.0;
N90G01 Z-19.0;
N100G02 X30.0 Z-24.0 R5.0;
N110G01 W-16.0;
N120X38.0 Z-60.0;
N130 Z-70.0;
N140M03 S1000 T0101;
N150G00 X42.0 Z2.0;
N160G70 P60 Q130;
N170G00 X100.0 Z100.0;
N180M30;
%
```

四、任务实施

01 启动宇龙仿真系统，选择机床。
02 开启机床，执行回零操作。
03 定义并安装ϕ38×150 毛坯。
04 定义 93° 外圆车刀，并安装于 1#刀位。
05 对刀。
06 导入 O0130 程序。
07 运行加工程序，完成仿真加工。
08 保存仿真结果。

五、考核评价

1）学生完成零件自检，填写“考核评分表”（附表 2.15），并上交。

2）教师对零件进行检测，并填写“考核评分表”（附表 2.15），并对学生整个任务的实施过程进行分析及成绩评定。

项目 2 轴类零件的加工

>>>>

◎ 项目导读

轴是机械中的重要零件，其作用主要是承受转矩与弯矩，支承其他回转零件并传递运动与动力。轴类零件的加工是数控车削的基本技能，是学习车削加工各类零件的基础。本项目通过阶梯轴的加工、锥度轴的加工和外沟槽零件的加工三个任务的学习和实施，使学生掌握轴类零件加工工艺的制定、轴类零件的定位与装夹、手工编程、零件轮廓加工、槽类加工和轴类零件精度检验等内容，达到《数控车工国家职业标准》规定的各项技能要求。

◎ 最终目标

会一般轴类零件的加工。

◎ 促成目标

1. 能读懂轴类零件的图样；
2. 能编制简单轴类零件的数控加工工艺文件；
3. 能够根据数控加工工艺文件选择、安装和调整数控车床外圆车刀、车槽刀；
4. 能编制由直线组成的二维轮廓数控加工程序；
5. 能够运用固定循环、复合循环进行轴类零件的加工程序编制；
6. 能进行轴类零件加工，并达到尺寸公差 IT6、几何公差 IT8、表面粗糙度 *Ra*1.6μm；
7. 能进行内径槽、外径槽的加工，并达到尺寸公差 IT8、几何公差 IT8、表面粗糙度 *Ra*3.2μm；
8. 能够进行零件外圆、槽和锥度的检测。

◎ 思政目标

1. 传承和发扬专注执着、追求卓越的工匠精神；
2. 强化规范意识、质量意识，自觉践行行业规范。

任务 2.1　阶梯轴的加工

一、工作任务

（一）生产任务（表 2.1.1）

表 2.1.1　生产任务单

<table>
<tr><td colspan="2">单位名称</td><td colspan="5"></td><td>编号</td><td></td></tr>
<tr><td rowspan="6">产品清单</td><td>序号</td><td>零件名称</td><td>毛坯外形、尺寸</td><td>数量</td><td>材料</td><td>出单日期</td><td>交货日期</td><td>技术要求</td></tr>
<tr><td>1</td><td>阶梯轴</td><td>ϕ40×105</td><td>1</td><td>45 钢</td><td></td><td></td><td>见图样</td></tr>
<tr><td>2</td><td></td><td></td><td></td><td></td><td></td><td></td><td></td></tr>
<tr><td>3</td><td></td><td></td><td></td><td></td><td></td><td></td><td></td></tr>
<tr><td>4</td><td></td><td></td><td></td><td></td><td></td><td></td><td></td></tr>
<tr><td>5</td><td></td><td></td><td></td><td></td><td></td><td></td><td></td></tr>
<tr><td colspan="5">出单人签字：
日期：_____年_____月_____日</td><td colspan="4">接单人签字：
日期：_____年_____月_____日</td></tr>
<tr><td colspan="9">车间负责人签字：
日期：_____年_____月_____日</td></tr>
</table>

（二）阶梯轴零件图（图 2.1.1）

材料 45 钢，毛坯尺寸ϕ40×105（任务 1.3 练习件）。

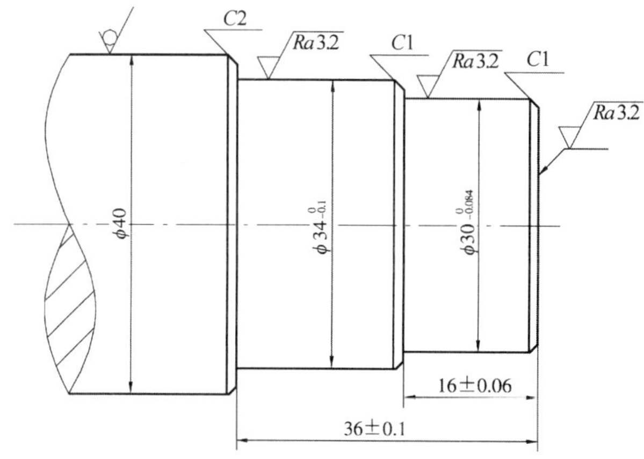

图 2.1.1　简单阶梯轴零件图

二、相关知识

（一）外圆车刀

1. 车刀切削部分的组成（图 2.1.2）

1）前刀面，指刀具上切屑流过的表面。
2）主后刀面，指刀具上同前刀面相交形成主切削刃的后刀面。
3）副后刀面，指刀具上同前刀面相交形成副切削刃的后刀面。
4）主切削刃，指前刀面与主后刀面的交线。
5）副切削刃，指前刀面与副后刀面的交线。
6）刀尖，指主切削刃与副切削刃相交成的一个尖角。

2. 三个辅助平面（图 2.1.3）

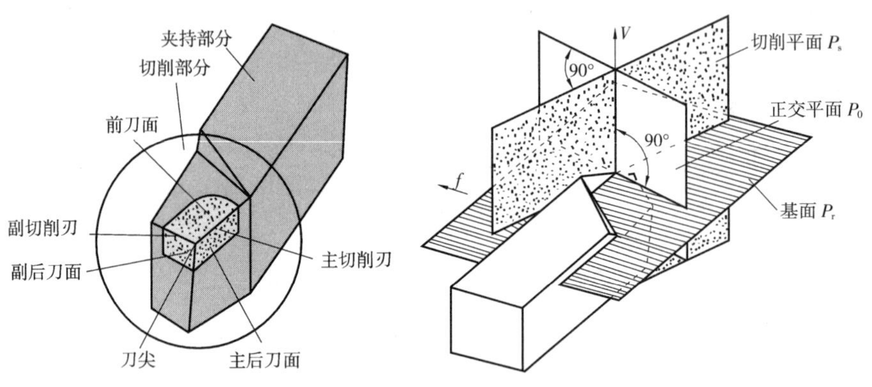

图 2.1.2　车刀切削部分组成　　　　图 2.1.3　三个辅助平面的关系

（1）基面 P_r
基面指通过切削刃上选定点，垂直于切削速度方向的平面。
（2）切削平面 P_s
切削平面指通过切削刃上选定点，与主切削刃相切并垂直于基面的平面。
（3）正交平面 P_0
正交平面指通过切削刃选定点并同时垂直于基面和切削平面的平面。

3. 外圆车刀刀具几何角度（图 2.1.4）

视频：车刀角度

（1）前角 γ_0
前角指前刀面与基面间的夹角。增大前角，则切削刃锋利，切削变形小，切削力小，使切削轻快，切削热也小。但前角太大，切削刃强度会降低。通常粗车或加工硬材料时，可取负前角，以增加切削刃强度。精车或切削软质材料时，可采用正前角，使切削刃锋利。硬质合金车刀的前角一般取－5°～

＋25°。切削时，切屑是沿着刀具的前刀面流出的，因此前角对切屑的流向会有一定的影响，如图 2.1.5 所示。

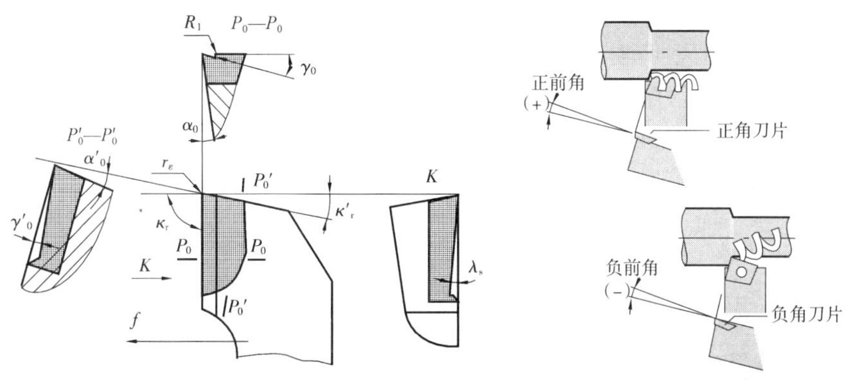

图 2.1.4　刀具几何角度　　　　图 2.1.5　切屑排出与前角的关系

（2）后角 α_0

后角指主后面与切削平面间的夹角。后角影响着刀具与工件的摩擦，增大后角，可减小刀具主后面与工件间的摩擦力（图 2.1.6），但后角太大，切削刃强度降低。切削硬材料或要求刀具强度高时，可取小后角。切削软材料或易加工硬化的材料时，可取大后角。粗加工时后角一般取 6°～8°，精加工时可取 10°～12°。

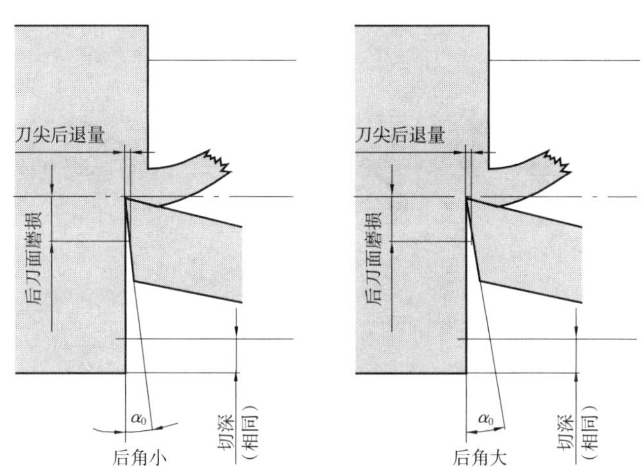

图 2.1.6　后角与后刀面磨损的关系

（3）主偏角 κ_r

主偏角指进给运动方向主切削刃在基面上投影的夹角。增大主偏角，可使进给力 a 加大，径向力 a'减小，有利于消除振动，但刀具磨损加快，散热条件差，如图 2.1.7 所示。减小主偏角，刀片与切屑接触的长度增加，切削厚度变薄，使切削力分散作用在长的切削刃上，刀具耐用度得以提高，但使刀具切削性能变差，加工细长轴时易发生挠曲。在精车或加工细长轴时应选大主偏角，在粗车或加工硬材料时应选小主偏角。主偏角一般在 45°～95°选取。

（4）副偏角 κ'_r

副偏角指副切削刃与进给运动反方向在基面上投影的夹角。增大副偏角可减小副切削刃与工件已加工表面之间的摩擦，改善散热条件，但使表面粗糙度数值增大、切削刃强度降低。减小副偏角小，切削刃强度增加，但刀尖易发热，背向力增加，切削时易产生振动。粗加工时副偏角宜小些，而精加工或加工内凹型面（图 2.1.8）时副偏角宜大些。副偏角一般在 5°～15°选取。

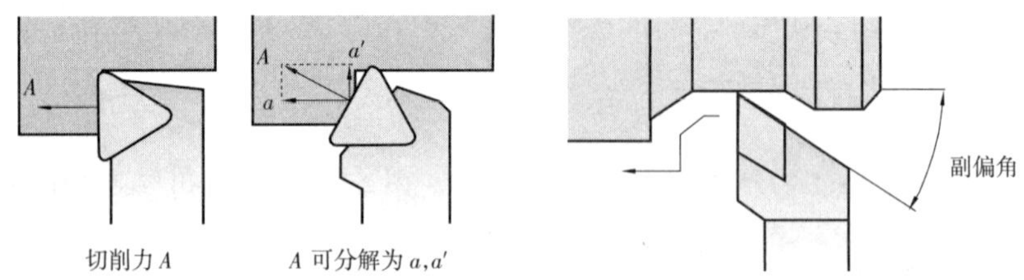

图 2.1.7　主偏角对切削力的影响　　　　图 2.1.8　副偏角与加工型面的关系

（5）刃倾角 λ_s

刃倾角指主切削刃与基面主切削平面投影的夹角。刃倾角主要影响切屑流向和刀体强度。刃倾角为负时，切屑流向工件；为正时，反向排出，如图 2.1.9 所示。刃倾角为负时，切削刃强度增大，但切削径向力也增加，易产生振动。刃倾角一般为－5°～＋10°。

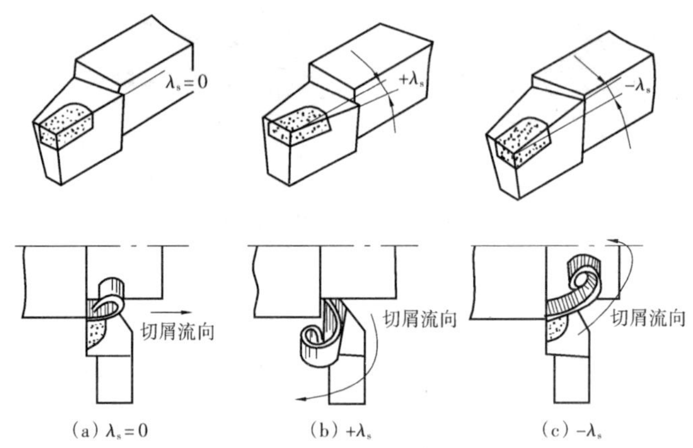

图 2.1.9　刃倾角与切屑流向

（6）刀尖圆弧半径 r_ε

刀尖圆弧半径 r_ε 对刀尖的强度及加工表面粗糙度影响很大。刀尖圆弧半径大，可减小刀具前、后刀面磨损，增加切削刃强度，降低表面粗糙度值，如图 2.1.10 所示。但刀尖圆弧半径过大，将增加切削力，易引发振动，并降低切削性能。通常在精加工或加工细长轴时，宜选半径较小的刀尖圆弧，粗车、加工硬材料或断续加工时，宜选半径较大的刀尖圆弧。

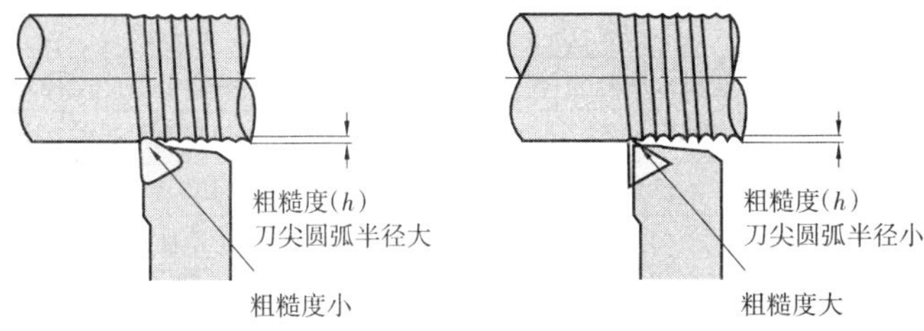

图 2.1.10　刀尖圆弧半径大小对粗糙度的影响

常用硬质合金数控车刀在切削碳素合金钢时的刀具参数推荐取值如表 2.1.2 所示。在确定角度参数值的过程中，应考虑工件材料、硬度、切削性能、具体轮廓形状和刀具材料等诸多因素。

表 2.1.2　常用硬质合金数控车刀在切削碳素合金钢时的刀具参数推荐

刀具类型	前角 γ_0	后角 α_0	副后角 α'_0	主偏角 κ_r	副偏角 κ'_r	刃倾角 λ_s	刀尖圆弧半径 r_ε
外圆粗车刀	0°～10°	6°～8°	1°～3°	约 75°	6°～8°	0°～3°	0.5～1mm
外圆精车刀	15°～30°	6°～8°	1°～3°	90°～93°	2°～6°	3°～8°	0.1～0.4mm
外车槽刀	15°～20°	6°～8°	1°～3°	90°	1°～1.5°	0°	0.1～0.4mm

对于机械夹固式外圆车刀，由于其刀具参数已设置成标准化参数，因此使用时只需按要求选用相应的刀杆和刀片即可。机械夹固式外圆车刀种类较多，如图 2.1.11 所示，其中较常用的（主偏角）有 75°、90°、93° 和 95° 外圆车刀。

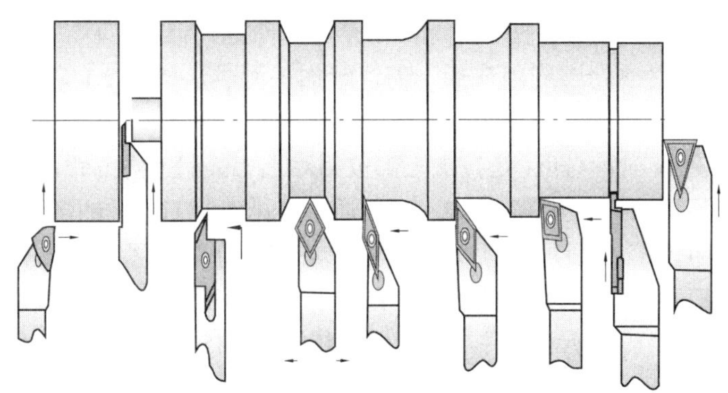

图 2.1.11　机械夹固式外圆车刀

4. 数控加工刀具卡

数控加工刀具卡主要反映使用刀具的名称、编号、规格、长度、半径补偿值及所用刀杆的型号等内容，它是调刀人员准备和调整刀具、机床操作人员输入刀补参数的主要依据。表 2.1.3 为数控车削加工刀具卡。

表 2.1.3　数控车削加工刀具卡

<table>
<tr><td colspan="2">单位名称</td><td colspan="2"></td><td>零件名称</td><td>螺纹短轴</td><td colspan="2">零件图号</td><td>HC0701</td></tr>
<tr><td colspan="2" rowspan="4">工件安装
定位简图</td><td colspan="2" rowspan="4"></td><td>车间</td><td>设备名称</td><td colspan="2">设备型号</td><td>设备编号</td></tr>
<tr><td>工业中心</td><td>数控车床</td><td colspan="2">CAK6136</td><td>2006—1029</td></tr>
<tr><td>材料牌号</td><td>毛坯种类</td><td colspan="2">毛坯尺寸</td><td>工序时间</td></tr>
<tr><td>45 钢</td><td>棒料</td><td colspan="2">ϕ42×36</td><td>120min</td></tr>
<tr><td>序号</td><td>刀具号</td><td>刀具类型</td><td>刀杆型号</td><td>刀片型号</td><td>刀尖半径</td><td>补偿代号</td><td>换刀方式</td><td>备注</td></tr>
<tr><td>1</td><td></td><td>ϕ15 麻花钻</td><td></td><td></td><td></td><td></td><td>手动</td><td></td></tr>
<tr><td>2</td><td>T01</td><td>95° 外圆车刀</td><td>MCLNR 2020K12</td><td>CNMG120404EN</td><td>0.4</td><td>3</td><td>自动</td><td></td></tr>
<tr><td>3</td><td>T03</td><td>95° 内孔车刀</td><td>S16R－SCLCR09</td><td>CCMT09T304EN</td><td>0.4</td><td>2</td><td>自动</td><td>孔深 40</td></tr>
<tr><td>4</td><td>T04</td><td>3mm 车槽刀</td><td>QA2020R03</td><td>Q03</td><td></td><td></td><td>自动</td><td></td></tr>
<tr><td>5</td><td>T05</td><td>60° 螺纹车刀</td><td>SER2020K16T</td><td>16ERAG60ISO</td><td></td><td></td><td>自动</td><td>0.75～3</td></tr>
<tr><td>编制</td><td></td><td>审核</td><td>批准</td><td></td><td colspan="2">年　月　日</td><td>共 1 页</td><td>第 1 页</td></tr>
</table>

（二）数控车削加工方案

加工方案又称工艺方案，数控机床的加工方案包括制定工序、工步及走刀路线等内容。

1．制定加工方案的一般原则

制定加工方案的一般原则：先粗后精，先近后远，先内后外，程序段数最少，走刀路线最短及特殊情况特殊处理。

（1）先粗后精

粗加工主要考虑的是较高的生产效率，因此粗加工要在较短的时间内将大部分的余量去除，同时尽量满足精加工的余量均匀性要求。粗加工后，应接着安排换刀进行精加工。如果粗加工余量较多或不均匀，可在粗加工与精加工之间安排半精加工，使精加工余量小而均匀。精加工时，零件的最终轮廓应由最后一刀连续加工而成，如图 2.1.12 所示。

（2）先近后远

这里所说的远与近，是按加工部位相对于刀具起刀点的距离大小而言的。一般情况下，特别是在粗加工时，通常安排离起刀点近的部位先加工，离起刀点远的部位后加工，以便缩短刀具移动距离，减少空行程时间。对于车削加工，先近后远有利于保持毛坯件或半成品件的刚性，改善其切削条件。如图 2.1.13 所示零件，加工顺序依次为ϕ35、ϕ40、ϕ45、ϕ50。

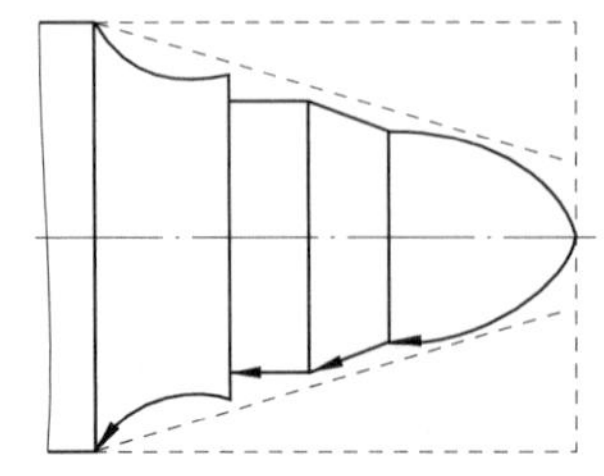

图 2.1.12　先粗后精

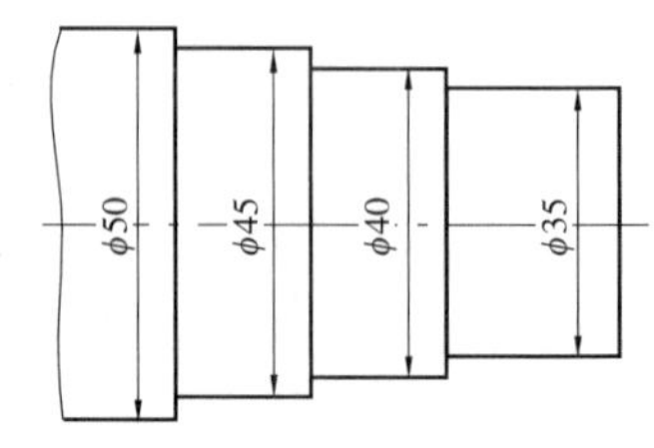

图 2.1.13　先近后远

（3）先内后外

对既要加工内表面（内型、腔），又要加工外表面的零件，在制定其加工方案时，通常安排先加工内型和内腔，后加工外表面。这是因为控制内表面的尺寸和形状较困难，刀具刚性相应较差，刀尖（刃）的耐用度易受切削热影响而降低，以及在加工中清除切屑较困难等。

（4）走刀路线最短

走刀路线泛指刀具从对刀点（起刀点）开始运动起，直至返回该点并结束加工程序所经过的路径，包括切削加工的路径及刀具引入、切出等非切削空行程。因精加工切削过程的走刀路线基本上是沿其零件轮廓顺序进行的，因此确定走刀路线的工作重点主要是确定粗加工及空行程的走刀路线。在保证加工质量的前提下，使加工程序具有最短的走刀路线，以节省整个加工过程的执行时间，减少一些不必要的刀具消耗及机床进给机构滑动部件的磨损。图 2.1.14（a）为在粗加工换刀点与起刀点重合时的走刀路线，图 2.1.14（b）为换刀点与起刀点分开时的走刀路线，显然图 2.1.14（b）的走刀路线要比图 2.1.14（a）的走刀路线短，因此选择图 2.1.14（b）的走刀路线是比较合理的。

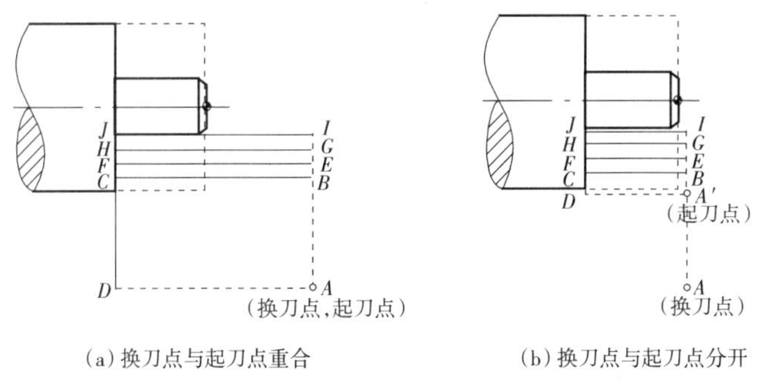

图 2.1.14　走刀路线

2. 工序与工步的划分

（1）工序的划分

工序是指一个或一组工人，在一个工作地或一台机床上对一个或同时对几个工件连续完成的那一部分工艺过程。在数控机床上加工零件，工序可以比较集中，在一次装夹中尽可能完成大部分或全部工序。一般工序划分有以下几种方式：

1）按零件装卡定位方式划分工序。由于每个零件结构形状不同，各加工表面的技术要求也有所不同，因此加工时，其定位方式各有差异。一般加工外形时，以内形定位；加工内形时又以外形定位。因此，可根据定位方式的不同来划分工序。

2）粗、精加工划分工序。根据零件的加工精度、刚度和变形等因素来划分工序时，可按粗、精加工分开的原则来划分工序，即先粗加工再精加工。此时，可用不同的机床或不同的刀具进行加工。通常在一次安装中，不允许将零件某一部分表面加工完毕后，再加工零件的其他表面，而应先切除整个零件的大部分余量，再精加工各表面，以保证加工精度和表面粗糙度的要求。

3）按所用刀具划分工序。为了减少换刀次数，缩短空行程时间，减少不必要的定位误差，可按刀具集中工序的方法加工零件，即在一次装夹中，尽可能用同一把刀具加工出可能加工的所有部位，再换另一把刀加工其他部位。在专用数控机床和加工中心中常采用这种方法。

（2）工步的划分

在一个工序内往往需要采用不同的刀具和切削用量，对不同的表面进行加工。为了便于分析和描述较复杂的工序，工序内又细分为工步。工步是指在加工表面不变，加工工具不变的条件下，所连续完成的那一部分工序内容。工步的划分主要从加工精度和效率两方面考虑，同时也要根据具体零件的结构特点、技术要求等情况综合考虑。

（3）工序卡片

由于数控加工的工序比较集中，每一加工工序又可划分为多个工步，所以工序卡不仅应包含每一工步的加工内容，还应包含所用刀具类型、刀具号、刀具补偿号及切削用量等内容。它不仅是编程人员编制程序时必须遵循的基本工艺文件，还是指导操作人员进行数控机床操作和加工的主要资料。不同的数控机床，数控加工工序卡可采用不同的格式和内容。表 2.1.4 为数控车削加工工序卡。

表 2.1.4　数控车削加工工序卡

单位名称			零件名称	螺纹短轴	零件图号		JHC0701
工件安装定位简图			车间	设备名称	设备型号		设备编号
			工业中心	数控车床	CAK6136		2006－1029
			材料牌号	毛坯种类	毛坯尺寸		工序时间
			45 钢	棒料	ϕ42×86		120min
工步号	工步内容	刀具名称	主轴转速	进给速度	背吃刀量	余量	备注
1	粗车零件外形	90°外圆车刀	S800	F0.25	2	*X*0.5	$\kappa_r'>20°$
2	精车零件外形	90°外圆车刀	S900	F0.08	0.25	0	$\kappa_r'>20°$
3	手工钻ϕ15 底孔	ϕ15 麻花钻	S450	F0.1	7.5		
4	粗车内孔	90°内孔车刀	S400	F0.2	1	*X*0.5	孔深 40
5	精车内孔	90°内孔车刀	S600	F0.08	0.25	0	孔深 40
6	车槽	3mm 车槽刀	S400	F0.06	3	0	
7	车螺纹	60°螺纹车刀	S600				F：0.5～3
编制		审核	批准	年　月　日		共 1 页	第 1 页

3．数控车削加工路线

加工路线（即走刀路线），是指数控加工中，刀具的刀位点相对于工件的运动轨迹。加工路线也就是刀具从起刀点开始运动起，直至结束加工程序所经过的路径，包括切削加工的路径及刀具引入、返回等非切削空行程。加工路线的确定首先必须保证被加工零件的尺寸精度和表面质量，其次考虑数值计算简单、加工路线尽量短、效率较高等因素。

图 2.1.15（a）～（d）所示为用棒料做毛坯粗车轴类零件时采用的几种不同加工路线的安排示意图。其中，图 2.1.15（a）为利用外径复合循环径向分层切削的加工路线，图 2.1.15（b）为利用端面复合循环轴向分层切削的加工路线，图 2.1.15（c）为利用封闭式复合循环分层切削的加工路线，图 2.1.15（d）为利用锥度循环的三角形加工路线。从加工路线最短角度看，图 2.1.15（a）的最短，其次是图 2.1.15（d）。从编程和计算方便角度看，图 2.1.15（a）利用外径复合循环功能比图 2.1.15（d）锥度循环要简便，而且图 2.1.15（d）的加工路线的余量非常不均匀。从加工余量的均匀性角度来看，粗车后图 2.1.15（c）的加工路线留下的精车余量最均匀，但利用封闭式复合循环功能加工棒料的空行程时间较长。在背吃刀量一致的情况下，图 2.1.15（b）的加工路线会使得走刀次数增加，进、退刀的空行程时间也相对较长。综上所述，对棒料进行轴类零件加工时，采用图 2.1.15（a）的加工路线较为理想。

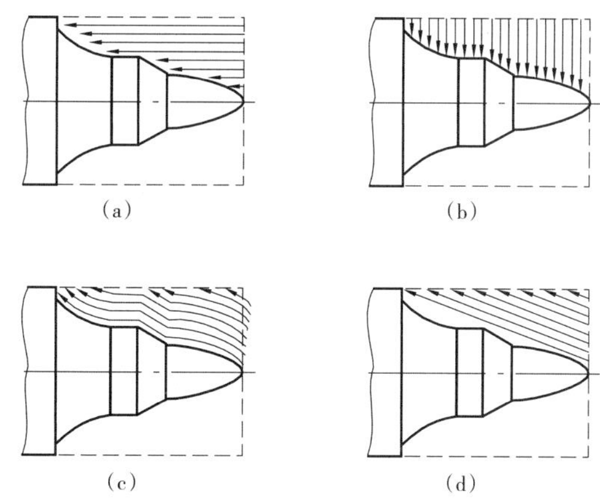

图 2.1.15　轴类零件常用加工路线

同样，我们可以经过分析得出结论：用圆盘形毛坯加工盘类零件时，采用端面复合循环轴向分层切削的加工路线较为理想［图 2.1.16（a)］；用铸件或锻件毛坯加工轴类或盘类零件时，采用封闭式复合循环分层切削的加工路线较为理想［图 2.1.16（b)］。

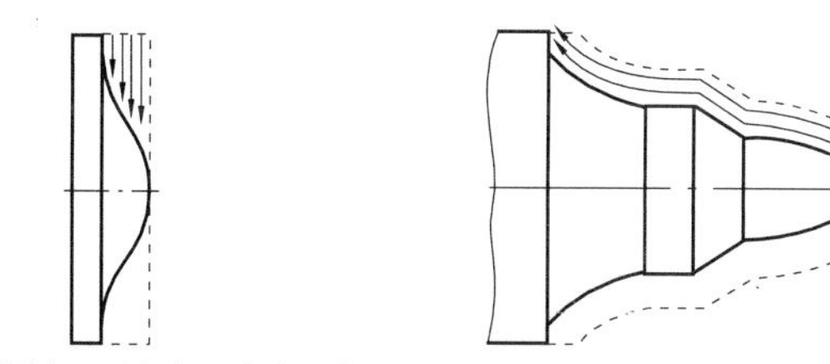

（a）用圆盘形毛坯加工盘类零件　（b）用铸件或锻件毛坯加工轴类零件

图 2.1.16　盘类零件与锻件、铸件加工路线图

4. 加工余量的确定

为了保证零件的质量（精度和表面粗糙度），在加工过程中，需要从工件表面上切除的金属层厚度，称为加工余量。加工余量又有总余量和工序余量之分。总余量是指某一表面毛坯尺寸与零件设计尺寸之差，以 Z_0 表示。工序余量是指该表面加工相邻两工序尺寸之差，以 Z_i 表示。

（1）影响加工余量的因素

1）上道工序的表面粗糙度值 Ra。

2）上道工序的表面缺陷层深度 T_a。

3）上道工序各表面相互位置空间偏差 ρ_a。

4）本工序的装夹误差 ε_b。

5）上道工序的尺寸公差 δ_a。

上述前四项之和构成最小余量，最小余量加上上道工序的尺寸公差，即为本道工序的加工余量，即

$$\text{最小余量}=Ra+T_a+\rho_a+\varepsilon_b$$

$$\text{加工余量}=\text{最小余量}+\delta_a$$

（2）加工余量的确定方法

1）计算法。应用上述加工余量计算公式通过计算确定余量。此法必须要有可靠的实际数据资料，目前应用较少。

2）查表法。根据各工厂长期的生产实践与试验研究所积累的有关加工余量资料，制成各种表格并汇编成手册（如机械加工工艺手册、机械工程师手册、工艺设计手册等），确定加工余量时，查阅这些手册，再根据本厂实际加工情况进行适当修正后确定。目前此法使用较为普遍。

3）经验估计法。技术工人根据工厂的生产技术水平，靠经验来确定加工余量。为防止余量不足而产生废品，通常所取的加工余量都偏大。此法一般用于单件小批量生产。

（三）加工程序的编制

1. 数控车床加工程序编制

（1）数控车床程序编制的一般过程

数控车床程序编制过程是从获取零件图样到最后加工出合格零件的整个过程，如图 2.1.17 所示。

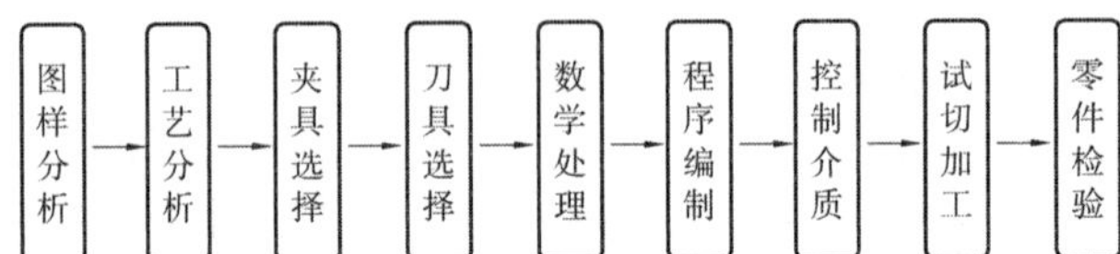

图 2.1.17　数控车床程序编制一般过程图

（2）程序段格式及指令

N×××× G×× X（U）±××××.××× Z（W）±××××. ×××

R×××.××× F×××× S×××× T×××× M××;

其中，N××××——程序段号，后续数字为 1～9999，在 FANUC 0i TC 系统中大多数时候可省略；

G××——准备功能字，后续数字 00～99，用于设定机床或系统的工作方式，FANUC 0i TC 数控系统的准备功能字如表 2.1.5 所示；

表 2.1.5　FANUC 0i Mate-TC 数控系统的准备功能字

G 代码	组别	功能	G 代码	组别	功能
G00	01	快速点定位	G65	00	宏程序调用
G01		直线插补（切削进给）	G66	12	宏程序模态调用
G02		顺时针圆弧插补	G67		宏程序模态调用取消
G03		逆时针圆弧插补	G70	00	精加工循环
G04	00	暂停（延时）	G71		内外径粗车循环
G10		可编程数控输入	G72		端面粗车循环
G11		可编程数控输入方式取消	G73		成型重复循环
G18	16	Z_pX_p 平面选择	G74		Z 向啄式钻孔，端面沟槽循环
G20	06	英制输入	G75		内外径切槽循环
G21		公制输入	G76		螺纹切削复合循环
G22	09	存储行程检测功能有效	G80	10	取消固定循环
G23		存储行程检测功能无效	G83		正面钻孔循环
G27	00	返回参考点检测	G84		正面攻螺纹循环
G28		返回参考点	G85		正面镗孔循环
G30		回到第二参考点	G87		侧面钻孔循环
G31		跳转功能	G88		侧面攻螺纹循环
G32	01	切螺纹	G89		侧面镗孔循环
G40	07	刀尖半径补偿取消	G90	01	内、外径切削循环
G41		刀尖半径左补偿	G92		螺纹切削循环
G42		刀尖半径右补偿	G94		端面切削循环
G50	00	修改工件坐标；设置主轴最高转速	G96	02	恒线速度控制
G52		设置局部坐标系	G97		恒线速度控制取消
G53		选择机床坐标系	G98	05	每分钟进给率
G54～G59	14	选择工件坐标系 1～6	G99		每转进给率

X（U）±××××．××× Z（W）±××××．×××——坐标尺寸字，后续数字为−9999.999～+9999.999，用于指定刀具运动后应达到的坐标，即终点坐标；

R×××.×××——坐标尺寸字，用于指定圆弧的半径或在循环指定中的特定功能；

F××××——进给速度功能字，用于指定刀具进给速度，在加工螺纹时表示导程；

S××××——主轴转速功能字，用于指定主轴的转速；

T××××——刀具功能字，用于指定选择的刀具号和刀具补偿号；

M××——辅助功能字，后续数字 00～99，用于指定机床辅助装置开关动作或程序的状态，FANUC 0i TC 数控系统的辅助功能字如表 2.1.6 所示。

表 2.1.6 FANUC 0i TC 数控系统的辅助功能字

M 代码	功能	M 代码	功能
M00	程序停止	M07	切削液打开
M01	程序选择性停止	M08	切削液打开
M02	程序结束（复位）	M09	切削液关闭
M03	主轴正转（CW）	M30	程序结束并返回
M04	主轴反转（CCW）	M98	子程序调用
M05	主轴停止	M99	子程序调用返回

除此之外，FANUC 0i TC 系统还有 P、Q、I、K 等指令，这些指令的功能及格式要求具体见各 G 指令的介绍。

（3）程序的结构

程序有主程序和子程序，主程序以“M30”指令结束，子程序以“M99”指令结束，两者程序结构相同。

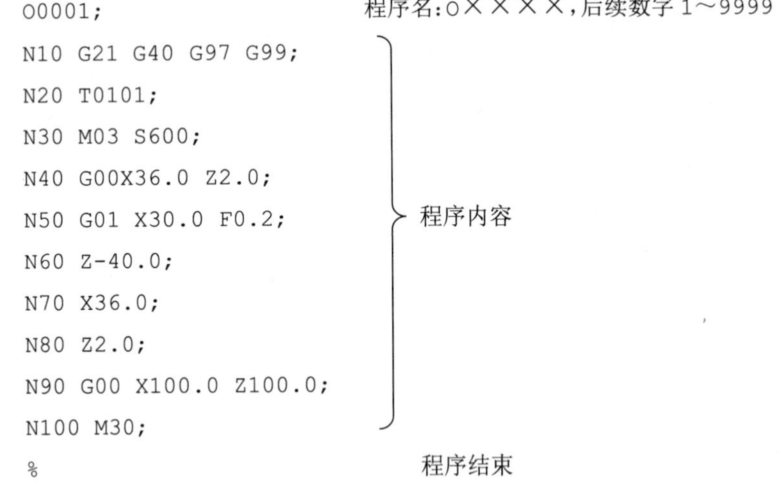

```
O0001;                          程序名:O××××,后续数字 1～9999
N10 G21 G40 G97 G99;
N20 T0101;
N30 M03 S600;
N40 G00X36.0 Z2.0;
N50 G01 X30.0 F0.2;             程序内容
N60 Z-40.0;
N70 X36.0;
N80 Z2.0;
N90 G00 X100.0 Z100.0;
N100 M30;
%                               程序结束
```

2. 编程指令

（1）模态指令与非模态指令

1）模态指令。模态指令又称续效指令，其在程序段中一经指定，便一直有效，直到出现同组另一指令或被其他指令取消时才失效。表 2.1.6 中，01～16 组的指令为模态指令。

2）非模态指令。非模态指令又称非续效指令，其功能仅在所在的程序段中有效。表 2.1.6 中，00 组的指令为非模态指令。

（2）每分进给量 G98 与每转进给量 G99

G98 与 G99 用来控制进给速度 F 的单位，均为模态指令。G98 指定 mm/min，G99 指定 mm/r。例如：

```
G98 G01 Z-30.0 F100;   指定刀具以 100mm/min 的速度移到 Z-30 处
G99 G01 Z-30.0 F0.1;   指定刀具以 0.1mm/r 的速度移动到 Z-30 处
```

动画：进给功能指令 F 与 G98、G99

G98 和 G99 还可以用于指定 G04 暂停时间的单位（见本项目任务 1.3 的介绍）。

（3）公/英制转换指令 G21/G20

G21 指定公制编程，即 X（U）、Z（W）、R 等坐标尺寸字所描述的单位为 mm。G20 指定英制编程，相应的坐标尺寸字所描述的单位为 inch。G21 或 G20 必须在程序开始设定坐标系之前指定，为模态指令。

（4）G00 快速定位

格式：

```
G00 X(U) __Z(W) __;
```

该指令控制刀具快速从当前位置移动到指定的位置。X（U）__ Z（W）__指定移动轨迹的终点位置坐标，既可以采用绝对坐标方式，又可以采用增量坐标方式。

该指令以非直线切削形式进行定位。移动时刀具各自沿两坐标轴方向快速移动，当到达某一方向后再沿另一方向快速移动，直至终点。因此刀具路径往往不是一条直线，如图 2.1.18 所示。

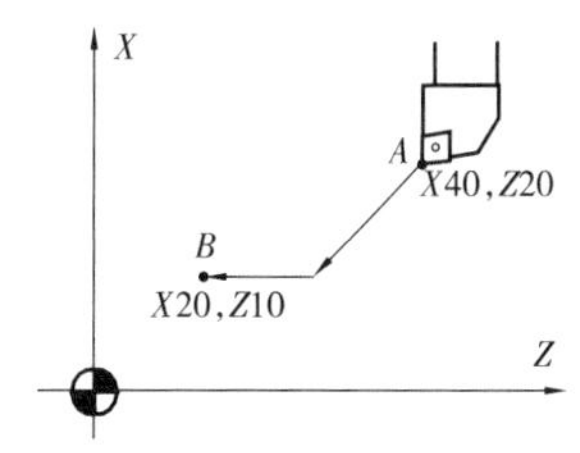

图 2.1.18　G00 走刀轨迹图

该指令控制刀具移动的速度由系统参数决定，与用户指定的 F 无关。

【例 2.1.1】　写出图 2.1.8 从 $A \rightarrow B$ 快速走刀的程序段。

绝对坐标方式：

```
G00 X20.0 Z10.0;
```

增量坐标方式：

```
G00 U-20.0 W-10.0;
```

（5）G01 直线插补

格式：

```
G01 X(U) __Z(W) __F__;
```

这个指令控制刀具以某个速度从当前位置移动到指定的位置。X（U）__ Z（W）__指定移动轨迹的终点位置坐标，编程时既可以采用绝对坐标方式，又可以采用增量坐标方式。

该指令控制刀具沿直线轨迹移动，速度由 F 决定。程序中首次使用 G01 等插补指令时必须指定 F。当 G98 时，F 的单位是 mm/min。当 G99 时，F 的单位是 mm/r。

【例 2.1.2】 写出图 2.1.19 用 G01 指定刀具沿零件轮廓 *ABCD* 移动的程序段。

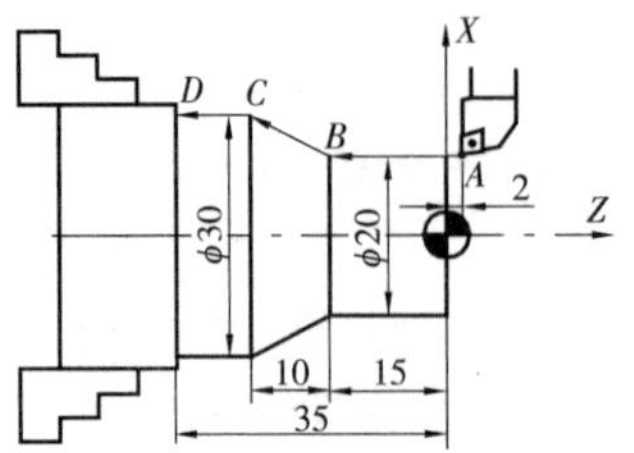

图 2.1.19　G01 举例图

绝对坐标方式：

```
G01 X20.0 Z-15.0 F0.1;
(G01) X30.0 Z-25.0;
(G01)(X30.0) Z-35.0;
```

增量坐标方式：

```
G01 W-17.0 F0.1;
(G01) U10.0 W-10.0;
(G01)(U0.0) W-10.0;
```

由于模态指令的作用，上述程序段中带括号的字可以省略。

（6）G90 内、外圆柱（锥）面固定循环

格式：

```
G90 X(U)__Z(W)__R__F__;
```

其中，X（U）、Z（W）——圆柱（锥）面切削的终点坐标，既可采用绝对坐标，又可采用增量坐标；

R——圆锥面切削的起点与终点的半径差，可正可负。

该指令控制刀具沿 1→2→3→4 移动，如图 2.1.20 所示。

动画：G90 圆柱固定循环

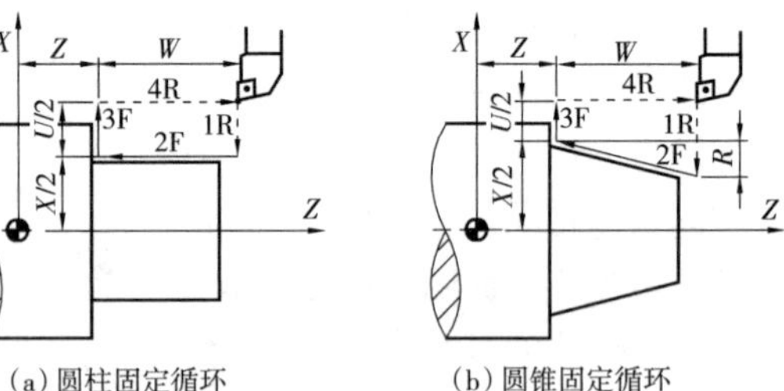

图 2.1.20　G90 走刀轨迹图

动画：G90 圆锥固定循环

图 2.1.20 中，1R 和 4R 为快速移动，速度由系统参数决定；2F 和 3F 为工作进给，速度由 F 指定。

内、外圆锥面固定循环 R 正负号的判断如图 2.1.21 所示。

【例 2.1.3】 G90 固定循环举例，起点坐标为 *X*32，*Z*2。

图 2.1.22（a）圆柱循环程序段：

绝对坐标方式：

```
G90 X20.0 Z-20.0 F0.2;
```

增量坐标方式：

```
G90 U-12.0 W-22.0 F0.2;
```

图 2.1.22（b）圆锥循环程序段：

绝对坐标方式：

```
G90 X26.0 Z-20.0 R-5.5 F0.2;
```

增量坐标方式:

```
G90 U-6.0 W-22.0 R-5.5 F0.2;
```

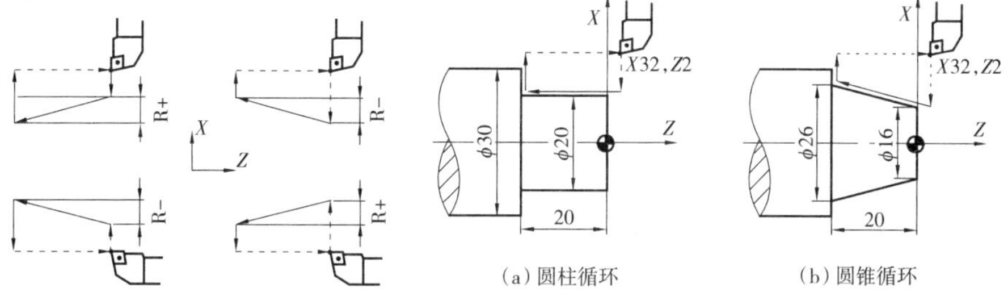

(a) 圆柱循环　(b) 圆锥循环

图 2.1.21　内外圆锥度循环 R 正负号的判断

图 2.1.22　G90 固定循环举例

(7) G94 端面（锥度）固定循环

格式:

```
G94 X（U）__Z（W）__R__F__;
```

其中，X（U）、Z（W）——端面（锥度）切削的终点坐标，既可采用绝对坐标，又可采用增量坐标；

R——端面锥度切削的起点与终点的 Z 坐标差，可正可负。

该指令控制刀具沿 1→2→3→4 移动，如图 2.1.23 所示。

动画：G94 端面矩形循环

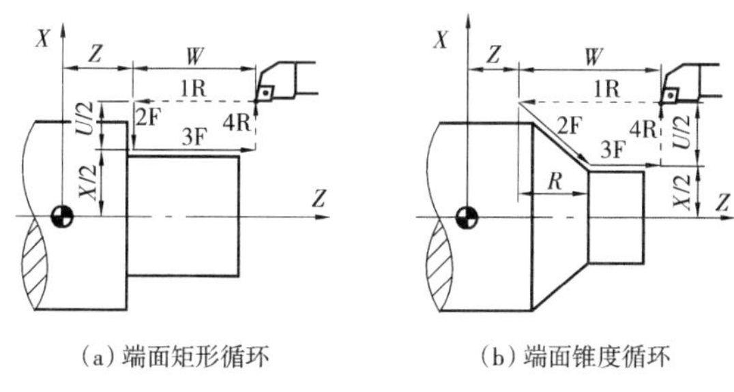

(a) 端面矩形循环　(b) 端面锥度循环

图 2.1.23　G94 走刀轨迹图

图 2.1.23 中，1 和 4 为快速移动，速度由系统参数决定；2 和 3 为工作进给，速度由 F 指定。G94 轨迹与 G90 轨迹相似，但方向相反。

动画：G94 端面锥度循环

内外锥度循环 R 正负号的判断如图 2.1.24 所示。

【例 2.1.4】　端面固定循环举例。

图 2.1.25（a）端面矩形循环程序段。

绝对坐标编程:

```
G94 X20.0 Z-20.0 F0.2;
```

增量坐标编程:

```
G94 U-12.0 W-22.0 F0.2;
```

图 2.1.25（b）端面锥度循环程序段。

绝对坐标编程:

```
G94 X20.0 Z-15.0 R-6.0 F0.2;
```

增量坐标编程：

```
G94 U-12.0 W-17.0 R-6.0 F0.2;
```

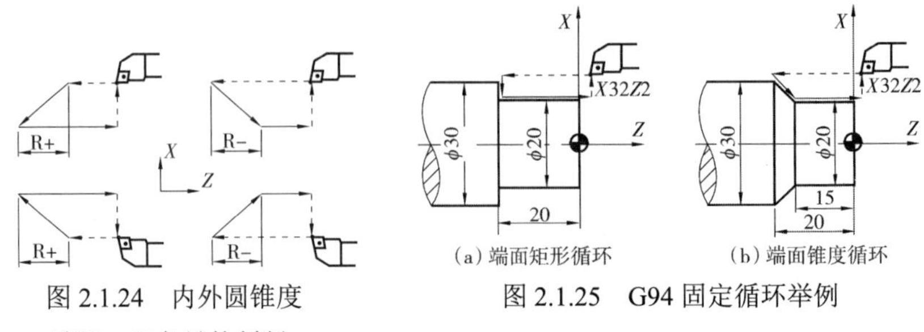

图 2.1.24　内外圆锥度循环 R 正负号的判断

图 2.1.25　G94 固定循环举例

（8）主轴转速功能 S

对于能实现无级调速的机床，S 后可以指定四位数字，如 S1000 表示主轴转速为 1000r/min。对于只能有级调速的机床，S 后可以指定两位数字，如 S01 表示低挡，S02 表示高挡，同时配合调速手柄的调整。也有的机床通过 M41/M42 来指定转速的高低挡。

（9）刀具功能字 T

刀具功能字 T 后通常可以跟四位数字，前两位用来指定选择的刀具号，后两位用来指定对应的刀补号，如 T0101 表示选择 1#刀，1#刀补。刀具号和刀补号在数值上可以相同，也可以不同，但为了减少出错，两者通常一致。

（10）进给速度功能字 F

F 用来指定进给运动时刀具的移动速度。G99 指定时，F 指定的范围为 0.0001～500.0000mm/r。G98 指定时，F 指定的范围为 1～15000mm/min。

（11）相关辅助功能

1）主轴正转、反转和停止指令。

主轴正转：M03；

主轴反转：M04；

主轴停止：M05。

2）程序停止指令 M00。当需要中途停车检查工件精度，或对有级调速的车床需要中途调速时，可在主轴停止后安排程序停止指令。

```
…
M05;
M00;
M03  S500;
…
```

机床执行到程序中的 M00 指令时，程序执行便处于停滞状态（进给运动停止），直到操作者再次按下“启动”按钮后，恢复程序运行。

3）选择性程序停止指令 M01。选择性程序停止指令 M01 与程序停止指令 M00 功能相同，不同之处为 M01 只有当机床面板上的“选择性停止”开关开启后才有效。

4）程序结束 M02 和 M30。M02 为主程序结束指令。执行到此指令，进给停止，主轴停止，切削液关闭。但程序光标停在程序末尾。M30 为主程序结束指令，功能同 M02，不同之处是，不管 M30 后是否还有其他程序段，光标都将返回程序头位置。但这也因厂家对系统设置的不同而不同，所以很多时候，两者还是通用的。

3. 加工程序单

加工程序单是数控加工工艺设计的内容之一，也是需要操作者遵守、执行的规程，是加工程序的具体说明，目的是让操作者明确程序的内容、装夹和定位方式、各个加工程序所选用的刀具、应注意的问题等。表 2.1.7 为加工程序单。

表 2.1.7　加工程序单

<table>
<tr><td>单位名称</td><td colspan="2"></td><td>零件名称</td><td>螺纹短轴</td><td>零件图号</td><td>JHC0709</td></tr>
<tr><td colspan="3" rowspan="6">画出简图并标出原点位置</td><td>刀具号</td><td>刀具名</td><td colspan="2">刀具作用</td></tr>
<tr><td>01</td><td>93°外圆车刀</td><td colspan="2">粗车零件</td></tr>
<tr><td>02</td><td>93°外圆车刀</td><td colspan="2">精车零件</td></tr>
<tr><td></td><td></td><td colspan="2"></td></tr>
<tr><td></td><td></td><td colspan="2"></td></tr>
<tr><td></td><td></td><td colspan="2"></td></tr>
<tr><td>段号</td><td>程序名</td><td>O 1001</td><td colspan="4">注释</td></tr>
<tr><td>N10</td><td colspan="2">G21 G40 G97 G99；</td><td colspan="4">程序初始化</td></tr>
<tr><td>N20</td><td colspan="2">M03 S600 T0101；</td><td colspan="4">启动主轴，转速 600r/min，选择 1#刀，1#刀补</td></tr>
<tr><td>N30</td><td colspan="2">G00 X52.0 Z1.0；</td><td colspan="4">刀具加工定位</td></tr>
<tr><td>N40</td><td colspan="2">G71 U1.5 R0.5；</td><td colspan="4">外圆粗车循环，背吃刀量 1.5，退刀量 0.5</td></tr>
<tr><td>N50</td><td colspan="2">G71 P60 Q150 U0.5 W0 F0.25；</td><td colspan="4">粗加工循环，进给量 0.25mm/r，X 向余量 0.5mm</td></tr>
<tr><td>N60</td><td colspan="2">G00 X12.0；</td><td colspan="4">X 向进刀</td></tr>
<tr><td>N70</td><td colspan="2">G01 X16.0 Z－1.0 F0.08；</td><td colspan="4">车倒角 C1</td></tr>
<tr><td>N80</td><td colspan="2">Z－10.0；</td><td colspan="4">Z 向车至 10mm</td></tr>
<tr><td>N90</td><td colspan="2">G03 X26.0 Z－15.0 R5.0；</td><td colspan="4">车 R5 的圆弧</td></tr>
<tr><td>N100</td><td colspan="2">G01 Z－20.0；</td><td colspan="4">车ϕ26 至 Z—20</td></tr>
<tr><td>N110</td><td colspan="2">X32.0 Z－30.0；</td><td colspan="4">车圆锥</td></tr>
<tr><td>N120</td><td colspan="2">Z－35.0；</td><td colspan="4">车ϕ35 至 Z—35</td></tr>
<tr><td>N130</td><td colspan="2">G02 X40.0 Z－39.0 R4.0；</td><td colspan="4">车 R4 的凹圆弧</td></tr>
<tr><td>N140</td><td colspan="2">G01 Z－45.0；</td><td colspan="4">车ϕ40 至 Z—45</td></tr>
<tr><td>N150</td><td colspan="2">X54.0 Z－52.0；</td><td colspan="4">车圆锥</td></tr>
</table>

续表

段号	程序名	O 1001				注释		
N160	G00 X100.0 Z150.0;					刀具快速返回切刀点		
N170	M03 S800 T0202;					启动主轴，转速 800r/min，选择 2#刀，2#刀补		
N180	G00 X52.0 Z1.0;					刀具加工定位		
N190	G70 P60 Q150;					精加工循环		
N200	G00 X100.0 Z150.0;					回刀具换刀点		
N210	M05;					车轴停转		
N220	M30;					程序结束		
编制		审核		批准		年 月 日	共 1 页	第 1 页

三、工艺准备

（一）图样分析

由加工任务图 2.1.1 可知，该零件为一外形简单的阶梯轴，外圆的尺寸公差带等级为 IT10，精度要求一般，表面粗糙度均为 Ra3.2μm。毛坯材料为 45 钢，尺寸为ϕ40×105。

（二）夹具选择

由于该零件为外形简单的轴类零件，可选用通用夹具——自定心卡盘进行装夹。

（三）刀具准备，填写刀具卡

1. 刀具选择

该零件加工选择焊接式 90°外圆车刀，刀具材料为 YT15。

2. 填写刀具卡

参见附表 2.11。

（四）量具准备

0～150mm 钢直尺一根，用于测长度。
0～150mm 游标卡尺一把，用于测量外圆和长度。
25～50mm 千分尺一把，用于测量外圆。

（五）编制加工工艺，填写工序卡

1. 工艺编制

该零件的加工分粗加工和精加工。
(1) 粗加工
采用图 2.1.26 的 $A \to B \to C \to D \to A \to E \to F \to G \to A$ 走刀路线进行分层

切削，主轴转速设定为 600r/min，进给量设定 0.2mm/r，背吃刀量设定为 1～2mm，*X* 向余量留 0.5mm，*Z* 向余量留 0.2mm。

（2）精加工

先采用图 2.1.27（a）的 *A*→*H*→*O*→*I*→*A* 走刀路线精车端面，然后以 *A*→*J*→*K*→*L*→*M*→*N*→*P*→*Q*→*R*→*A* 的路线精车阶梯轴外圆，如图 2.1.27（b）所示。精车时主轴转速设定为 1000r/min，进给量设定为 0.1mm/r，*X*、*Z* 向余量为 0。（关于切削用量的选择详见任务 2.2 介绍。）

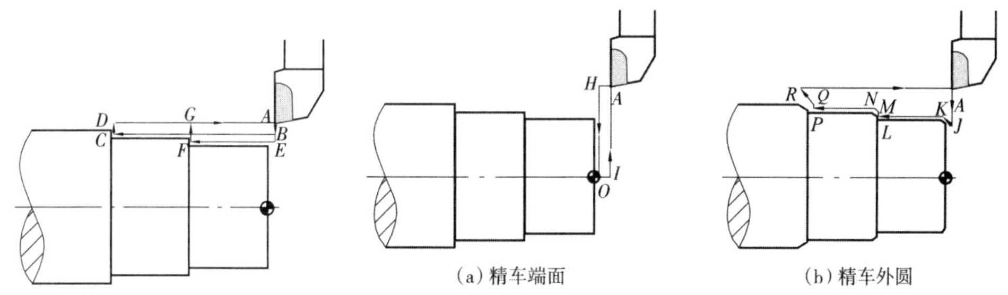

图 2.1.26　粗车路线图　　　图 2.1.27　精车路线图

2. 填写工序卡

参见附表 2.12。

（六）坐标计算

1. 编程原点

为了方便计算与编程，编程坐标系原点定于工件右端面中心。

2. 加工路线起刀点

A 点为加工路线的起刀点，该点通常离工件较近，但与毛坯留有一定的距离，因此确定 *A* 点的坐标为（*X*42，*Z*2）。

3. 粗车各点坐标

根据零件的尺寸要求和工艺安排，由图 2.1.26 可知粗加工各点坐标分别为 *B*（*X*34.5，*Z*2）、*C*（*X*34.5，*Z*—35.8）、*D*（*X*42，*Z*—35.8）、*E*（*X*30.5，*Z*2）、*F*（*X*30.5，*Z*—15.8）、*G*（*X*42，*Z*—15.8）。

4. 精车基点坐标

在计算精车零件轮廓上各基点坐标时，对有公差要求的尺寸，通常取其中间值。由图 2.1.27 可知，精加工各点坐标为 *O*（*X*0，*Z*0）、*J*（*X*24，*Z*2）、*K*（*X*29.96，*Z*—1）、*L*（*X*29.96，*Z*—16）、*M*（*X*32，*Z*—16）、*N*（*X*33.95，*Z*—17）、*P*（*X*33.95，*Z*—36）、*Q*（*X*36，*Z*—36）、*R*（*X*42，*Z*—39）。

（七）编制加工程序，填写加工程序单

1. 编制加工程序

根据前面的工艺分析和坐标计算，所编的加工程序如下：

```
O0210;
N10 G21 G40 G97 G99;        程序初始化
N20 T0101;                  选择1#刀，1#刀补
N30 M03 S600;               主轴正转，设定粗车转速为600r/min
N40 G00 X42.0 Z2.0;         刀具快速定位到工件附近
N50 G90 X34.5 Z-35.8 F0.2;  粗车外圆至φ34.5，进给量为0.2mm/r
N60 X30.5 Z-15.8;           粗车外圆至φ30.5
N70 G00 M03 S1000 T0101;    结束G90循环，设定精车转速1000r/min
                            X向进刀
N90 G94 X0.0 Z0.0 F0.1;     精车端面
N100 G00 X24.0;             进刀
N110 G01 X29.96 Z-1.0;      倒角
N120 G01 Z-16.0;            车φ30至Z-16
N130 X32.0;                 车台阶至φ32
N140 X33.95 Z-17.0;         倒角
N150 Z-36.0;                车φ34至Z-36
N160 X36.0;                 车台阶至φ36
N170 X42.0 Z-39;            车倒角
N180 G00 X100.0 Z100.0;     快速退刀，远离工件
N190 M05;                   主轴停止
N200 M30;                   程序结束
%
```

2. 填写加工程序单

参见附表2.13。

四、任务实施

01 工件装夹。将工件置于自定心卡盘中，控制伸出长度约50mm，经找正后夹紧工件。

02 刀具装夹。将90°外圆车刀置于刀架的1#刀位，调整好刀具高度、伸出长度和主偏角后，夹紧刀具。

03 对刀。根据编程原点的位置，对外圆车刀进行对刀，并将磨耗中X向值设为0.5（对刀前确保机床经过正确回零）。

04 程序的输入与调试。将O0210加工程序输入到数控装置中，并在自动运行方式下，开启“空运行”和“机床锁住”功能，检查走

刀轨迹。

注意：在解除“空运行”和“机床锁住”功能后，应进行回零。

05 自动方式下运行加工程序，完成工件一次加工。

① 检查机床的快速倍率和进给倍率是否处在较低挡位，检查主轴倍率等开关是否在正常位置，运行加工程序。

② 当刀具靠近工件时，注意检查显示屏上所显示的绝对坐标和剩余坐标是否正常。如果正常，进给倍率调至正常挡位。

③ 在加工过程中，操作者将手置于暂停（或急停、复位）按钮处，以便在撞刀等意外情况出现时能采取紧急措施，同时观察机床的加工情况，直至完成加工。

06 测量工件，修改磨耗。根据测量结果，对磨耗值（或程序）进行修正。

07 执行二次精加工。编辑方式下，将光标定位于精加工前的程序段（N70 段），切换到自动方式，按“循环启动”键，执行二次精加工。

08 将工件从卡盘上卸下，用专用清理工具清理机床。

五、考核评价

1）学生完成零件自检，填写“考核评分表”（附表 2.16），并同刀具卡、工序卡和程序单一起上交。

2）教师对零件进行检测，对刀具卡、工序卡和程序单进行批改，对学生整个任务的实施过程进行分析，并填写“考核评分表”（附表 2.16）对学生进行成绩评定。

六、自主练习

1）请写出车刀的几何角度，并说明不同角度对加工的影响。

2）请写出 G00、G01、G90、G94 指令的格式，并画简图说明其运动轨迹。

3）试对图 2.1.28 所示零件进行分析，并填写刀具卡、工序卡和加工程序单。

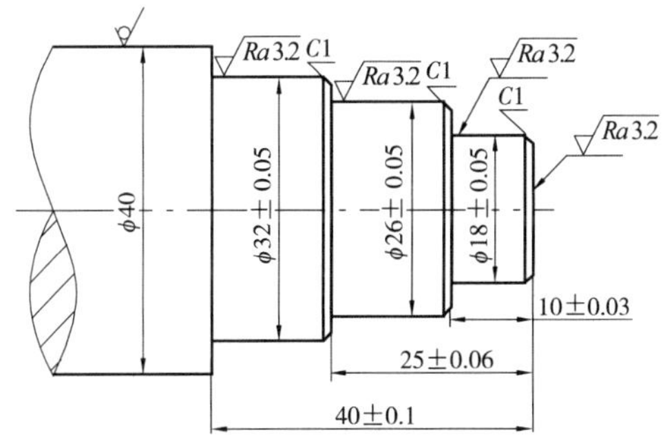

图 2.1.28　阶梯轴练习件

任务 2.2 锥度轴的加工

一、工作任务

（一）生产任务（表 2.2.1）

表 2.2.1 生产任务单

单位名称							编号	
产品清单	序号	零件名称	毛坯外形、尺寸	数量	材料	出单日期	交货日期	技术要求
	1	阶梯轴	ϕ40×103	1	45 钢			见图样
	2							
	3							
	4							
	5							
出单人签字： 日期：____年____月____日					接单人签字： 日期：____年____月____日			
车间负责人签字： 日期：____年____月____日								

（二）锥度阶梯零件图

毛坯尺寸如图 2.2.1（a）所示，零件如图 2.2.1（b）所示，材料 45 钢。

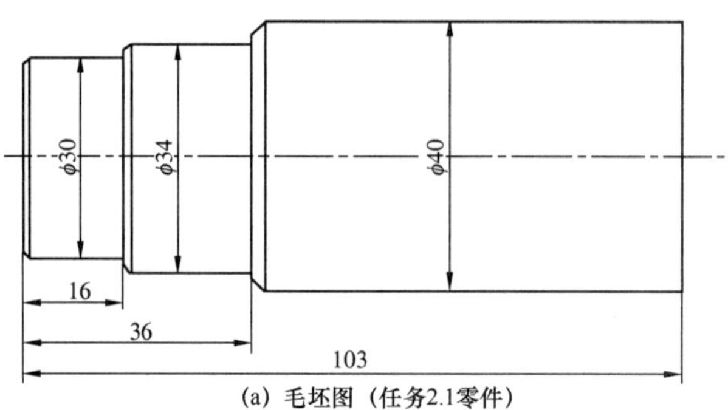

(a) 毛坯图（任务2.1零件）

图 2.2.1 带锥度阶梯轴零件加工

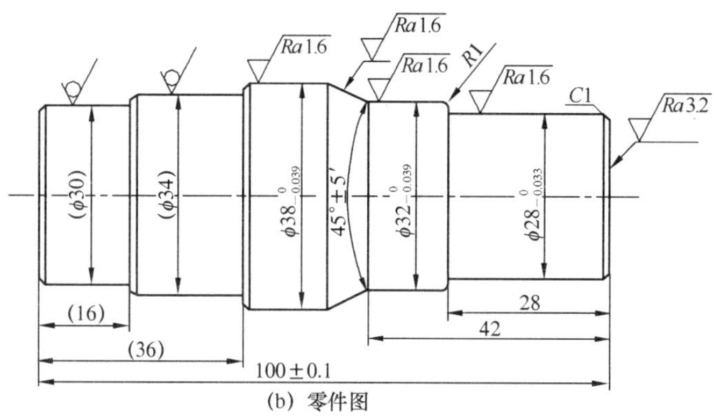

(b) 零件图

图 2.2.1（续）

二、相关知识

（一）圆锥面的作用及类型

1. 圆锥面的作用

圆锥面配合的同轴度高、拆卸方便，配合的间隙或过盈可以调整，密封性和自锁性好，当圆锥面较小时（$\alpha<3°$），能传递很大转矩，因此在机器制造中被广泛采用。例如，车床主轴前端锥孔、尾座套筒锥孔、锥度心轴、圆锥定位销等都是采用圆锥面配合，图 2.2.2 所示为常见的通过圆锥面配合的零件。

(a) 强力夹头　(b) 顶尖　(c) 麻花钻

图 2.2.2　常见的通过圆锥面配合的零件

2. 圆锥的参数及关系（图 2.2.3）

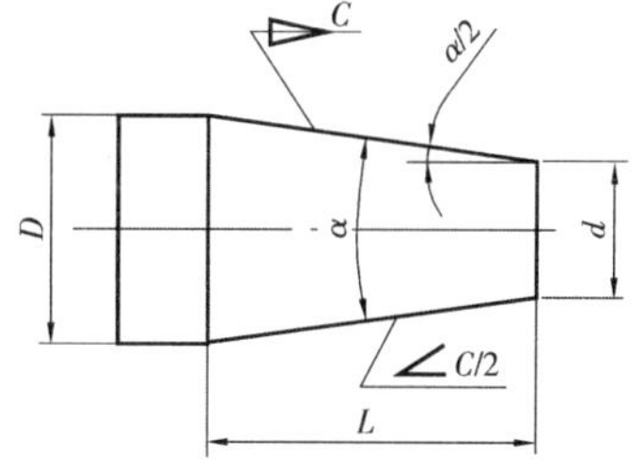

图 2.2.3　圆锥参数图

1）圆锥直径：垂直圆锥轴线的截面直径，大端直径用 D 表示，小端直径用 d 表示。

2）圆锥角 α：圆锥轴向截面内两条素线间的夹角。

3）圆锥半角 $\alpha/2$：圆锥素线与轴线间的夹角。

4）圆锥长度 L：圆锥大小端之间的轴向距离。

5）锥度 C：圆锥大、小端直径差与圆锥长度之比，即

$$C=(D-d)/L=2\tan(\alpha/2)$$

6）斜度 $C/2$：圆锥大、小端半径差与圆锥长度之比。

【例 2.2.1】 有一主轴，其一端有一段锥度为 7∶24 锥孔，大端孔径为 50mm，长度为 96mm，问它小端直径 d 和斜角 $\alpha/2$ 是多少？

解 $d=D-C\cdot L=50-96\times\dfrac{7}{24}=22$（mm）

$$\tan\frac{\alpha}{2}=\frac{C}{2}=\frac{7/24}{2}=\frac{7}{48}\approx 0.14583$$

$$\frac{\alpha}{2}\approx 8^\circ 18'$$

3. 标准圆锥的类型

标准圆锥是指几何参数已标准化的圆锥，包括莫氏圆锥和米制圆锥，常用工具、刀具上的圆锥面均为标准圆锥面。

莫氏圆锥按尺寸由小到大有 0，1，2，3，4，5，6 七种。每种对应着不同的圆锥角和尺寸，如表 2.2.2 所示。米制圆锥有 4、6、80、100、120、160、200 七个号码。它的号码是指大端直径，锥度固定不变，C=1∶20（表 2.2.2）。

表 2.2.2 标准圆锥代号及相关参数

类型		外锥大径 D	锥度 C	类型		外锥大径 D	锥度 C
莫氏	0	9.045	1∶19.212	米制	4	4	1∶20
	1	12.065	1∶20.047		6	6	
	2	17.780	1∶20.020		80	80	
	3	23.825	1∶19.922		100	100	
	4	31.267	1∶19.254		120	120	
	5	44.399	1∶19.002		160	160	
	6	63.348	1∶19.180		200	200	

（二）锥度的加工路线

车外圆锥面时可以采用矩形路线［图 2.2.4（a）］、三角形路线［轨迹平行：图 2.2.4（b）］、三角形路线［终点一致：图 2.2.4（c）］。

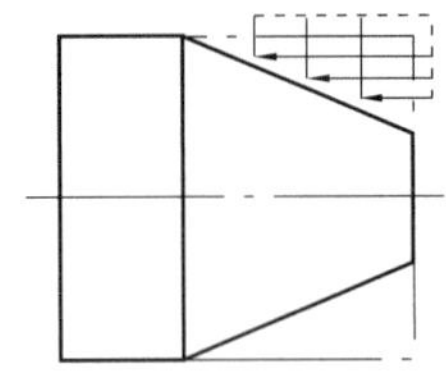
(a) 矩形路线

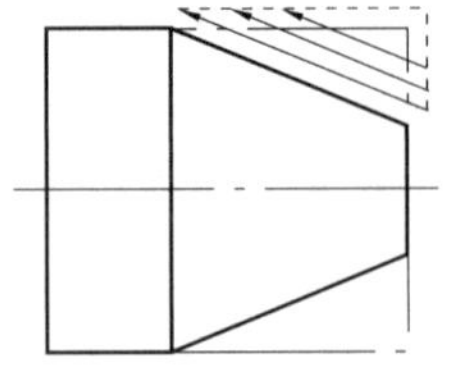
(b) 三角形路线一（轨迹平行）

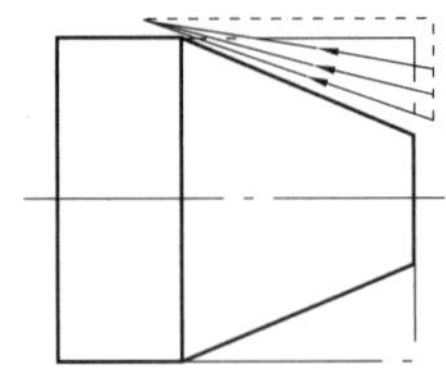
(c) 三角形路线二（终点一致）

图 2.2.4 外圆锥加工路线

矩形路线的背吃刀量相同，每次进刀终点坐标不一样，而且余量不均匀；三角形路线一的背吃刀量相同，每次进刀终点坐标不一样，但余量均匀；三角形路线二的背吃刀量不同，但每次进刀终点坐标一样，编程方便。

（三）切削用量

1. 数控车削的切削要素

数控车削的切削用量包括切削速度 v_c、进给量 f（或进给速度 F）和背吃刀量 a_p。

（1）切削速度 v_c

切削速度 v_c 是指切削刃上切削点相对于工件运动的瞬时速度，如图 2.2.5 所示，它与主轴转速之间的转换关系为

$$v_c = \frac{\pi d n}{1000}$$

式中，v_c——切削速度，m/min；

d——工件直径，mm；

n——主轴转速，r/min。

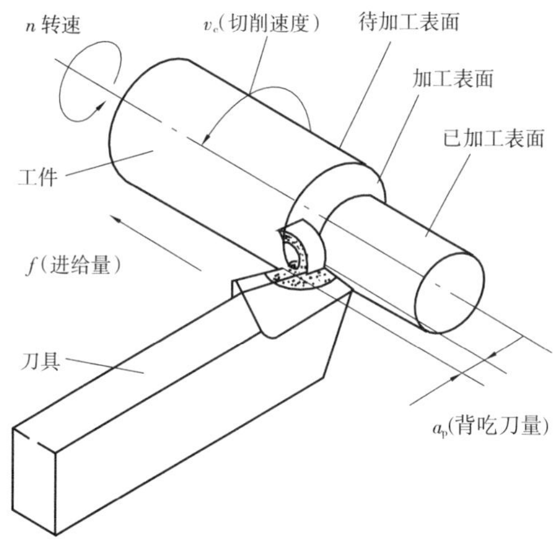

图 2.2.5　切削原理

（2）进给量 f

进给量 f 是指主轴（工件）每转过一转，刀具沿进给方向上相对于工件的移动量，单位为 mm/r。数控车削中通常用进给量表示刀具移动的速度，有时也可以用进给速度来表示。进给速度是指刀具在单位时间内沿进给方向上相对于工件的位移量，单位为 mm/min。进给速度与进给量之间的转换关系为

$$F = n \cdot f$$

（3）背吃刀量 a_p

背吃刀量 a_p 是指已加工表面与待加工表面之间的垂直距离，又称为切削深度，单位为 mm。背吃刀量的计算公式为

$$u_p = \frac{d_w - d_m}{2}$$

式中，d_w——待加工表面直径，mm；

d_m——已加工表面直径，mm。

2. 选择合理的切削用量

所谓合理的切削用量是指充分利用刀具的切削性能和机床性能，在保证加工质量的前提下，获得高的生产率和低的加工成本的切削用量。不同的加工性质，对切削加工的要求是不一样的。因此，在选择切削用量时，考虑的侧重点也应有所区别。粗加工时，应尽量保证较高的金属切除率和必要的刀具耐用度，故一般优先选择尽可能大的背吃刀量 a_p，其次选择较大的进给量 f，最后根据刀具耐用度要求，确定合适的切削速度。精加工时，为了保证工件的加工精度和表面质量要求，通常选用较小的进给量 f 和切削深度 a_p，而尽可能选用较高的切削速度 v_c。

（1）背吃刀量 a_p 的选择

背吃刀量应根据工件的加工余量来确定。粗加工时，除留下精加工余量外，一次走刀应尽可能切除全部余量。当加工余量过大、工艺系统刚度较低、机床功率不足、刀具强度不够或断续切削的冲击振动较大时，可分多次走刀。切削表面层有硬皮的铸锻件时，应尽量使 a_p 大于硬皮层的厚度，以保护刀尖。

半精加工和精加工的加工余量较小时，可一次切除，但有时为了保证工件的加工精度和表面质量，也可采用二次走刀。

在中等功率的机床上，粗加工时的背吃刀量可达 2～5mm；半精加工（表面粗糙度 Ra 为 6.3～3.2μm）时，背吃刀量取为 0.5～2mm；精加工（表面粗糙度 Ra 为 1.6～0.8μm）时，背吃刀量取为 0.1～0.4mm。

（2）进给量 f 的选择

背吃刀量选定后，接着就应尽可能选用较大的进给量 f。粗加工时，由于作用在工艺系统上的切削力较大，进给量的选取受到机床—刀具—工件系统的刚度、机床进给机构的强度、机床有效功率与转矩及断续切削时刀片的强度等因素限制。

半精加工和精加工时，进给量主要受工件加工表面粗糙度的限制。

进给量一般多根据经验或按表格（表 2.2.3）选取，在有条件的情况下，可通过对切削数据库进行检索和优化。

表 2.2.3　硬质合金车刀粗车外圆及端面的进给量

工件材料	车刀刀杆尺寸 $B\times H$/（mm×mm）	工件直径 d_w/mm	背吃刀量 a_p/mm				
			≤3	>3～5	>5～8	>8～12	<12
			进给量 f/（mm/r）				
碳素结构钢、合金结构钢及耐热钢	16×25	20	0.3～0.4	—	—	—	—
		40	0.4～0.5	0.3～0.4	—	—	—
		60	0.5～0.7	0.4～0.6	0.3～0.5	—	—
		100	0.6～0.9	0.5～0.7	0.5～0.6	0.4～0.5	—
		400	0.8～1.2	0.7～1.0	0.6～0.8	0.5～0.6	—

续表

工件材料	车刀刀杆尺寸 $B\times H$/（mm×mm）	工件直径 d_w/mm	背吃刀量 a_p/mm				
			≤3	>3～5	>5～8	>8～12	<12
			进给量 f/（mm/r）				
碳素结构钢、合金结构钢及耐热钢	20×30 25×25	20	0.3～0.4	—	—	—	—
		40	0.4～0.5	0.3～0.4	—	—	—
		60	0.5～0.7	0.5～0.7	0.4～0.6	—	—
		100	0.8～1.0	0.7～0.9	0.5～0.7	0.4～0.7	—
		400	1.2～1.4	1.0～1.2	0.8～1.0	0.6～0.9	0.4～0.6
铸铁及铜合金	16×25	40	0.4～0.5	—	—	—	—
		60	0.5～0.8	0.5～0.8	0.4～0.6	—	—
		100	0.8～1.2	0.7～1.0	0.6～0.8	0.5～0.7	—
		400	1.0～1.4	1.0～1.2	0.8～1.0	0.6～0.8	—
	20×30 25×25	40	0.4～0.5	—	—	—	—
		60	0.5～0.9	0.5～0.8	0.4～0.7	—	—
		100	0.9～1.3	0.8～1.2	0.7～1.0	0.5～0.8	—
		400	1.2～1.8	1.0～1.3	0.8～1.0	0.9～1.1	0.7～0.9

注：1）加工断续表面及有冲击的工件时，表内进给量应乘系数 k=0.75～0.85。

2）加工无外皮工件时，表内进给量应乘系数 k=1.1。

3）加工耐热钢及其合金时，进给量应不大于 1mm/r。

4）加工淬硬钢时，进给量应适当减小。当钢的硬度为 44～56HRC 时，乘系数 k=0.8；当钢的硬度为 57～62HRC 时，乘系数 k=0.5。

（3）切削速度 v_c 的选择

在 a_p 和 f 选定以后，可在保证刀具合理耐用度的条件下，用计算的方法或用查表法（表 2.2.4）确定切削速度 v_c 的值。在具体确定 v_c 值时，一般应遵循下述原则：

1）粗车时，背吃刀量和进给量均较大，故选择较低的切削速度；精车时，则选择较高的切削速度。

2）工件材料的加工性较差时，应选较低的切削速度。故加工灰铸铁的切削速度应较加工中碳钢低，而加工铝合金和铜合金的切削速度较加工钢高得多。

3）刀具材料的切削性能越好时，切削速度也可选得越高。因此，硬质合金刀具的切削速度可选得比高速钢高好几倍，而涂层硬质合金、陶瓷、金刚石、立方氧化硼刀具的切削速度又可选得比硬质合金刀具高很多。

4）在确定精加工、半精加工的切削速度时，应注意避开积屑瘤和鳞刺产生的区域。

5）在易发生振动的情况下，切削速度应避开自激振动的临界速度。

6）在加工带硬皮的铸锻件，加工大件、细长件和薄壁件，以及断续切削时，应选用较低的切削速度。

表 2.2.4　硬质合金外圆车刀切削速度的参考值

工件材料	热处理状态	a_p=0.3～2mm	a_p=2～6mm	a_p=6～10mm
		f=0.08～0.3mm/r	f=0.3～0.6mm/r	f=0.6～1mm/r
		切削速度/（m/min）		
低碳钢 易切钢	热轧	140～180	100～120	70～90
中碳钢	热轧 调质	130～160 100～130	90～110 70～90	60～80 50～70
合金结构钢	热轧 调质	100～130 80～110	70～90 50～70	50～70 40～60
工具	退火	90～20	60～80	50～70
灰铸铁	HBS＜190 190＜HBS＜225	90～120 80～110	70～90 50～70	50～70 40～60
高锰钢			10～20	
铜及铜合金（ω_{Mn}=13%）		200～250	120～180	90～120
铝及铝合金		300～600	200～400	150～200
铸铝合金（ω_{Si}=13%）		100～180	80～150	60～100

（四）零件加工质量

1. 尺寸精度

尺寸精度是指零件加工后的实际尺寸相对于理想尺寸的准确程度，它是衡量零件加工质量的一个关键要素。

（1）尺寸公差的有关术语和定义

1）公称尺寸：设计给定的尺寸。通过它应用上、下极限偏差可算出极限尺寸的尺寸，如图 2.2.1（b）中的ϕ38 等。

2）实际尺寸：通过测量获得的某一孔、轴的尺寸。

3）极限尺寸：一个孔或轴允许的尺寸的两个极端。孔或轴允许的最大尺寸称为上极限尺寸，孔或轴允许的最小尺寸称为下极限尺寸，如尺寸$\phi 38_{-0.039}^{\ 0}$的上极限尺寸是ϕ38，下极限尺寸是ϕ37.961。

4）极限偏差：偏差是指某一尺寸（实际尺寸、极限尺寸等）减其公称尺寸所得的代数差。极限偏差包括上极限偏差和下极限偏差。上极限偏差为上极限尺寸减其公称尺寸所得的代数差（孔用 ES 表示，轴用 es 表示）。下极限偏差为下极限尺寸减其公称尺寸所得的代数差（孔用 EI 表示，轴用 ei 表示）。例如，尺寸$\phi 38_{-0.039}^{\ 0}$的上极限偏差是 0，下极限偏差是−0.039。

5）尺寸公差（简称公差）：上极限尺寸减下极限尺寸之差，或上极限偏差减下极限偏差之差。它是尺寸的允许变动量，是一个绝对值。例如，尺寸$\phi 38_{-0.039}^{\ 0}$的尺寸公差为 0.039。

（2）公差带及公差带图

1）零线：在极限与配合图解中（图 2.2.6），表示公称尺寸的一条直线，以其为基准确定偏差和公差。

2）公差带：在公差带图解中（图 2.2.7），由代表上极限偏差和下极限偏差或上极限尺寸和下极限尺寸的两条直线所限定的一个区域。它由公差大小和其相对零线的位置如基本偏差来确定。

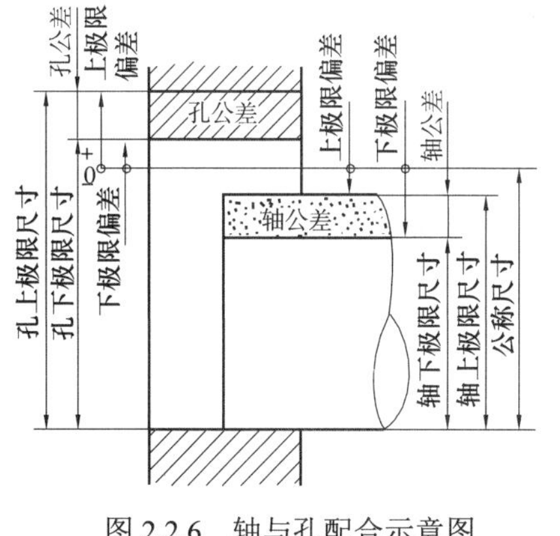

图 2.2.6　轴与孔配合示意图

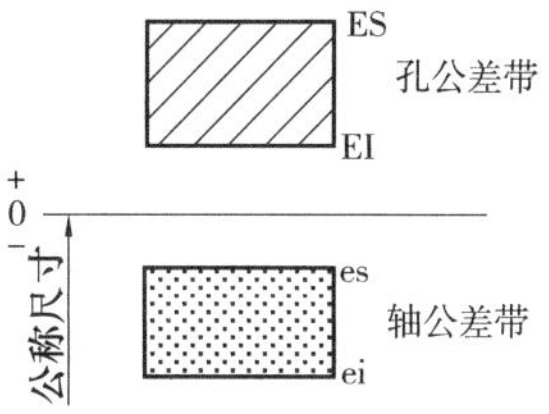

图 2.2.7　公差带图

3）标准公差（IT）：标准公差是指在国家标准极限与配合制中，所规定的任一公差。

标准公差等级代号由符号 IT 和数字组成，如 IT7。当其与代表基本偏差的字母一起组成公差带时，省略 IT 字母，如 h7。国家标准极限与配合制在公称尺寸至 500mm 内规定了 IT01，IT0，IT1～IT18 共 20 级，在公称尺寸 500～3150mm 内规定了 IT1～IT18 共 18 个标准公差等级。

4）基本偏差：基本偏差是指在国家标准极限与配合制中，确定公差带相对零线位置的极限偏差。它可以是上极限偏差或下极限偏差，一般为靠近零线的偏差。例如，尺寸$\phi 38_{-0.039}^{\ 0}$基本偏差为上极限偏差 0。基本偏差代号，对孔用大写字母 A，…，ZC 表示；对轴用小写字母 a，…，zc 表示，各 28 个。基本偏差 H 代表基准孔；h 代表基准轴。

5）尺寸公差表查法介绍：根据孔和轴的公称尺寸、基本偏差代号及公差等级，可以从公差配合的相关表中查得标准公差及基本偏差数值，从而计算出上、下极限偏差数值及极限尺寸。计算公式为 ES＝EI＋IT 或 EI＝ES－IT；ei＝es－IT 或 es＝ei＋IT。例如，某轴ϕ28h8，从公差配合相关表中查得标准公差 IT8 为 0.033，上极限偏差 es 为 0，则下极限偏差 ei＝es－IT＝－0.033。

（3）提高尺寸加工精度的措施

实际生产时，由于在测量、刀具磨损及整个加工系统的很多环节存在着一定的误差，会造成零件的尺寸超差报废，因此操作时必须从多个角度来提高加工精度。提高加工精度的常用措施如下：

1）测量机械间隙并设定自动补偿功能。

2）注意刀具安装时，刀尖与工件中心同高。

3）加切削液，减少工件热变形。

4）对刀补及加工程序进行修正（见任务 1.3“对刀操作”中关于刀补修正的描述）。

2. 表面粗糙度

经过机械加工的零件表面，总会出现一些宏观和微观上的几何形状误差。零件表面上的微观几何形状误差，是由零件表面上一系列微小间距的峰谷所形成的，这些微小峰谷高低起伏的程度就称为零件的表面粗糙度。表面粗糙度是衡量零件表面加工精度的一项重要指标，零件表面粗糙度的高低将影响到两配合零件接触表面的摩擦、运动面的磨损、贴合面的密封、配合面的工作精度、旋转件的疲劳强度、零件的美观等，甚至对零件表面的抗腐蚀性都有影响。

（1）表面粗糙度的基本符号

$\sqrt{}$：用去除材料的方法获得的表面，如车、铣、磨等。

$\sqrt{}$：用不去除材料的方法获得的表面，如铸、锻等。

$\sqrt{}$：用任何方法获得的表面。

（2）表面粗糙度等级

表面粗糙度 *Ra* 共分 14 级，不同的等级应用在不同的场合。选择表面粗糙度等级时，除了外观需要外，一般在满足使用要求的情况下，选用较低要求的表面粗糙度，以降低成本。数控车削的粗加工可以获得 *Ra* 为 12.5～6.3μm 的表面，半精加工可以获得 *Ra* 为 6.3～3.2μm 的表面，精加工可以获得 *Ra* 为 1.6～0.8μm 的表面。

（3）影响表面粗糙度的因素

影响表面粗糙度的因素主要有几何因素、物理因素和工艺因素。

1）几何因素。在理想切削条件下，由于切削刃的形状和进给量的影响，在加工表面上遗留的切削层残留面积就形成了理论表面粗糙度，如图 2.2.8 所示。

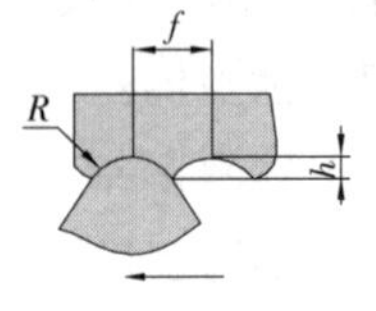

图 2.2.8　理论表面粗糙度

图 2.2.8 中，

$$h=\frac{125f^2}{R}$$

式中，h——残留面积高度，μm；

R——刀尖圆弧半径，mm；

f——进给量，mm/r。

上式表明，表面粗糙度与进给量和刀尖半径有关。

2）物理因素。一方面，切削过程中由于刀具的刃口圆角及后刀面的挤压与摩擦使金属材料发生塑性变形，从而使理论残留面积挤歪或沟纹加深，导致表面粗糙度恶化。另一方面，在加工塑性材料时，在前刀面上容易形成积屑瘤，它使刀具的几何角度、背吃刀量发生变化，因而在工件表面上出现深浅和宽窄不断变化的刀痕，甚至有些积屑瘤嵌入工件表面，增大了表面粗糙度值。另外，切削加工时产生的振动，也将使工件表面粗糙度值增大。

3）工艺因素。与表面粗糙度有关的工艺因素有切削用量、工件材质及与切削刀具有关的因素。

（4）提高表面粗糙度的措施

1）选择合理的切削用量。选择较高切削速度，适当减少进给量，将有利于降低表面粗糙度值。按表面粗糙度要求选择进给量的参考值如表 2.2.5 所示。

表 2.2.5　按表面粗糙度要求选择进给量的参考值

工件材料	表面粗糙度 *Ra*/μm	切削速度范围 v_c/（m/min）	刀尖圆弧半径 $r_ε$/mm		
			0.5	1.0	2.0
			进给量 *f*/（mm/r）		
铸铁	＞5～10	不限	0.25～0.40	0.40～0.50	0.50～0.60
青铜	＞2.5～5		0.15～0.25	0.25～0.40	0.40～0.60
铝合金	＞1.25～2.5		0.10～0.15	0.15～0.20	0.20～0.35
碳钢、合金钢	＞5～10	＜50	0.30～0.50	0.45～0.60	0.55～0.70
		＞50	0.40～0.55	0.55～0.65	0.65～0.70
	＞2.5～5	＜50	0.18～0.25	0.25～0.30	0.30～0.40
		＞50	0.25～0.30	0.30～0.35	0.30～0.50
	＞1.25～2.5	＜50	0.10	0.11～0.15	0.15～0.22
		50～100	0.11～0.16	0.16～0.25	0.25～0.35
		＞100	0.16～0.20	0.20～0.25	0.25～0.35

2）选择合理的刀具几何参数。适当地增大刃倾角、刀尖圆弧半径、刀具前角、刀具后角，减少刀具的主偏角和副偏角，将有利于降低表面粗糙度。

3）改善工件材料的性能。对工件进行正火或回火处理后再加工，能使加工表面粗糙度明显减小。

4）选择合适的切削液。切削液的冷却和润滑作用均对减小加工表面粗糙度有利。

5）选择合适的刀具材料。不同的刀具材料，由于化学成分的不同，在加工时刀面硬度及刀面粗糙度的保持性、刀具材料与被加工材料金属分子的亲和程度、刀具前后刀面与切屑和加工表面间的摩擦系数等均有所不同，因此加工所获得的表面粗糙度也不一样。

6）防止或减小工艺系统振动。提高整个工艺系统的刚性，防止或减小工艺系统振动，将有利于降低表面粗糙度。

（5）表面粗糙度的检测

表面粗糙度的检测通常采用样板比较法。比较法是车间常用的方法，它将被测表面对照表面粗糙度比较样板（图 2.2.9）用肉眼或借助于放大镜、显微镜进行比较，也可用手摸，靠感觉来判断被加工表面的粗糙度。比较法一般只用于表面粗糙度评定参数值较大的情况下，其判断的准确性很大程度上取决于检验人员的经验，当有争议时可用表面粗糙度仪（图 2.2.10）进行检测。

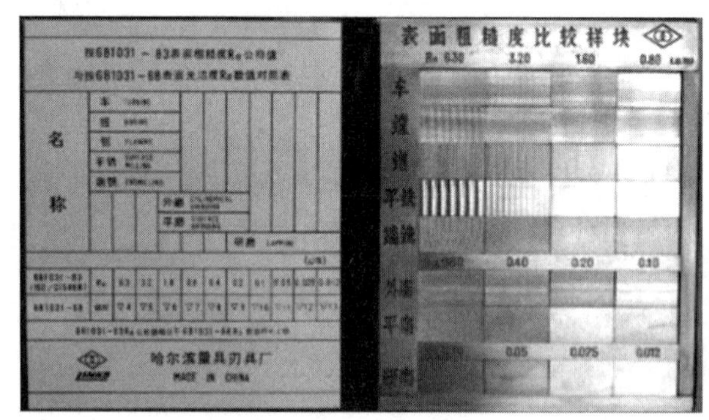

图 2.2.9　表面粗糙度比较样板

视频：粗糙度仪操作

图 2.2.10　表面粗糙度仪

（五）装夹方式

1. 两顶尖装夹

两顶尖装夹工件方便，不需找正，装夹精度高。对于较长的、需经过多次装夹的，或工序较多的工件，为保证装夹精度，可用两顶尖装夹。顶尖分前顶尖和后顶尖。

（1）前顶尖

前顶尖随主轴一起旋转，与主轴中心孔不产生摩擦。前顶尖的类型有两种：一种是插入主轴锥孔内的顶尖，如图 2.2.11（a）所示，这种顶尖安装牢固，适用于批量生产；另一种是夹在卡盘上的顶尖，如图 2.2.11（b）

所示，这种顶尖的优点是制造安装方便，定心准确；缺点是顶尖硬度不够，容易磨损，车削过程中容易抖动，只适用于小批量生产。

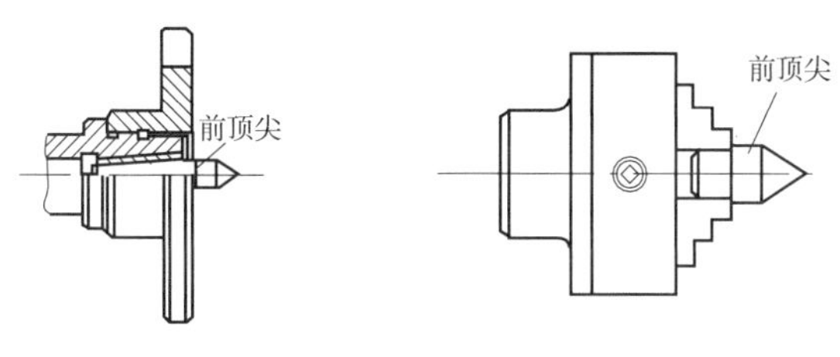

(a) 插入主轴锥孔内的顶尖　　(b) 夹在卡盘上的顶尖

图 2.2.11　前顶尖

（2）后顶尖

插入尾座套筒锥孔的顶尖叫后顶尖。后顶尖又可分为固定顶尖（死顶尖）和回转顶尖（活顶尖）两种，如图 2.2.12（a）、（b）所示。其中，回转顶尖使用较为广泛，但不适合在加工精度要求高的场合中使用。

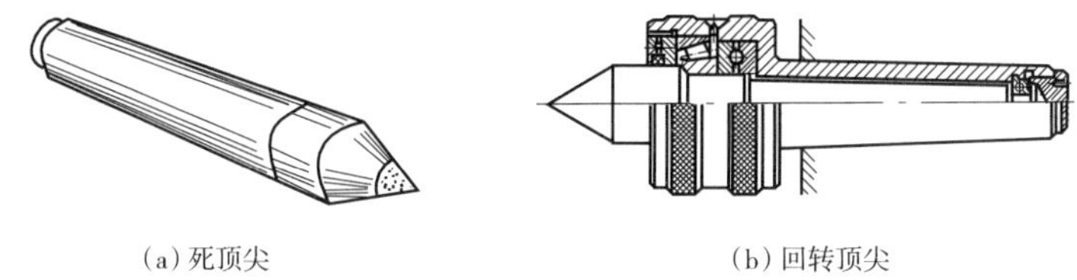

(a) 死顶尖　　(b) 回转顶尖

图 2.2.12　后顶尖

（3）传力夹头

由于两顶尖只对工件起定心和支撑作用，无法直接传递动力，因此需要鸡心夹头［图 2.2.13（a）］或对分夹头［图 2.2.13（b）］带动工件旋转。工件装夹时，必须用对分夹头或鸡心夹头夹紧工件一端，拨杆伸向端面，才能带动工件旋转，如图 2.2.13（c）所示。

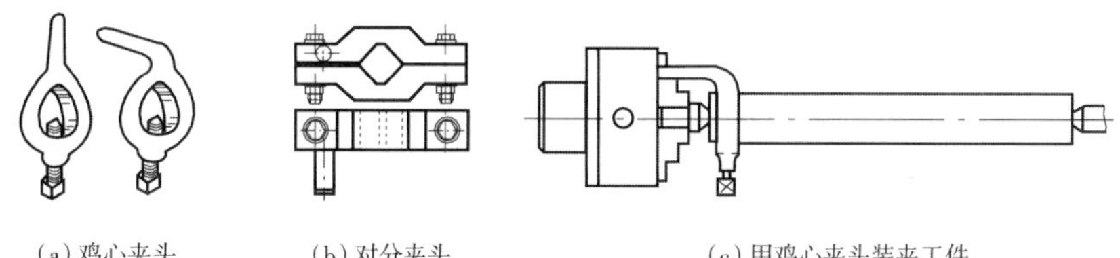

(a) 鸡心夹头　　(b) 对分夹头　　(c) 用鸡心夹头装夹工件

图 2.2.13　鸡心夹头与对分夹头

（4）拨动顶尖

用鸡心夹头或对分夹头进行装夹时，速度较慢，有时可以用拨动顶尖来代替前顶尖和夹头。图 2.2.14 所示的拨动顶尖的锥面上带有齿，能嵌入工件，拨动工件旋转。

2. 一夹一顶

用两顶尖装夹车削工件的优点虽然很多，但其刚性较差，尤其装夹粗大笨重的工件时，稳定性不够，切削用量的选择受到限制，这时通常选用一端用自定心卡盘或单动卡盘夹紧，另一端用顶尖支撑来装夹工件，即一夹一顶装夹。用这种方式装夹较安全可靠，能承受较大的进给力，因此应用广泛。

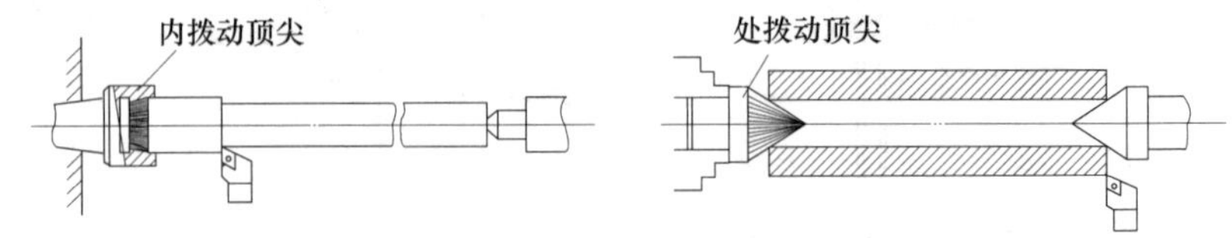

图 2.2.14　拨动顶尖

当用一夹一顶的方式装夹工件时，为了防止工件的轴向窜动，通常在卡盘内装一个轴向限位支撑［图 2.2.15（a)］，或在工件的被夹持部位车削一个 10～20mm 的台阶，作为轴向限位支撑［图 2.2.15（b)］。

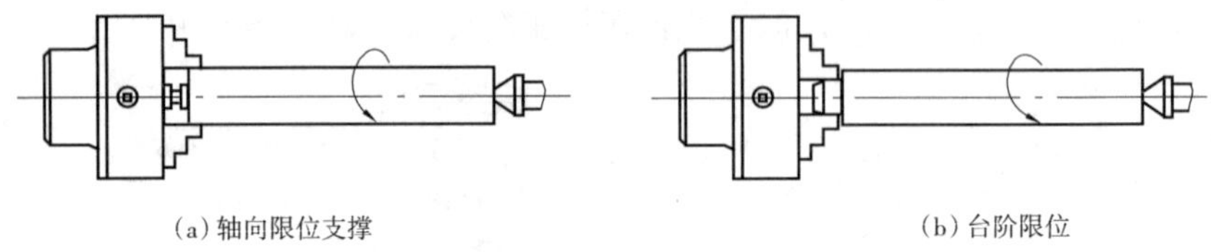

(a) 轴向限位支撑　　(b) 台阶限位

图 2.2.15　一夹一顶装夹方式

虽然用一夹一顶装夹方式优点很多，但必须及时对尾座进行调整，以避免车削过程中产生锥度。同时还需注意，这种方式若用于相互位置精度要求较高的工件，在掉头车削时找正较困难。

（六）加工程序编制

（1）G01 倒角与倒圆角功能

格式：

```
G01 X（U）__ Z（W）__ C__F__;
G01 X（U）__ Z（W）__ R__F__;
```

【例 2.2.2】 G01 倒角与倒圆角。

图 2.2.16（a）的程序段：

```
G01 X20.0C6;
X50.0 Z-20.0;
```

图 2.2.16（b）的程序段：

```
G01 X20.0 R10.0;
X50.0 Z-20.0;
```

（2）内（外）径粗车复合循环指令 G71

格式：

```
G71 U（Δd）R（e）;
G71 P（ns）Q（nf）U（Δu）W（Δw）F（f）S（s）T（t）;
```

其中，Δd——背吃刀量，半径值，无正负号，方向由矢量 *AA'* 决定；

e——退刀量，半径值，无正负号；

ns——精加工轮廓程序段中开始程序段的段号；

nf——精加工轮廓程序段中结束程序段的段号；

Δu——*X* 方向精加工余量，直径值，有正负号；

Δw——*Z* 方向精加工余量，有正负号；

F（f），S（s），T（t）——粗加工进给量、主轴转速、刀具号。

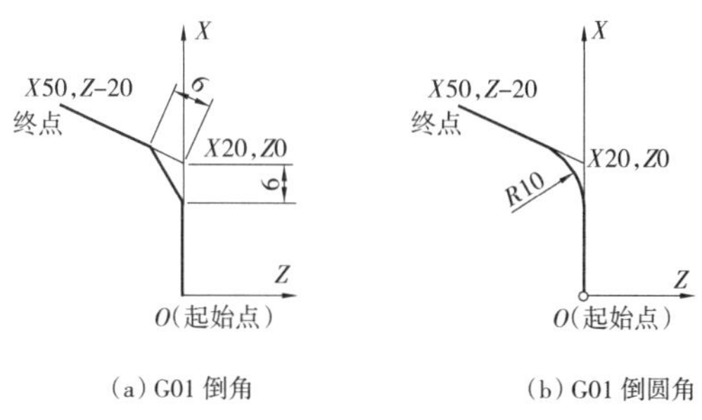

图 2.2.16　G01 倒角功能

G71 内（外）径粗车复合循环的轨迹如图 2.2.17 所示。

（3）端面粗车复合循环指令 G72

格式：

```
G72 W(Δd) R(e);
G72 P(ns) Q(nf) U(Δu) W(Δw) F(f) S(s) T(t);
```

其中，Δd——背吃刀量，无正负号，方向由矢量 *AA'* 决定；

e——退刀量，半径值，无正负号；

ns——精加工轮廓程序段中开始程序段的段号；

nf——精加工轮廓程序段中结束程序段的段号；

Δu——*X* 方向精加工余量，直径值，有正负号；

Δw——*Z* 方向精加工余量，有正负号；

F（f），S（s），T（t）——粗加工进给量、主轴转速、刀具号。

动画：G71 内（外）圆粗车复合循环

G72 端面粗车复合循环的轨迹如图 2.2.18 所示。

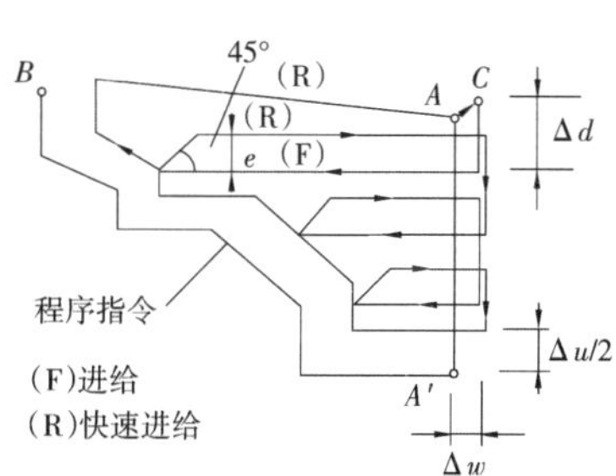

图 2.2.17　G71 内（外）径粗车复合循环的轨迹

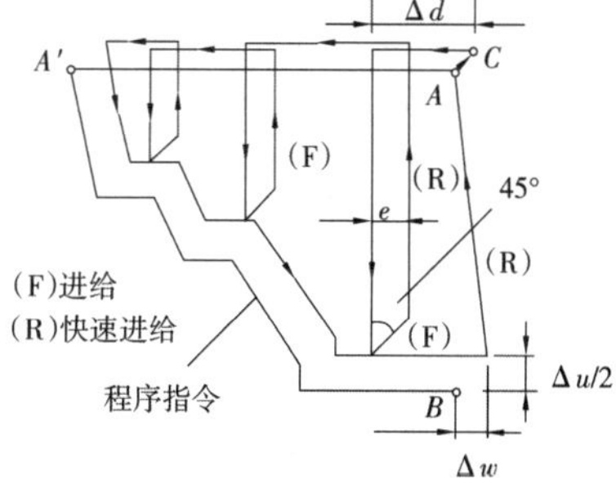

图 2.2.18　G72 端面粗车复合循环的轨迹

动画：G72 端面粗车复合循环

（4）精加工循环指令 G70

格式：

```
G70 P(ns) Q(nf);
```

其中，ns——精加工轮廓程序段中开始程序段的段号；

nf——精加工轮廓程序段中结束程序段的段号。

（5）返回参考点指令 G28

格式：

```
G28 X(U) __Z(W) __;
```

参考点是机床上一个固定点，通常在该位置上进行换刀或设定坐标系。用 G28 指令能使刀具沿指定轴（或经过中间点）自动返回参考点（图 2.2.19），刀具移动的速度与 G00 相同。返回到参考点后，相应的指示灯亮。

下面四条程序段能分别使刀具沿不同轴（或经过不同中间点）自动返回参考点：

```
G28 X50.0 Z80.0;    刀具经过工件坐标系的 X50，Z80 点再返回参考点
G28 U20.0 W0.0;     刀具经过增量坐标 U20，W0 点再返回参考点
G28 U0.0;           刀具沿 X 轴回参考点（Z 轴不回）
G28 W20.0;          刀具沿 Z 轴回参考点（X 轴不回）
```

有些机床由于参考点设置在离机床卡盘较远处，如果每次都回参考点后再换刀会影响加工效率，因此也可以直接用 G00 指定另一点再换刀，如：

```
G00 X150.0 Z150.0;快速移动到工件坐标系 X150，Z150 处
T0202;              换 2#刀，使用 2#刀补
```

【例 2.2.3】 加工如图 2.2.20 所示零件，毛坯：ϕ50 圆钢，试分别用 G71、G72 和 G70 复合循环指令编写该零件的粗、精车程序。

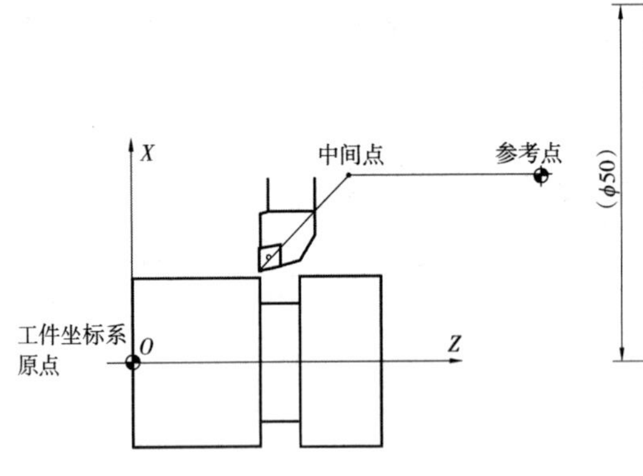

图 2.2.19 刀具返回参考点

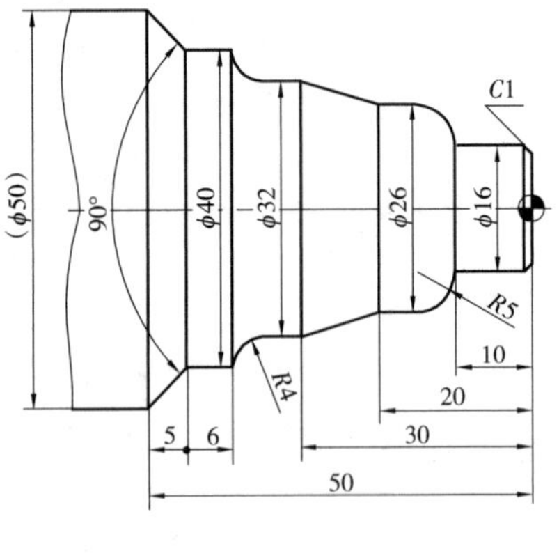

图 2.2.20 复合循环举例

G71 粗车、G70 精车的程序：

```
O0001
N10 G21 G40 G97 G99;
```

```
N20 M03 S600 T0101;
N30 G00 X52.0 Z1.0;
N40 G71 U1.5 R1.0;
N50 G71 P60 Q150 U0.5 W0 F0.25;
N60 G00 X12.0;
N70 G01 X16.0 Z-1.0 F0.08;
N80 Z-10.0;
N90 G03 X26.0 Z-15.0 R5.0;
N100 G01 Z-20.0;
N110 X32.0 Z-30.0;
N120 Z-35.0;
N130 G02 X40.0 Z-39.0 R4.0;
N140 G01 Z-45.0;
N150 X54.0 Z-52.0;
N160 G00 X100.0 Z150.0;
N170 M03 S800 T0202;
N180 G00 X52.0 Z1.0;
N190 G70 P60 Q150;
N200 G00 X100.0 Z150.0;
N210 M05;
N220 M30;
%
```

G72 粗车、G70 精车的程序:

```
O0002
N10 G21 G40 G97 G99;
N20 M03 S600 T0101;
N30 G00 X54.0 Z1.0;
N40 G72 W1.5 R1.0;
N50 G72 P60 Q150 U0.5 W0 F0.25;
N60 G00 Z-52.0 F0.08;
N70 G01 X40.0 Z-45.0;
N80 Z-39.0;
N90 G03 X32.0 Z-35.0 R4.0;
N100 G01 Z-30.0;
N110 X26.0 Z-20.0;
N120 Z-15.0;
N130 G02 X16.0 Z-10.0 R5.0;
N140 G01 Z-1.0;
N150 X12.0 Z1.0;
```

```
N160 G00 X100.0 Z150.0;
N170 M03 S800 T0202;
N180 G00 X54.0 Z1.0;
N190 G70 P60 Q150;
N200 G00 X100.0 Z150.0;
N210 M05;
N220 M30;
%
```

复合循环指令使用时的注意事项：

1）G71（或 G72）程序段中的 F、S、T 功能只对 G71（或 G72）循环有效，对 G70 循环无效。

2）ns～nf 之间的 F、S、T 功能只对 G70 循环有效，对 G71（或 G72）循环无效。

3）ns～nf 程序段中恒线速功能、刀具半径补偿功能对 G71（或 G72）循环无效。

4）ns～nf 程序段中不能调用子程序。

5）零件轮廓 A～B 间必须符合 X 轴、Z 轴方向同时单向增大或单向减少的规律。

6）G71 循环时 ns 程序段中不许含有 Z 轴运动指令，G72 循环时 ns 程序段中不许含有 X 轴运动指令。

（七）圆锥的检测

1. 万能角度尺

万能角度尺是一种常用的检测圆锥角度的量具，它可以测量 0°～320° 范围内的任意角度，测量精度有 5′和 2′两种。万能角度尺由主尺 1、角尺 2、游标 3、制动器 4、基尺 5、直尺 6、卡块 7 等组成，如图 2.2.21（a）所示。测量时，转动背面的捏手 8，通过小齿轮 9 转动扇形齿轮 10，使基尺改变角度，如图 2.2.21（b）所示。

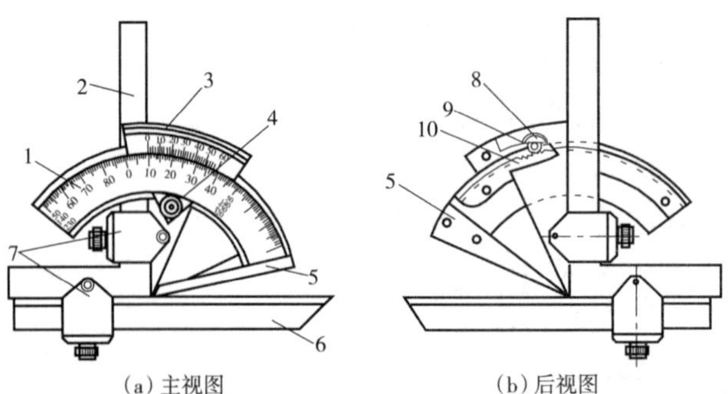

（a）主视图　　（b）后视图

1．主尺；2．角尺；3．游标；4．制动器；5．基尺；6．直尺；7．卡块；8．捏手；9．小齿轮；10．扇形齿轮。

图 2.2.21　万能角度尺

万能角度尺的读数方法与游标卡尺的读数方法相似，即先从主尺上读出游标零线前面的整读数，然后在游标上读出分的数值，两者相加就是被测件的角度数值。图 2.2.22（a）所示为万能角度尺的读数原理。图 2.2.22（b）所示读数为 100°50′。

用万能角度尺检测外圆锥的角度时，应根据工件角度大小的不同，选择不同的测量方法，如图 2.2.23（a）～（d）所示。测量的 0°～50°工件，可选择图 2.2.23（a）所示方法；测量 50°～140°的工件，可选择图 2.2.23（b）所示方法；测量 140°～230°的工件，可选择图 2.2.23（c）、（d）所示方法；若将角尺 2 和直尺 6 卸下，由基尺和扇形板（主尺 1）的测量面形成的角度，还可测量 230°～320°的工件。

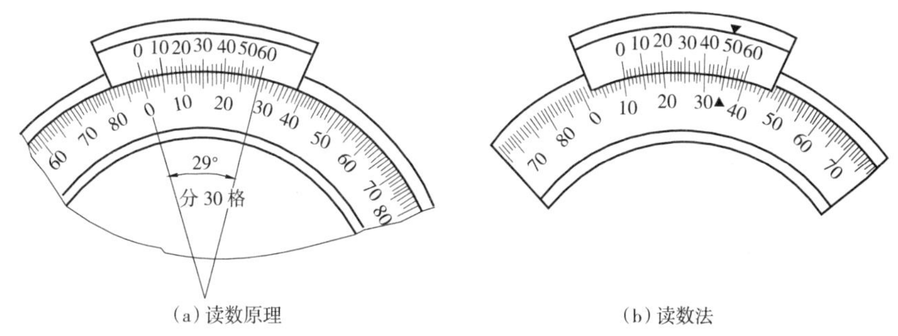

（a）读数原理　　（b）读数法

图 2.2.22　示值为 2′的万能角度尺的读数

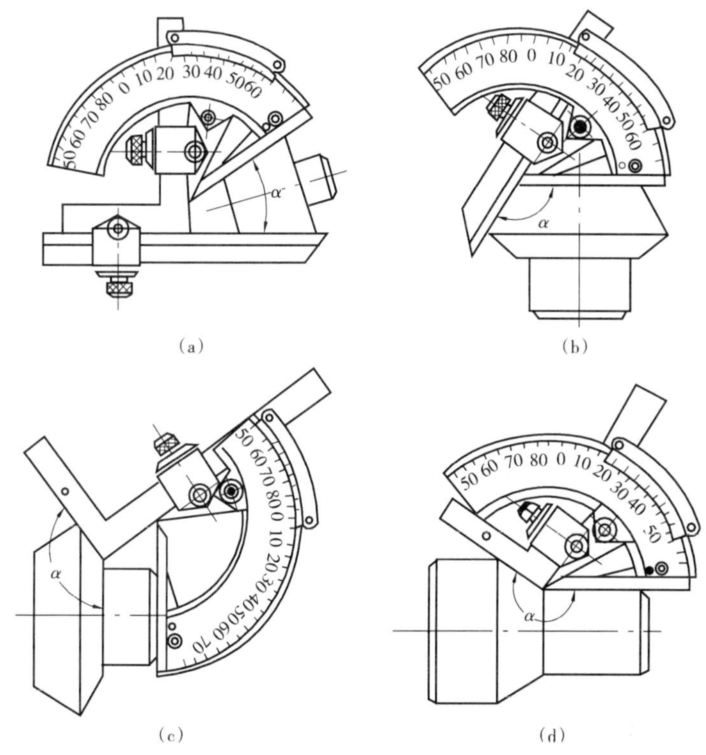

（a）　（b）

（c）　（d）

图 2.2.23　万能角度尺的使用

2. 角度样板

角度样板属于专用量具，常用在成批和大量生产时，以减少辅助时间。图 2.2.24 所示为用角度样板测量圆锥齿轮坯的角度。

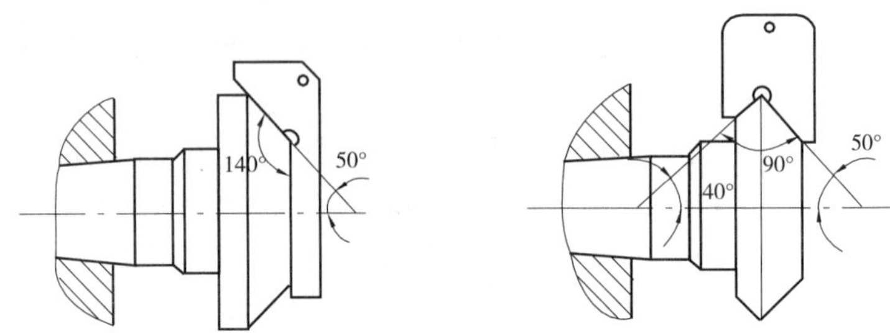

图 2.2.24　用角度样板测量圆锥齿轮坯的角度

3. 涂色法检查

对于标准圆锥或配合精度要求较高的圆锥工件，一般可以使用圆锥套规和圆锥塞规（图 2.2.25）检测。圆锥套规检测外圆锥，圆锥塞规检测内圆锥，涂色方法检查圆锥面如图 2.2.26 所示。

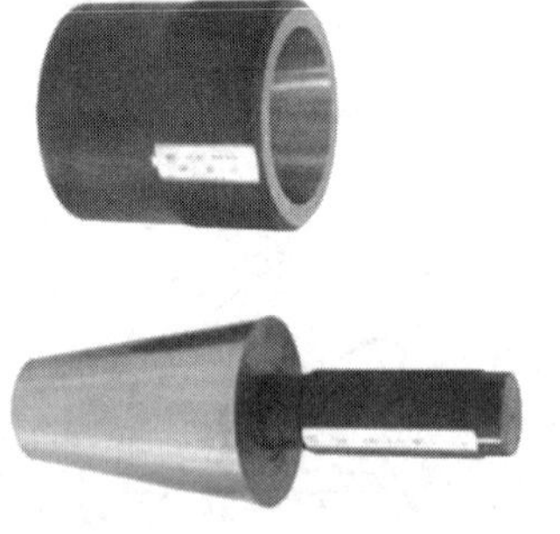

图 2.2.25　圆锥套规与塞规

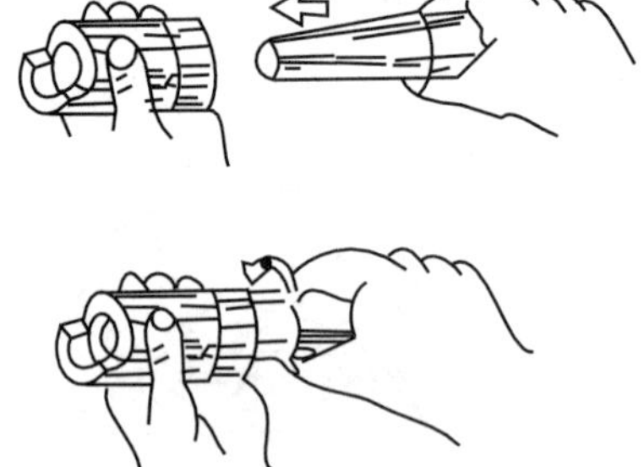

图 2.2.26　涂色方法检查圆锥面

三、工艺准备

（一）图样分析

该零件为一锥度轴，由三段外圆和一段圆锥组成。该零件三段外圆的尺寸精度要求较高，为 IT8，基轴制，表面粗糙度为 *Ra*1.6μm。锥度的尺寸公差为±5′，表面粗糙度为 *Ra*1.6μm。长度方向尺寸为自由公差，端面表面粗糙度为 *Ra*3.2μm。毛坯材料为 45 钢，为本项目任务 2.1 的练习件。

（二）刀具选择，填写刀具卡

1. 刀具选择

该零件加工选择两把焊接式 90°外圆车刀，一把用于粗车，另一把用于精车，刀具材料为 YT15。

2. 填写刀具卡

参见附表 2.11。

（三）夹具及装夹方式选择

采用自定心卡盘，以一夹一顶的方式进行装夹。

（四）量具准备

0～150mm 钢直尺一根，用于测长度。
0～150mm 游标卡尺一把，用于测量外圆和长度。
25～50mm 千分尺一把，用于测量外圆。
万能角度尺一套，用于测锥度。

（五）编制加工工艺，填写工序卡

1. 粗车

采用 90°外圆车刀，利用 G71 外径复合循环功能进行径向分层切削，主轴转速设定为 600r/min，进给量设定为 0.2mm/r，背吃刀量设定为 1.5mm，*X* 向余量留 0.5mm，*Z* 向余量留 0.1mm。

2. 精车

采用 90°外圆车刀，利用 G70 精车复合循环功能去除所有余量。设定主轴转速为 1000r/min，进给量设定 0.08mm/r。

3. 填写工序卡

参见附表 2.12。

（六）坐标的计算

1. 编程原点

为了方便计算与编程，编程坐标系原点定于工件右端面中心，如图 2.2.27 所示，图中 *C* 点为忽略 *R*1 圆角的一个虚点。

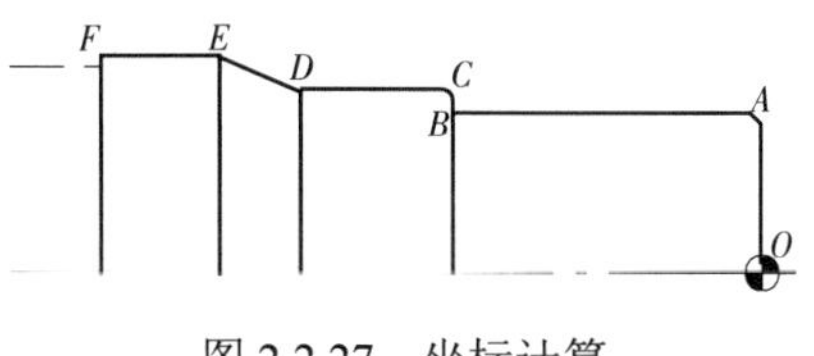

图 2.2.27　坐标计算

2. 各基点坐标

经计算，图 2.2.27 中点的坐标为 *A*（*X*28，*Z*—1），*B*（*X*28，*Z*—28），*C*（*X*32，*Z*—28），*D*（*X*32，*Z*—42），*E*（*X*38，*Z*—49.24），*F*（*X*38，*Z*—64）。

（七）编制加工程序，填写加工程序单

1. 编制加工程序

根据前面的工艺分析和坐标计算，所编的加工程序如下：

程序	说明
O0210;	
N10 G21 G40 G97 G99;	程序初始化
N20 M03 S600 T0101;	主轴正转，转速 600r/min，选择外圆粗车刀
N30 G00 X42.0 Z2.0;	刀具快速定位到毛坯附近
N40 G71 U1.5 R1.0;	外径粗车循环，背吃刀量 1.5mm，退刀量 1mm
N50 G71 P60 Q130 U0.5 W0.1 F0.2;	循环从 N60 开始到 N130 结束 X 向余量 0.5mm，进给量 0.2mm/r
N60 G00 X22.0;	加工刀具定位
N70 G01 X28.0Z-1.0 F0.08;	车倒角 C1，精加工进给量 0.08mm/r
N80 Z-28.0;	车ϕ28 至 Z-28
N90 X32.0 R1.0;	车 R1 的圆弧
N100 Z-42.0;	车ϕ32 至 Z-42
N110 X38.0 Z-49.24;	车 45°锥度
N120 Z-65.0;	车ϕ38 至 Z-65
N130 X42.0;	X 向车至ϕ42
N140 G00 X150.0 Z2.0;	刀具快速返回换刀点
N150 M03 S1000 T0202;	主轴转速 1000r/min，选择外圆车刀
N160 G00 X42.0 Z2.0;	刀具加工定位
N170 G70 P60 Q130;	精加工循环
N180 G00 X150.0Z2.0;	刀具快速返回换刀点
N190 M05;	主轴停止
N200 M30;	程序结束
%	

2. 填写加工程序单

参见附表 2.13。

四、任务实施

01 刀具装夹。分别将外圆粗车刀和精车刀置于刀架的 1#和 2#刀位，调整好刀具高度、伸出长度和主偏角与副偏角后，夹紧刀具。

02 车平端面并控制总长。夹住材料ϕ34 处，经找正后夹紧工件。开启主轴，手动车平端面并控制总长 100mm，主轴转速 800r/min，进给速度 50mm/min。

03 打中心孔。用 B2.5 的中心钻（带护锥）打中心孔，主轴转速 1200r/min（打中心孔的方法参考任务 4.1）。

04 工件的装夹与找正。用卡盘夹住工件ϕ30 处，顶尖顶到工件中心孔内，锁紧尾座并夹紧工件。

05 对刀。根据编程坐标原点的安排分别完成外圆粗车刀和精车刀的对刀操作。对刀后将两把刀对应刀补的 *X* 向磨耗值分别设置为 0.5。

06 程序录入。将加工程序取名为 O0210，并输入数控装置中。

07 程序校验与图形模拟。选择自动方式，开启“机床锁住”和“空运行”功能，打开图形模拟画面，启动程序，观察刀具轨迹。注意，解除“机床锁住”功能后须执行回零操作。

08 执行加工程序，完成一次加工。

09 测量，并修正刀补或程序。

10 执行二次加工。

11 卸下工件，清理机床。

五、考核评价

1）学生完成零件自检，填写“考核评分表”（附表 2.17），并同刀具卡、工序卡和程序单一起上交。

2）教师对零件进行检测，对刀具卡、工序卡和程序单进行批改，对学生整个任务的实施过程进行分析，并填写“考核评分表”（附表 2.17）对学生进行成绩评定。

六、自主练习

1）提高表面粗糙度的措施有哪些？

2）检测圆锥的方法有哪些？

3）请写出 G70、G71 指令的格式，并指出各参数的含义。

4）试对图 2.2.28 所示零件进行分析，并填写刀具卡、工序卡和加工程序单。

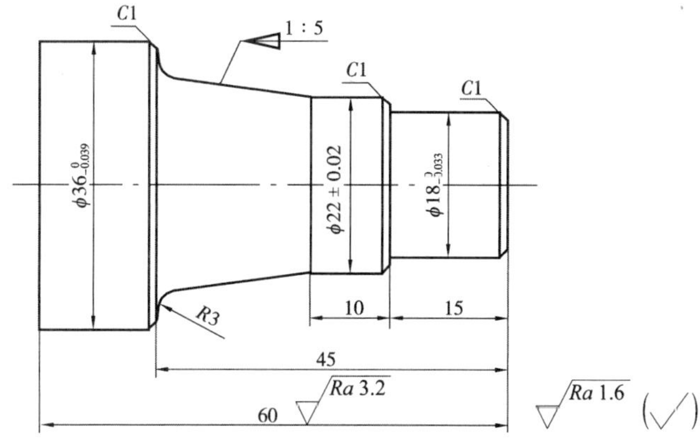

图 2.2.28　锥度零件练习件

外沟槽零件的加工

一、工作任务

（一）生产任务（表 2.3.1）

表 2.3.1　生产任务单

单位名称							编号	
产品清单	序号	零件名称	毛坯外形、尺寸	数量	材料	出单日期	交货日期	技术要求
	1	外沟槽零件	ϕ40×100	1	45 钢			见图样
	2							
	3							
	4							
	5							
出单人签字： 日期：______年______月______日					接单人签字： 日期：______年______月______日			
车间负责人签字： 日期：______年______月______日								

（二）外沟槽零件图

毛坯尺寸如图 2.3.1（a）所示，零件如图 2.3.1（b）所示，材料 45 钢。

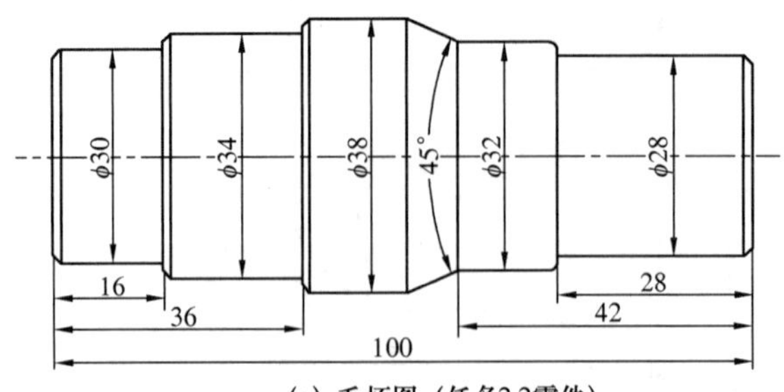

(a) 毛坯图（任务2.2零件）

图 2.3.1　外沟槽零件加工

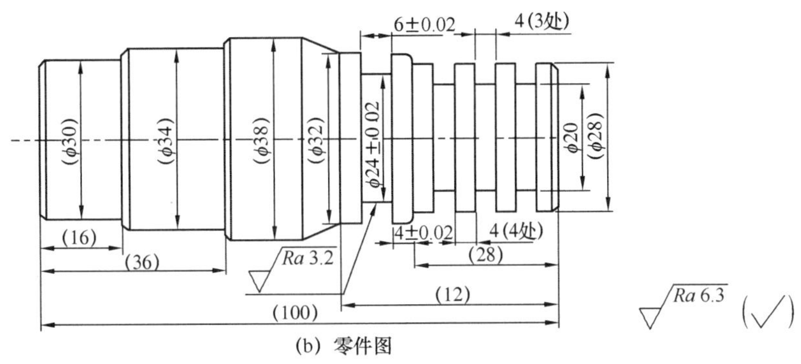

(b) 零件图

图 2.3.1（续）

二、相关知识

（一）车槽刀与切断刀

视频：普通车床车槽与切断

车槽刀以横向进给为主，前端的切削刃为主切削刃，两侧的切削刃为副切削刃。一般车槽刀主切削刃较窄，刀体较长，因此刀体强度较差，在选择刀体的几何参数和切削用量时，要特别注意车槽刀的强度问题。

1. 常用车槽刀

视频：数控车床车槽

常用的车槽刀有高速钢车槽刀［图 2.3.2（a)]、硬质合金车槽刀［图 2.3.2（b)]、反切刀［图 2.3.2（c)］和弹性车槽刀［图 2.3.2（d)]。

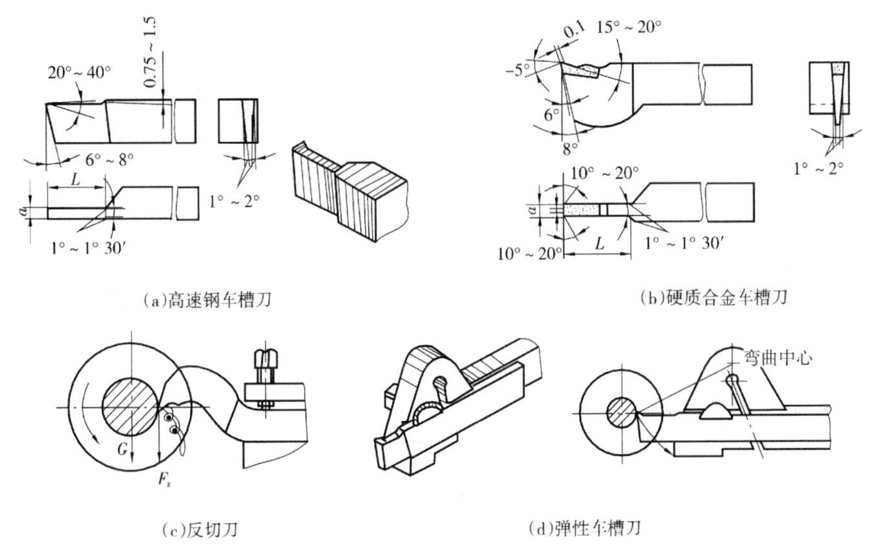

(a)高速钢车槽刀　(b)硬质合金车槽刀

(c)反切刀　(d)弹性车槽刀

图 2.3.2　常用车槽刀类型

视频：高速车槽

2. 切断刀

切断刀与车槽刀的角度和形状基本相同。有时，为防止切断时在工作端面中心处留有小凸台或使切断空心工件不留飞边，可以把主切削刃略磨斜

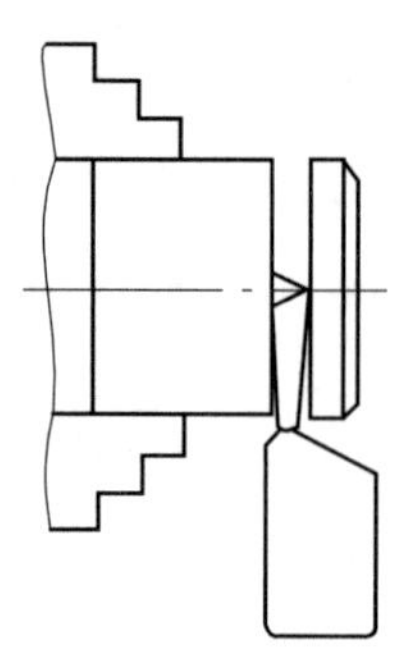

图 2.3.3　切断刀

些，如图 2.3.3 所示。

车槽刀和切断刀使用的注意事项：

1）在安装时，刀具不宜伸出过长，同时刀具的中心线必须装得与工件中心垂直，以保证两个副偏角对称。

2）切断实心工件时，刀具的主切削刃必须装得与工件中心等高，否则无法车至工件中心，而且容易崩刃，甚至折断车刀。

3）刀具的底平面应平整，以保证两个副后角对称。

4）如果由顶尖顶住加工，应在切断前及时移去顶尖，否则容易打坏刀具。

（二）车槽的切削用量

由于车槽刀的刀体强度较差，在选择切削用量时，应适当减小其数值。一般来说，硬质合金车槽刀比高速钢车槽刀选用的切削用量要大；切削钢件材料时的切削速度比切削铸铁材料时的切削速度要高，而进给量要略小一些。

1. 背吃刀量 a_p

车槽、切断均为横向进给切削，背吃刀量 a_p 是垂直于已加工表面方向所量得的切削层宽度的数值。所以，车槽和切断时的切削深度等于槽刀刀体的宽度。

2. 进给量 f

一般用高速钢车刀车钢料时，f=0.05～0.1mm/r；车铸铁材料时，f=0.1～0.2mm/r。用硬质合金车槽刀车钢料时，f=0.1～0.2mm/r；车铸铁时，f=0.15～0.25mm/r。

3. 切削速度 v_c

用高速钢车刀车钢料时，v_c＝30～40m/min；车铸铁时，v_c＝15～25m/min。用硬质合金车刀车钢料时，v_c＝80～120m/min；车铸铁时，v_c＝60～100m/min。

注意：实际加工时，应根据机床、刀具及其材料、工件及其材料、夹具等具体情况进行分析，如果机床、刀具及夹具刚性较差，可以适当减小切削用量。

（三）车外沟槽的方法

1)车削精度不高和宽度较窄的沟槽时，可用刀宽等于槽宽的车槽刀，采用一次直进法车出，如图 2.3.4（a）所示。

2）车削有精度要求、宽度较宽的沟槽时，先采用两次或多次直进法粗车，两侧壁和槽底留一定精车余量，然后根据槽深和槽宽进行精车，如图 2.3.4（b）所示。

3）车削圆弧槽时，一般以成型刀车出，如图 2.3.4（c）所示。

4）车削较小梯形槽时，一般用成型刀一次完成；车削较大梯形槽时，通常先切割直槽，然后左右切削法完成，如图 2.3.4（d）所示。

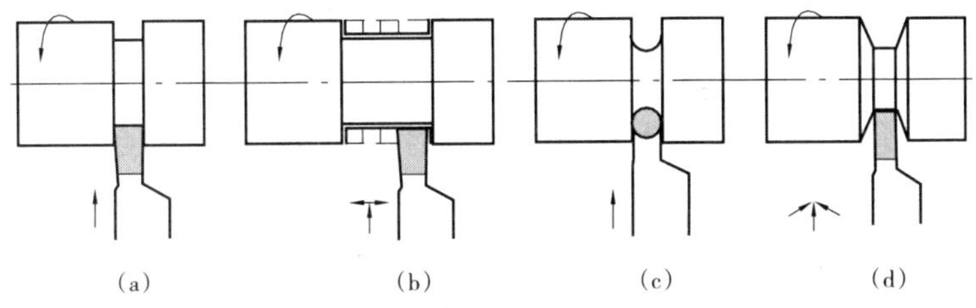

图 2.3.4　车外沟槽的方法

5）车削 45° 斜沟槽或圆弧斜沟槽时，用专门的成型刀斜向进刀直接车削成型，如图 2.3.5 所示。

（四）沟槽的检测

1）精度要求低的沟槽，可用钢直尺测量，如图 2.3.6 所示。

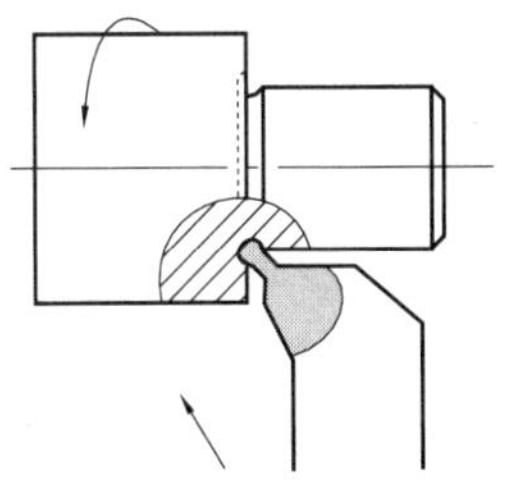

图 2.3.5　车斜沟槽

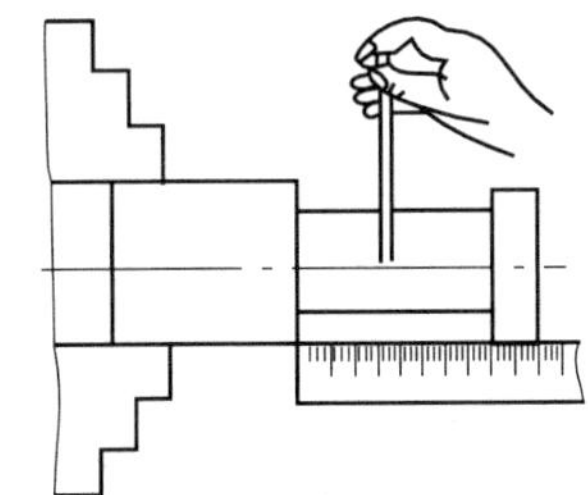

图 2.3.6　精度要求较低的槽的测量

2）精度要求较高的沟槽，可用千分尺、样板、游标卡尺等进行测量，如图 2.3.7 所示。

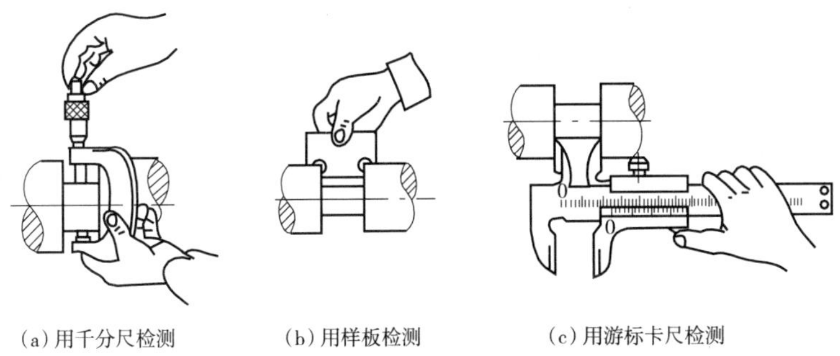

图 2.3.7　精度要求较高的槽的测量

（五）加工程序编制

下面介绍相关指令。

（1）暂停指令 G04

格式：

```
G04 X（U或P）__;
```

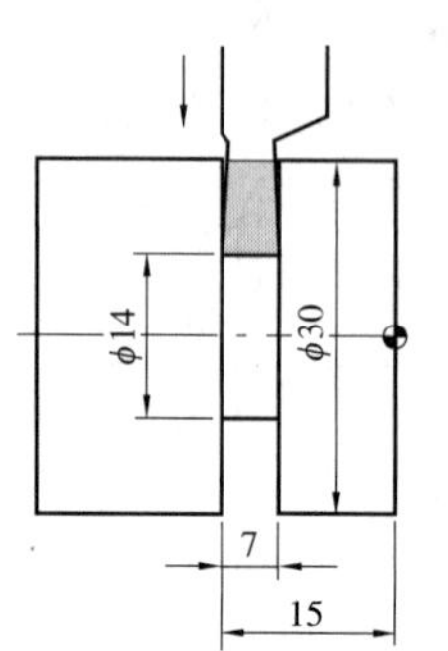

图 2.3.8　车槽暂停举例

G04 用来控制进给动作的暂停，为非模态指令。G98 方式指定暂停的时间，G99 方式指定暂停时主轴的回转数。X、U 后数值允许带小数点，单位为秒（或转）；P 后数值不允许带小数点，单位为 0.001 秒（或转）。G04 暂停功能可以用于车槽时的暂停，也可以用于钻孔时暂停和车螺纹前主轴转速的延时暂停。

（2）G01 车槽

一般的槽（包括内沟槽和外沟槽）不管宽窄和深浅，均可以用 G01 指令完成。图 2.3.8 所示的车槽及暂停（延时）的程序段：

```
G00 X32.0 Z-15.0;        刀具快速定位（假设刀宽为 4mm）
G98 G01 X22.0 F30;       车槽至φ22，进给速度为 30mm/min
 G04  X0.5;              延时 0.5s（断屑）
 X17.0;                  车槽φ17（G04 为非模态，此处保持 G01）
 G04 X0.5;               延时 0.5s（断屑）
 X14.0;                  车槽φ14
 X32.0 F100;             退刀
```

（3）内（外）径车槽循环指令 G75

对于较宽或较深的槽或多处均匀相间、形状尺寸相同的槽，由于车槽的刀数较多，用 G01 的方法编程效率较低，这时可以采用内（外）径车槽循环指令 G75 进行车槽，如图 2.3.9 所示。

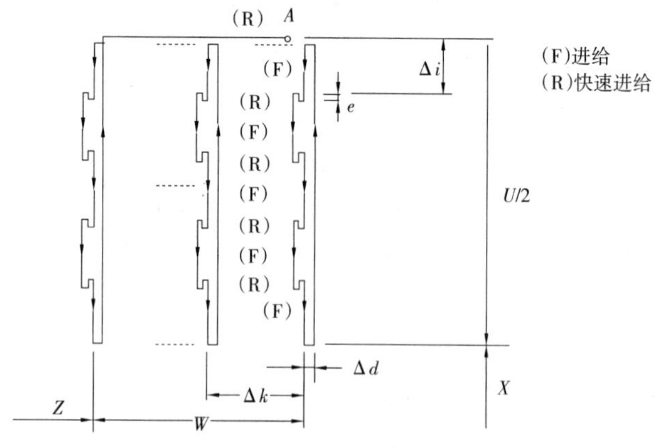

图 2.3.9　G75 复合循环轨迹

G75 的格式：

```
G75 R（e）;
```

```
G75 X(U) Z(W) P(Δi) Q(Δk) R(Δd) F(f);
```

其中，e——退刀量，模态值；

X（U），Z（W）——车槽终点处坐标；

Δi——*X* 方向的每次切深，半径值，无正负号，单位为 μm；

Δk——刀具完成一次径向切削后，在 *Z* 方向的偏移量，无正负号，单位为 μm；

Δd——刀具在切削底部的退刀量，符号一定是正，单位为 μm。但是，如果 X（U）及 Δi 省略，可用相应的正负符号指定刀具退刀量；

f——进给量，单位为 mm/r 或 mm/min。

当省略 *Z* 坐标时，该指令可以用于啄式车槽和切断。

【例 2.3.1】 加工图 2.3.10 所示四处 3mm 宽外沟槽。（材料尺寸 ϕ30）。

```
N30 G00 X32.0Z-13.0;
N40 G75 R1;                               R：退刀量 1mm
N50 G75 X20.0 Z-40.0 P3000 Q9000 F0.05;  X 向每次吃刀量 3mm（半径值）
                                          Z 向每次增量移动 9mm
```

注意：由于 G75 指令无法对槽底及两侧面进行精车，因此对精度要求较高的槽，可以先用 G75 完成粗车，再用 G01 进行精车。

（4）端面车槽循环指令 G74

格式：

```
G74 R(e);
G74 X(U)__Z(W)__P(Δi) Q(Δk) R(Δd) F(f);
```

其中，Δi——刀具完成一次轴向切削后，*X* 方向的偏移量，半径值，无正负号，单位为 μm；

Δk——*Z* 方向的每次切深量，无正负号，单位为 μm。

G74 复合循环轨迹如图 2.3.11 所示。

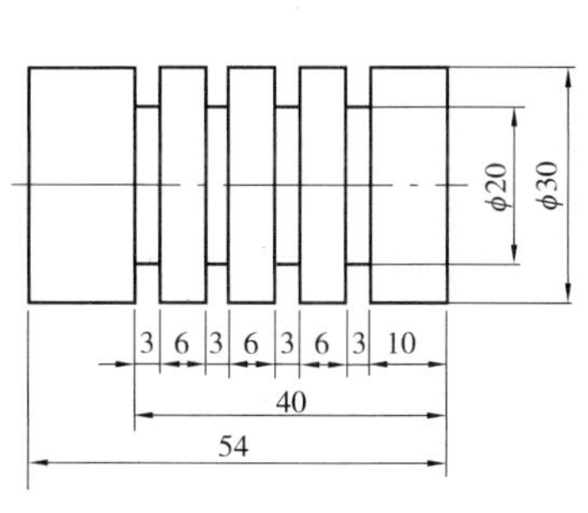

图 2.3.10 G75 车槽举例

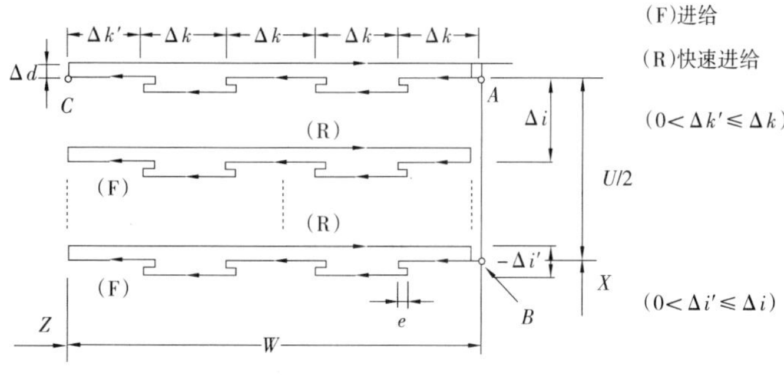

图 2.3.11 G74 复合循环轨迹

G74 其他参数的意义同 G75。当省略 *X* 坐标时，G74 可用于端面啄式钻孔。

（六）车槽常见问题及改进的措施（表 2.3.2）

表 2.3.2　车槽常见问题、原因分析及改进措施

车槽常见问题	原因分析	改进措施
槽底有振纹	车槽刀装夹刚性差	减少刀具伸出长度
		更换刚性好的刀具
	车槽刀装夹刚性差	改进刀具形状和刀具参数
		增加装夹刚性
	槽离卡盘距离过远	减少工件伸出长度
		改变工件装夹方式（如增加顶尖支顶）
	切削用量不合理	适当降低主轴转速
		适当提高进给量
槽底表面粗糙度大	刀具主切削刃磨损或有积屑瘤	更加刀片或重新刃磨
		更换宽度较窄的刀片，增加纵向走刀
		增加切削液
槽底直径尺寸不正确	对刀有误差、刀具有磨损	重新对刀、修改程序、修正刀补磨耗
	刀具主刀削刃与工件轴线不平行	重新安装刀具
槽宽尺寸不正确	刀具主切削刃过宽	重新刃磨刀具，或更换刀具
	程序数值有误	修改程序
	槽两侧壁不正	更换刚性好的刀具
		重新安装刀具，调整副偏角
崩刀	刀具强度不够	更换强度高的刀具
	进给量过大	降低进给量
	刀具中心过高或过低	重新装刀，调整中心高

三、工艺准备

（一）图样分析

从图样可知，该零件共有四处外沟槽，其中三处尺寸为ϕ20×4，间隔 4，精度要求不高；另一处尺寸ϕ24×6，该槽槽底直径、槽宽、槽的位置及表面粗糙度都有较高精度要求。该零件的毛坯材料为 45 钢，为任务 2.2 练习件。

（二）夹具选择

该零件主要加工内容为沟槽，在加工过程中，由于工件受到的径向力较大，因此比较理想的装夹方式为一夹一顶的方式，夹具选用数控车床通用夹具——自定心卡盘。

（三）刀具准备，填写刀具卡

1）由于该零件有三处槽的槽宽为 4mm，车槽刀选择焊接式硬质合

金车槽刀，宽度为4mm，材料为YT15。

2）填写刀具卡（附表2.11）。

（四）量具准备

0～150mm钢直尺一根，用于测长度。

0～150mm游标卡尺一把，用于测量外圆和长度。

0～25mm千分尺一把，用于测量槽底直径和槽宽尺寸。

（五）编制加工工艺，填写工序卡

1. 三处ϕ20×4槽

这三处槽精度要求不高，可以考虑用G75指令直进车削一次成型（也可以通过G01指令分别完成），主轴转速设定为400r/min，进给量0.06mm/r。

2. ϕ24×6槽

此槽比刀具宽，而且精度要求较高，不能一次成型，因此工艺安排先粗加工，再精加工。

粗加工安排两次直进车削，如图2.3.12（a）所示，槽底和两侧壁留约0.1mm余量，主轴转速设定为400r/min，进给量0.1mm/r。

精加工采用先光右侧壁，再光槽底，最后光左侧壁的加工路线，如图2.3.12（b）所示，主轴转速设定为500r/min，进给量0.06mm/r。

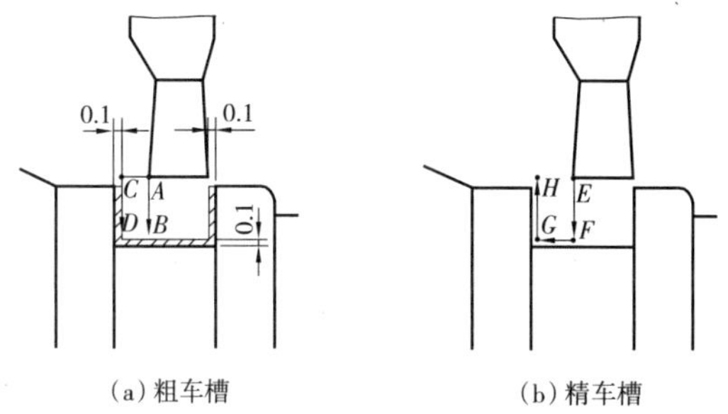

图2.3.12 车ϕ24×6槽

注意：

1）精车时，如果车槽刀不具备纵向进刀的能力，则不能采用槽底Z向进刀的方法，改为X向分次进刀，但这样对控制槽的直径会有一定的影响。

2）即使车槽刀允许纵向进刀，也应该控制切深尽量小，以避免车槽刀崩刃。

3. 填写工序卡

参见附表2.12。

（六）坐标计算

1. 编程原点

为了方便计算与编程，编程坐标系原点定于工作右端面中心。

2. 粗车槽基点坐标

根据图样尺寸要求和工艺安排，该零件ϕ24×6槽的粗加工各点的坐标经计算为*A*（*X*34，*Z*—36.1）、*B*（*X*24.2，*Z*—36.1）、*C*（*X*34，*Z*—37.9）、*D*（*X*24.2，*Z*—37.9）。

3. 精车槽基点坐标

精加工各点坐标为*E*（*X*34，*Z*—36）、*F*（*X*24.，*Z*—36）、*G*（*X*24.，*Z*—38）、*H*（*X*34，*Z*—38）。

（七）编制加工程序，填写加工程序单

1. 编制加工程序

根据前面的工艺分析和坐标计算，所编的加工程序如下：

程序	说明
O0231;	
N10 G21 G40 G97 G99;	程序初始化
N20 M03 S400 T0101;	主轴正转，转速400r/min，选择1#刀，1#刀补
N30 G00 X34.0 Z-8.0;	刀具快速定位到毛坯附近
N40 G75 R1;	R：退刀量1mm
N50 G75 X20.0 Z-24.0 P3000	车三处ϕ20×4槽
Q8000 F0.06;	X向每次吃刀量3mm，Z向每次增量移动8mm，进给量0.06mm/r
N60 G00 X34.0;	
N70 Z-36.1;	刀具重新定位
N80 G75 R1;	粗车ϕ24×6槽
N90 G75 X24.2 Z-37.9	进给量0.1mm/r，槽底与两侧面均留0.1余量
P3000 Q3000 F0.1;	
N100 M03 S500 T0101;	主轴转速500r/min，选择1#刀，1#刀补
N110 G00 X34.0 Z-36.0;	刀具快速定位
N120 G01 X24.0 F0.06;	精车槽右侧壁
N130 Z-38.0;	精车槽底
N140 X34.0;	精车槽左侧壁

```
N150 G01 X40.0;        X向退刀
N160 G00 X150.0;       X向退刀
N170 Z2;               Z向退刀
N180 M05;              主轴停止
N190 M30;              程序结束
%
```

2. 填写加工程序单

参见附表2.13。

四、任务实施

01 工件装夹。用自定心卡盘夹住ϕ30外圆，右端用顶尖顶牢，锁紧尾座，卡盘夹紧工件。

02 刀具装夹。将外圆车槽刀置于刀架的1#刀位，调整好刀具高度、伸出长度和主偏角与副偏角后，夹紧刀具。

03 对刀。

① 根据编程坐标原点的安排分别完成1#的对刀操作，刀位点为左刀尖，对刀前确保机床经过正确回零。

② 对刀后为使X向能留少许加工余量，将1#刀对应刀补的X向磨耗值设置为0.2。

04 输入并调试加工程序。输入加工程序，通过图形模拟功能进行调试，仔细检查程序。

05 自动运行加工程序，完成加工。

06 检测零件。

07 根据所测的尺寸修正刀补或程序。

08 再次运行精加工程序，直至加工结束。

五、考核评价

1）学生完成零件自检，填写“考核评分表”（附表2.18），并同刀具卡、工序卡和程序单一起上交。

2）教师对零件进行检测，对刀具卡、工序卡和程序单进行批改，对学生整个任务的实施过程进行分析，并填写“考核评分表”（附表2.18）对学生进行成绩评定。

六、自主练习

1）车槽常见问题有哪些？

2）请写出G74、G75指令的格式，并指出各参数的含义。

3）试对图2.3.13所示零件进行分析，并填写刀具卡、工序卡和程序单。

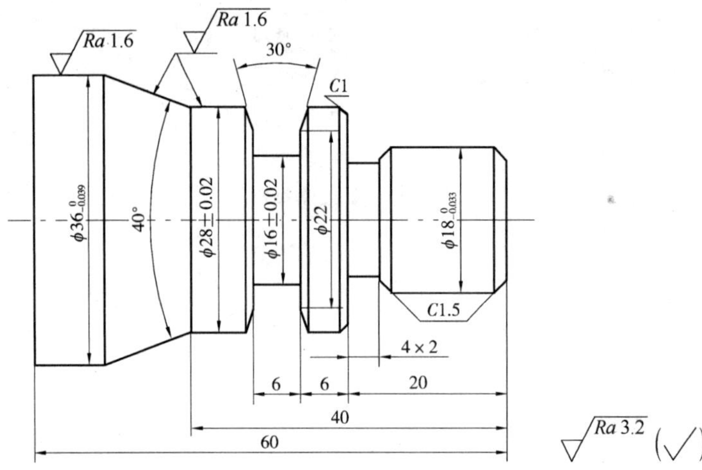

图 2.3.13　槽类零件练习

项目 3 成型面零件的加工

>>>>

◎ **项目导读**

成型面零件加工是数控车削中常见的任务，是体现数控加工优势的一个重要方面。本项目通过简单成型面零件的加工和复杂成型面零件的加工两个任务，使学生掌握成型面零件加工工艺的制定、零件定位与装夹、手工编程、零件轮廓加工和成型面精度检验等内容，并达到《数控车工国家职业标准》规定的各项技能要求。

◎ **最终目标**

会成型面零件的加工。

◎ **促成目标**

1. 能读成型面零件的图样；
2. 能编制简单成型面零件的数控加工工艺文件；
3. 能够根据数控加工工艺文件选择、安装和调整数控车床圆弧刀具；
4. 能运用数学知识计算零件轮廓的节点坐标；
5. 能编制由直线、圆弧组成的二维轮廓数控加工程序；
6. 能够运用复合循环进行成型面零件的加工程序编制；
7. 能够进行零件圆弧的精度检验。

◎ **思政目标**

1. 传承和发扬吃苦耐劳、严谨细致的传统美德；
2. 培养团队意识，增强沟通能力和问题分析能力。

简单成型面零件的加工

一、工作任务

（一）生产任务（表 3.1.1）

表 3.1.1　生产任务单

<table>
<tr><td>单位名称</td><td colspan="6"></td><td>编号</td><td></td></tr>
<tr><td rowspan="6">产品清单</td><td>序号</td><td>零件名称</td><td>毛坯外形、尺寸</td><td>数量</td><td>材料</td><td>出单日期</td><td>交货日期</td><td>技术要求</td></tr>
<tr><td>1</td><td>成型面</td><td>ϕ40×105</td><td>1</td><td>45 钢</td><td></td><td></td><td>见图样</td></tr>
<tr><td>2</td><td></td><td></td><td></td><td></td><td></td><td></td><td></td></tr>
<tr><td>3</td><td></td><td></td><td></td><td></td><td></td><td></td><td></td></tr>
<tr><td>4</td><td></td><td></td><td></td><td></td><td></td><td></td><td></td></tr>
<tr><td>5</td><td></td><td></td><td></td><td></td><td></td><td></td><td></td></tr>
<tr><td colspan="5">出单人签字：
日期：_____年_____月_____日</td><td colspan="4">接单人签字：
日期：_____年_____月_____日</td></tr>
<tr><td colspan="9">车间负责人签字：
日期：_____年_____月_____日</td></tr>
</table>

（二）简单成型面零件图（图 3.1.1）

材料 45 钢，毛坯尺寸ϕ40×105。

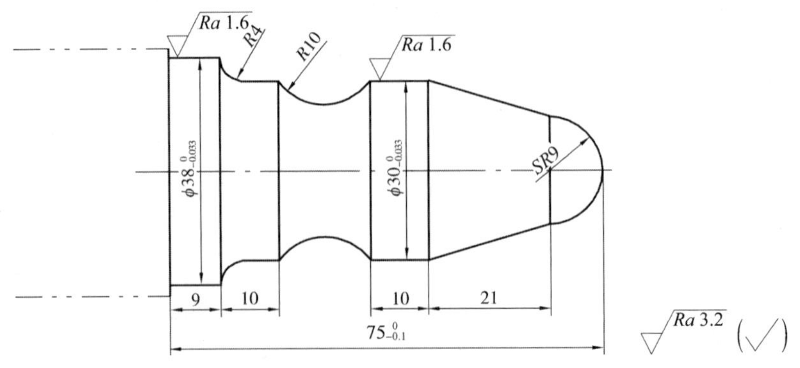

图 3.1.1　简单成型面零件图

二、相关知识

（一）车削成型面的刀具

1. 车削成型面的刀具类型

（1）外圆车刀

车削一般的成型面可以采用以直线形切削刃为特征的外圆尖形车刀，如图 3.1.2 所示。用这种车刀车削成型面时，有时会因为主偏角或副偏角过小而发生干涉，导致零件过切报废。但若主偏角或副偏角过大，将使刀具刀尖角过小，从而影响到刀具的强度。因此，选择外圆尖形车刀的原则是在保证不干涉的前提下，尽量采用刀尖角较大的车刀，以提高刀具的强度。

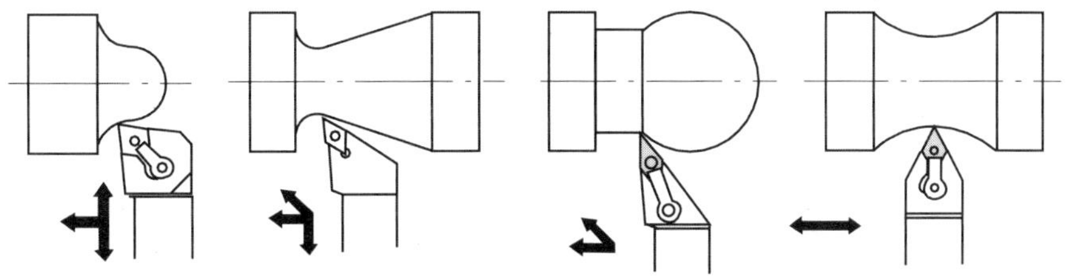

图 3.1.2　外圆尖形车刀

视频：圆弧形车刀应用

对于一些用一般尖形车刀无法或很难加工的复杂成型面，可以采用以圆弧形切削刃为主要特征的外圆圆弧形车刀，如图 3.1.3 所示。这种车刀的特征：构成主切削刃的刀刃形状为一圆度误差或线轮廓度误差很小的圆弧，如图 3.1.4 所示。该圆弧刃上每一点都是圆弧形车刀的刀尖，因此，刀位点不在圆弧上，而在该圆弧的圆心上。

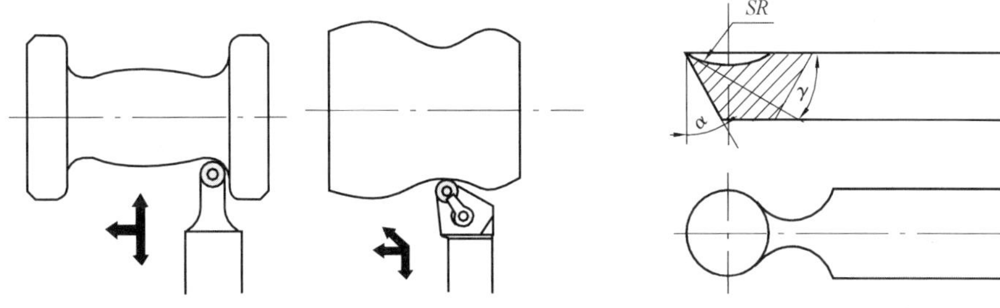

图 3.1.3　圆弧形车刀加工复杂成型面　　图 3.1.4　圆弧形车刀

如果采用夹固式车刀，不管是尖形车刀还是圆弧形车刀，由于刀片刀尖圆弧半径均为标准值，因此为保证圆弧的加工精度，加工时应进行相应的刀尖圆弧半径补偿。

（2）成型车刀

成型车刀俗称样板车刀，常用的成型车刀有整体式成型车刀和棱形成型车刀，如图 3.1.5（a）、（b）所示。成型车刀刀刃的形状和尺寸完全决定了加工零件的轮廓形状，具有较强的专用性。

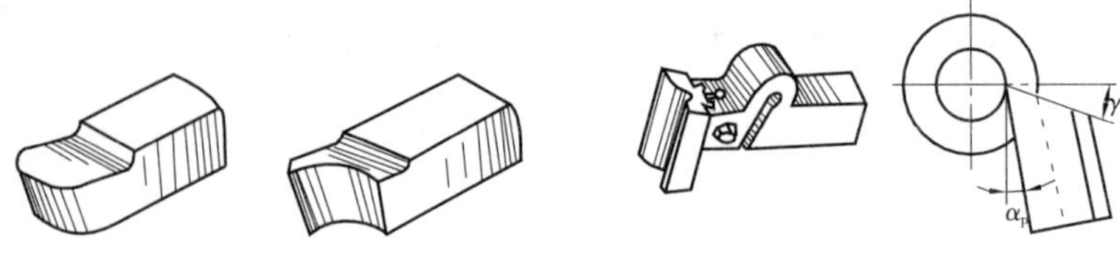

（a）整体式成型车刀　　（b）棱形成型车刀

图 3.1.5　成型车刀

精度要求较高的成型车刀制造比较复杂，在数控加工中，应尽量少用或不用成型车刀，当确有必要选用时，应在工艺准备的文件或加工程序单上进行详细说明。

2. 成型面车刀的几何参数

刀具切削部分的几何参数对零件的表面质量及切削性能影响极大，应根据零件的形状、刀具的安装位置及加工方法等，正确选择刀具的几何形状及有关参数。

（1）尖形车刀的几何参数

尖形车刀的几何参数主要指车刀的几何角度，其选择方法与普通车削时基本相同，但应结合加工的特点如走刀路线及加工干涉等进行全面考虑。

例如，在加工图 3.1.6 所示的零件时，要使其左右两个 45°锥面和 $R40$ 凹圆弧由一把车刀加工出来，则车刀的主偏角应取 50°～55°，副偏角取 50°～52°，这样既保证了刀头有足够的强度，又可避免主、副切削刃在车削圆锥面和成型面时加工干涉的发生。

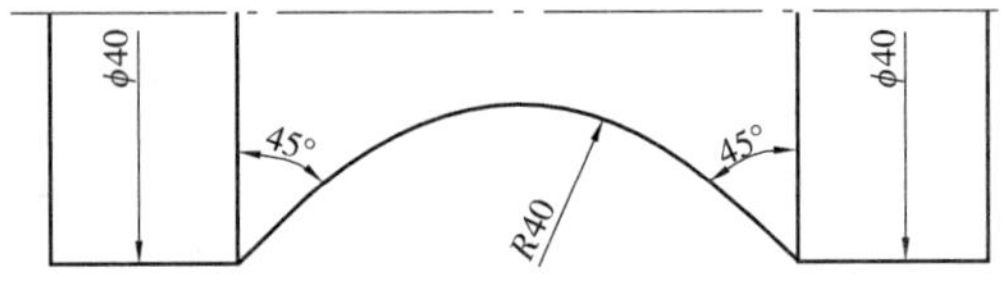

图 3.1.6　示例件

选择尖形车刀不发生干涉的几何角度，可用作图或计算的方法来确定。主、副偏角一般大于作图或计算所得不发生干涉的极限角度值 6°～8°即可。当确定几何角度困难或无法确定（如尖形车刀加工接近于半个凹圆弧的轮廓等）时，应考虑选择其他类型车刀后，再确定其几何角度。

（2）圆弧形车刀的几何参数

1）圆弧形车刀的选用。圆弧形车刀具有宽刃切削（修光）性质，能使精车余量相当均匀，从而改善切削性能，还能一刀车出跨多个象限的圆弧面。

加工图 3.1.7（a）、（b）所示零件，当选择用尖形车刀进行加工时，由于车刀主切削刃的实际吃刀量在圆弧轮廓段总是不均匀的，致使切削阻力变化，因而可能产生较大的线轮廓度误差，并增大其表面粗糙度数值。当选择圆弧形车刀加工时，由于切削点离刀具圆弧中心的距离总是恒定的，刀具的实际吃刀量不随加工而变化，因而能获得更高的加工精度。

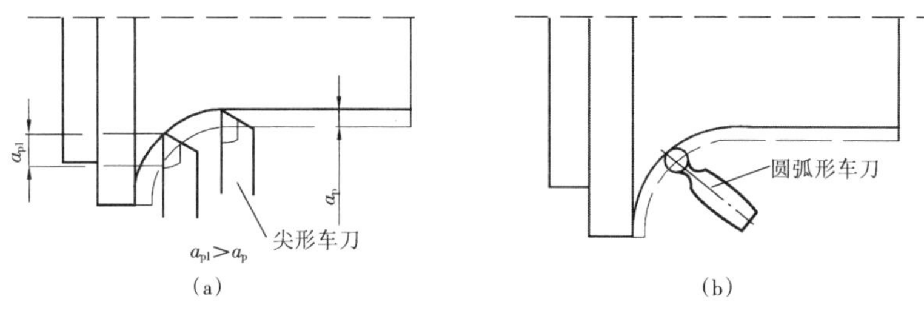

图 3.1.7 圆弧形车刀与尖形车刀车削对比

2）圆弧形车刀的几何参数。圆弧形车刀的几何参数除了前角及后角外，主要几何参数为车刀圆弧切削刃的形状及半径。选择车刀圆弧半径的大小时，应考虑两点：第一，车刀切削刃的圆弧半径应当小于或等于零件凹形轮廓上的最小曲率半径，以免发生加工干涉；第二，该半径不宜选择太小，否则既难于制造，又会因其刀头强度太弱或刀体散热能力差，使车刀易损。

（二）圆弧的加工路线

加工凸圆弧常采用图 3.1.8 所示路线，其中，(a) 为三角形形式，(b) 为矩形形式，(c) 为同心圆形式，(d) 为等径圆形式。

视频：普通车床车成型面

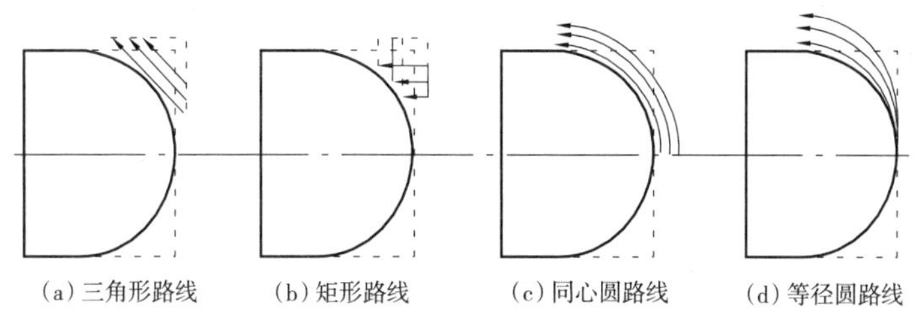

图 3.1.8 凸圆弧加工路线

加工凹圆弧常采用图 3.1.9 所示路线，其中，(a) 为同心圆形式，(b) 为等径圆（不同圆心）形式，(c) 为三角形形式，(d) 为梯形形式。

视频：数控车床车成型面

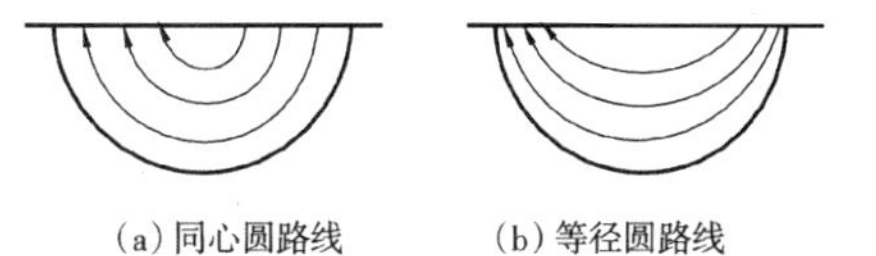
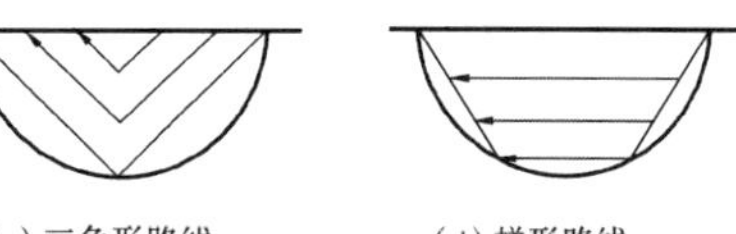

(a) 同心圆路线 (b) 等径圆路线 (c) 三角形路线 (d) 梯形路线

图 3.1.9 凹圆弧加工路线

不同形式的切削路线有不同的特点，了解它们各自的特点，有利于合理地安排其走刀路线。现以图 3.1.9 所示凹圆弧加工为例对上述几种切削路线进行比较和分析如下：

1）程序段数最少的为同心圆及等径圆形式。

2）走刀路线最短的为同心圆形式，其余依次为三角形、梯形及等径圆形式。

3）计算和编程最简单的为等径圆形式（可利用程序循环功能），其余依次为同心圆、三角形和梯形形式。

4）金属切除率最高、切削力分布最合理的为梯形形式。

5）精车余量最均匀的为同心圆形式。

（三）编程指令

圆弧插补指令（G02、G03）

格式：

```
G02/G03X（U）__Z（W）__I__K__（R__）F__;
```

圆弧插补指令可控制刀具沿圆弧移动，如图 3.1.10 所示。

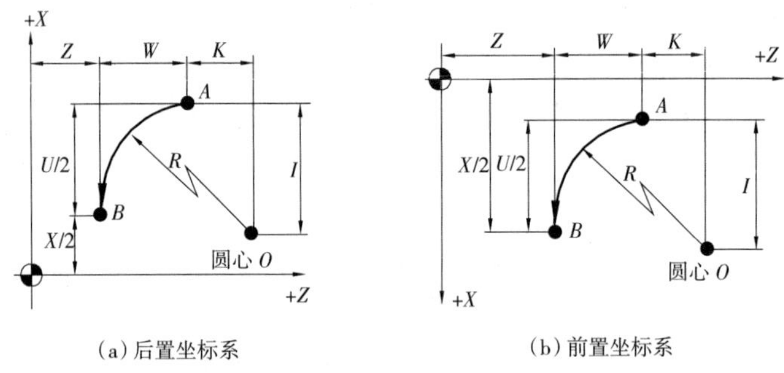

图 3.1.10　圆弧插补

1）G02 为顺时针圆弧插补，G03 为逆时针圆弧插补。圆弧顺时针（或逆时针）的判别，如图 3.1.11 所示。

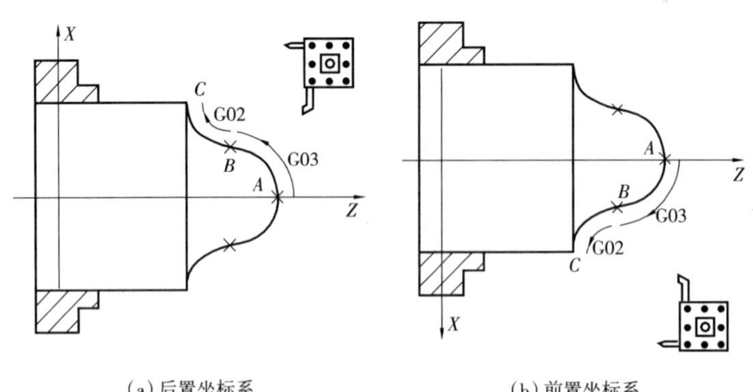

图 3.1.11　圆弧方向判断

2）X（U）__Z（W）__表示终点坐标，其中 X、Z 表示绝对值，U、W 表示增量值。

3）I__K__表示圆心位置，其值为增量值，即从圆弧起点指向圆心的矢量在坐标轴上的分量，I，K 分别对应坐标轴 *X* 和 *Z*，如图 3.1.12 所示。它与终点位置指令是绝对值还是相对值无关，始终为增量值。I 与 K 是半径指定，I0、K0 可以省略。图 3.1.12（a）所示圆弧的圆心坐标可以写成 I20.0K17.0，图 3.1.12（b）所示圆弧的圆心坐标可以写成（I－20.0，K－29.0）。

4）当已知圆弧半径时，可以选取半径编程的方式。圆弧半径用 R 表示，当圆心角小于等于 180°时 R 为正；大于 180°时 R 为负。

5）指令 F 指定刀具切削圆弧的进给速度，若 F 指令省略，则默认系统设置的进给速度或前序程序段中指定的速度。F 为被编程的两个轴的合成进给速度。

6）G02（或 G03）为模态指令。

如图 3.1.13 所示零件，走刀路线为 *A*－*B*－*C*－*D*－*E*－*F*，用绝对坐标方式和增量坐标方式编程如下：

绝对坐标编程：

```
G03 X34.0 Z-4.0 R4.0 F50;     A-B
G01 Z-20.0;                   B-C
G02 Z-40.0 R20.0;             C-D
G01 Z-58.0;                   D-E
G02 X50.0 Z-66.0 R8.0;        E-F
```

增量坐标编程：

```
G03 U8.0 W-4.0R4.0F50;        A-B
G01 W-16.0;                   B-C
G02 W-20.0 R20.0;             C-D
G01 W-18.0;                   D-E
G02 U16.0 W-8.0 R8.0;         E-F
```

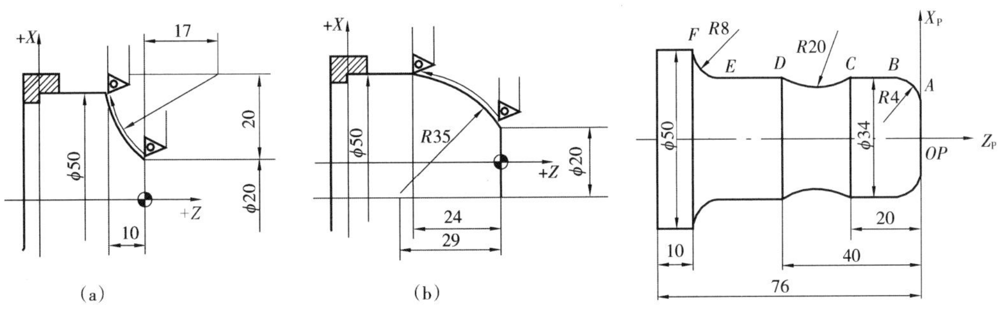

图 3.1.12　用 I，K 指令圆心

图 3.1.13　圆弧插补应用

【例 3.1.1】　编写如图 3.1.14 所示子弹的加工程序。材料：铝棒，ϕ12×60。

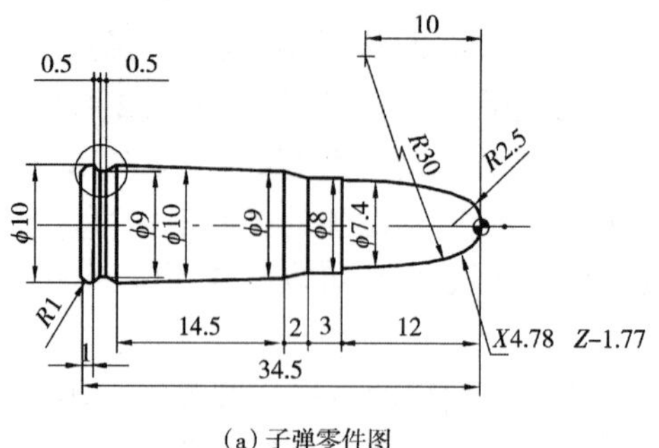

（a）子弹零件图

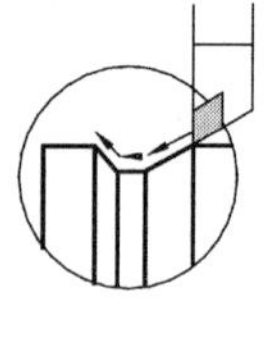

（b）车凹槽

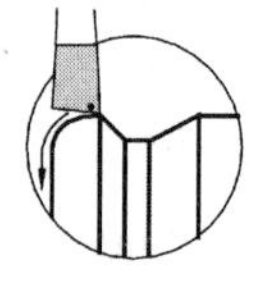

（c）倒圆角及切断

图 3.1.14　刀补编程图例

加工该零件选择一把外圆车刀（κ_r=90°～93°，κ_r'=32°～35°）和一把切断刀（4mm 宽）。外圆车刀的刀位点为左刀尖，切断刀的刀位点为右刀尖。加工程序如下：

```
O1002
G21 G40 G97 G99;              程序初始化
T0101;                        选择外圆车刀
S1200 M03;                    主轴正转，转速 1200r/min
G00 X12.0 Z2.0;               刀具快速定位到工件附件
G71 U1.0 R0.5                 粗车背吃刀量 1，退刀量 0.5
G71 P1 Q2 U0.5 W0.2 F0.2      循环从 N1 段开始到 N2 段结束，X 向余
                              量 0.5mm，Z 向余量 0.2mm，进给量
                              0.2mm/r
N1 G00 X-1.0;                 快速进刀到加工起点附近
G01 Z0.0 F0.08;               进刀
X0.0;                         进刀
G03 X4.78 Z-1.77 R2.5;        车 R2.5 圆弧
X7.4 Z-12.0 R30.0;            车 R30 圆弧
G01 X8.0;
W-3.0;                        车ϕ8 外圆
X9.0 W-2.0;                   车锥度
X10.0 W-14.5;                 车锥度
Z-40.0;
N2 X12.0;                     X 向退刀
S2000;                        换转速为 2000r/min
G70 P1 Q2;                    精车
G00 X12.0 Z-31.5;             进刀
G01 X10.0;                    进刀
X9.0 Z-32.5;                  车凹槽
W-0.5;
```

```
X10.0 W-0.5;
G00 X100.0 Z100.0;          快速退刀到换刀点
T0202;                      选择切断刀（注意：刀位点为右刀尖）
M3 S600;                    转速 600r/min
G00 X14.0 Z-34.8;           快速进刀
G01 X4.0 F0.05;             车槽
X14.0;                      退刀
Z-33.5;                     进刀
X10.0;
G03 X8.0 Z-34.5 R1.0;       右刀尖车 R1 圆弧
G01 X0.0;                   切断
G00 X100.0;                 快速退刀
Z100.0;
M05;                        主轴停转
M30;                        程序结束
%
```

（四）圆弧的检测

1. 用半径规检测

半径规（图 3.1.15）也称半径样板或 R 规，是一种测量精度要求不高的圆弧的常用量具，测量范围有 1～6.5mm、7～14.5mm、15～25mm 三种。测量时，将被测零件的圆弧与半径规进行比较，从而确定被测零件的圆弧半径值。使用时，根据初估被测圆弧半径大小，将半径规上标有相应半径值的样板与被测圆弧（采用光隙法，即通过眼睛观察透光间隙的大小来确定工件的偏差）进行比较，如图 3.1.16 所示。当被测半径与半径样板轮廓不能很好地贴合，透光不均匀，表示半径值不相符。只有当被测半径与半径样板轮廓能很好地贴合，透光均匀时，才表示被测半径值即半径规所表示的值。

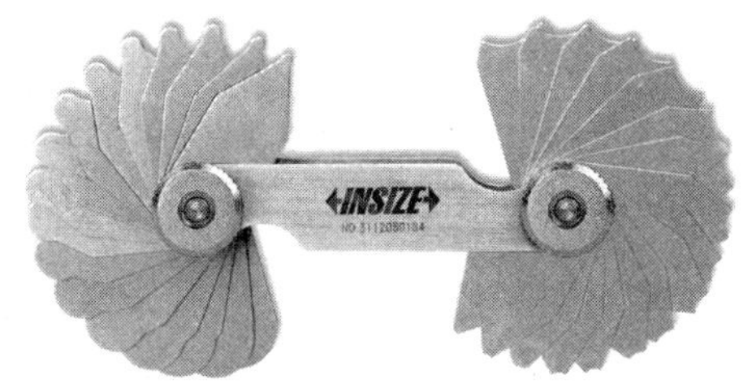

图 3.1.15　半径规

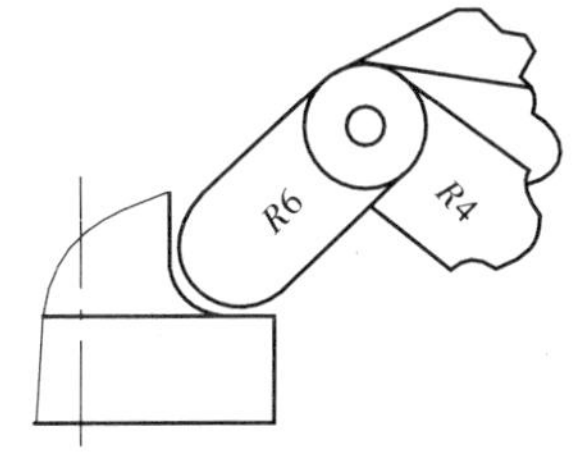

图 3.1.16　半径规的使用

2. 用样板检测

用样板检测成型面如图 3.1.17 所示，主要适用于精度要求不高的场合。

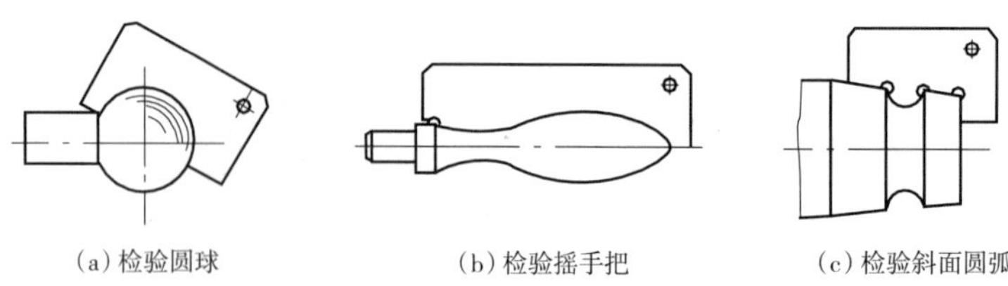

(a) 检验圆球　(b) 检验摇手把　(c) 检验斜面圆弧

图 3.1.17　用样板检验成型面

通过千分尺或游标卡尺的配合使用可以提高成型面的检测精度，如图 3.1.18 所示。

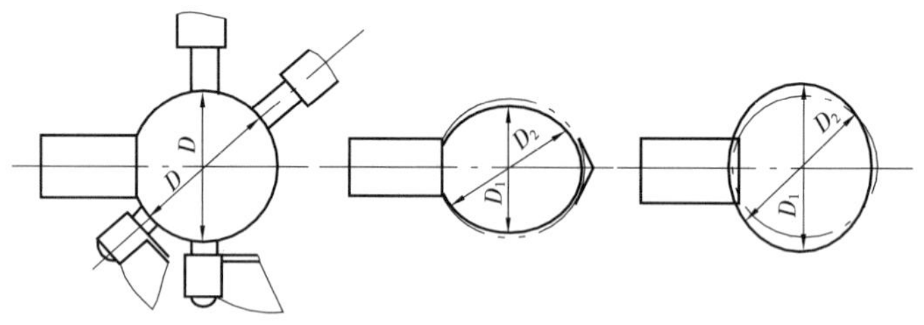

图 3.1.18　用千分尺辅助检验成型面

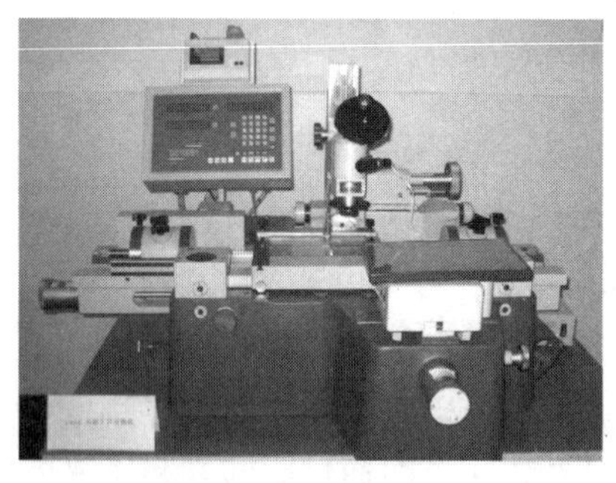

图 3.1.19　万能工具显微镜

3. 万能工具显微镜

万能工具显微镜（图 3.1.19）是一种在工业生产和科学研究中使用十分广泛的光学计量仪器。仪器具有较高的测量精度，可用影像法、轴切法或接触法按直角坐标或极坐标对零部件进行测量。它不仅可以测量零部件的长度、角度，还可以对圆弧、螺纹等进行测量。

三、工艺准备

（一）图样分析

零件加工面主要有 *SR*9 球面、*R*10 凹圆弧、$\phi 38_{-0.033}^{\ \ 0}$ 外圆、$\phi 30_{-0.033}^{\ \ 0}$ 外圆等，各加工要素的长度尺寸如图 3.1.1 所示。除两个外圆的表面粗糙度为 *Ra*1.6μm 外，其余表面粗糙度均为 *Ra*3.2μm。该零件的形状并不复杂，但 *R*10 凹圆弧对刀具和加工路线提出了较高的要求。毛坯为ϕ40×105 的棒料，材料为 45 钢。

（二）夹具选择

根据图样的要求，选用数控车床通用夹具——自定心卡盘。

（三）刀具准备，填写刀具卡

1. 刀具选择

该零件外形加工选择两把焊接式 90° 外圆车刀（一把粗车，一把精车），刀具材料为 YT15。*R*10 凹圆弧加工采用 60° 尖角圆弧车刀（$\kappa_r=30°$，$\kappa_r'=30°$），刀具材料为 YT15。

2. 填写刀具卡

参见附表 2.11。

（四）量具准备

0～150mm 钢直尺一根，用于测长度。
0～150mm 游标卡尺一把，用于测量外圆和长度。
半径规一套，用于检测圆弧 *R*10、*R*4 和 *SR*9。
25～50mm 千分尺一把，用于测量外圆。

（五）编制加工工艺，填写工序卡

1. 工艺编制

该零件的加工先粗、精车除 *R*10 凹圆弧外的所有外形［图 3.1.20（a）］，后加工 *R*10 凹圆弧［图 3.1.20（b）］。

（1）粗精车零件外形

粗加工外形，采用 90°外圆粗车刀，G71 分层切削，背吃刀量设定为 1.5mm，主轴转速设定为 600r/min，进给量设定为 0.2～0.3mm/r，*X* 向留 0.5mm 余量，*Z* 向留 0.2mm 余量。

精加工外形，采用 90°外圆精车刀，用 G70 循环完成，主轴转速设定为 1000r/min，进给量为 0.06mm/r。

（2）*R*10 凹圆弧的粗精车

*R*10 凹圆弧采用等径圆的加工路线［图 3.1.20（c）］，刀具为 60°尖角车刀。粗车时，主轴转速设定为 600r/min，进给量 0.15mm/r，背吃刀量 1～1.5mm，留余量 *X* 向 0.5mm。精车时，主轴转速设定为 1000r/min，进给量 0.06mm/r。

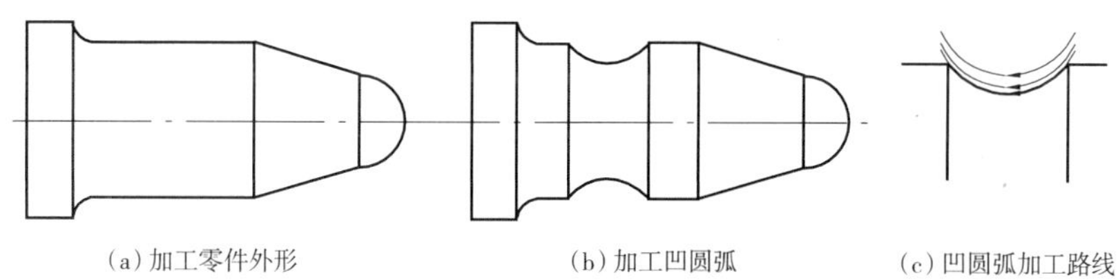

（a）加工零件外形　（b）加工凹圆弧　（c）凹圆弧加工路线

图 3.1.20　加工工艺安排

2. 填写工序卡

参见附表 2.12。

（六）坐标计算

1. 编程原点的设定

将编程坐标系原点定于工件右端面中心，如图 3.1.21 所示。

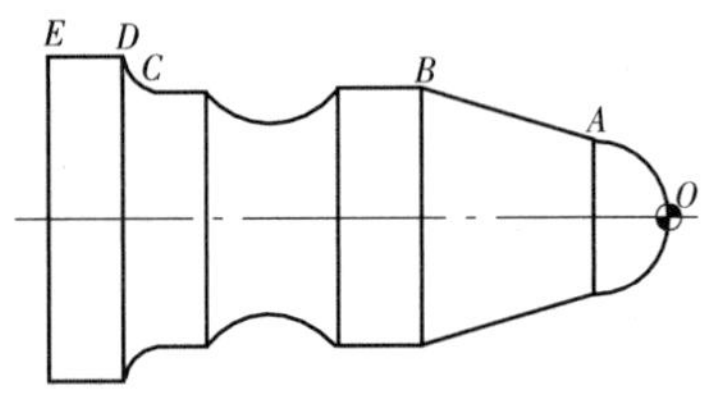

（a）零件轮廓上各基点　　（b）凹圆弧切入、切出点

图 3.1.21　坐标计算

2. 各基点坐标

由于零件外圆尺寸的公差较小，故可以按公称尺寸计算，由此可得图 3.1.21（a）中各基点坐标 *A*（*X*18，*Z*−9），*B*（*X*30，*Z*−30），*C*（*X*30，*Z*−62），*D*（*X*38，*Z*−66），*E*（*X*38，*Z*−75）。对于凹圆弧，当以圆弧方式切入与切出时，求得 *F*（*X*33.28，*Z*−39），*G*（*X*33.28，*Z*−57）。

（七）编制加工程序，填写加工程序单

1. 编制加工程序

根据前面的工艺分析和坐标计算，所编的加工程序如下：

```
O1002
N10 G21 G40 G97 G99;                程序初始化
N20 T0101;                          选择外圆粗车刀
N30 M03 S600;                       启动主轴，转速 600r/min
N40 G00 X42.0 Z2.0;                 刀具快速定位
N50 G94 X0.0 Z0.0 F0.1;             端面循环切削
N60 G71 U1.5 R0.5;                  外圆粗车循环，背吃刀量 1.5mm，
                                    退刀量 0.5
N70 G71 P80 Q150 U0.5 W0.2 F0.25;   X 向余量 0.5mm，进给量 0.25mm/r
N80 G00 X0.0;                       进刀
N90 G01 Z0.0 F0.06;
N100 G03 X18.0 Z-9.0 R9.0;          车 R9 圆弧
N110 G01 X30.0 W-21.0;              车锥度
N120 Z-62.0;                        车φ30 外圆到 Z-62
N130 G02 X38.0 W-4.0 R4.0;          车 R4 圆角
N140 G01 Z-76.0;                    车φ38 外圆到 Z-76
```

```
N150 X42.0;                          X 向退刀
N160 G00 X100.0 Z150.0;              刀具快速返回换刀点
N170 M3 S1000 T0202;                 换外圆精车刀
N180 G00 X42.0 Z2.0;                 刀具快速定位
N190 G70 P80 Q150;                   精车循环
N200 G00 X100.0 Z150.0;              刀具快速返回换刀点
N210 S600 T0303;                     换 60°尖角车刀
N220 G00 X36.78 Z-39.0;              进刀
N230 G02 Z-57.0 R10.0 F0.15;         第一刀粗车 R10 圆弧，进给量
                                     0.15mm/r
N240 G00 Z-39.0;                     退刀
N250 X33.78;                         进刀
N260 G02 Z-57.0 R10.0;               第二刀粗车 R10 圆弧
N270 G00 Z-39.0;                     退刀
N310 M03 S1000;                      启动主轴，转速 1000r/min
N330 G01 X33.28 F0.15;               进刀
N340 G02 Z-57.0 R10.0 F0.06;         精车 R10 圆弧
N350 G00 X100.0 Z150.0;              退刀
N360 M05;                            主轴停轴
N370 M30;                            程序结束
%
```

2. 填写加工程序单

参见附表 2.13。

四、任务实施

01 工件装夹。将工件置于自定心卡盘中，控制伸出长度约 82mm，经找正后夹紧工件。

02 刀具装夹。分别将外圆粗车刀和精车刀置于刀架的 1#和 2#刀位，将 60°尖角圆弧车刀置于刀架的 3#刀位，调整好刀具高度、伸出长度和主偏角与副偏角后，夹紧刀具。

03 对刀。根据编程坐标原点的安排分别完成 1#～3#刀的对刀操作，对刀前确保机床经过正确回零。对刀后为留一定的加工余量，分别将 1#～3#刀对应刀补的 X 向磨耗值设置 0.5。

04 输入并调试加工程序。输入加工程序，经仔细检查后，通过图形模拟功能进行调试。

05 自动运行加工程序，完成加工。

06 检测零件。

07 根据所测的尺寸，对刀补磨耗值或程序进行修正。

08 再次运行精加工程序。

09 卸下工件，清理机床。

五、考核评价

1）学生完成零件自检，填写“考核评分表”（附表 2.19），并同刀具卡、工序卡和程序单一起上交。

2）教师对零件进行检测，对刀具卡、工序卡和程序单进行批改，对学生整个任务的实施过程进行分析，并填写“考核评分表”（附表 2.19）对学生进行成绩评定。

六、自主练习

1）加工圆弧常用哪些加工路线？各有何特点？

2）请写出 G02、G03 指令的格式，并画简图说明其运动轨迹。

3）对图 3.1.22 所示零件进行工艺分析，并填写刀具卡、工序卡和加工程序单。

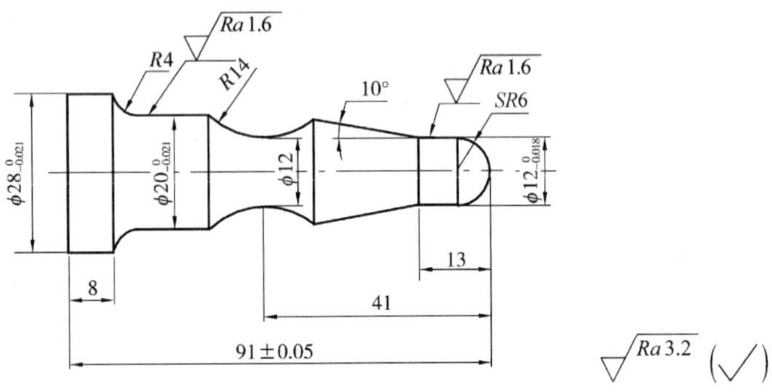

图 3.1.22　练习零件图

任务 3.2 复杂成型面零件的加工

一、工作任务

（一）生产任务（表 3.2.1）

表 3.2.1　生产任务单

单位名称							编号	
产品清单	序号	零件名称	毛坯外形、尺寸	数量	材料	出单日期	交货日期	技术要求
	1	手柄	ϕ40×105	1	45 钢			见图样
	2							
	3							

续表

<table>
<tr><td rowspan="3">产品清单</td><td>序号</td><td>零件名称</td><td>毛坯外形、尺寸</td><td>数量</td><td>材料</td><td>出单日期</td><td>交货日期</td><td>技术要求</td></tr>
<tr><td>4</td><td></td><td></td><td></td><td></td><td></td><td></td><td></td></tr>
<tr><td>5</td><td></td><td></td><td></td><td></td><td></td><td></td><td></td></tr>
<tr><td colspan="5">出单人签字：
日期：____年____月____日</td><td colspan="4">接单人签字：
日期：____年____月____日</td></tr>
<tr><td colspan="9">车间负责人签字：
日期：____年____月____日</td></tr>
</table>

（二）复杂成型面零件图（图3.2.1）

材料45钢，毛坯尺寸$\phi 40\times 105$（为任务3.1的练习件）。

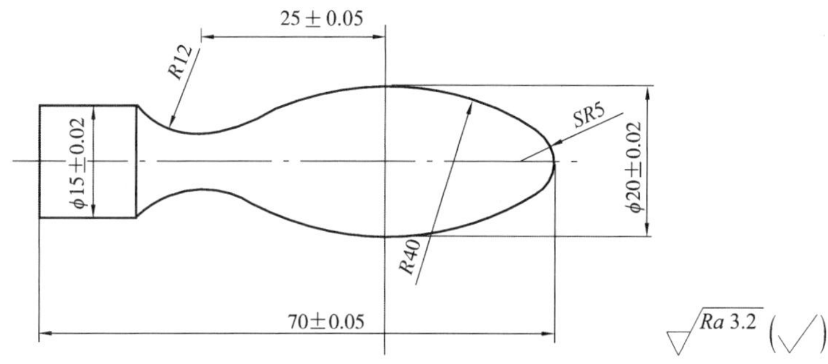

图3.2.1　手柄零件图

二、相关知识

（一）夹固式车刀的选用

1. 刀杆的选用

夹固式可转位车刀的型号如图3.2.2所示。

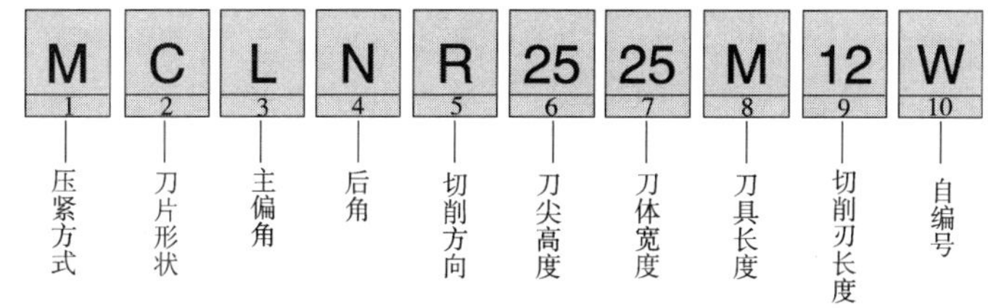

图3.2.2　夹固式可转位车刀的型号构成

文档：可转位车刀及刀夹（国标）

（1）压紧方式

刀具的压紧方式有压板压紧式（C类）、复合压紧式[M类，图3.2.3（a）]、杠杆压紧式［P类，图3.2.3（b）］和螺钉压紧式［S类，图3.2.3（c）]，其中使用较为广泛的是复合压紧式和螺钉压紧式。复合压紧式夹紧可靠，能承受较大的切削负荷及冲击，适用于重负荷切削。螺钉直接压紧结构简单，配件少，采用 7°后角刀片，容屑空间大，排屑顺畅，适用于轻载加工。

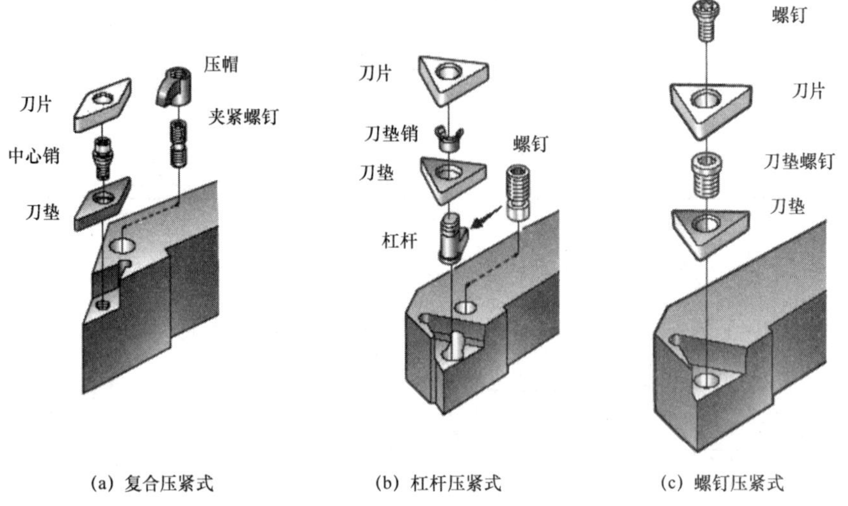

(a) 复合压紧式　　(b) 杠杆压紧式　　(c) 螺钉压紧式

图 3.2.3　夹固式车刀常用压紧方式

（2）刀片形状

刀片形状及代号如表 3.2.2 所示，主要根据被加工零件的表面形状、切削方式等要素进行选择。

表 3.2.2　刀片形状及代号

刀片形状	80°	55°			60°	35°	80°
代号	C	D	R	S	T	V	W

（3）刀具主偏角

刀具主偏角及其代号如图 3.2.4 所示，其选择的依据主要是被加工零件的表面形状。

（4）刀片后角

刀片后角常用的代号有 N（0°）、B（5°）、C（7°）和 P（11°），0°后角一般用于粗车、半精车，5°、7°、11°一般用于半精车、精车、仿形及加工内孔。

（5）切削方向

切削方向有右切（R 型）、左切（L 型）和左右切（N 型）三种，如图 3.2.5 所示。对于前置刀架而言，切削方向以右切为主，右切较难或无法完成时可以选择左切，后置刀架则相反。

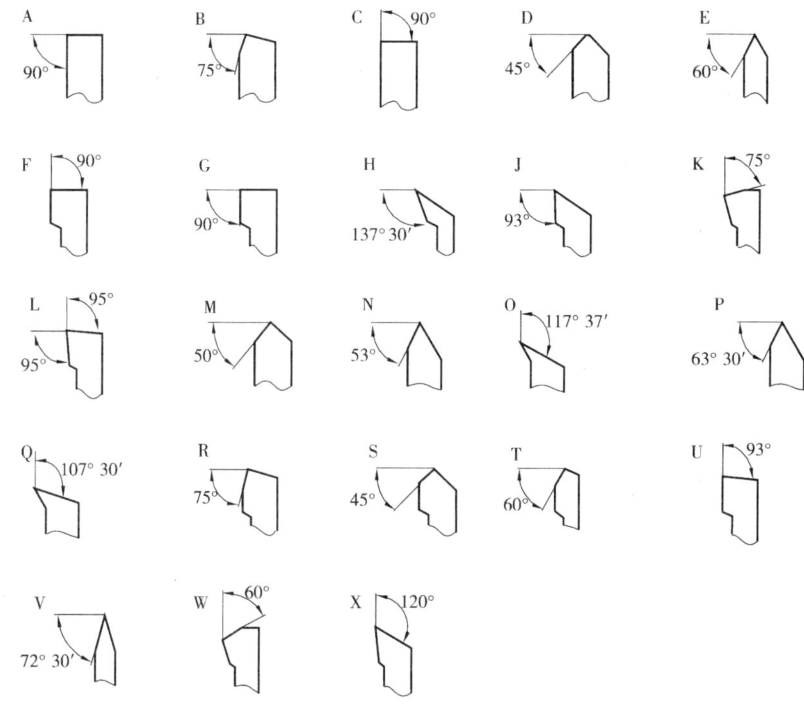

图 3.2.4　刀具主偏角及代码

（6）刀尖高度［图 3.2.6（a）］

高度代号只标整数，例如：h=8mm 时，其代号为 08，常用的高度代号有 12、16、20、25、32、40 等。高度代号由机床及刀架的型号决定。

（7）刀体宽度［图 3.2.6（b）］

宽度代号只标整数，例如：b=8mm 时，其代号为 08，常用的宽度代号有 12、16、20、25、32、40 等。

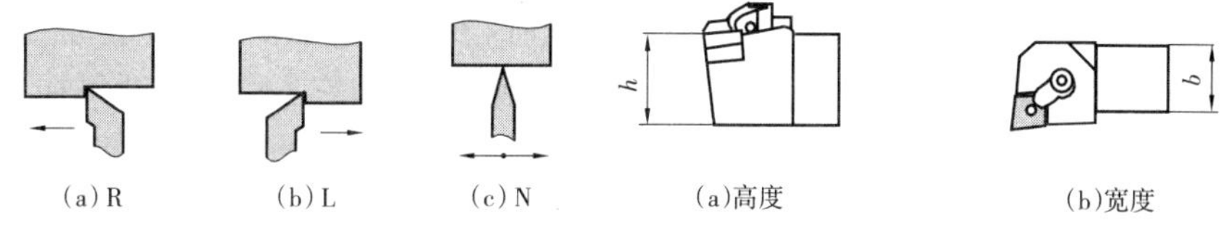

图 3.2.5　切削方向　　　　图 3.2.6　刀尖高度与刀体宽度

（8）刀具长度

刀具长度及代号如表 3.2.3 所示，其主要根据被加工零件的形状及尺寸和刀架的型号等要素来确定。选择刀具长度时，在满足使用要求的情况下，尽量选择短的型号。

表 3.2.3　刀具长度及代号

长度/mm	70	80	100	125	150	170	180	200	250	300
代号	E	F	H	K	M	P	Q	R	S	T

（9）切削刃长度

切削刃长度的选择主要依据背吃刀量的大小。

2. 刀片的选用

夹固式可转位车刀的刀片型号如图 3.2.7 所示。

文档：切削刀具用可转位刀片型号表示规则（国标）

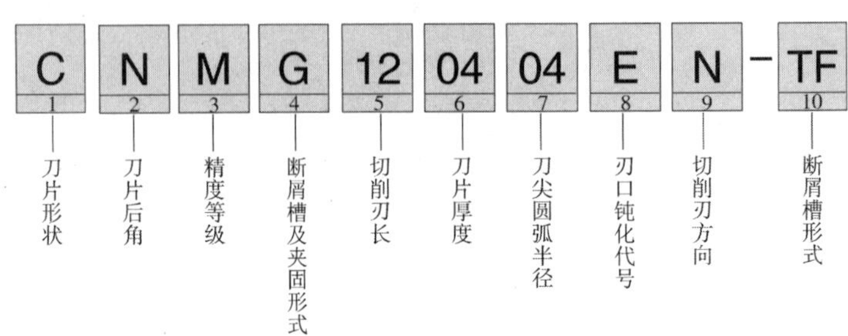

图 3.2.7　夹固式可转位车刀的刀片型号构成

（1）刀片形状（表 3.2.4）

表 3.2.4　刀片形状及代号

刀片形状										
代号	A85° B82° K55°	H120°	L90°	O135°	P108°	C80° D55° E75° M86° V35°	R—	S90°	T60°	

S 形刀片有四个刃口，刃口较短，刀尖强度较高，主要用于 75°、45° 车刀，或在内孔刀中用于加工通孔。T 形刀片有三个刃口，刃口较长，刀尖强度低，主要用于 90° 车刀或在内孔车刀中加工盲孔、台阶孔。C 形刀片具有 80° 刀尖角，两个刃口强度较高，用它不用换刀即可加工端面或圆柱面，在内孔车刀中一般用于加工台阶孔。R 形刀片为圆形刃口，用于特殊圆弧面的加工，刀片利用率高，但径向力大。W 形刀片有三个刃口，刃口较短，80° 刀尖角使得刀尖强度较高，主要用在车床上加工圆柱面和台阶面。D 形刀片有两个刃口，刃口较长，55° 刀尖角使得刀尖强度较低，主要用于仿形加工。V 形刀片有两个长刃口，35° 刀尖角使得刀尖强度低，用于仿形加工。

（2）刀片后角

刀片后角代号有 A、B、C、D、E、F、G、N 和 P 等，如图 3.2.8 所示，其中较常用的代号有 N（0°）、B（5°）、C（7°）和 P（11°），0° 后角一般用于粗车、半精车，5°、7°、11° 一般用于半精车、精车、仿形及加工内孔。

（3）精度等级

可转位刀片国家规定了16种精度，其中6种适合于车刀，代号为H、E、G、M、N、U。其中H最高，U最低。普通车床粗、半精加工用U级，对刀尖位置要求较高的或数控车床用M级，更高级要求的用G级。

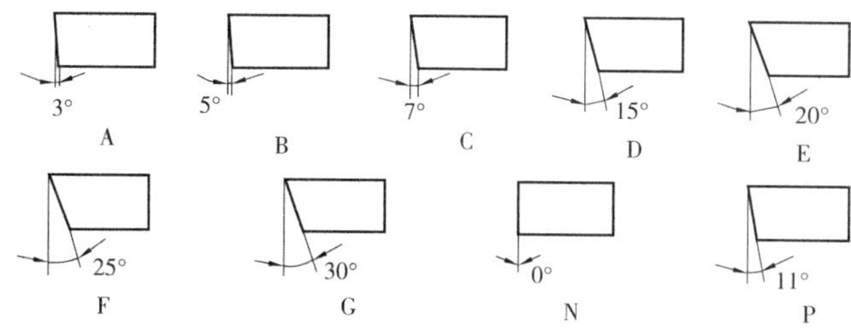

图3.2.8　刀片后角

（4）断屑槽及夹固形式

根据前刀面是否有断屑槽和中心孔，可将刀片分成表3.2.5所示这些类型。

表3.2.5　断屑槽及中心孔型代号

代号	N	R	F	A	M
图示及说明	无断屑槽 无中心孔	单面断屑槽 无中心孔	双面断屑槽 无中心孔	无断屑槽 圆柱孔无倒角	单面断屑槽 圆柱孔无倒角
代号	G	W	Q	T	U
图示及说明	双面断屑槽 圆柱孔无倒角	无断屑槽 圆柱孔单面倒角	单面断屑槽 圆柱孔单面倒角	无断屑槽 圆柱孔双面倒角	双面断屑槽 圆柱孔双面倒角

（5）切削刃长

切削刃长是指切削刃的长度，其代号主要根据背吃刀量进行选择，一般通槽形的刀片切削刃长度选大于等于1.5倍的背吃刀量，封闭槽形的刀片切削刃长度选大于等于2倍的背吃刀量。切削刃长的具体代号及尺寸需查阅相关刀具手册，如对于形状代号为C的刀片而言，切削刃长07代表着实际刀片刃长为7.94mm。

（6）刀片厚度 *S*

刀片厚度代号及相应的数值如表3.2.6所示，如代号T3代表着刀片厚度为3.97mm。刀片厚度的选用原则是使刀片有足够的强度来承受切削力，通常根据背吃刀量与进给量来选用；刀片材料有时也会影响刀片厚度的选用，如陶瓷材料的刀片要选用较厚的刀片。

表 3.2.6　刀片厚度代号及相应的数值

	代号	01	T1	02	03	T3
	厚度 S/mm	1.59	1.98	2.38	3.18	3.97
	代号	04	05	06	07	09
	厚度 S/mm	4.76	5.56	6.35	7.94	9.52

（7）刀尖圆弧半径 *R*

刀尖圆弧半径 *R* 代号有 02、04、05、06、08、12、16、20、24 和 32，如代号 08 代表着刀尖圆弧半径为 0.8mm。粗车时只要刚性允许应尽可能采用较大刀尖圆弧半径，以提高刀尖的强度。精车时一般选用较小圆弧半径，但在满足使用要求的情况下也可以选用圆弧半径较大的刀片。

（8）刃口钝化代号

刃口钝化代号（表 3.2.7）有 F（尖刃）、E（倒圆刃）、T（倒棱刃口）和 S（倒圆且倒棱刃口）几种。

表 3.2.7　刃口钝化代号及形式

切削刃截面形状	尖锐切削刃	倒圆切削刃	倒棱切削刃	既倒棱又倒圆切削刃
代号及形式	F	E	T	S

（9）切削刃方向代号

切削刃方向代号有 R（右切）、L（左切）和 N（左右切）三种，使用较多的为 N 型。

（10）制造商选择代号（断屑槽形式）

刀片的国际编号通常由前九位编号组成（第 10 位，仅在需要时标出）。此外，制造商可以根据需要增加编号。

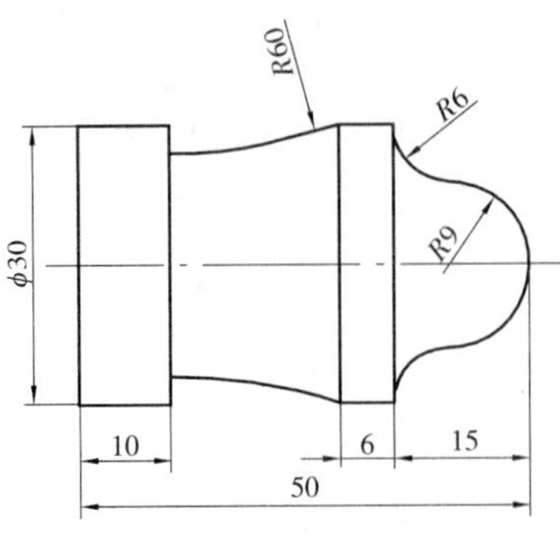

图 3.2.9　夹固式车刀刀具型号选择示例

【例 3.2.1】　精加工如图 3.2.9 所示零件，采用 CK6136 型数控车床，刀架型号为 6132，工件材料为 45 钢，请选用夹固式车刀的刀杆及刀片。

因精加工的切削力较小，故确定刀具压紧方式时可以选择螺钉压紧式，对应的代号为 S。根据工件的形状要求，主偏角可以选择 93°～95°，副偏角应大于 18°，由此可确定刀片为 55°刀尖角的菱形刀片，形状代号为 D，主偏角代号为 J（对应 93°）。同时为减少刀具后刀角与工件之间的摩擦，后角代号可以选择 C（对应 7°）。切削方向为自右向左切削，故切削方向代号为 R。由于数控车床的刀架型号为 6132，其对应的刀具中心高为 20，因此确定刀尖高度代号为 20，刀体宽度代号为 20，长度代号选择 K（对应 125mm）。综合上述分析，所选的刀杆型号为 SDJCR2020K07。

经查有关刀具的参数资料，与 SDJCR2020K07 刀杆对应的刀片 DC××070204，即刀片形状代号为 D，刀片后角代号为 C，切削刃长代号 07 型，刀片厚度代号 02，刀片圆弧半径代号 04。其他代号为精度等级选择 M 级，断屑槽及夹固形式选择 T 型（即圆柱孔及单面倒角 40°～60°），刃口钝化代号为 E（即倒圆刃），切削方向代号为 N。综上所述，刀片型号为 DCMT070204EN。

（二）编程指令

1. G73——环状粗车复合循环

环状粗车复合循环如图 3.2.10 所示，工件成品形状为 A_1B。该切削方式是每次粗切的轨迹形状都和成品形状类似，只是在位置上由外向内环状地向最终形状靠近，适于对铸、锻毛坯切削，对零件轮廓的单调性则没有要求。其程序格式如下：

```
G73 U(i) W(k) R(m)
G73 P(ns) Q(nf) U(u) W(w) F(f) S(s) T(t)
```

其中，m——粗切的次数；

i、k——分别为起始时 X 轴（半径值）和 Z 轴方向上的缓冲距离；

u、w——分别为 X 轴（直径值）和 Z 轴方向上的精加工余量；

ns 和 nf——分别为按 $A \rightarrow A_1 \rightarrow B$ 走刀路线编写的精加工程序中第一个程序段的顺序号和最后一个程序段的顺序号；

F、S、T——粗切时的进给速度、主轴转速和刀补设定。此时，这些值将不再按精加工的设定。

动画：G73 环状粗车复合循环

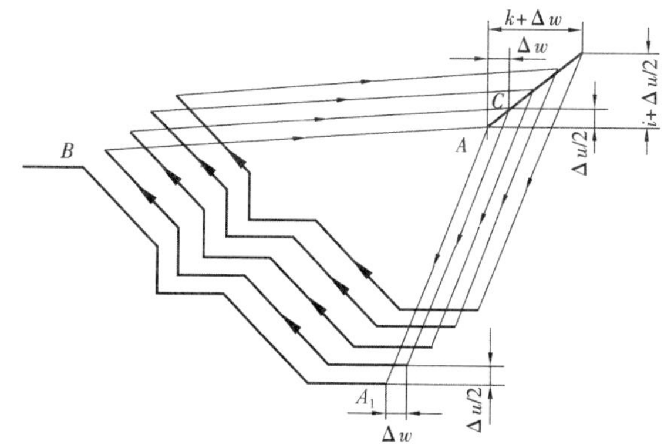

图 3.2.10　环状粗车复合循环

2. 刀尖圆弧半径补偿

（1）刀尖圆弧半径补偿的类型

编程时，通常都将车刀刀尖作为一点来考虑，但实际上刀尖处存在圆角，当用按理论刀尖点编出的程序进行端面、外径、内径等与轴线平行或垂直的表面加工时，是不会产生误差的。但在进行倒角、锥面及圆弧切削时，会产生少切或过切现象，如图 3.2.11 所示。

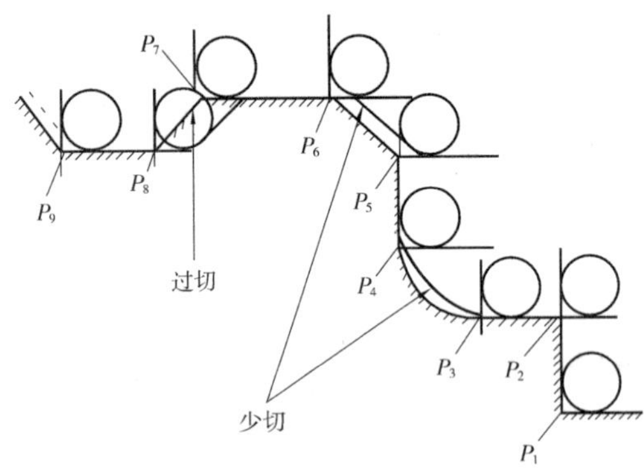

图 3.2.11　过切与少切

具有刀尖圆弧自动补偿功能的数控系统能根据刀尖圆弧半径计算出补偿量，避免少切或过切现象的产生。机床自动进行刀尖半径补偿的指令是 G41（左补偿）、G42（右补偿）、G40（取消补偿）指令。

当系统执行到含 T 代码的程序指令时，仅仅是从中取得了刀具补偿的寄存器地址号（其中包括刀具几何位置补偿和刀具半径大小），此时并不会开始实施刀尖半径补偿。只有在程序中遇到 G41、G42、G40 指令时，才开始从刀库中提取数据并实施相应的刀径补偿。

（2）刀具补偿模式的建立和取消

G40——取消刀具半径补偿，按程序路径进给。

G41——刀具半径左补偿，按程序路径前进方向刀具零件左侧进给，如图 3.2.12（a）所示。

G42——刀具半径右补偿，按程序路径前进方向刀具在零件右侧进给，如图 3.2.12（b）所示。

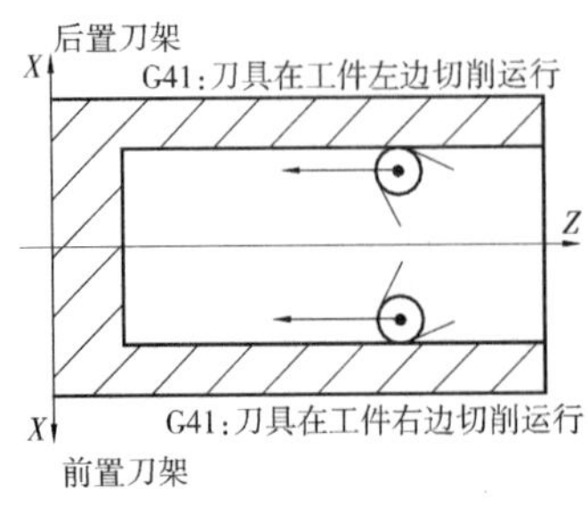

(a) 左刀补

(b) 右刀补

图 3.2.12　刀补方式的确定

格式：

```
G41/G42/G40  G01/G00  X（U）__Z（W）__
```

其中，X（U）、Z（W）——建立或撤销刀具半径补偿程序段中刀具移动的终点坐标。

执行过刀径补偿 G41 或 G42 的指令后，刀补将持续对每一编程轨迹有效；若要取消刀补，则需要在某一编程轨迹的程序行前加上 G40 指令，或单独将 G40 作一程序段书写。刀具半径补偿使用时需注意以下几点：

1）刀具半径补偿的建立和取消不应在 G02、G03 圆弧轨迹程序段上进行。

2）刀具半径补偿建立和取消时，刀具位置的变化是一个渐变的过程。

3）当输入刀具半径数据时给的是负值，则 G41、G42 互相转化。

4）G41、G42 指令不要重复规定，否则会产生一种特殊的补偿。

5）G71、G72、G73 等复合循环时，G41 和 G42 不起作用。

（3）刀尖圆弧半径补偿代码

在进行刀具半径补偿之前，还应对刀具半径补偿代码 0～8 进行选择。刀具半径补偿代码的选择方法如图 3.2.13 所示。在设置刀具半径补偿时，应将补偿代码和刀尖半径值分别输入到刀具补偿的 T 和 R 中，如图 3.2.14 所示。

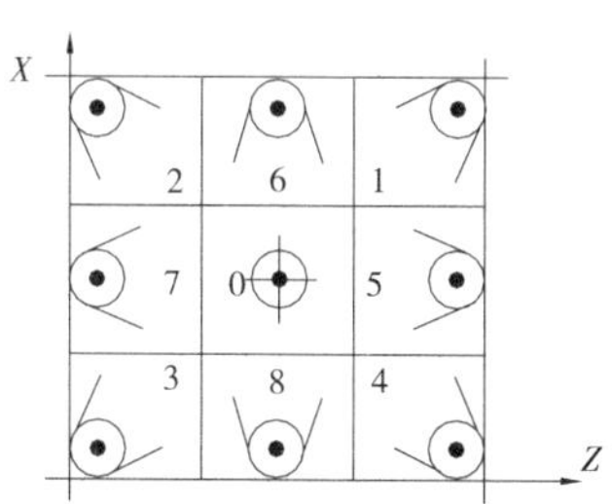

图 3.2.13　刀具半径补偿代码

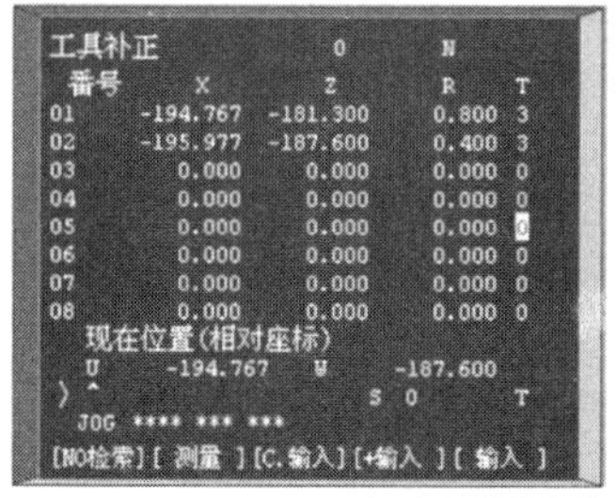

图 3.2.14　刀具半径补偿设置

动画：G96 恒线速度车削

3. 线速控制指令

（1）恒线速控制

恒线速度控制，即切削速度恒定，此时主轴转速与工件直径成反比，主要用于直径变化较大工件的加工。

格式：

```
G96  S××××
```

其中，S 后面的数字表示的是恒定的线速度，单位为 m/min。

例如，G96　S150　表示切削点线速度控制在 150m/min。

（2）恒线速取消

恒线速度取消，即恒转速，主要在车螺纹或车削直径变化不大的工件时使用。

格式：

```
G97  S××××
```

其中，S后面的数字表示恒线速度控制取消后的主轴转速，单位为r/min。

如S未指定，将保留G96的最终转速值。

例如，G97 S1000 表示恒线速控制取消后主轴转速1000r/min。

（3）主轴最高转速限定

格式：

```
G50  S××××
```

例如，G50 S2000 表示限制主轴的最高转速为2000r/min。

在车削端面或工件直径变化较大时，为了保证车削表面质量一致性，使用恒线速度控制。用恒线速度控制加工端面、锥面和圆弧面时，由于 *X* 轴的值不断变化，当刀具接近工件的旋转中心时，主轴的转速会越来越高。采用主轴最高转速限定指令，可防止因主轴转速过高、离心力太大而产生危险及影响机床寿命。

【例3.2.2】 加工如图3.2.15所示零件，毛坯如图虚线所示，*X* 向余量为3mm（半径），*Z* 向余量为1mm，试用G73和G70复合循环指令编写该零件的粗、精车程序。

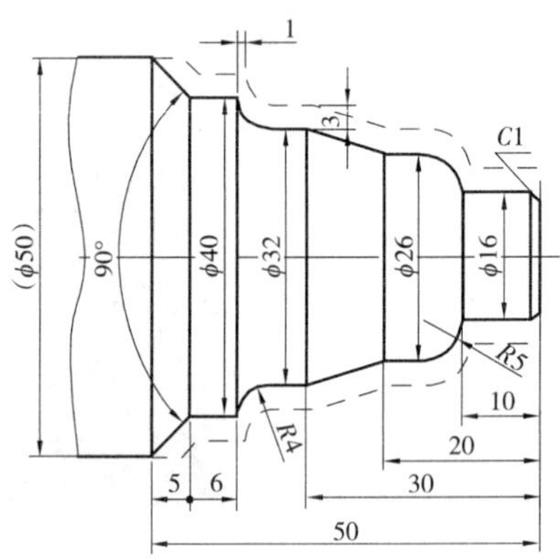

图3.2.15 G73示例图

```
O0002
N10 G21 G40 G97 G99;              程序初始化
N20 M03 S800 T0101;               选择粗车刀，主轴800r/min正转
N30 G96 S120;                     设置切削速度120m/min
N40 G50 S2000;                    设定主轴最高转速2000r/min
N50 G00 X52.0 Z2.0;               刀具快速进刀
N60 G94 X-1. Z0.0 F0.1            车端面
N70 G73 U2.0 W0.6 R2.0;           粗车循环，刀具往外让X向2，Z
                                  向0.6，分2刀
N80 G73 P90 Q190 U0.5             留余量X向0.5，Z向0.2，进给
W0.2 F0.2;                        量0.2mm/r
N90 G00 G42 X10.0 Z2.0;           进刀并建立刀具半径右补偿
```

```
N100 G01 X16.0 Z-1.0 F0.08;  车倒角，进给量0.08mm/r
N110 Z-10.0;                 车φ16外圆
N120 G03 X26.0 Z-15.0 R5.0;  车R5圆角
N130 G01 Z-20.0;             车φ26外圆
N140 X32.0 Z-30.0;           车锥度
N150 Z-35.0;                 车φ32外圆
N160 G02 X40.0 Z-39.0 R4.0;  车R4圆角
N170 G01 Z-45.0;             车φ40外圆
N180 X54.0 Z-52.0;           车锥度
N190 G40;                    取消刀具半径补偿
N200 G00 X100.0 Z150.0;      退刀
N210 T0202;                  换精车刀
N220 G00 X52.0 Z2.0;         刀具快速进刀
N230 G70 P90 Q190;           精车循环
N240 G97 S600;               取消恒线速度，设定主轴转速
                             600r/min
N250 G00 X100.0 Z150.0;      刀具快速退刀
N260 M05;                    主轴停转
N270 M30;                    程序结束
%
```

三、工艺准备

（一）图样分析

该零件（手柄）为一典型的成型面零件，由三条相切的圆弧和一段外圆组成，除ϕ20和ϕ15尺寸精度要求较高外，其余为自由公差。直径和长度尺寸均为自由公差，表面粗糙度均为*Ra*3.2μm。毛坯材料为45钢，为任务3.1的练习件。经过与任务3.1零件图的对比，可确定最大切削余量在零件的左端，约为11.5mm。

（二）夹具选择

该零件外形相对简单，选用数控车床通用夹具——自定心卡盘。

（三）刀具准备，填写刀具卡

1. 刀具选择

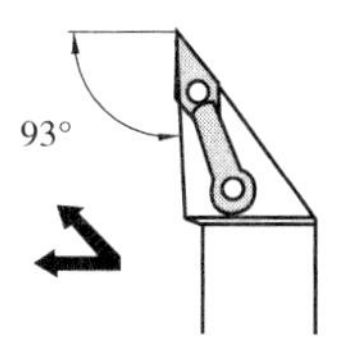

图3.2.16 93°尖角仿形车刀

为使刀具能顺利完成整个零件外形的车削而不发生干涉，选择主偏角93°、副偏角52°、刀尖圆弧半径为0.4mm的外圆仿形车刀，如图3.2.16所示。

2. 填写刀具卡

参见附表 2.11。

（四）量具准备

0～150mm 钢直尺一根，用于测长度；
0～150mm 游标卡尺一把，用于测量外圆和长度；
半径规一套，用于检查圆弧；
0～25mm 千分尺一把，用于测量外圆。

（五）编制加工工艺，填写工序卡

1. 工艺编制

该零件的加工分粗加工和精加工。

（1）粗加工

粗加工采用仿形的加工路线，用 G73 命令完成。由于毛坯最大切削余量约为 11.5mm，因此 G73 循环的最大退刀量 X 向选择 9，Z 向为 0，分 6 刀粗车。精加工余量 X 向留 1mm（直径），Z 向为 0。查相关切削手册，确定刀具的切削速度为 100m/min，进给量 0.2mm/r。

（2）精加工

精加工用 G70 完成，确定刀具的切削速度为 120m/min，进给量为 0.08mm/r。

2. 填写工序卡

参见附表 2.12。

（六）坐标计算

1. 编程原点设定

为了方便计算与编程，编程坐标系原点定于工作右端面中心。

2. 基点坐标计算

添加辅助线（图 3.2.17），其中 O_1、O_2、O_3 分别是 $R5$、$R40$、$R12$ 圆弧的圆心。由于 $R5$ 圆弧与 $R40$ 圆弧内切，因此 O_2A 经过 $R5$ 圆心 O_1，即 $O_2O_1=40-5=35$。由已知条件可知 $O_2F=40-10=30$。根据相似三角形的性质，可知：$\dfrac{O_2O_1}{O_2A}=\dfrac{O_2F}{O_2E}$，于是有

$$O_2E=\frac{O_2F\times O_2A}{O_2O_1}=\frac{30\times 40}{35}\approx 34.286$$

得

$$FE=34.286-30=4.286$$

$$FQ_1=\sqrt{O_2O_1^2-O_2F^2}=\sqrt{35^2-30^2}\approx 18.028$$

$$AG=\sqrt{5^2-4.286^2}\approx 2.575$$

从而解得 A 点坐标（$X8.572$，$Z-2.425$）。

另外，$R40$ 圆弧与 $R12$ 圆弧相外切，因此 $O_2O_3=40+12=52$，根据相似三角形的性质，可知 $\dfrac{O_3B}{O_2O_3}=\dfrac{IB}{O_2H}$，于是有

$$IB=\frac{O_3B\times O_2H}{O_2O_3}=\frac{12\times 25}{52}\approx 5.769$$

$$O_3H=\sqrt{52^2-25^2}\approx 45.596$$

$$O_3K=O_3H-KH=45.596-30=15.596$$

$$O_3I=\sqrt{12^2-5.769^2}\approx 10.522$$

$$IK=O_3K-O_3I=15.596-10.522=5.074$$

在三角形 O_3CJ 中，$O_3J=O_3K-JK=15.596-7.5=8.096$

$$CJ=\sqrt{O_3C^2-O_3J^2}=\sqrt{12^2-8.096^2}\approx 8.857$$

$$DC=70-O_1O-FO_1-O_2H-CJ=70-5-18.028-25-8.857=13.115$$

于是可得 B（$X10.148$，$Z-42.259$），C（$X15$，$Z-56.885$）。

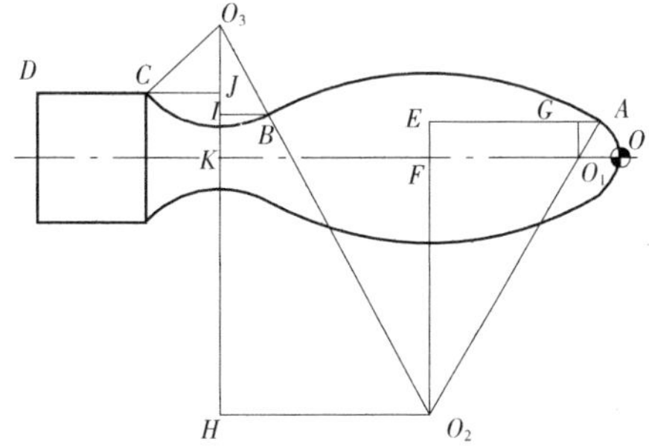

图 3.2.17 手柄坐标计算图

（七）编制加工程序，填写加工程序单

1. 编制加工程序

根据前面的工艺分析和坐标计算，所编的加工程序如下：

O1005;	
N10 G21 G40 G97 G99;	程序初始化
N20 M03 S600 T0101;	主轴 600r/min 正转，选择外圆仿形车刀
N30 G96 S100;	设定恒线速度切削，切削速度为 100m/min
N40 G50 S2500;	设定主轴最高转速 2500r/min
N50 G00 X40.0 Z2.0;	刀具快速定位到工件附近

```
N60 G73 U9.0 W0.0 R6.0;         粗车循环，X 向退刀量为 9mm，Z 向
                                0，分 6 刀
N70 G73 P80 Q150 U1.0           进给量 0.2mm/r，X 向精加工
W0.0 F0.2;                      余量 1mm，Z 向 0
N80 G00 X-1.0 Z2.0;             刀具快速进刀
N90 G42 G01 Z0.0 F0.08;         刀具 Z 向进刀并建立右补偿
N100 X0.0;                      进刀至切削起点
N110 G03 X8.572 Z-2.425 R5.0;车 R5 的圆弧
N120 X10.148 Z-42.259 R40.0;车 R40 的圆弧
N130 G02 X15.0 Z-56.885 R12.0;车 R12 的圆弧
N140 G01 Z-71.0;                车φ15 至长 71 处
N150 G40 X18.0;                 工件退刀并取消刀具半径补偿
N160 G00 X100.0 Z150.0;         刀具快速返回换刀点
N170 M03 T0101;                 主轴正转
N180 G96 S120                   恒线速度切削，切削速度为120m/min
N190 G50 S2500;                 设定主轴最高转速 2500r/min
N200 G00 X40.0 Z2.0;            刀具快速定位到工件附近
N210 G70 P80 Q150;              精加工循环
N220 G00 X100.0 Z150.0;         回刀具换刀参考点
N230 G97 S600;                  取消恒线速度切削，主轴转速为
                                600r/min
N240 M05;                       主轴停转
N250 M30;                       程序结束
%
```

2. 填写加工程序单

参见附表 2.13。

四、任务实施

01 工件装夹。将工件置于自定心卡盘中，控制伸出长度约 82mm，经找正后夹紧工件。

02 刀具装夹。将刀具置于刀架的 1#刀位，调整好刀具高度、伸出长度和主偏角与副偏角后，夹紧刀具。

03 对刀。分别完成 *X* 和 *Z* 向对刀，经检查无误后，将相应刀补磨耗值设置为 1。

04 程序的输入与调试。

将 O1005 加工程序输入数控装置中，并在自动运行方式下，开启“空运行”和“机床锁住”功能，检查走刀轨迹。如果走刀轨迹正确，则在解除“空运行”和“机床锁住”功能后，执行回零操作。

05 自动运行加工程序，完成加工。

06 仔细测量零件，对刀补磨耗值或程序作相应的修正。

07 再次运行精加工程序。

08 卸下工件，清理机床。

五、考核评价

1）学生完成零件自检，填写“考核评分表”（附表 2.20），并同刀具卡、工序卡和程序单一起上交。

2）教师对零件进行检测，对刀具卡、工序卡和程序单进行批改，对学生整个任务的实施过程进行分析，并填写“考核评分表”（附表 2.20）对学生进行成绩评定。

六、自主练习

1）刀具半径补偿指令有哪些？使用时需注意哪些问题？

2）请写出 G02、G03、G73 指令的格式，并画简图说明其运动轨迹。

3）对图 3.2.18 所示国际象棋棋子“兵”进行工艺分析，并填写刀具卡、工序卡和加工程序单。

各点坐标：

A（*X*9.7，*Z*−11.3）　*B*（*X*12.8，*Z*−11.9）　*C*（*X*14.3，*Z*−12.8）
D（*X*14.3，*Z*−15.2）　*E*（*X*12.8，*Z*−16.1）　*F*（*X*10，*Z*−16.7）
G（*X*10，*Z*−21）　*H*（*X*17.2，*Z*−27.4）　*I*（*X*18.5，*Z*−28.6）
J（*X*18.5，*Z*−29.8）　*L*（*X*23.8，*Z*−33.2）　*N*（*X*23.8，*Z*−38）
M（*X*25，*Z*−38）　*P*（*X*25，*Z*−42）

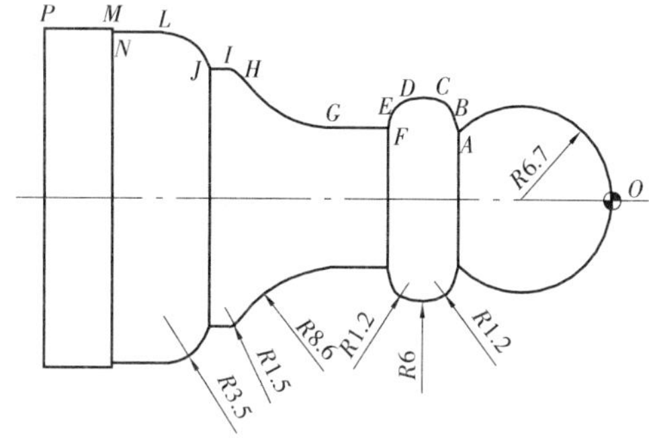

图 3.2.18　棋子“兵”示例图

项目 4 盘、套类零件的加工

◎ 项目导读

盘、套类零件在机器设备上应用得非常普遍，多与同属回转体的轴类零件配合。盘、套类零件结构一般由孔、外圆、端面、沟槽、内锥度和内螺纹等特征组成。盘、套类零件除了对尺寸精度和表面粗糙度外，还对各项几何公差有较高的要求。本项目通过小孔零件加工、套类零件加工和盘类零件加工三个任务的学习与实施，使学生掌握数控车床孔加工操作，盘、套类零件加工工艺的制定，盘、套类零件的定位与装夹，盘、套类零件手工编程和孔的精度检验等内容，并达到《数控车工国家职业标准》规定的各项技能要求。

◎ 最终目标

会盘、套类零件的加工。

◎ 促成目标

1. 能读懂盘、套类零件的图样；
2. 能够进行钻孔、扩孔和铰孔操作；
3. 能编制简单盘、套类零件的数控加工工艺文件；
4. 能够根据数控加工工艺文件选择、安装和调整数控车床内孔刀具；
5. 能够运用固定循环、复合循环进行盘、套类零件的加工程序编制；
6. 能进行盘、套类零件加工，并达到轴径公差 IT6、孔径公差 IT7、几何公差 IT8、表面粗糙度 *Ra*1.6μm；
7. 能够进行零件的内外径精度检验。

◎ 思政目标

1. 培养踏实认真、不怕失败、勇于探索的科学精神；
2. 养成专注、细致、严谨、负责的工作作风。

任务 4.1 小孔零件的加工

一、工作任务

（一）生产任务（表 4.1.1）

表 4.1.1　生产任务单

<table>
<tr><td colspan="2">单位名称</td><td colspan="5"></td><td>编号</td><td></td></tr>
<tr><td rowspan="6">产品清单</td><td>序号</td><td>零件名称</td><td>毛坯外形、尺寸</td><td>数量</td><td>材料</td><td>出单日期</td><td>交货日期</td><td>技术要求</td></tr>
<tr><td>1</td><td>小孔零件</td><td>φ40 长棒料</td><td>1</td><td>45 钢</td><td></td><td></td><td>见图样</td></tr>
<tr><td>2</td><td></td><td></td><td></td><td></td><td></td><td></td><td></td></tr>
<tr><td>3</td><td></td><td></td><td></td><td></td><td></td><td></td><td></td></tr>
<tr><td>4</td><td></td><td></td><td></td><td></td><td></td><td></td><td></td></tr>
<tr><td>5</td><td></td><td></td><td></td><td></td><td></td><td></td><td></td></tr>
<tr><td colspan="5">出单人签字：

日期：_____年_____月_____日</td><td colspan="4">接单人签字：

日期：_____年_____月_____日</td></tr>
<tr><td colspan="9">车间负责人签字：

日期：_____年_____月_____日</td></tr>
</table>

（二）小孔零件图（图 4.1.1）

材料 45 钢，毛坯尺为ϕ40 的长棒料。

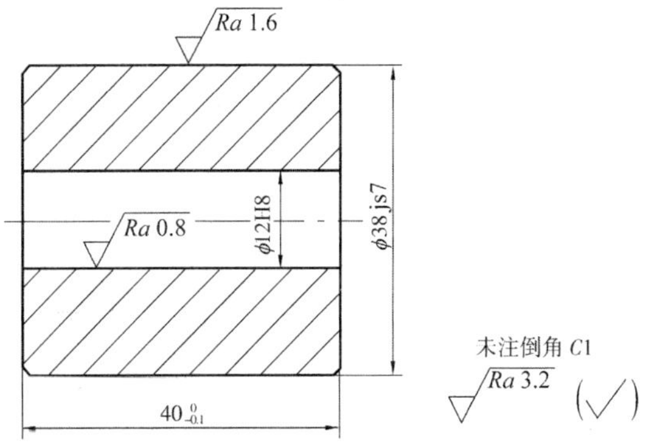

图 4.1.1　小孔零件图

二、相关知识

（一）孔加工刀具

1. 中心孔与中心钻

中心孔又称顶尖孔，它是轴类零件的基准，对轴类零件起着非常重要的作用。中心孔可分 A 型中心孔［图 4.1.2（a）］、B 型中心孔［图 4.1.2（b）］、C 型中心孔［图 4.1.2（c）］和 R 型中心孔［图 4.1.2（d）］。

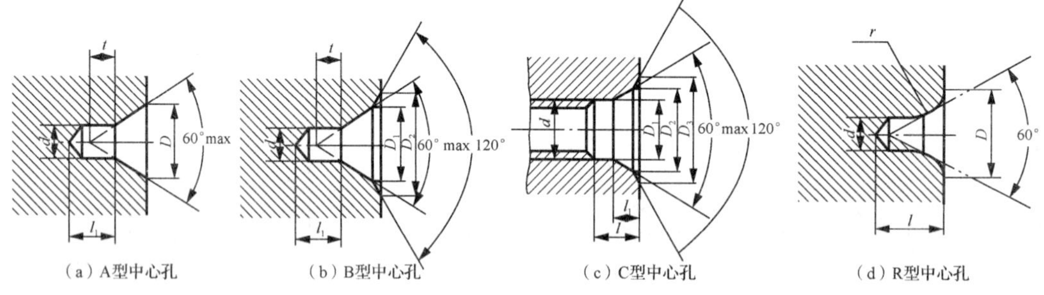

图 4.1.2 中心孔类型

其中 A 型（不带护锥）和 B 型（带护锥）中心孔在实际中应用非常普遍。B 型中心孔带 120°护锥面，可以提高工艺性和加工精度。A 型和 B 型中心孔可以分别用 A 型中心钻［图 4.1.3（a）］和 B 型中心钻［图 4.1.3（b）］加工。

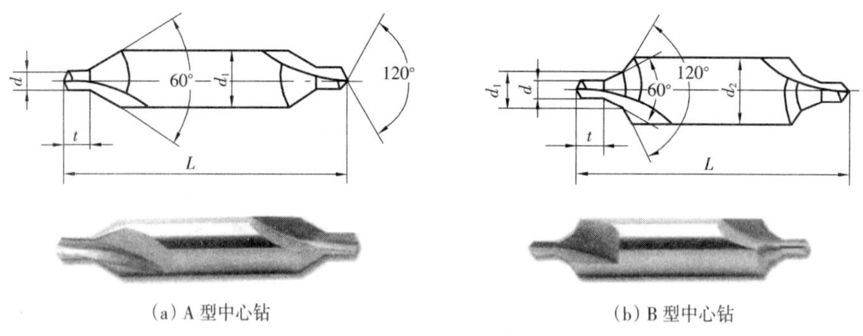

图 4.1.3 A 型与 B 型中心钻

2. 麻花钻

麻花钻是钻孔最常用的刀具，一般用高速钢制成，目前镶硬质合金的钻头也得到了较为广泛的应用。

（1）麻花钻的组成部分

麻花钻由柄部、颈部和工作部分组成，如图 4.1.4 所示。

柄部是钻头的夹持部分，装夹时起定心作用，切削时起传递转矩的作用。麻花钻的柄部有锥柄［图 4.1.4（a）］和直柄［图 4.1.4（b）］

两种。

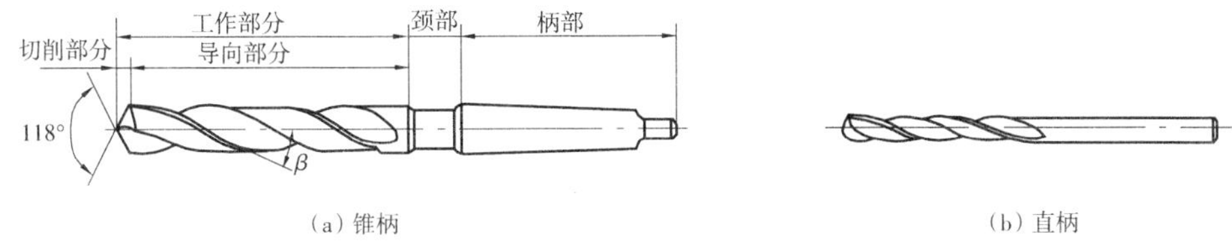

图 4.1.4 麻花钻类型

颈部是柄部和工作部分的连接段，颈部较大的钻头在颈部标注有商标、钻头直径和材料牌号等信息。

文档：直柄麻花钻（国标）

工作部分是钻头的主要部分，由切削部分和导向部分组成，起切削和导向作用。

（2）麻花钻工作部分的几何形状

麻花钻工作部分结构如图 4.1.5 所示。它有两条对称的主切削刃、两条副切削刃和一条横刃。麻花钻钻孔时，相当于两把反向的车孔刀同时切削，所以它的几何角度的概念与车刀基本相同。麻花钻的螺旋角（β）、前刀面、主后刀面、主切削刃、顶角（$2\kappa_r$）、前角（γ_0）、后角（α_0）、横刃、横刃斜角（ψ）和棱边等如图 4.1.5 所示。

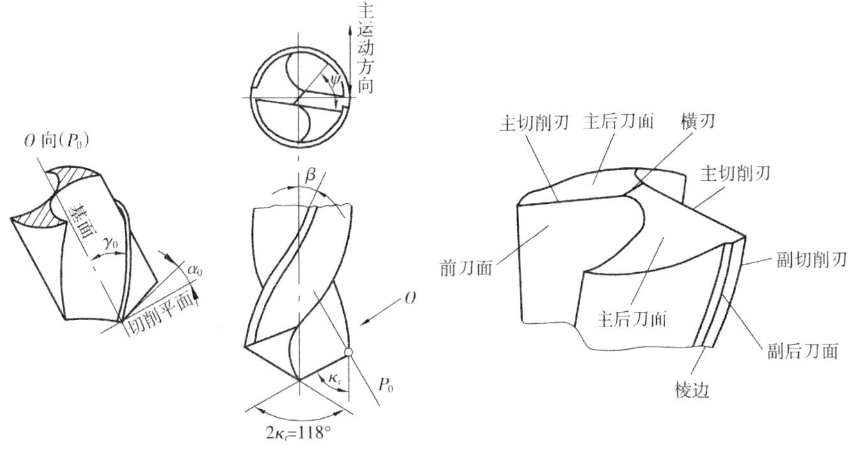

图 4.1.5 麻花钻几何角度

文档：锥柄麻花钻（国标）

3. 扩孔钻

扩孔钻用于扩大孔径，有高速钢扩孔钻和硬质合金扩孔钻两种，如图 4.1.6 所示。扩孔钻的主要特点：

1）扩孔钻齿数较多（一般有 3～4 刃），导向性好，切削平稳。

2）切削刃不必自外缘一直到中心，没有横刃，可避免横刃对切削的不利影响。

3）扩孔钻钻心粗，刚性好。

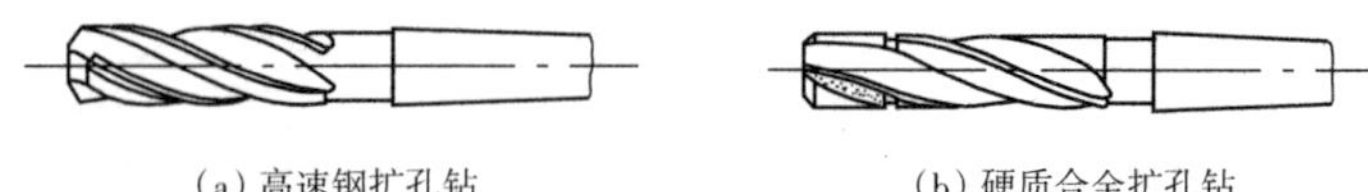

图 4.1.6 扩孔钻

4. 铰刀

（1）铰刀的组成

铰刀由工作部分、颈部和柄部组成，如图 4.1.7 所示。

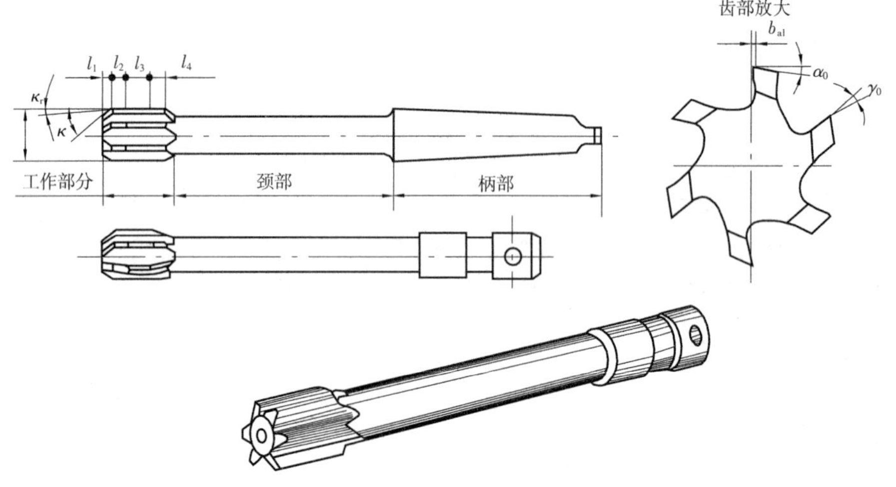

图 4.1.7 铰刀

柄部是铰刀的夹持部分，切削时起传递转矩的作用。

工作部分由引导部分、切削部分、修光部分和倒锥组成。其中，引导部分是铰刀开始进入孔内时的导向部分，其导向角（κ）一般为 45°。切削部分担负主要切削工作，其切削锥形角较小，因此铰削时定心好，切屑薄。修光部分上有棱边，它起定向、碾光孔壁、控制铰刀直径和便于测量等作用。倒锥部分可减小铰刀与孔壁之间的摩擦，还可防止产生喇叭形孔、孔径扩大。

铰刀的前角一般为 0°，粗铰钢料时可取前角 $\gamma_0=5°\sim10°$。铰刀后角一般取 $\alpha_0=6°\sim8°$。主偏角一般取 $\kappa_r=3°\sim1.5°$。

（2）铰刀的种类

铰刀按用途分有机用铰刀和手用铰刀。机用铰刀的柄有直柄和锥柄两种。铰孔时由车床尾座定向，因此机用铰刀工作部分较短，主偏角较大，标准机用铰刀的主偏角 $\kappa_r=15°$。手用铰刀的柄部做成方榫形，以便套入铰杠铰削工件。手用铰刀工作部分较长，主偏角较小，一般为 $40'\sim1.5°$。

铰刀按切削部分的材料分为高速钢铰刀和硬质合金铰刀。

（二）内孔的加工方法

1. 钻中心孔

视频：钻中心孔

（1）钻中心孔的步骤

1）中心钻装在钻夹头上的安装。用钻夹头钥匙逆时针方向旋转钻夹头的外套［图 4.1.8（a）］，使钻夹头的三个爪张开，然后将中心钻插入三个夹爪中间，再用钻夹头钥匙顺时针方向转动钻夹头外套，通过三个夹爪将中心钻夹紧［图 4.1.8（b）］。

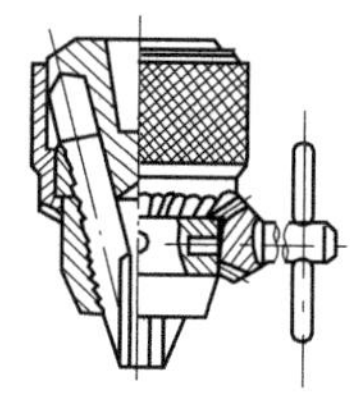

(a) 钻夹头的结构

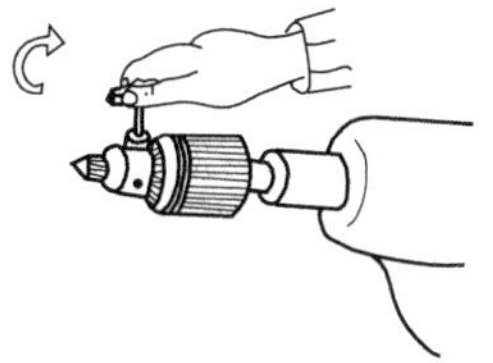
(b) 钻头的安装

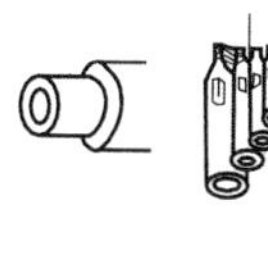
(c) 变径套

图 4.1.8 钻头的安装

2）钻夹头在尾座锥孔中安装。先擦净钻夹头柄部和尾座锥孔，然后用左手握钻夹头，沿尾座套轴线方向将钻夹头锥柄部用力插入尾座锥孔中。如钻夹头柄部与车床尾座锥孔大小不吻合，可增加一合适过渡锥套后再插入尾座套筒的锥孔内［图 4.1.8（c）］。

3）校正尾座中心。工件装夹在卡盘上，启动车床、移动尾座，使中心钻接近工件端面，观察中心钻钻头是否与工件旋转中心一致，并校正尾座中心使之一致，然后紧固尾座。

4）转速的选择和钻削。由于中心钻直径小，钻削时应取较高的转速，进给量应小而均匀，切勿用力过猛。当中心钻钻入工件后应及时加切削液冷却润滑。钻完后，中心钻在孔中应稍作停留，然后退出，以修光中心孔，提高中心孔的形状精度和表面质量。

（2）钻中心孔时的注意事项

1）中心钻轴线必须与工件旋转中心一致。

2）工件端面必须车平，不允许留凸台，以免钻孔时中心钻折断。

3）注意中心钻的磨损状况，磨损后不能强行钻入工件，避免中心钻折断。

4）及时进退，以便排除切屑，并及时注入切削液。

2. 钻孔

钻孔是在实体材料上加工孔的方法，它属于粗加工，其尺寸精度一般可达 IT12～IT11，表面粗糙度 Ra25～12.5μm。

（1）麻花钻的选用

对于精度要求不高的孔，可以直接用麻花钻钻出；对于精度要求较高的孔，钻孔后还要经过车削或扩孔、铰孔才能完成，在选用麻花钻时应留出下道工序的加工余量。选用麻花钻长度时，一般应使麻花钻螺旋槽部分略长于孔深。

（2）麻花钻的安装

1）直柄麻花钻的安装。一般情况下，直柄麻花钻用钻夹头装夹，再将钻夹头的锥柄插入尾座锥孔内。

2）锥柄麻花钻的安装。锥柄麻花钻可以直接或用莫氏过渡锥套插入尾座锥孔中，或用专用的工具安装，如图 4.1.9 所示。

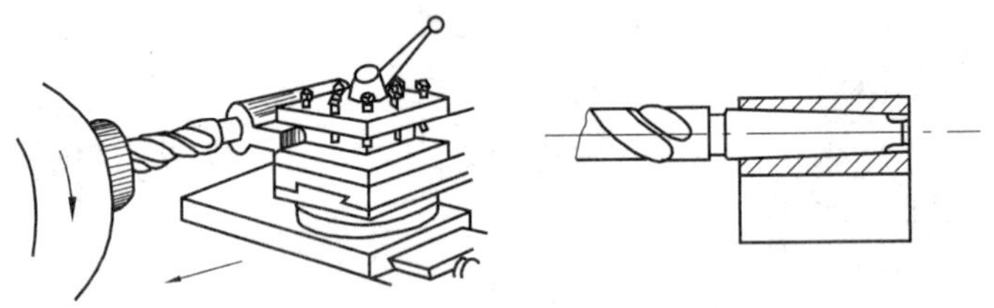

图 4.1.9　锥柄麻花钻的安装

（3）钻孔时切削用量的选择

1）背吃刀量 a_p。钻孔时的背吃刀量是钻头直径的 1/2；扩孔、铰孔时的背吃刀量为

$$a_p=\frac{D-d}{2}$$

2）切削速度 v_c。钻孔时的切削速度是指麻花钻主切削刃外缘处的线速度

$$v_c=\frac{\pi Dn}{1000}$$

式中，v_c——切削速度，m/min；

D——钻头的直径，mm；

n——主轴转速，r/min。

用麻花钻钻钢料时，切削速度一般选 15～30m/min；钻铸件时，进给速度选 75～90m/min，扩钻时切削速度可略高一些。

3）进给量 f。在车床上钻孔时，工件转 1 周，钻头沿轴向移动的距离为进给量。在车床上是用手慢慢转动尾座手轮来实现进给运动的。进给量太大会使钻头折断，用直径为 12～25mm 的麻花钻钻钢料时，f 选 0.15～0.35mm/r；钻铸件时，进给量略大些，f 一般选 0.15～0.4mm/r。

（4）钻孔的步骤

视频：钻孔

1）钻孔前先将工件平面车平，中心处不许留凸台，以利于钻头定心。

2）找正尾座，使钻头中心对准工件旋转中心，否则可能会使孔径钻大、钻偏甚至折断钻头。

3）用细长麻花钻钻孔时，为防止钻头晃动，应先在端面钻出中心孔，然后用直径小于 5mm 的麻花钻钻孔，这样可以便于定心且钻出的孔同轴度好。

4）在实体材料上钻孔，小孔径可以一次钻出，若孔径超过 30mm，则不宜用钻头一次钻出。此时可分两次钻出，即第一次先用一支小钻头钻出底孔，再用大钻头钻出所要求的尺寸，一般情况下，第一支钻头直径为第二支钻头直径的 0.5～0.7 倍。

5）钻孔后如需铰孔，由于所留的铰孔余量较小，应在钻头钻进 1～2mm 后将钻头退出，停车检查孔径，以防因孔扩大没有铰孔余量而报废。

6）钻不通孔与钻通孔的方法基本相同，不同的是钻不通孔时需要控制孔的深度。控制深度的方法可以是当钻尖开始进入工件端面时，用钢直尺量出尾套筒的伸出长度，然后继续摇动尾座手轮，直到套筒新增伸出量达到指定的深度。

控制深度可以用另一种方法，即在钻孔前先观察尾座上的刻度，根据刻度的标识计算出所需的圈数，然后当钻尖开始进入工件端面时，记下尾座上的刻度，继续摇动尾座，直到达到所需的圈数和刻度为止。

3. 扩孔

扩孔是指用扩孔刀具扩大工件的孔径。常用的扩孔刀具有麻花钻和扩孔钻等。一般精度要求低的孔可用麻花钻扩孔，精度要求高的孔半精加工可用扩孔钻扩孔。用扩孔钻加工，生产效率较高，加工质量较好，精度可达 IT11～IT10，表面粗糙度达 *Ra*12.5～6.3μm。扩孔的操作与钻孔基本相同，但进给量可以比钻孔稍大些。

4. 铰孔

铰孔是用铰刀对未淬硬孔进行精加工的一种加工方法，其精度可达到 IT9～IT7，表面粗糙度可达 *Ra*0.4μm。铰孔的质量好、效率高，操作简便，目前在批量生产中已得到广泛应用。

（1）铰刀尺寸的选择

铰孔的尺寸主要取决于铰刀的尺寸。铰刀的公称尺寸与孔的公称尺寸相同。铰刀的公差是根据孔的公差等级、加工时可能出现的扩大量或收缩量及允许铰刀的磨损量来确定的。一般可按下面计算方法来确定铰刀的上、下极限偏差：

上极限偏差＝2/3 被加工孔公差

下极限偏差＝1/3 被加工孔公差

（2）铰刀的装夹

在车床上铰孔时，一般将机用铰刀的锥柄插入尾座套筒的锥孔中，并调整尾座套筒轴线与主轴轴线相重合，同轴度应小于 0.02mm。

（3）铰孔余量的确定

铰孔前，一般先经过钻孔、扩孔或车孔等半精加工，并留有适当的铰削余量。余量的大小影响到铰孔的质量。铰孔余量一般为 0.08～

0.15mm，用高速钢铰刀铰削余量取小值，用硬质合金铰刀取大值。当孔径大于ϕ12mm时，用车孔的方法来预留铰削余量，由于车孔能纠正钻孔带来的轴线不直或径向跳动过大等缺陷，因而可以使铰出的孔达到同轴度和垂直度的要求。当孔径小于ϕ12mm时，用车孔的方法留铰削余量比较困难，通常选用扩孔方法作为铰孔前的半精加工。但由于扩孔不能修正钻孔造成的缺陷，因此在扩孔前钻孔时必须采取定中心措施，保证钻孔质量。铰孔前的内孔表面粗糙度不得大于 Ra6.3μm，否则会因铰削余量小难以去除铰孔前的表面缺陷。

（4）铰孔的操作步骤

视频：铰圆柱孔

1）准备工作。铰孔前应找正尾座中心，将尾座固定在适当位置，选好铰刀。

2）铰通孔。摇动尾座手轮，使铰刀的引导部分轻轻进入孔口，深度约 1～2mm。启动车床，充分加切削液，双手均匀摇动尾座手轮，进给量 0.5mm/r，均匀地进给至铰刀切削部分的 3/4 超出孔末端时，即反向摇动尾座手轮，将铰刀从孔内退出。将内孔擦净后，检查孔的尺寸。

3）铰不通孔。开启机床，加切削液，摇动尾座手轮进行铰孔，当铰刀端部与孔底接触后会对铰刀产生轴向切削抗力，手动进给当感觉到轴向切削抗力明显增加时，应立即将铰刀退出。

（5）铰削切削用量

铰削时，切削速度越低，表面粗糙度越小，最好小于 5m/min，而进给量取大些，一般可取 0.2～1mm/r。

5. 啄式自动钻孔

通过尾座摇动手轮实现钻孔的方法在单件、小批量生产中应用广泛，但被加工孔为深孔且批量较大时，这种人工的机械式操作会严重影响到生产效率的提高。为此，我们可以通过程序指令来实现啄式自动钻孔。

实现啄式自动钻孔的指令为G74。G74既可以用于端面槽的加工，又可以用于钻孔，如图4.1.10所示。

G74用于啄式钻孔时的格式为

```
G74  R（e）;
G74  Z（W）P0 Q（Δk）F;
```

其中，e——退刀量；

Z（W）——钻削深度；

Δk——每次钻削长度（不加符号），μm。

【例 4.1.1】 加工深 80mm 的孔，设定退刀量为 1mm，每次钻削深度 6mm，进给量 0.1mm/r，则啄式钻孔的程序段为

```
G00 X0.0 Z3.0;
G74 R1;
G74 Z-80.0 Q6000 F0.1;
```

如果 R 设定为 0，整个钻孔过程将一次进刀完成，这种加工方式可以应用于扩孔和铰孔。

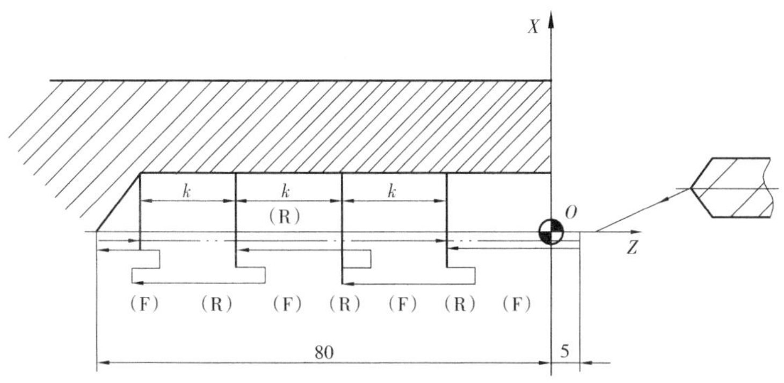

图 4.1.10　G74 啄式钻孔的进刀方式

（三）小径孔的检测

对于外圆和长度，可以用游标卡尺、千分尺等量具进行测量。对于小径内孔，可以用塞规、内测千分尺等量具进行测量。

1. 塞规

在成批生产中，为了测量的方便，常用塞规测量孔径，见图 4.1.11。塞规由通端、止端和手柄组成。通端尺寸等于孔的下极限尺寸，止端的尺寸等于孔的上极限尺寸。测量时，通端通过，而止端通不过，说明尺寸合格。使用塞规时，应尽可能使塞规温度与被测工件温度一致，不要在工件还未冷却到室温时进行测量。测量内孔时，不可硬塞强行通过，一般靠自身重力自由通过，测量时塞规轴线应与孔轴线一致，不可歪斜。

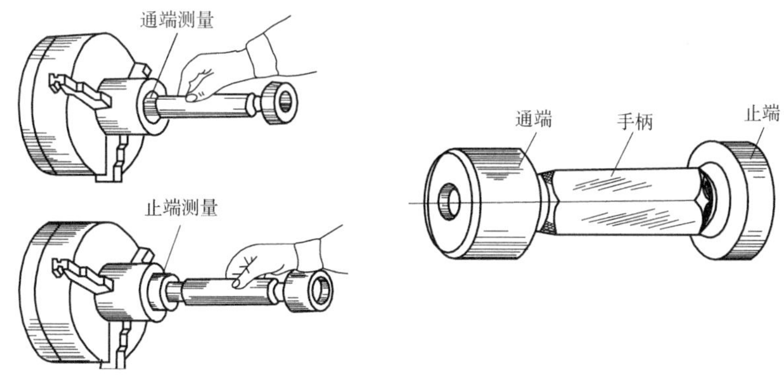

图 4.1.11　塞规

2. 内测千分尺

内测千分尺使用方法如图 4.1.12 所示。可用于测量 5～30mm 的孔径，分度值 0.01mm。这种千分尺的刻线与外径千分尺相反，顺时针旋转微分筒时，活动爪向右移动，测量值增大。由于结构设计方面的原因，其测量精度低于其他类型的千分尺。

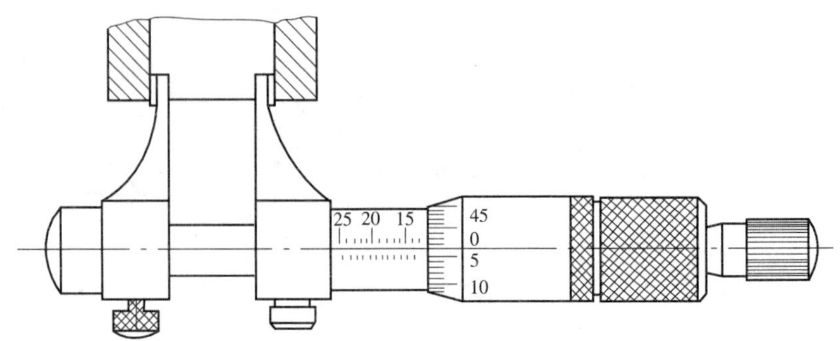

图 4.1.12　内测千分尺使用方法

（四）切削液

切削液又称为冷却液，是在车削过程中为了改善切削效果而使用的液体。

1. 切削液的作用

（1）冷却作用

切削液能吸收并带走切削区域大量的切削热，能有效地改善散热条件、降低刀具和工件的温度，从而延长了刀具的使用寿命，防止工件因热变形而产生的误差，为提高加工质量和生产效率创造了极为有利的条件。

（2）润滑作用

由于切削液能渗透到切屑、刀具与工件的接触面之间，并黏附在金属表面上，而形成一层极薄的润滑膜，从而可减小切屑、刀具与工件间的摩擦，降低切削力和切削热，减缓刀具的磨损，因此有利于保持车刀刃口锋利，提高工件表面的加工质量。对于精加工，加注切削液显得尤为重要。

（3）冲洗作用

在车削过程中，加注有一定压力和充足流量的切削液，能有效地冲走黏附在加工表面和刀具上的微小切屑及杂质，减少刀具磨损，提高工件表面粗糙度。

2. 切削液的种类

车削常用的切削液有乳化液和切削油两大类。

（1）乳化液

乳化液用乳化油加 15～20 倍的水稀释而成，主要起冷却作用。其特点是黏度小，流动性好，比热大，能吸收大量的切削热，但因其中水分较多，故润滑、防锈性能差。若加入一定量的硫、氯等添加剂和防锈剂，可提高润滑效果和防锈能力。

（2）切削油

切削油的主要成分是矿物油，少数采用动物油或植物油。这类切削液的比热小，黏度较大，散热效果稍差，流动性差，但润滑效果比乳化液好，主要起润滑作用。常用的切削油有 10#、20#机油和轻柴油、煤油等矿物油。为了改善切削效果，通常在矿物油中加入一定量的添加剂和防锈剂，以提高其润滑和防锈性能。

3. 切削液的选用

切削液的种类繁多，性能各异，在车削过程中应根据加工性质、工艺特点、工件和刀具材料等具体条件来合理选用。

（1）根据加工性质选用

1）粗加工。为降低切削温度、延长刀具使用寿命，粗加工时通常选用冷却为主的乳化液。

2）精加工。为了减少切屑、工件与刀具间的摩擦，保证工件的加工精度和表面质量，应选用润滑性能较好的极压切削油或高浓度极压乳化液。

3）半封闭式加工。在钻孔、铰孔和深孔加工时，刀具处于半封闭状态，排屑、散热条件较差，应选用黏度较小的极压切削油或极压乳化液，并调整切削液的压力和流量。

（2）根据工件材料选用

1）一般钢件，在粗车时选用乳化液，精车时选用硫化油。

2）车削铸铁、铸铝等脆性材料时，为避免细小切屑堵塞冷却系统，一般不用切削液。但精车时，为提高工件表面质量，可选用润滑性好、黏度小的煤油或 7%～10%的乳化液。

3）车削有色金属或铜合金时，不宜采用含硫的切削液，以免腐蚀工件。

4）车削镁合金时，不能用切削液，以免燃烧起火，必要时，可用压缩空气冷却。

5）车削不锈钢、耐热钢等难加工材料时，应选用极压切削油或极压乳化液。

（3）根据刀具材料选用

1）高速钢刀具。粗加工选用乳化液；精加工钢件时，选用极压切削油或高浓度极压乳化液。

2）硬质合金。在一般的加工中可使用油基切削液。如果是重切削时，切削温度很高，刀具磨损极快，此时应使用流量充足的切削液，以 3%～5%的乳化液为宜（采用喷雾冷却，效果更好）。

3）陶瓷刀具、金刚石刀具、立方氮化硼刀具。这些刀具硬度和耐磨性较高，切削时一般不使用切削液，有时也可使用水基切削液。

（4）使用切削液注意事项

1）切削一开始，就应供给切削液并要求连续使用。

2）加注切削液的流量应充分，平均流量为 10～20L/min。

3）切削液应加注在过渡表面、切屑和前刀面接触的区域，因为此处产生的热量最多。

三、工艺准备

（一）图样分析

根据图样可知，该小孔零件孔径为ϕ12，孔的精度为 IT8，基孔制，表面粗糙度为*Ra*0.8μm。外径尺寸为ϕ38，尺寸公差为 js7，为过渡配合尺寸，表面粗糙度 *Ra*1.6μm。零件总长为ϕ40，两端面的表面粗糙度为*Ra*3.2。查相关公差带表可知，轴ϕ38js7 和孔ϕ12H8 尺寸及公差分别为$\phi 38\pm0.012$和$\phi 12^{+0.027}_{0}$。毛坯为ϕ40 的长棒料，材料为 45 钢。

（二）夹具选择

该零件可选用数控车床通用夹具——自定心卡盘进行装夹。

（三）刀具准备，填写刀具卡

1. 刀具选择

根据该零件形状及加工精度，选择刀具如下：
（1）孔加工刀具
A3 中心钻一支，用于钻中心孔，材料为高速钢；
ϕ11.8 麻花钻一支，用于扩孔，材料为高速钢；
ϕ12H7 铰刀一支，用于铰孔，材料为高速钢。
（2）外圆及端面的加工刀具
选用 95°夹固式外圆车刀，刀尖圆弧半径 0.8mm。
（3）切断零件
采用 4mm 宽切断刀。

2. 填写刀具卡

参见附表 2.11。

（四）量具准备

0～150mm 钢直尺一根，用于测长度。
0～150mm 游标卡尺一把，用于测量外圆和长度。
5～25mm 内测千分尺一把，用于测量内孔。
25～50mm 千分尺一把，用于测量外圆。

（五）编制加工工艺，填写工序卡

1. 工艺编制

1）孔加工。先打中心孔，打中心孔时主轴转速设定为 1000r/min；

然后用ϕ11.8 麻花钻钻孔，钻孔转速选择 500r/min，进给量为 0.15mm/r；再用ϕ12H7 铰刀进行铰孔，主轴转速选择约 80r/min，进给量 0.5mm/r。

2）用外圆车刀粗、精车端面和外圆。

3）用切断刀切断工件，长度留 1mm 的余量。

4）掉头车端面控制总长，并倒角。

2. 填写工序卡

参见附表 2.12。

（六）编制加工程序，填写加工程序单

1. 编制加工程序

根据前面的工艺分析和坐标计算，所编的加工程序如下：

```
O0431;（外圆及端面加工程序）
N10 G21 G40 G97 G99;          程序初始化
N20 T0101;                    95°外圆车刀
N30 M03 S1200;                主轴正转，设定粗车转速为1200r/min
N40 G00 X42.0 Z2.0;           刀具快速定位到工件附近
N50 G90 X39.0 Z-43.0 F0.25;   粗车外圆φ39，进给量为0.25mm/r
N60 G00 S1500;                结束 G90 循环，设定精车转速
                              1500r/min
N70 G94 X-1.0Z0.0 F0.1;       精车端面
N80 G00 X32.0;                进刀
N90 G01 X38.0 Z-1.0 F0.1;     倒角
N100 G01 Z-43.0;              车φ38 至长 43
N110 X40.0;                   退刀至φ40
N120 G00 X100.0 Z100.0;       快速退刀远离工件
N130 T0202;                   换切断刀
N140 M03 S500;                主轴正转，设定粗车转速为500r/min
N150 G00 X42.0 Z-45.0;        刀具快速定位到工件附近
N160 G01 X10.0 F0.05;         切断工件，进给量为0.05mm/r
N170 G00 X100.0;              X 向快速退刀
N180 Z100.0;                  Z 向快速退刀远离工件
N190 M05;                     主轴停止
N200 M30;                     程序结束
%
```

2. 填写加工程序单

参见附表 2.13。

四、任务实施

01 刀具准备工作。将 A3 中心钻、ϕ11.8 麻花钻、ϕ12H7 铰刀分别装到钻夹头中并夹紧。

02 将工件装夹在自定心卡盘中，控制伸出长度约 55mm。

03 将装有中心钻的钻夹头安置于尾座套筒内，移动尾座，调整好位置后将尾座锁紧。

04 启动车床，开切削液，钻中心孔。

05 停车，关切削液，松开尾座，取下钻夹头。

06 用ϕ11.8 麻花钻钻孔至深约 48。

07 用ϕ12H7 铰刀铰孔至深约 42。

08 安装刀具。将外圆车刀和切断刀分别安装在刀架的 $1^{\#}$和 $2^{\#}$刀位。

09 对刀。根据编程原点的位置，分别完成 $1^{\#}$刀和 $2^{\#}$刀的对刀操作。

10 将程序 O0431 输入到数控装置中。

11 自动方式运行 O0431 程序，完成外圆和端面的粗、精车和切断操作。

12 包铜皮掉头，经找正后夹紧工件。

13 将总长车至尺寸要求，并倒角。

14 卸下工件。

五、考核评价

1）学生完成零件自检，填写“考核评分表”（附表 2.21），并同刀具卡、工序卡和程序单一起上交。

2）教师对零件进行检测，对刀具卡、工序卡和程序单进行批改，对学生整个任务的实施过程进行分析，并填写“考核评分表”（附表 2.21）对学生进行成绩评定。

六、自主练习

1）试述钻中心孔的步骤。

2）简述切屑液的作用及种类。

3）对图 4.1.13 所示零件进行工艺分析，并填写加工工序卡、刀具卡。

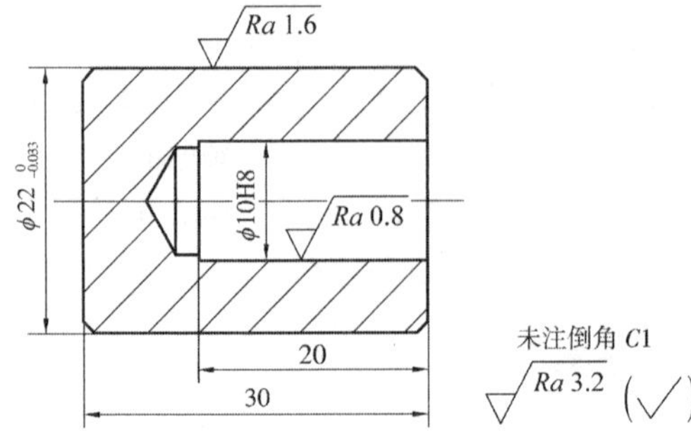

图 4.1.13　练习件

任务 4.2　套类零件的加工

一、工作任务

（一）生产任务（表 4.2.1）

表 4.2.1　生产任务单

单位名称							编号	
产品清单	序号	零件名称	毛坯外形、尺寸	数量	材料	出单日期	交货日期	技术要求
	1	轴套	ϕ38×40	1	45 钢			见图样
	2							
	3							
	4							
	5							
出单人签字： 日期：____年____月____日					接单人签字： 日期：____年____月____日			
车间负责人签字： 日期：____年____月____日								

（二）轴套零件图（图 4.2.1）

材料 45 钢，毛坯尺寸为ϕ38×40（为任务 4.1 的加工件）。

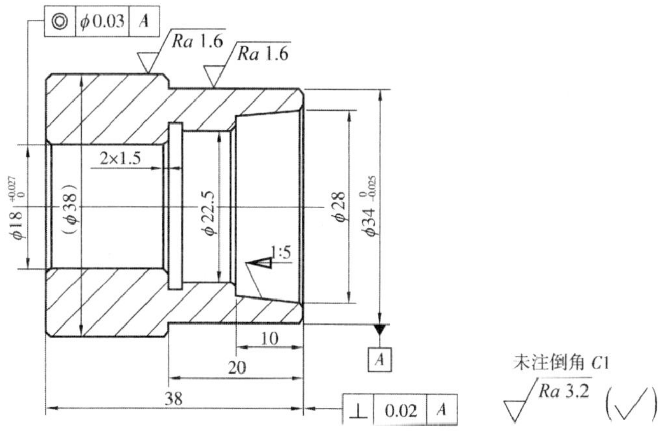

图 4.2.1　轴套零件图

二、相关知识

（一）套类零件

套类零件在机器中主要起支承和导向作用，在实际中应用非常广泛。这类零件结构上有共同的特点：零件的主要表面为同轴度要求较高的内外回转面；零件的壁厚较薄易变形；通常长径比 $L/D>1$ 等。如套筒、轴承套等都是典型的套类零件。

1. 套类零件的精度要求

（1）尺寸精度

内孔是套类零件起支承作用或导向作用的最主要表面，它通常与运动着的轴、刀具或活塞等相配合。内孔直径的尺寸精度一般为 IT7，精密轴套有时取 IT6，油缸由于与其相配合的活塞上有密封圈，要求较低，一般取 IT9。外圆表面一般是套类零件本身的支承面，常以过盈配合或过渡配合同箱体或机架上的孔连接。外径的尺寸精度通常为 IT6～IT7。也有一些套类零件外圆表面不需加工。

（2）形状精度

内孔的形状精度，应控制在孔径公差以内，有些精密轴套控制在孔径公差的 1/2～1/3，甚至更严。对于长的套件除了圆度要求外，还应注意孔的圆柱度。外圆表面的形状精度控制在外径公差以内。

（3）相互位置精度

当内孔的最终加工是在装配后进行时，套类零件本身的内外圆之间的同轴度要求较低；如最终加工是在装配前完成则要求较高，一般为 0.01～0.05mm。当套类零件的外圆表面不需加工时，内外圆之间的同轴度要求很低。当套件端面在工作中承受载荷或不承受载荷但加工中是作为定位基准面时，套孔轴线与端面的垂直度精度要求较高，一般为 0.01～0.05mm。

（4）表面粗糙度要求

为保证套类零件的功用和提高其耐磨性，内孔表面粗糙度 *Ra* 为 2.5～0.16μm，有的要求更高达 *Ra*0.04μm。外径的表面粗糙度为 *Ra*5～0.63μm。

2. 套类零件的材料和毛坯

套类零件一般选用钢、铸铁、青铜或者黄铜等材料。有些滑动轴承采用在钢或铸铁套的内壁上浇铸巴氏合金等轴承合金材料。套类零件的毛坯选择与其材料、结构和尺寸等因素有关。孔径较小（如 $D<20$mm）的套类零件一般选择热轧或冷拉棒料，也可采用实心铸铁。孔径较大时，常采用无缝钢管或带孔的空心铸件和锻件。大量生产时可采用冷挤压和粉末冶金等先进的毛坯制造工艺。

（二）刀具知识

1. 内孔车刀的类型

内孔车刀可分为通孔车刀和盲孔车刀两种。通孔车刀切削部分的几何形状与外圆车刀相似，为了减小径向切削抗力，防止车孔时振动，主偏角 κ_r 应取得大些，一般为 60°～75°，副偏角 κ'_r 一般为 15°～30°。为防止内孔车刀后刀面和孔壁摩擦又不使后角磨得太大，一般磨成两个后角，如图 4.2.2 所示 α_{01} 和 α_{02}，其中 α_{01} 取 6°～12°，α_{02} 取 30° 左右。盲孔车刀用来车削盲孔或台阶孔，切削部分形状基本与偏刀相似，它的主偏角 κ_r 大于 90°，一般为 92°～95°，后角的要求和通孔车刀一样。不同之处是盲孔车刀的刀尖到刀杆外端的距离小于孔半径，否则无法车平孔的底面。

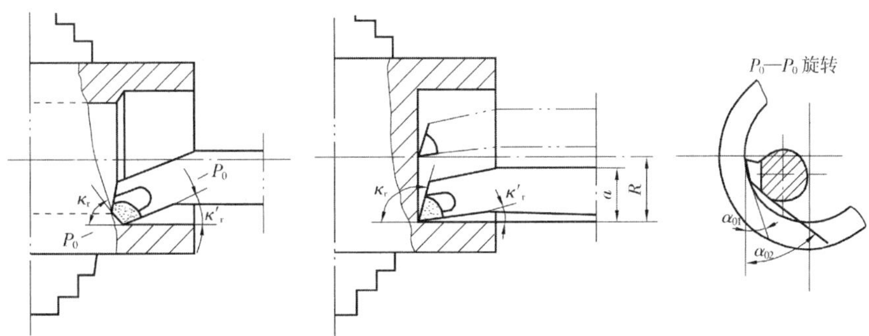

图 4.2.2　内孔车刀

对于夹固式内孔车刀，由于其刀具参数已设置成标准化参数，因此使用时只要按要求选用相应的刀杆和刀片即可。常用夹固式内孔车刀如图 4.2.3 所示，而 90° 和 95° 车刀的应用更为广泛。

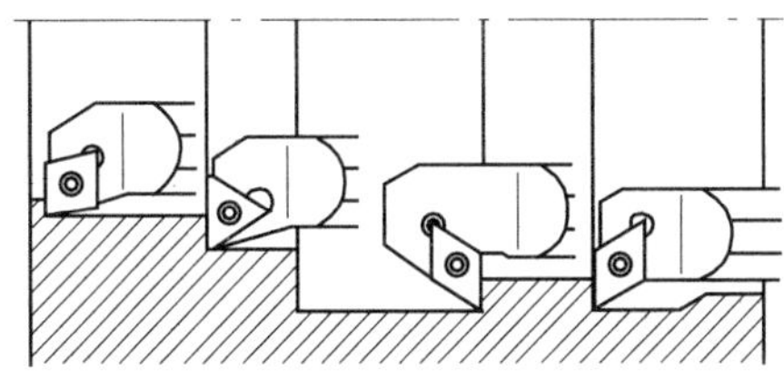

图 4.2.3　常用夹固式内孔车刀

2. 内孔车刀的刀杆

内孔车刀的刀杆有圆刀杆和方刀杆，如图 4.2.4 所示。根据加工内孔大小不同，刀杆及刀片也有不同的规格。

（三）内孔的车削方法

车孔是常用的孔加工方法之一，可用作粗加工，也可用作精加工。精车孔通常尺寸精度可达 IT8～IT7，表面粗糙度可达 $Ra1.6$～0.8μm。

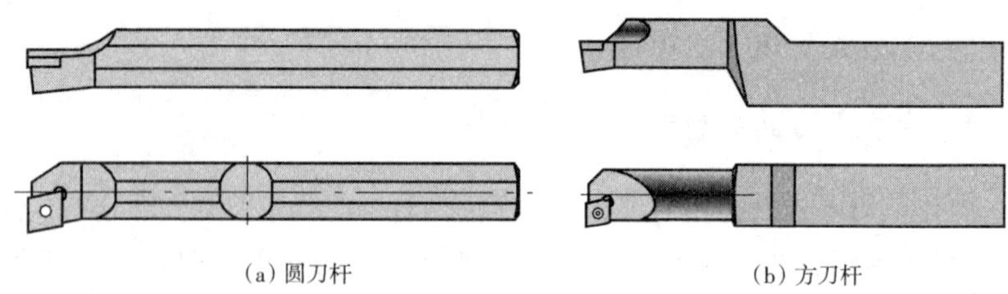
(a) 圆刀杆　　(b) 方刀杆

图 4.2.4　内孔车刀刀杆

1. 内孔车刀的安装

内孔车刀安装的正确与否，直接影响到车削状况及孔的精度，所以在安装内孔车刀时一定要注意：

1）刀尖应与工件中心等高或稍高。

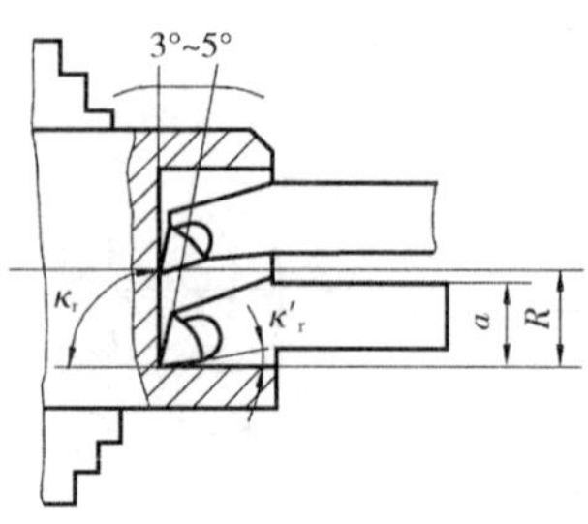

图 4.2.5　盲孔车刀

2）刀杆伸出长度不宜过长，一般比被加工孔长 5～6mm。

3）刀杆基本平行于工件轴线，否则在车削到一定深度时，刀杆后半部分容易碰到工件孔口。

4）盲孔车刀安装时，内偏刀的主刀刃应与孔底平面成 3°～5°角，并且在车平面时要求横向有足够的退刀余地，如图 4.2.5 所示。

2. 内孔车削的关键技术

内孔车削的关键技术是解决内孔车刀的刚性和排屑问题。

（1）增加内孔车刀的刚性可采取以下措施

1）尽量增加刀柄的截面积。通常车刀的刀尖位于刀杆的上面，这样刀杆的截面积较小，还不到孔截面积的 1/4［图 4.2.6（a）］，若使内孔车刀的刀尖位于刀杆的中心线上，那么刀杆在孔中的截面积可大大地增加［图 4.2.6（b）］。

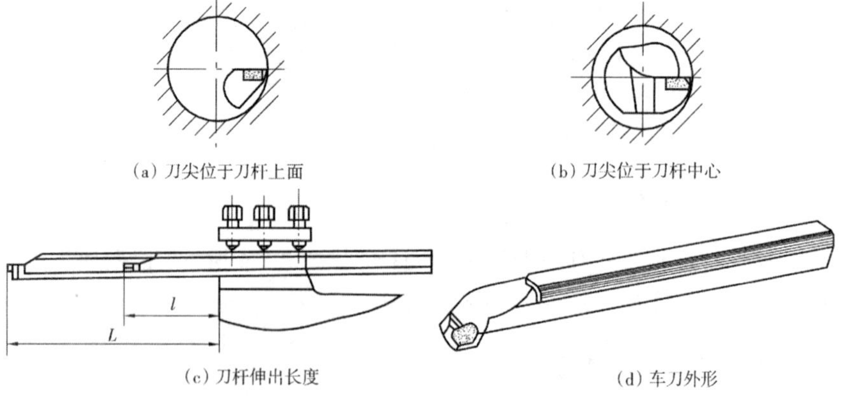

(a) 刀尖位于刀杆上面　　(b) 刀尖位于刀杆中心

(c) 刀杆伸出长度　　(d) 车刀外形

图 4.2.6　内孔车刀截面形状及刀杆伸出长度

2）尽可能缩短刀杆的伸出长度，以增加车刀刀杆刚性，减小切削过程中的振动，如图 4.2.6（c）所示。此外，还可将刀杆上下两个平面做成互相平行，这样就能很方便地根据孔深调节刀杆伸出的长度。车刀外形如图 4.2.6（d）所示。

（2）解决排屑问题

解决排屑问题的方法主要是控制切屑流出方向。精车孔时要求切屑流向待加工表面（前排屑），为此，采用正刃倾角的通孔车刀［图 4.2.7（a）］；而盲孔车刀应采用负的刃倾角，使切屑从孔口排出［图 4.2.7（b）］。

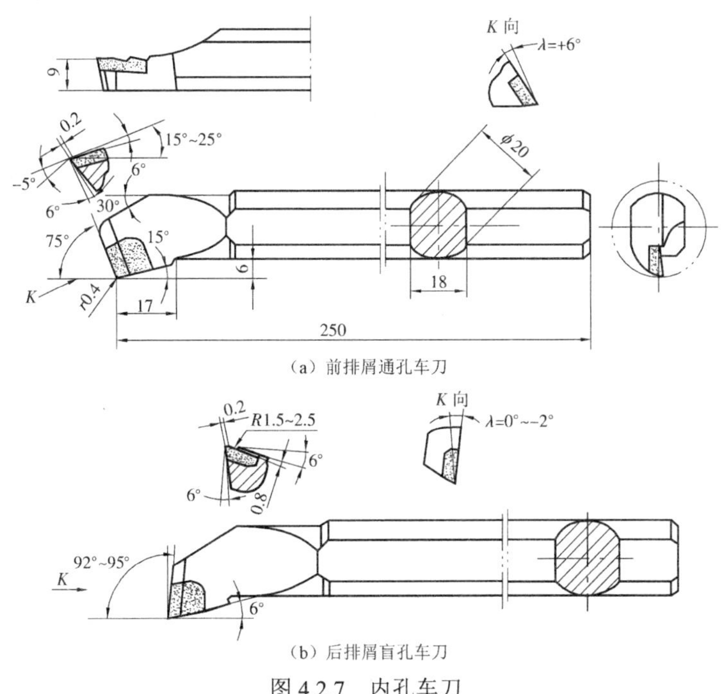

（a）前排屑通孔车刀

（b）后排屑盲孔车刀

图 4.2.7　内孔车刀

3. 内孔车削常见问题及改进的措施

车孔时，可能产生的废品种类、产生原因及预防方法，如表 4.2.2 所示。

表 4.2.2　车孔时产生废品的原因及预防方法

废品种类	产生原因	预防方法
尺寸不对	1. 测量不正确	1. 要仔细测量。用游标卡尺测量时，要调整好卡尺的松紧，控制好摆动位置，并进行试切
	2. 车刀安装不对，刀柄与孔壁相碰	2. 选择合理的刀杆直径，最好在开车前，先把车刀在孔内走一遍，检查是否会相碰
	3. 产生积屑瘤，增加刀尖长度，使孔车大	3. 研磨前刀面，使用切削液，增大前角，选择合理的切削速度
	4. 工件的热胀冷缩	4. 最好使工件冷却后再精车，加切削液
内孔有锥度	1. 刀具磨损	1. 提高刀具的耐用度，采用耐磨的硬质合金
	2. 刀杆刚性差，产生“让刀”现象	2. 尽量采用大尺寸的刀杆，减小切削用量

续表

废品种类	产生原因	预防方法
内孔有锥度	3．刀杆与孔壁相碰	3．正确安装车刀
	4．车头轴线歪斜	4．检测机床精度，校正主轴轴线与床身导轨的平行度
	5．床身不水平，使床身导轨与主轴轴线不平行	5．校正机床水平
	6. 床身导轨磨损。由于磨损不均匀，使走刀轨迹与工件轴线不平行	6．大修车床
内孔不圆	1．孔壁薄，装夹时产生变形	1．选择合理的装夹方法
	2．轴承间隙太大，主轴颈成椭圆	2．大修机床，并检查主轴的圆柱度
	3．工件加工余量和材料组织不均匀	3．增加半精镗，把不均匀的余量车去，使精车余量尽量减小和均匀。对工件毛坯进行回火处理
内孔不光	1．车刀磨损	1．重新刃磨车刀
	2．车刀刃磨不良，表面粗糙度值大	2．保证刀刃锋利，研磨车刀前后刀面
	3．车刀几何角度不合理，装刀低于中心	3．合理选择刀具角度，精车装刀时可略高于工件中心
	4．切削用量选择不当	4．适当降低切削速度，减小进给量
	5．刀杆细长，产生振动	5．加粗刀杆，降低切削速度

（四）内沟槽的加工方法

内沟槽的加工与外沟槽的加工方法类似。宽度较小和要求不高的内沟槽，可用主切削刃宽度等于槽宽的内沟槽车刀采用直进法一次车出，如图 4.2.8（a）所示。要求较高或较宽的内沟槽，可采用直进法分几次车出。对于有精度要求的槽，先粗车槽壁和槽底，然后根据槽宽、槽深进行精车，如图 4.2.8（b）所示。如果槽较大较浅，可用内圆粗车刀先车出凹槽，再用内沟槽刀车沟槽的两端垂直面，如图 4.2.8（c）所示。

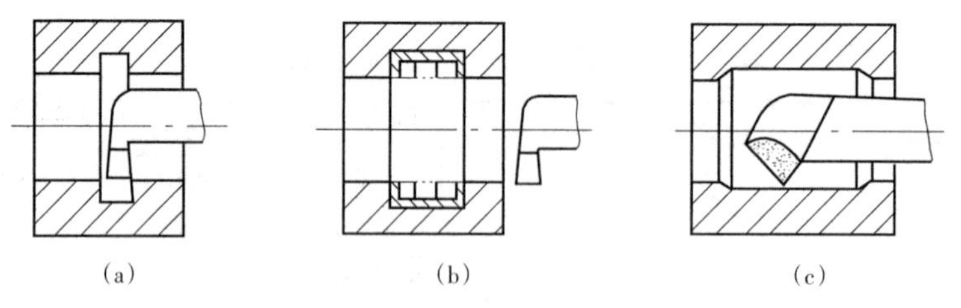

图 4.2.8　车内沟槽的方法

（五）几何公差

1．几何公差基本概念

任何零件都是由点、线、面构成的，这些点、线、面称为要素。机械加工后零件的实际要素相对于理想要素总有误差，包括形状误差和位置误差。形状误差和位置误差都会影响零件的使用性能，因此，对一些零件的重要工作面和轴线，常规定其形状和位置误差的最大允许值，即形状和位置公差（统称几何公差）。

2. 形状误差类型

形状误差是指加工后实际表面形状相对理想表面形状的误差。形状误差示例如表4.2.3所示。

表4.2.3 形状误差示例

项目	图例	说明		基准要求
直线度	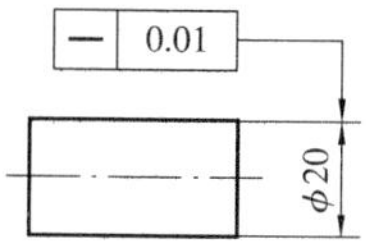 — 0.01　ϕ20	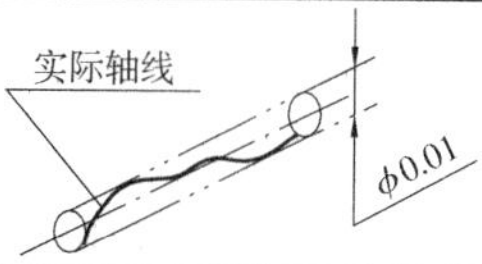 实际轴线　ϕ0.01	轴线直线度公差为0.01mm，实际轴线必须位于直径为0.01mm的圆柱面内	无
平面度	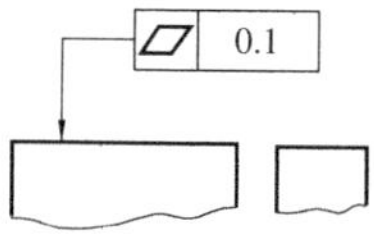 ▱ 0.1	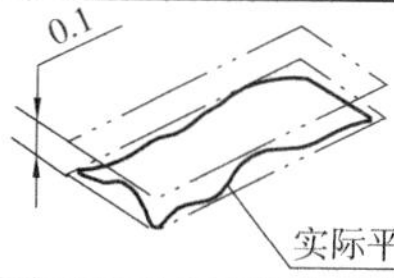 0.1　实际平面	平面度公差为0.1mm，实际平面必须位于距离为0.1mm的两平面内	无
圆度	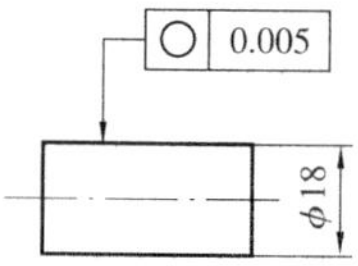 ○ 0.005　ϕ18	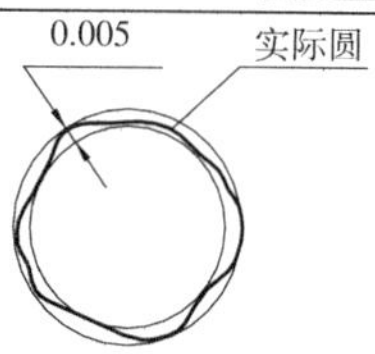 0.005　实际圆	圆度公差为0.005mm，在任一横截面内，实际圆必须位于半径差为0.005mm的二同心圆之间	无
圆柱度	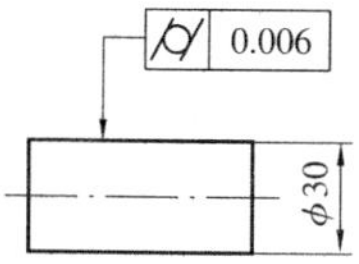 ⌭ 0.006　ϕ30	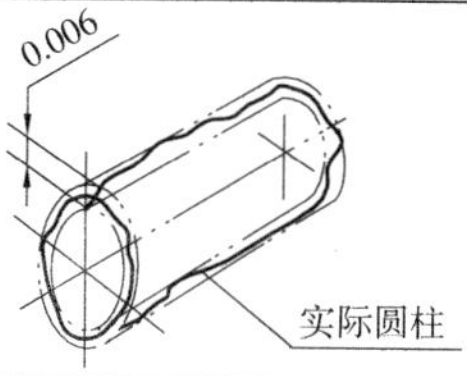 0.006　实际圆柱	圆柱度公差为0.006mm，实际圆柱面必须位于半径差为0.006mm的二同心轴圆柱之间	无
线轮廓度	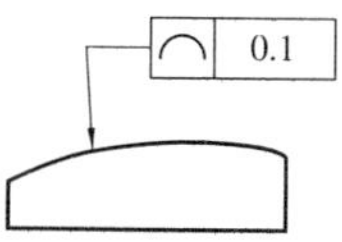 ⌒ 0.1	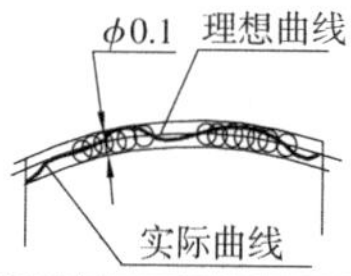 ϕ0.1　理想曲线　实际曲线	线轮廓度公差为0.1mm，实际曲线必须位于包络以理想曲线为中心的一系列直径为0.1mm圆的两包络线之间	有或无
面轮廓度	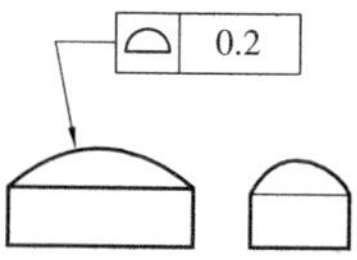 ⌓ 0.2	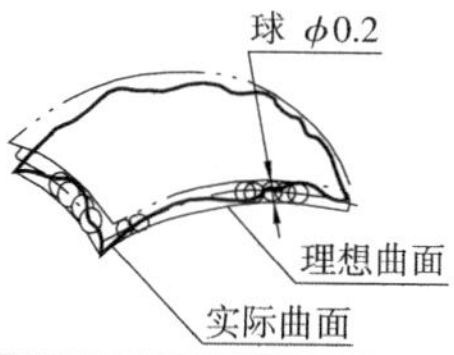 球 ϕ0.2　理想曲面　实际曲面	面轮廓度公差为0.2mm，实际曲面必须位于包络以理想曲面为中心的一系列直径为0.2mm球的两包络面之间	有或无

3. 位置误差类型

位置误差是指零件的各表面之间、轴线之间或表面与轴线之间的实际相对位置对理想相对位置的误差。位置误差示例如表4.2.4所示。

表 4.2.4　位置误差示例

项目	图例	说明		基准要求
平行度	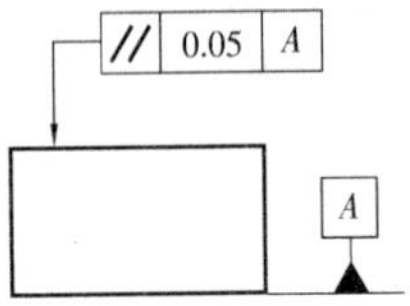 // 0.05 A；A	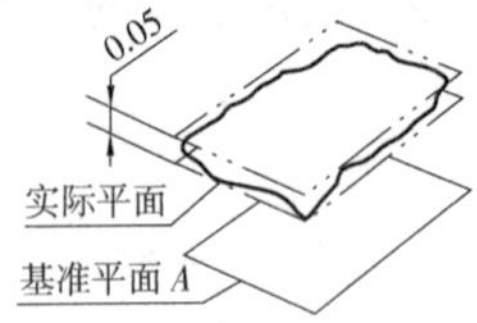 0.05；实际平面；基准平面 A	平行度公差为 0.05mm，实际平面必须位于距离为 0.05mm 且平行于基准平面 *A* 的两平行平面之间	有
垂直度	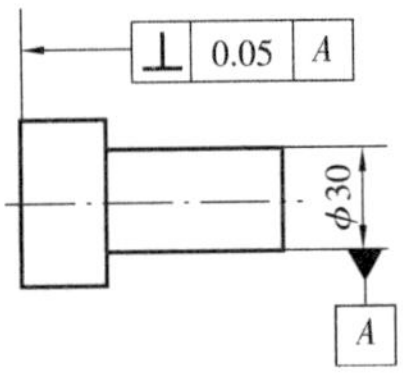 ⊥ 0.05 A；ϕ30；A	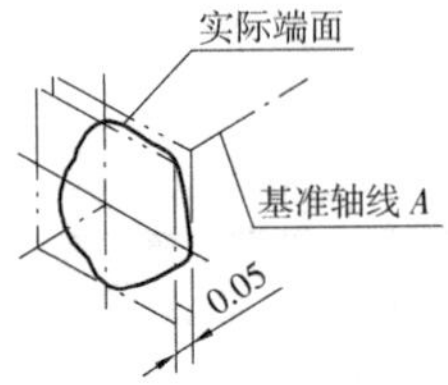 实际端面；基准轴线 A；0.05	垂直度公差为 0.05mm，实际端面必须位于距离为 0.05mm 且垂直于基准轴线 *A* 的平行平面之间	有
倾斜度	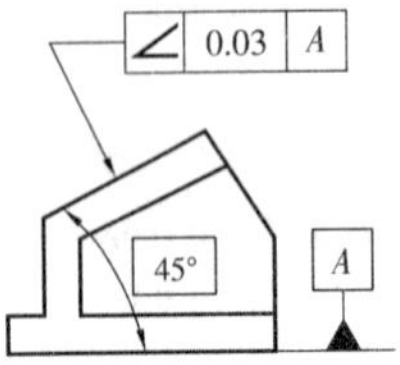 ∠ 0.03 A；45°；A	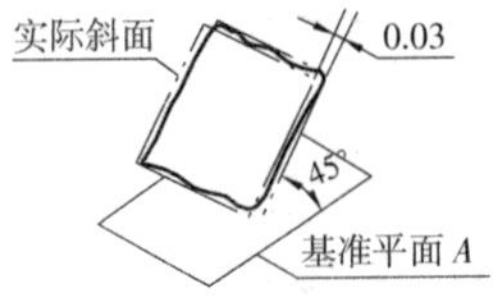 实际斜面；0.03；45°；基准平面 A	倾斜度公差为 0.03mm，实际斜面必须位于距离为 0.03mm 且与基准平面 *A* 成 45°的两平行平面之间（45°表示理论正确角度）	有
同轴度	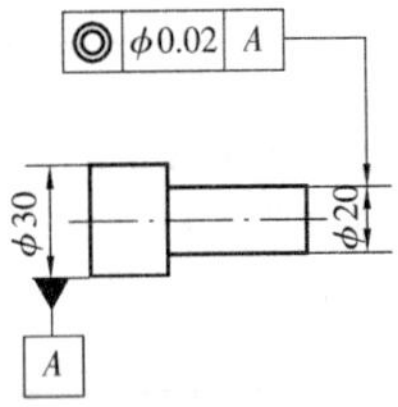 ◎ ϕ0.02 A；ϕ30；ϕ20；A	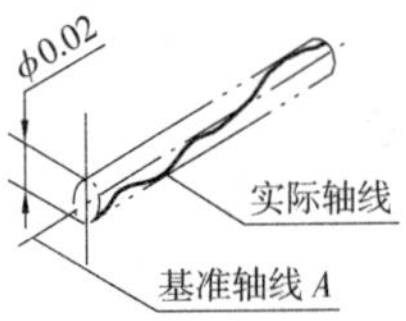 ϕ0.02；实际轴线；基准轴线 A	同轴度公差为 0.02mm，ϕ20 圆柱的实际轴线必须位于以 ϕ30 基准圆柱轴线 *A* 为轴线的以 0.02mm 为直径的圆柱面内	有
对称度	≡ 0.05 A；ϕ50；A	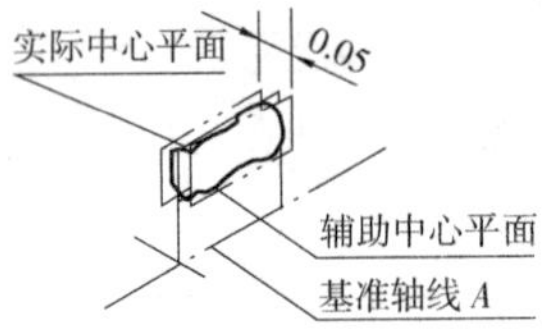 实际中心平面；0.05；辅助中心平面；基准轴线 A	对称度公差为 0.05mm，键槽的实际中心平面必须位于距离为 0.05mm 的两平行平面之间，该两平面对称地配置在通过基准轴线 *A* 的辅助中心平面两侧	有
位置度	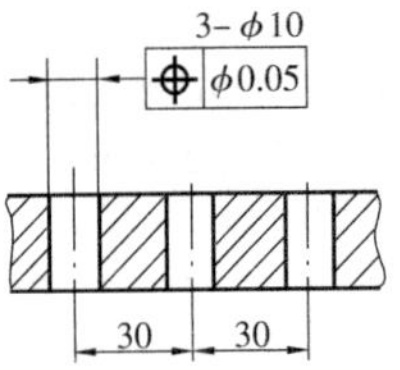 3- ϕ10；⌖ ϕ0.05；30；30	实际轴线；ϕ0.05；30；30	位置度公差为 0.05mm，三个 ϕ10 孔实际轴线必须分别位于直径为 0.05 且以理想位置 30 为轴线的诸圆柱面内	有或无
圆跳动	↗ 0.02 A；ϕ50；ϕ30；A	0.02；基准轴线；实际表面；测量平面	径向圆跳动公差为 0.02mm，ϕ50 圆柱面绕 ϕ30 圆柱基准轴线作无轴向移动回转时，在任一测量平面内的径向跳动量均不得大于 0.02mm	有

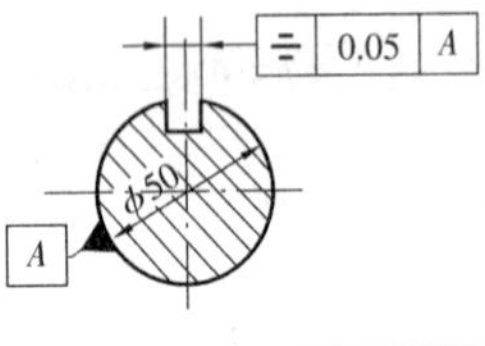

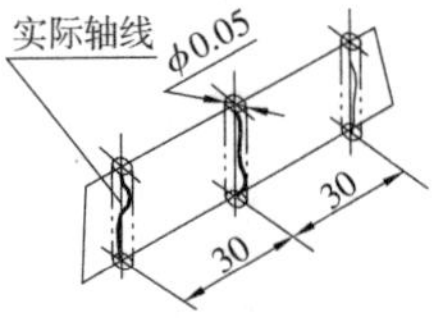

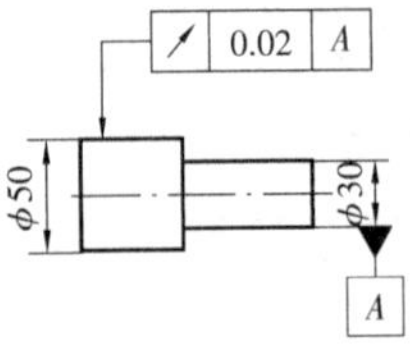

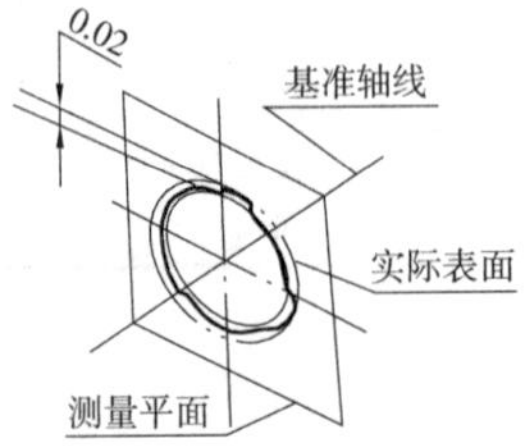

续表

项目	图例	说明		基准要求
圆跳动	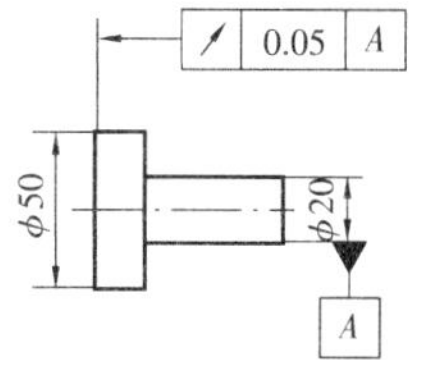 0.05 A；$\phi50$；$\phi20$；A	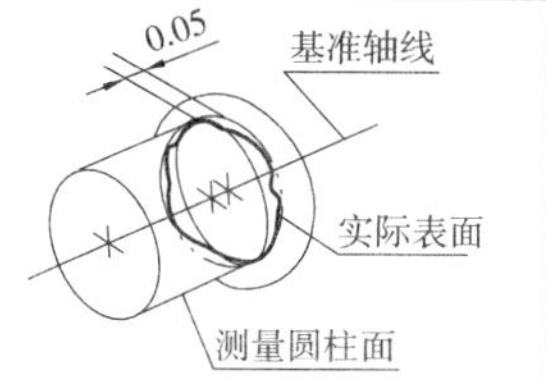 0.05；基准轴线；实际表面；测量圆柱面	轴向圆跳动公差为 0.05mm，当零件绕$\phi20$ 圆柱基准轴线作无轴向移动地回转时，在左端面上任一测量直径处的轴向跳动量均不得大于 0.05mm	有
全跳动	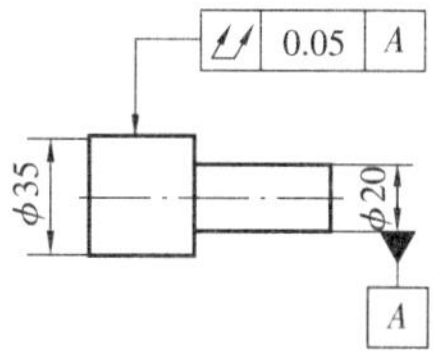 0.05 A；$\phi35$；$\phi20$；A	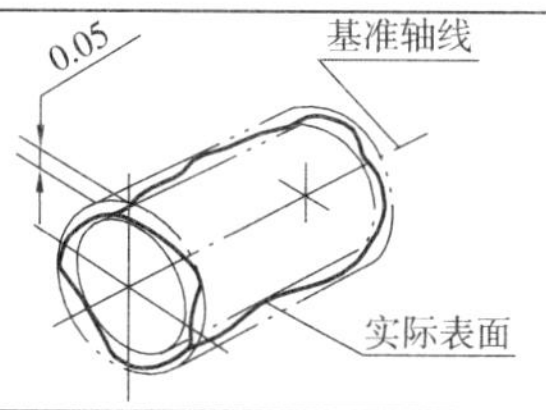 0.05；基准轴线；实际表面	径向全跳动公差为 0.05mm，$\phi35$ 圆柱绕$\phi20$ 圆柱基准轴线作无轴向移动地连续回转，同时指示器作平行于基准轴线的直线移动，在$\phi35$ 整个表面上的跳动量不得大于 0.05mm	有
	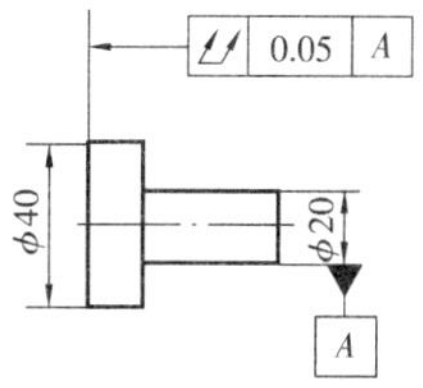 0.05 A；$\phi40$；$\phi20$；A	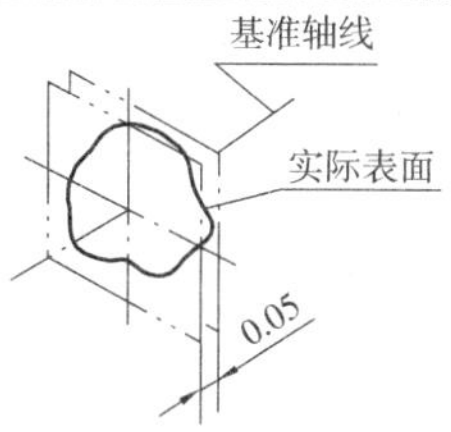 基准轴线；实际表面；0.05	端面全跳动公差为 0.05mm，端面绕$\phi20$ 圆柱基准轴线作无轴向移动地连续回转，同时指示器垂直于基准轴线的直线移动，在整个端面上的跳动量不得大于 0.05mm	有

（六）套类零件加工中的主要工艺问题

一般套筒类零件在机械加工中的主要工艺问题是保证内外圆的相互位置精度（即保证内、外圆表面的同轴度及轴线与端面的垂直度要求）和防止变形。

1. 保证相互位置精度

要保证内外圆表面间的同轴度以及轴线与端面的垂直度要求，通常可采用下列三种工艺方案：

1）在一次安装中加工内外圆表面与端面。这种工艺方案消除了安装误差对加工精度的影响，因而能保证较高的相互位置精度。在这种情况下，影响零件内外圆表面间的同轴度和孔轴线与端面的垂直度的主要因素是机床精度。该工艺方案一般用于零件结构允许在一次安装后加工出全部有位置精度要求的表面的场合。如图 4.2.9 所示，用棒料毛坯加工该衬套（简化了油沟）的工艺过程如下：

① 加工端面、粗加工外圆表面、粗加工孔。

② 精加工外圆、精加工孔、倒角、切断。

③ 加工另一端面、倒角外圆表面。

2）全部加工分在几次安装中进行，先加工孔，然后以孔为定位基准加工外圆表面。用这种方法加工套筒，由于孔精加工常采用拉孔、滚压孔等工艺方案，生产效率较高，同时可以解决镗孔和磨孔时因镗杆、砂轮杆刚性差而引起的加工误差。当以孔为基准加工套筒的外圆时，常用刚度较好的小锥度心轴安装工件。小锥度心轴结构简单，易于制造，心轴用两顶尖安装，其安装误差很小，因此可获得较高的位置精度。

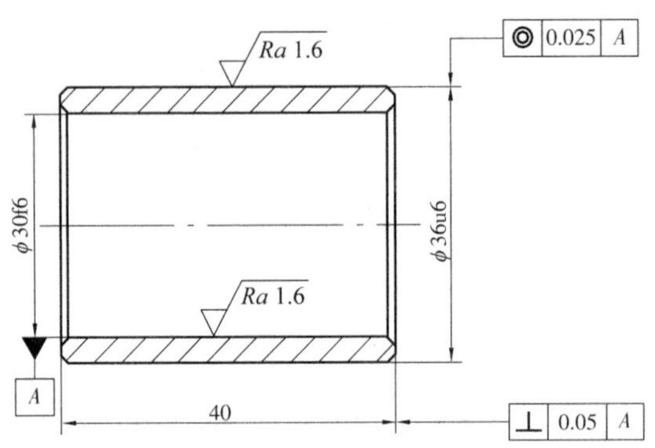

图 4.2.9　衬套零件图

3）全部加工分在几次安装中进行，先加工外圆，然后以外圆表面为定位基准加工内孔。这种工艺方案，如用一般自定心卡盘夹紧工件，则因卡盘的偏心误差较大会降低工件的同轴度。故需采用定心精度较高的夹具，以保证工件获得较高的同轴度。较长的套筒一般多采用这种加工方案。

2. 防止变形的方法

薄壁套筒在加工过程中，往往由于夹紧力、切削力和切削热的影响而引起变形，致使加工精度降低。需要热处理的薄壁套筒，如果热处理工序安排不当，也会造成不可校正的变形。防止薄壁套筒的变形，可以采取如下措施。

（1）减小夹紧力对变形的影响

1）夹紧力不宜集中于工件的某一部分，应使其分布在较大的面积上，以使工件单位面积上所受的压力较小，从而减少其变形。同时软卡爪应采取自镗的工艺措施，以减少安装误差，提高加工精度。图 4.2.10 是用开缝套筒装夹薄壁工件，由于开缝套筒与工件接触面大，夹紧力均匀分布在工件外圆上，不易产生变形。当薄壁套筒以孔为定位基准时，宜采用胀开式心轴。

2）采用轴向夹紧工件的夹具。如图 4.2.11 所示，通过螺母端面沿轴向夹紧，使得其夹紧力产生的径向变形极小。

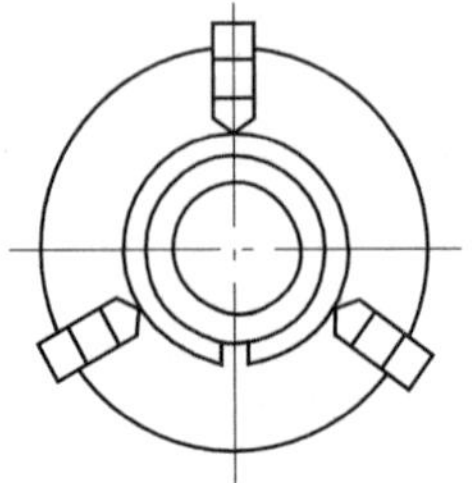

图 4.2.10　用开缝套筒装夹薄壁工件

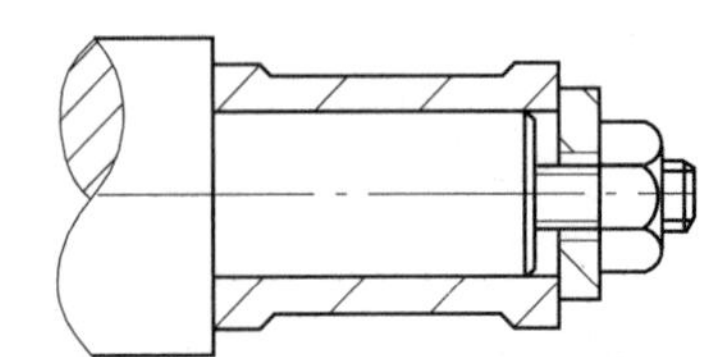

图 4.2.11　轴向夹紧

3）在工件上做出加强刚性的辅助凸边，当加工结束时，将凸边切去。

4）使用内部心棒或胀心式夹具。图 4.2.12 所示为套类零件的夹具，使用时，先车好内孔，然后将零件套到夹具上，再加工外圆。

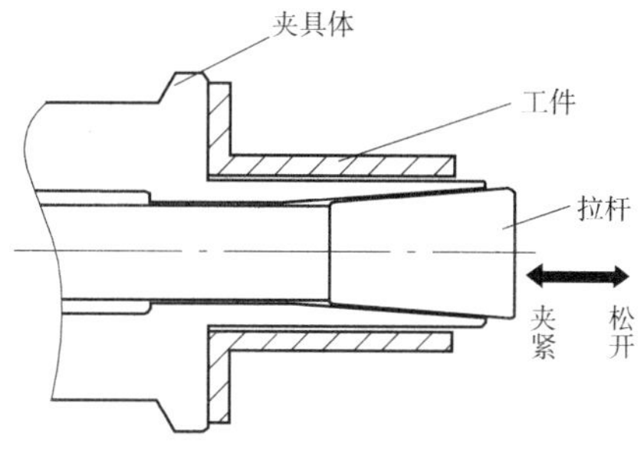

图 4.2.12　套类零件的夹具

（2）减少切削力对变形的影响

常用的方法有下列几种：

1）减小径向力，通常可借助增大刀具的主偏角来达到目的。

2）内外表面同时加工，使径向切削力相互抵消。

3）粗、精加工分开进行，使粗加工时产生的变形能在精加工中得到纠正。

（3）减少热变形引起的误差

工件在加工过程中受切削热后要膨胀变形，从而影响工件的加工精度。为了减少热变形对加工精度的影响，应在粗、精加工之间留有充分冷却的时间，并在加工时注入足够的切削液。

热处理对套筒变形的影响也很大，除了改进热处理方法外，在安排热处理工序时，应安排在精加工之前进行，以使热处理产生的变形在以后的工序中得到纠正。

（七）内孔的检测

内孔零件的孔径检测常用量具有游标卡尺、内径千分尺、内径百分表等，孔深的检测常用量具有游标卡尺、深度游标卡尺、深度千分尺等。

1. 内孔孔径的检测

（1）内径百分表

内径百分表（图 4.2.13）是将百分表装夹在测架 1 上，触头 6 又称活动测量头，通过摆动块 7、杆 3，将测量值 1∶1 传递给百分表。测量头 5 可根据孔径大小更换。为了能使触头自动位于被测孔的直径位置，在其旁装有定心器 4。测量前，应使百分表对准零位。测量时，为得到准确的尺寸，活动测量头应在径向方向摆动并找出最大值，在轴向方向摆动找出最小值，这两个重合尺寸就是孔径的实际尺寸。内径百分表主要用于测量精度要求较高而且又较深的孔。

（2）内径千分尺

用内径千分尺可以测量孔径。内径千分尺如图 4.2.14 所示，由测微头和各种尺寸的接长杆组成。其测量范围为 50～150mm，其分度值为 0.01mm。每根接长杆上都注有公称尺寸和编号，可按需要选用。

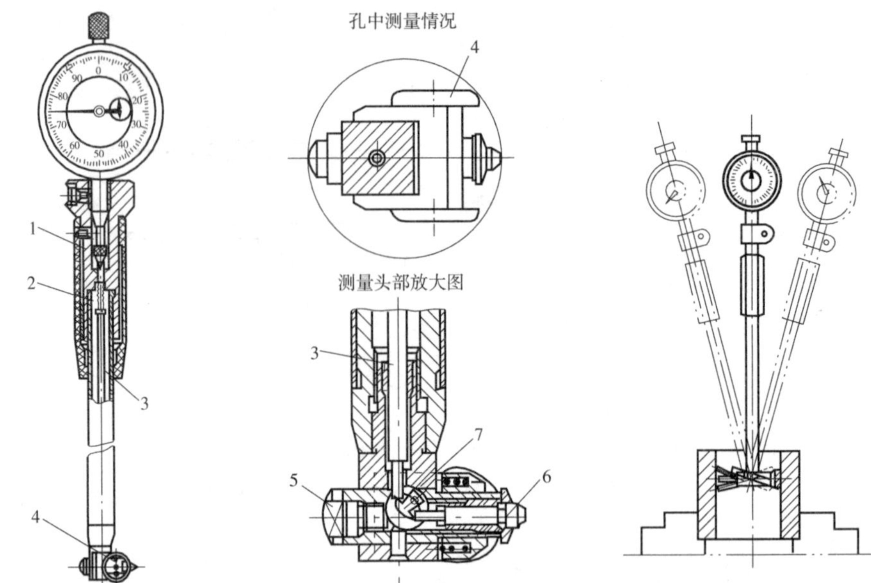

1．测架；2．弹簧；3．杆；4．定心器；5．测量头；6．触头；7．摆动块。

图 4.2.13　内径百分表

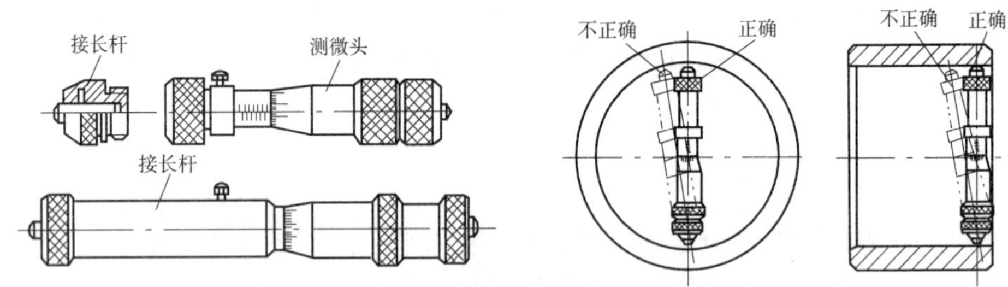

图 4.2.14　内径千分尺

内径千分尺的读数方法和外径千分尺相同，但内径千分尺无测力装置，因此测量误差较大。

2．内沟槽的检测

1）内沟槽的深度一般用弹簧内卡钳测量［图 4.2.15（a）］，测量时，先将弹簧内卡钳收缩，放入内沟槽，然后调整卡钳螺母，使卡脚与槽底径表面接触。测出内沟槽直径，然后将内卡钳收缩取出，恢复到原来尺寸，再用游标卡尺或外径千分尺测出内卡钳的张开尺寸。当内沟槽直径较大时，可用弯脚游标卡尺测量［图 4.2.15（b）］。

2）内沟槽的轴向尺寸可用钩形游标深度卡尺测量［图 4.2.15（c）］。

3）内沟槽的宽度可用样板或游标卡尺（当孔径较大时）测量［图 4.2.15（d）］。

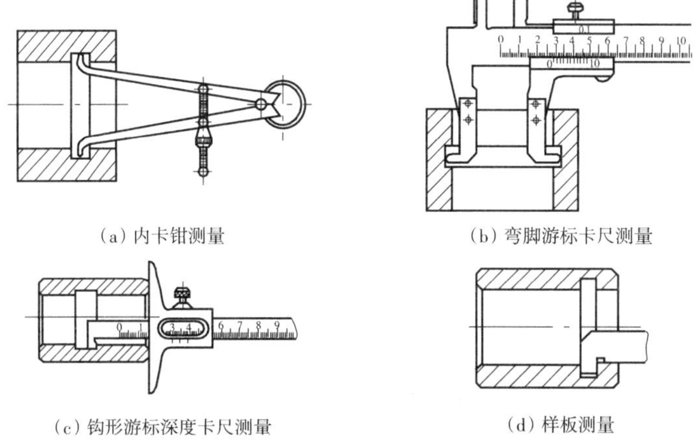

(a) 内卡钳测量　(b) 弯脚游标卡尺测量

(c) 钩形游标深度卡尺测量　(d) 样板测量

图 4.2.15　内沟槽的测量工具

三、工艺准备

（一）图样分析

该零件为典型的套类零件，有较高精度要求。外圆大端直径ϕ38 为（任务 4.1）已加工尺寸，外圆小端ϕ34 是公称尺寸，公差等级为 IT7，表面粗糙度为 Ra1.6μm。内孔右端为锥孔，锥度 1∶5，表面粗糙度 Ra3.2μm，大端直径ϕ28。内孔中间段为直孔，直径为ϕ22.5，精度要求不高。内孔左端为直孔，直径$\phi 18^{+0.027}_{0}$，基准孔制，公差等级为 IT8，该段内孔轴线与ϕ34 外圆轴线的同轴度要求控制在ϕ0.03 之内。工件总长为 38，左右两端面与ϕ34 外圆轴线的垂直度要求控制在 0.02 之内。毛坯材料为 45 钢，为任务 4.1 练习件。

文档：参考案例

（二）夹具选择

该零件可选用数控车床通用夹具——自定心卡盘进行装夹。

（三）刀具准备，填写刀具卡

1. 刀具选择

外圆加工选择 95° 夹固式外圆车刀，刀尖圆弧半径为 0.4mm，如图 4.2.16（a）所示。

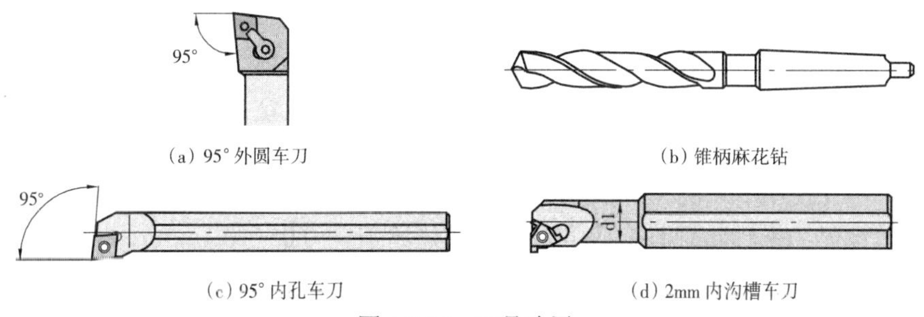

(a) 95° 外圆车刀　(b) 锥柄麻花钻

(c) 95° 内孔车刀　(d) 2mm 内沟槽车刀

图 4.2.16　刀具选用

内孔扩孔选择ϕ16 麻花钻，材料为高速钢，如图 4.2.16（b）所示。

内孔车刀选择 95°圆刀杆夹固式内孔车刀，刀杆尺寸ϕ12，刀尖圆弧半径为 0.4mm，如图 4.2.16（c）所示。

内沟槽加工选择 2mm 宽的内沟槽车刀，如图 4.2.16（d）所示。

2. 填写刀具卡

参见附表 2.11。

（四）量具准备

0～150mm 钢直尺一根，用于测长度。

0～150mm 游标卡尺一把，用于测量外圆和长度。

18～35mm 内径百分表一套，用于测量内孔。

弹簧内卡钳一把，测量内沟槽深度。

25～50mm 外径千分尺一把，用于测量外圆。

（五）编制加工工艺，填写工序卡

1. 工艺编制

由于图中部分尺寸有同轴度和垂直度要求，而且ϕ38 外圆为任务 4.1 中已加工表面，因此加工时考虑夹住ϕ38 外圆表面，将除左端面以外的所有表面一次装夹加工成型。在加工内孔时，可先扩孔至ϕ16，以减少加工余量，同时避免内孔车刀加工时与内孔壁相干涉。另外，为了减少内孔加工对外圆尺寸的影响，加工时先安排外圆表面和内孔表面的粗加工，然后再安排端面、外圆表面和内孔表面的精加工，最后掉头加工左端面。

（1）外圆及内孔的粗车加工

外圆面形状相对简单，外圆的粗加工可以采用 95°夹固式外圆车刀，运用 G90 外圆循环指令一刀完成，主轴转速设定为 800r/min，进给量设定为 0.2mm/r，X 向留 0.5mm 余量，Z 向留 0.2mm 余量。零件内表面既有锥孔又有直孔，而且孔的精度要求较高，故内表面加工可以采用 95°内孔车刀，运用 G71 内径复合循环进行粗车，主轴转速设定为 400～500r/min，进给量设定为 0.15～0.2mm/r，背吃刀量设定为 1mm，X 向留 0.5mm 余量，Z 向留 0.2mm 余量。

（2）外圆精车加工

精车时，先使用 95°夹固式外圆车刀，运用 G01 完成端面和外圆表面的精车，主轴转速设定为 1500r/min，进给量设定为 0.1mm/r。

（3）内孔精车加工

先使用 95°圆刀杆夹固式内孔车刀，运用 G70 精车循环进行内表面的精车，主轴转速设定为 600r/min，进给量为 0.05～0.1mm/r。

（4）内沟槽精车加工

由于内沟槽车刀的刀片宽 2mm，因此该内沟槽可以一次进刀车削成型。

内沟槽车削时，设定主轴转速 400r/min，进给量 0.05mm/r。

（5）掉头加工左端面

由于零件右端较薄，因此掉头后先用开缝套筒套住零件，通过ϕ18内孔间接找正，然后夹紧零件。车端面（车总长）采用 95°夹固式外圆车刀，考虑到此时可装夹部分较薄而且长度偏短，所以安排两刀粗车，一刀精车。端面粗车时主轴转速设定为 600r/min，进给量设定为 0.15mm/r，精车时主轴转速设定为 1200r/min，进给量设定为 0.1mm/r。

2. 填写工序卡

参见附表 2.12。

（六）坐标的计算

1. 编程原点设定

为了方便计算与编程，编程坐标系原点定于工件右端面中心，如图 4.2.17 所示。

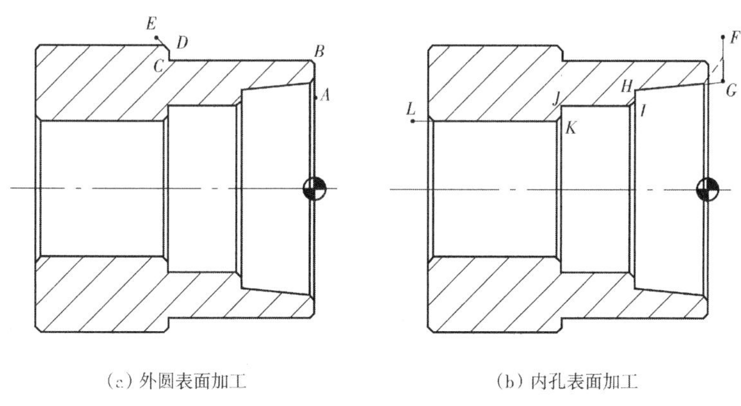

图 4.2.17　各点坐标计算图

2. 各基点坐标

零件上的倒角可以采用 G01 直接倒角，以减少计算量和程序段数。为此可求得各点坐标分别是 *A*（*X*26，*Z*0）、*B*（*X*34，*Z*0）、*C*（*X*34，*Z*−20）、*D*（*X*36，*Z*−20）、*E*（*U*6，*W*−3）。加工内表面时，将起点 *F* 点设定在（*X*38，*Z*2）处，根据锥度 1∶5 可计算得 *G* 点和 *H* 点的坐标分别为（*X* 28.4，*Z* 2）和（*X* 26，*Z*−10），不难求得其他几点坐标 *I*（*X* 22，*Z*−10）、*J*（*X* 22，*Z*−20）、*K*（*X*18，*Z*−20）、*L*（*X*18，*Z*−40）。

（七）编制加工程序，填写加工程序单

1. 编制加工程序

根据前面的工艺分析和坐标计算，所编的加工程序如下：

程序	说明
O0421;	
N10 G21 G40 G97 G99;	程序初始化
N20 M03 S800 T0101;	主轴正转，转速800r/min，选择外圆车刀
N30 G00 X40.0 Z2.0;	刀具快速定位到工件附近
N40 G90 X34.5 Z-19.8 F0.2;	粗车外圆至ϕ34.5 长19.8，进给量0.2mm/r
N50 G00 X100.0 Z150.0;	刀具快速返回到换刀点
N60 T0303 S400;	换内孔车刀，主轴转速设定为400r/min
N70 G00 X16.0 Z2.0;	刀具快速定位到工件附近
N80 G71U1 R0.5;	内孔粗车循环，背吃刀量1mm，退刀量0.5mm
N90 G71 P100 Q170 U-0.5 W0.2;	粗车循环从N100开始到N170结束，留余量X向0.5，Z向0.2。
N100 G00 X38.0;	刀具X向进刀
N110 G41 G01 X28.4 Z2.0 C3.0 F0.08;	车C1倒角，并设定刀具半径左补偿（此处C3有效倒角只有C1）
N120 X26.0 Z-10.0;	车1∶5锥度
N130 X22.5 C1.0;	车台阶面并倒角
N140 Z-20.0;	车ϕ22.5至深20
N150 X18.0 C1.0;	车台阶面并倒角
N160 Z-40.0;	车ϕ18至深40
N170 G40 X16.0;	X向退刀并取消刀具半径补偿
N180 G00 X100.0 Z150.0;	刀具快速返回到换刀点
N190 M03 S1500 T0101;	主轴转速1500r/min，选择外圆车刀
N200 G00 G42 X26.0 Z2.0;	刀具快速定位到工件附近
N210 G01 Z0.0 F0.08;	Z向进刀
N220 X34.0 C1.0;	车右端面并倒角
N230 Z-20.0;	车ϕ34至长20
N240 X36.0	车台阶面至ϕ36
N250 U6.0 W-3.0;	倒角
N260 G00 G40 X100.0 Z150.0;	刀具快速返回到换刀点
N270 M03 S600 T0303;	主轴转速600r/min，选择内孔车刀
N280 G00 X16.0 Z2.0;	刀具快速定位到工件附近
N290 G70 P100 Q170;	精车内表面
N300 G00 X100.0Z150.0;	刀具快速返回到换刀点
N310 T0404S400;	换内沟槽刀
N320 G00 X20.0 Z2.0;	刀具快速定位
N330 G01 Z-20.0 F0.3;	进刀
N340 X25.5 F0.05;	车槽
N350 X20.0;	退刀

```
N360 G00 Z100.0;          Z 向退刀
N370 X100.0;              X 向退刀
N380 M30;                 程序结束
%
```

2. 填写加工程序单

参见附表 2.13。

四、任务实施

01 工件装夹。将工件置于自定心卡盘中，夹持ϕ38 外圆，经找正后夹紧工件。将 95° 夹固式外圆车刀装夹在刀架的 1#刀位，95° 圆刀杆夹固式内孔车刀装夹在 3#刀位。

02 扩孔。用ϕ16 麻花钻对工件进行扩孔（扩孔的方法见任务 4.1）。

03 对刀。分别对外圆车刀和内孔车刀进行对刀。将 1#刀补中设置半径补偿值“0.4”，补偿类型为“3”，并设置一定的刀补余量；将 3#刀补中设置半径补偿值“0.4”，补偿类型为“2”，并设置一定的刀补余量。在设置二次精车余量时，需注意外圆刀留正值，内孔刀留负值。

04 将 O0421 程序输入数控装置中，并进行调试。

05 自动方式运行 O0421 程序，完成轴套右端外圆和内孔的粗、精加工。

06 卸下并掉头装夹工件。

07 车对总长，并完成倒角。

五、考核评价

1）学生完成零件自检，填写“考核评分表”（附表 2.22），并同刀具卡、工序卡和程序单一起上交。

2）教师对零件进行检测，对刀具卡、工序卡和程序单进行批改，对学生整个任务的实施过程进行分析，并填写“考核评分表”（附表 2.22）对学生进行成绩评定。

六、自主练习

1）车内孔时，容易引起振动的原因有哪些？

2）车薄壁件时，如何减少零件的变形？

3）列举能够测量内孔大小的量具（至少写出四种）。

4）对图 4.2.18 所示轴承套进行工艺分析，并填写加工工序卡、刀具卡和程序单。（材料 45 钢，每批数量 200 个）。

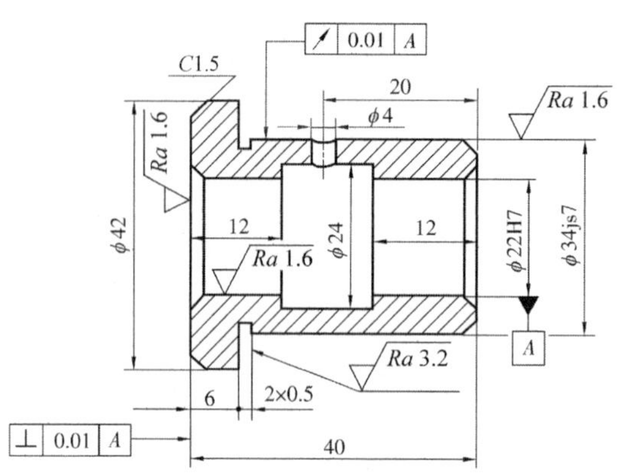

图 4.2.18　轴承套

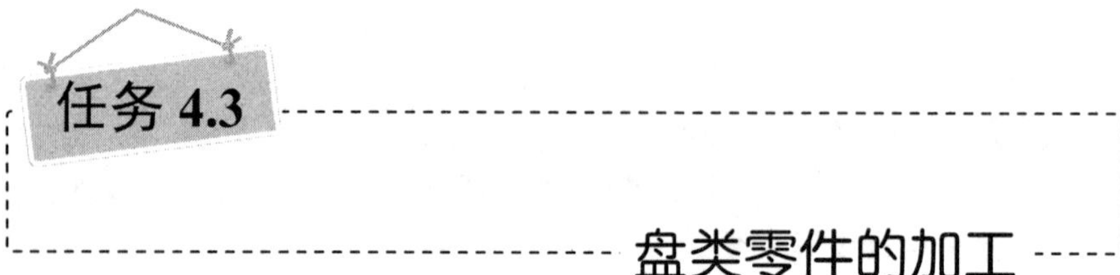

任务 4.3　盘类零件的加工

一、工作任务

（一）生产任务（表 4.3.1）

表 4.3.1　生产任务单

单位名称							编号	
产品清单	序号	零件名称	毛坯外形、尺寸	数量	材料	出单日期	交货日期	技术要求
	1	盘盖	ϕ94×35	1	45 钢			见图样
	2							
	3							
	4							
	5							
出单人签字： 日期：_____年_____月_____日					接单人签字： 日期：_____年_____月_____日			
车间负责人签字： 日期：_____年_____月_____日								

（二）盘盖零件图（图 4.3.1）

材料 45 钢，毛坯尺寸ϕ94×35。

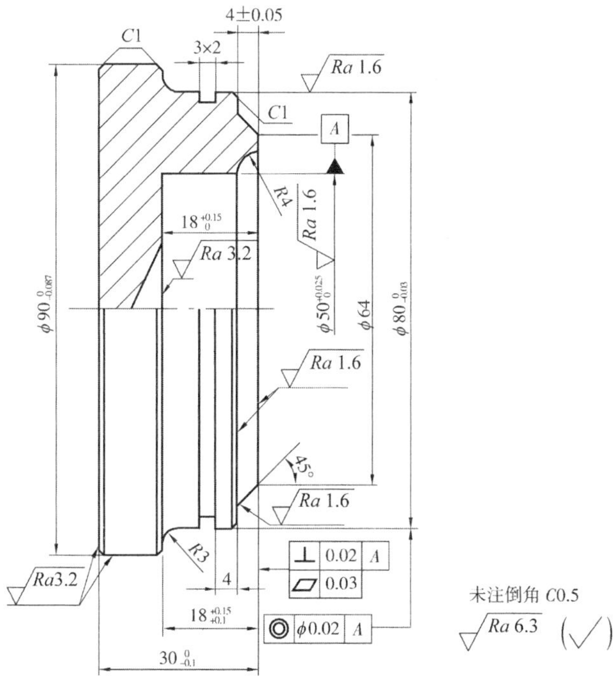

图 4.3.1　盘盖零件图

二、相关知识

（一）盘类零件的作用与特点

盘类零件主要由端面、外圆、内孔等组成，零件直径一般大于零件的轴向尺寸，在机器中主要起支承、连接、定位和密封等作用。除了有较高尺寸精度和表面粗糙度要求外，盘类零件往往对支承用端面有较高平面度、两端面平行度要求；对转接作用中的内孔等有与平面的垂直度要求，外圆、内孔间的同轴度要求；不少盘类零件的外圆对孔有径向圆跳动的要求，端面对孔有轴向圆跳动的要求。常见的盘类零件有齿轮、带轮、飞轮、手轮、法兰、联轴器、套环、垫圈、轴承座等，如图 4.3.2 所示。

图 4.3.2　常见的盘类零件

（二）盘类零件的制造工艺

1. 毛坯选择

盘类零件常采用钢、铸铁、青铜或黄铜制成。孔径小的一般选择热轧或冷拔棒料，根据不同材料，亦可选择实心铸件，孔径较大时，可作预孔。若生产批量较大，可选择冷挤压等先进毛坯制造工艺，既提高生产率，又节约材料。

2. 基准选择

根据零件的作用不同，零件的主要基准会有所不同。一是以端面为主（如支承块），其零件加工中的主要定位基准为平面；二是以内孔为主，由于盘的轴向尺寸小，往往在以孔为定位基准（径向）的同时，辅以端面的配合；三是以外圆为主（较少），与内孔定位同样的原因，往往也需要有端面的辅助配合。

3. 加工方法选择

零件上回转面的粗、半精加工仍以车为主，精加工则根据零件材料、加工要求、生产批量大小等因素选择精车、磨削、拉削或其他加工方法。零件上非回转面加工，则根据表面形状选择恰当的加工方法，一般安排于零件的半精加工阶段。

4. 工艺路线

与轴相比，盘类零件加工工艺的不同主要体现在安装方式上，当然，随零件组成表面的变化，涉及的加工方法亦会有所不同。盘类零件的加工通常有以下步骤：

下料（或备坯）→去应力处理→粗车→半精车→平磨端面（亦可按零件情况不作安排）→非回转面加工→去毛刺→中检→最终热处理→精加工主要表面（精车或磨）→终检。

（三）在车床上加工盘类零件

1. 盘类零件的装夹方案

（1）用自定心卡盘安装

用自定心卡盘装夹外圆时，为定位稳定可靠，常采用反爪装夹（共限制工件除绕轴转动外的五个自由度）；装夹内孔时，以卡盘的离心力作用完成工件的定位、夹紧（亦限制了工件除绕轴转动外的五个自由度）。

（2）用专用夹具安装

以外圆作径向定位基准时，可以定位环作定位件；以内孔作径向定位基准时，可用定位销（轴）作定位件。根据零件构形特征及加工部位、要求，选择径向夹紧或端面夹紧。

2. 盘类零件的工艺制定

制定盘类零件的工艺时，保证平面度、平行度、同轴度、垂直度和跳动度等是重点考虑的问题。为保证加工精度要求和数控车削时工件装夹的可靠性，制定工艺时还应注意加工顺序和装夹方式。与轴类零件加工类似，盘类零件在工艺上一般分粗车和精车。精车时，尽可能把有位置精度要求的外圆、孔、端面在一次安装中全部加工完。若有位置精度要求的表面不可能在一次安装中完成时，通常先把孔做出，然后以孔定位上心轴，加工外圆或端面。

（四）几何公差的测量

1. V型块

V型块是一种比较常见而又特殊的定位元件，其定位基准面为V型块两侧面，主要用于对圆（柱）形零件的定位。图 4.3.3（a）为不带磁的V型块，图 4.3.3（b）为磁性V型块。V型块可以用于检测零件的某些几何公差，如圆度、对称度、同轴度和圆跳动度等（图 4.3.4）。

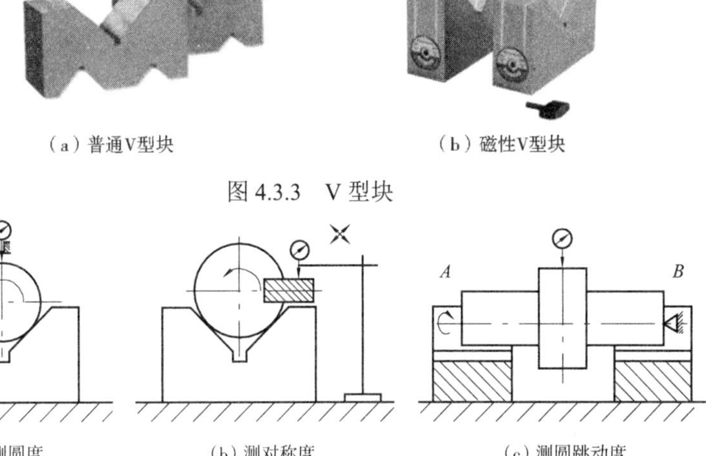

（a）普通V型块　　（b）磁性V型块

图 4.3.3　V型块

（a）测圆度　　（b）测对称度　　（c）测圆跳动度

图 4.3.4　形状公差

下面以圆跳动度为例介绍V型块的测量过程。

1）将两块V型块置于某平面上，调整好距离。

2）将被测零件基准 *A* 和基准 *B* 分别置于两V型块的V型侧面上，并对一端作轴向固定。

3）将百分表测头与被测部分的某一截面接触，在指针压缩 1～2 圈后锁紧表座。

4）转动被测件一周，记下百分表读数的最大值和最小值，该最大值与最小值之差即为该截面的径向圆跳动误差值。

2. 偏摆检查仪

偏摆检查仪是一种用于检测轴类、盘类零件的径向圆跳动和轴向圆跳动的仪器，如图 4.3.5 所示。下面是测量径向圆跳动的操作步骤：

1）将零件擦净，置于偏摆仪两顶尖之间（带孔零件要装在心轴上），使零件转动自如，但不允许轴向窜动，然后紧固两顶尖座，当需要卸下零件时，一手扶着零件，一手向下按手把 L 即取下零件。

2）将百分表装在表架上，使表杆通过零件轴心线，并与轴心线大致垂直，测头与零件表面接触，并压缩 1～2 圈后紧固表架。

3）转动被测件一周，记下百分表读数的最大值和最小值，该最大值与最小值之差，为I—I截面的径向圆跳动误差值。

4）测量应在轴向的三个截面上进行，取三个截面中圆跳动误差的最大值，为该零件的径向圆跳动误差。

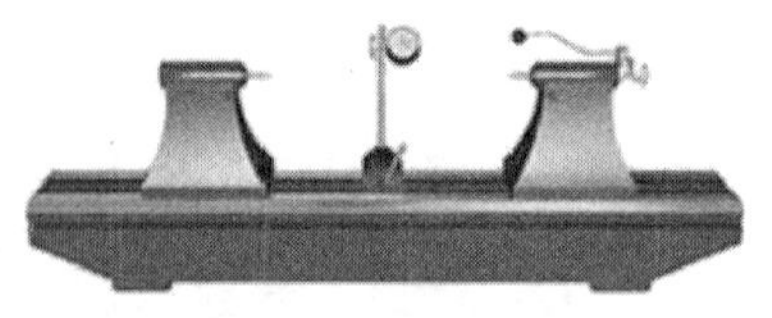

（a）偏摆检查仪

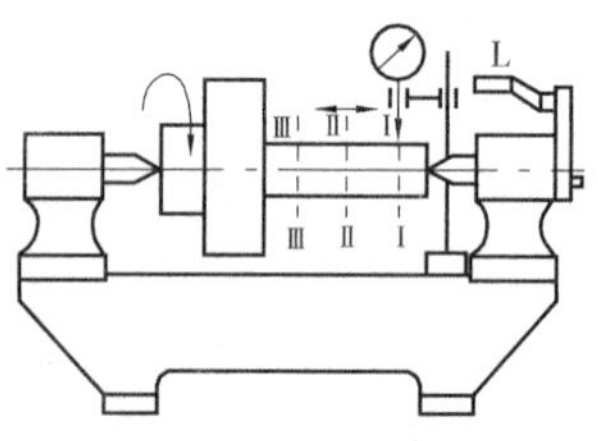

（b）偏摆检查仪工作原理

图 4.3.5　偏摆检查仪

图 4.3.6　三坐标测量仪

3. 三坐标测量仪

三坐标测量仪，又称三坐标测定器、三坐标测量机或三次元，是一种三维测量仪器，主要用于各种加工品、模具等的各种尺寸以及形状、位置的测量，如图 4.3.6 所示。同时也是逆向工程的有效工具，在汽车、航天、模具、机械加工、塑胶等行业有广泛的应用。利用三坐标测量仪也可以对零件的各种几何公差进行测量，如直线度、平面度、圆度、圆柱度、垂直度、倾斜度、平行度、对称度和同轴度等。

三坐标测量仪主要由主机机械系统（X、Y、Z 三轴或其他）、测头系统、电气控制硬件系统和数据处理软件系统（测量软件）等部分组成。其基本原理就是通过探测传感器（探头）与测量空间轴线运动的配合，对被测几何元素进行离散的空间点位置的获取，然后通过一定的数学计算，完成对所测得点（点群）的分析拟合，最终还原出被测的几何元素，并在此基础上计算其与理论值（名义值）之间的偏差，从而完成对被测零件的检验工作。

三、工艺准备

（一）图样分析

该盘盖零件径向尺寸较大，轴向尺寸较小，为典型的盘类零件。孔ϕ50是该零件与其他零件装配时的关键要素，也是零件其他尺寸的基准，因此精度要求较高，其尺寸精度为IT7，表面粗糙度要求为*Ra*1.6μm。外圆ϕ80的尺寸精度为IT7，表面粗糙度要求为*Ra*1.6μm，与基准*A*的同轴度要求控制在ϕ0.02mm的范围之内。零件右端面与基准*A*的垂直度要求控制在0.02mm的范围之内，其自身的平面度要求控制在0.03mm之内。盘盖左端ϕ90外圆的尺寸精度等级为IT8。此外，盘盖还有一处45°圆锥，一处3×2外沟槽，两处圆角（分别是*R*3和*R*4），还有倒角若干处。零件ϕ50孔壁、45°外圆锥面、ϕ80外圆柱面的表面粗糙度为*Ra*1.6μm，ϕ90外圆柱面、左端面及ϕ50孔底面的表面粗糙度为*Ra*3.2μm，其余为*Ra*6.3μm。

（二）夹具选择

该零件可选用通用夹具——自定心卡盘进行装夹。

（三）刀具准备，填写刀具卡

1. 刀具选择

外圆加工选择95°夹固式外圆车刀，刀尖圆弧半径为0.8mm，如图4.3.7（a）所示。

外沟槽加工选择3mm宽的外沟槽车刀，如图4.3.7（b）所示。

内孔钻孔及扩孔选择A3中心钻［图4.3.7（c）］、ϕ10直柄麻花钻［图4.3.7（d）］和ϕ25锥柄麻花钻［图4.3.7（e）］各一支，材料均为高速钢。

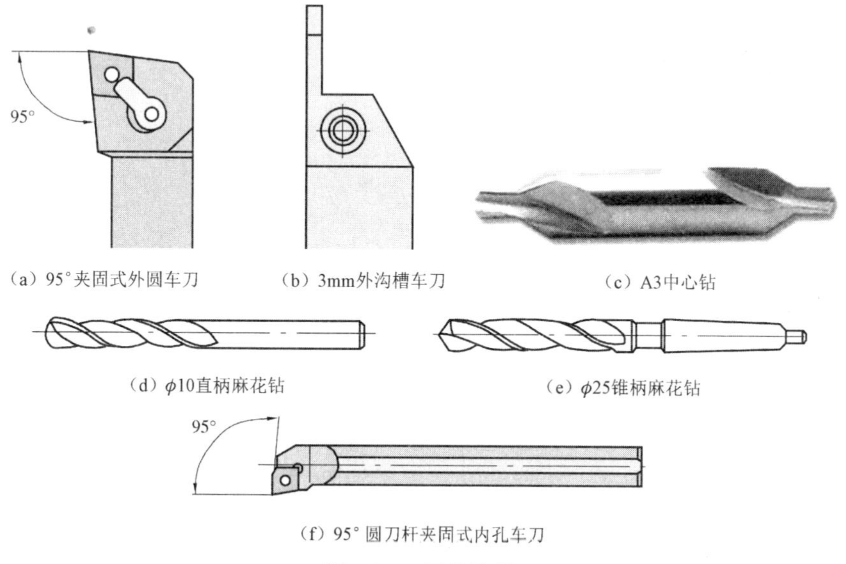

（a）95°夹固式外圆车刀　（b）3mm外沟槽车刀　（c）A3中心钻

（d）ϕ10直柄麻花钻　（e）ϕ25锥柄麻花钻

（f）95°圆刀杆夹固式内孔车刀

图4.3.7 刀具选用

内孔车刀选择 95°圆刀杆夹固式内孔车刀，刀尖圆弧半径为 0.4mm，如图 4.3.7（f）所示。

2. 填写刀具卡

参见附表 2.11。

（四）量具准备

0～150mm 游标卡尺一把，用于测量外圆和长度。
0～200mm 深度尺一把，用于测量内孔深度。
偏摆检查仪或 V 型块一套，用于径向圆跳动和轴向圆跳动值。
75～100mm 千分尺一把，用于测量外圆。

（五）编制加工工艺，填写工序卡

1. 工艺编制

由于毛坯材料长度较短，需掉头加工，同时考虑该零件上的结构特征及精度要求，制定加工工艺如下：

1）钻孔并扩孔至ϕ25。

2）粗车零件右端面、45°圆锥面、ϕ80 外圆柱面、R3 圆角及其他台阶面。

3）精车右端面、45°圆锥面、ϕ80 外圆柱面、R3 圆角及台阶面。

4）粗车零件 R4 圆弧、ϕ50 内孔表面和孔底面。

5）精车 R4 圆弧、ϕ50 内孔表面和孔底面。

6）车槽 3×2。

7）掉头粗车ϕ90 外圆柱面和左端面。

8）精车ϕ90 外圆柱面和左端面。

2. 填写工序卡

参见附表 2.12。

（六）编制加工程序，填写加工程序单

1. 编制加工程序

根据前面的工艺分析和坐标计算，所编的加工程序如下：

```
O0431;［编程坐标系原点如图 4.3.8（a）的 O1］
N10 G21 G40 G97 G99;          程序初始化
N20 M03 S600 T0101;           主轴以 600r/min 正转，并选择 95°
                              夹固式外圆车刀
N30 G00 X98.0 Z2.0M08;        刀具快速定位到工件附近，并开切削液
N40 G94 X24.0 Z0.5 F0.2;      粗车端面，进给量 0.2mm/r
```

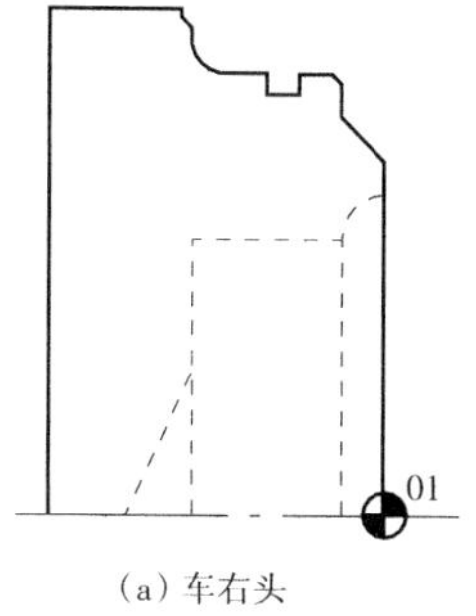

(a) 车右头

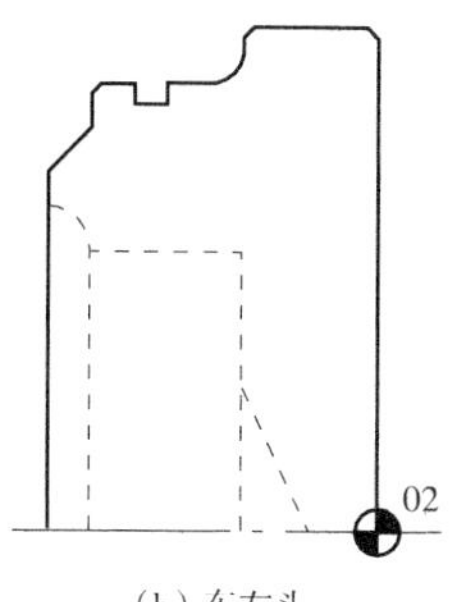

(b) 车左头

图 4.3.8　编程坐标系原点位置

N50 G71U2.0R0.5	外圆粗车循环，背吃刀量 2mm，退刀量 0.5mm
N60 G71 P70 Q130 U1.0W0.2;	粗车循环从 N70 开始到 N130 结束留余量 X 向 1，Z 向 0.2
N70 G00 G42 X60.0;	刀具沿 X 向进刀，并设定刀尖半径右补偿
N80 G01 X72.0 Z-4.0 F0.08;	车 45°圆锥面
N90 X80.0 C1.0;	车端面并倒角
N100 Z-18.125 R3.0;	车ϕ80 外圆并倒 R3 圆角
N110 X88.0;	车端面
N120 U4.0 W-2.0;	倒角
N130 G40 X95.0;	X 向退刀并取消刀尖半径补偿
N140 S900;	主轴转速 900r/min
N150 G94 X24.0 Z0.0;	精车右端面
N160 G70 P70 Q130;	精车循环
N170 G00 X100.0 Z100.0;	刀具快速返回到换刀点
N180 M03 S800 T0303;	主轴转速 800r/min，选择 95°圆刀杆夹固式内孔车刀
N190 G00 X25.0 Z2.0;	刀具快速定位到工件附近
N200 G71 U2.0 R0.5;	内孔粗车循环，背吃刀量 2mm，退刀量 0.5mm
N210 G71 P220 Q270 U-1.0 W0.2;	粗车循环从 N220 开始到 N270 结束留余量 X 向 1，Z 向 0.2
N220 G00 G41 X58.0;	进刀，并设定刀尖半径左补偿
N230 G01 Z0.0 F0.1;	进刀
N240 G03 X50.0Z-4.0 R4.0;	车内圆弧 R4
N250 G01 Z-18.075;	车ϕ50 孔至深 18.075
N260 X14.0;	车孔底平面
N270 G40;	取消刀尖半径补偿
N280 G00 X100.0Z100.0;	退刀至换刀点
N290 S1150;	主轴转速 1150r/min

```
N300 G00 X25.0 Z2.0;             进刀
N310 G70 P220 Q270;              精车循环
N320 G00 X100.0Z100.0;           退刀至换刀点
N330 S350 T0404;                 主轴转速 350r/min，换切槽刀
N340 G00 X82.0 Z-11.0            刀具快速进刀
N350 G01 X76.0 F0.06;            切槽
N360 X82.0;                      退刀
N370 G00 X100.0 Z100.0 M09;      刀具快速退刀，并关切削液
N380 T0100;                      换回 1#刀
N290 M30;                        程序结束
%
O0432[编程坐标系原点如图 4.3.8（b）的 O2]
N10 G21 G40 G97 G99;             程序初始化
N20 M03 S600 T0101;              主轴以 600r/min 正转,并选择 95°
                                 夹固式外圆车刀
N30 G00 X98.0 Z2.0M08;           刀具快速定位到工件附近，并开切
                                 削液
N40 G90 X91.0 Z-13.0F0.2;        粗车外圆，进给量 0.2mm/r
N50 G94 X-1.0 Z0.5;              粗车端面
N60 G00 X100.0 Z100.0;           快速退刀至换刀点
N70 S800;                        换转速 800r/min
N80 G00 X92.0 Z-2.0;             进刀
N90 G01 X88.0 Z0.0 F0.1;         倒角
N100 X-1.0;                      精车端面
N110 G00 Z2.0;                   退刀
N120 X100.0 Z100.0 M09;          退刀并关切削液
N130 M30;                        程序结束
%
```

2. 填写加工程序单

参见附表 2.13。

四、任务实施

01 工件装夹。将工件置于自定心卡盘中，经找正后夹紧工件。

02 刀具装夹。将 95°夹固式外圆车刀装夹在刀架的 1#刀位，95°圆刀杆夹固式内孔车刀装夹在 3#刀位，3mm 宽切槽刀装夹在 4#刀位。

03 钻中心孔。用 A3 中心钻在工件端面中心钻一中心孔。

04 钻孔。用ϕ10 直柄麻花钻钻孔至 24 深。

05 扩孔。用ϕ25 锥柄扩孔钻或麻花钻扩孔。

06 对刀。分别对外圆车刀、内孔车刀和切槽刀进行对刀。

将 1#刀补中设置半径补偿值“0.8”，补偿类型为“3”，并设置一定的刀补余量；将 3#刀补中设置半径补偿值“0.4”，补偿类型为“2”，并设置一定的刀补余量。

在设置二次精车余量时，需注意外圆刀留正值，内孔刀留负值。

07 输入并调试加工程序。

分别将 O0431 和 O0432 程序输入数控装置中，并进行调试。

08 自动运行 O0431 程序，完成零件右头的加工。

09 掉头包铜皮装夹，并对外圆车刀进行对刀。

10 自动运行 O0432 程序，完成零件左头的加工。

11 卸下工件。

五、考核评价

1）学生完成零件自检，填写“考核评分表”（附表 2.23），并同刀具卡、工序卡和程序单一起上交。

2）教师对零件进行检测，对刀具卡、工序卡和程序单进行批改，对学生整个任务的实施过程进行分析，并填写“考核评分表”（附表 2.23）对学生进行成绩评定。

六、自主练习

1）简述测量径向圆跳动度的方法及步骤。

2）对图 4.3.9 所示齿轮坯进行工艺分析，并填写加工工序卡、刀具卡和程序单。

3）制定图 4.3.9 所示齿轮坯的跳动度的检测方案。

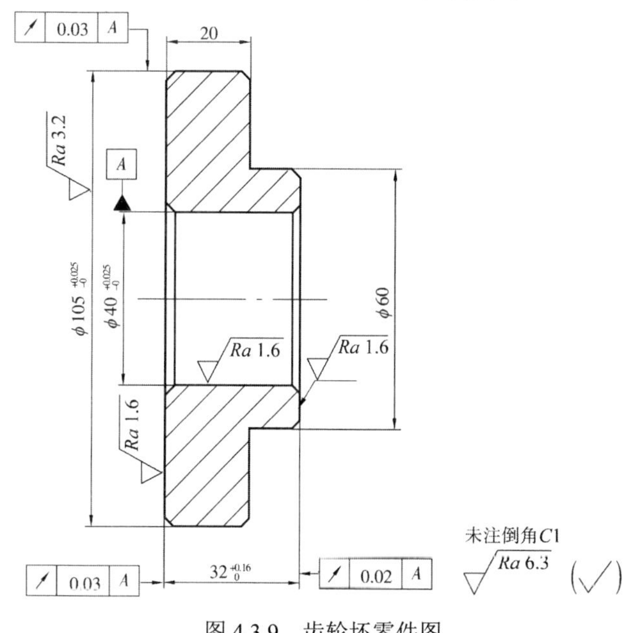

图 4.3.9　齿轮坯零件图

项目5 螺纹零件的加工

>>>>

◎ 项目导读

螺纹联接和螺纹传动在实际中应用广泛，螺纹零件加工是数控车削中必须掌握的基本技能之一。本项目通过三角外螺纹零件的加工、内螺纹零件的加工和梯形螺纹零件的加工三个任务的学习和实施，使学生掌握螺纹车刀的选用、安装与调整，螺纹零件加工工艺的制定，螺纹零件的定位与装夹，螺纹加工程序编制，螺纹加工和螺纹的精度检验等内容，并达到《数控车工国家职业标准》规定的各项技能要求。

◎ 最终目标

会螺纹零件的加工。

◎ 促成目标

1. 能读懂螺纹零件的图样；
2. 能编制简单螺纹零件的数控加工工艺文件；
3. 能够根据数控加工工艺文件选择、安装和调整数控车床螺纹车刀；
4. 能编制螺纹加工程序；
5. 能进行单线等节距的三角外螺纹、圆锥螺纹的加工，并达到尺寸公差IT7～IT6、几何公差IT8、表面粗糙度*Ra*1.6μm；
6. 能够进行螺纹零件的精度检验。

◎ 思政目标

1. 树立标准意识、效率意识，精益求精，讲求实效；
2. 培养严谨细致、认真负责的工作态度。

任务 5.1 三角外螺纹零件的加工

一、工作任务

（一）生产任务（表 5.1.1）

表 5.1.1　生产任务单

单位名称							编号	
产品清单	序号	零件名称	毛坯外形、尺寸	数量	材料	出单日期	交货日期	技术要求
	1	三角外螺纹	ϕ40×73	1	45 钢			见图样
	2							
	3							
	4							
	5							
出单人签字： 日期：____年____月____日				接单人签字： 日期：____年____月____日				
车间负责人签字： 日期：____年____月____日								

（二）三角外螺纹零件图（图 5.1.1）

材料 45 钢，毛坯尺寸ϕ40×73。

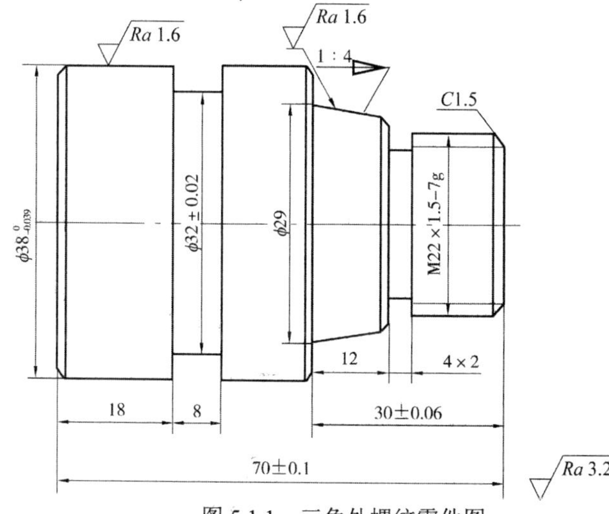

图 5.1.1　三角外螺纹零件图

注：1）未注倒角 C1；2）锐角倒钝。

二、相关知识

（一）螺纹基本知识

1. 螺纹及种类

在圆柱或圆锥表面上，沿着螺旋线所形成的具有规定牙型的连续凸起，称为螺纹，如图 5.1.2 所示。

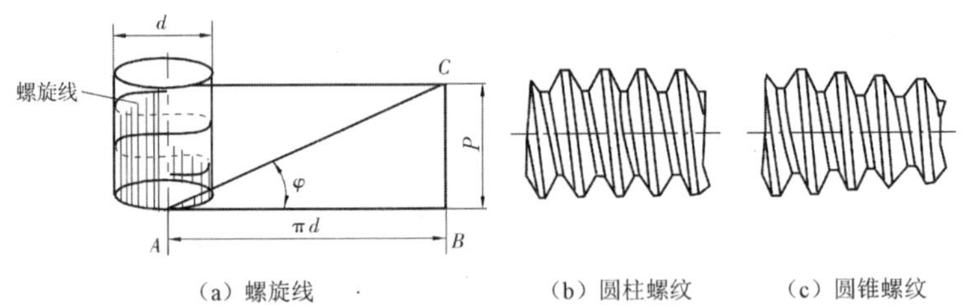

图 5.1.2　螺旋线及螺纹

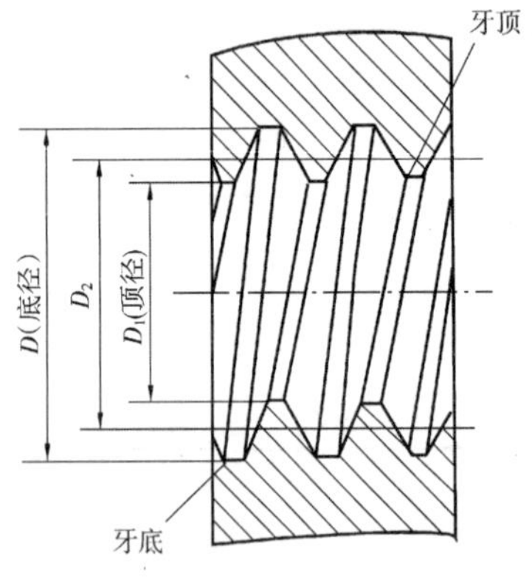

图 5.1.3　内螺纹

在圆柱表面上所形成的螺纹称为圆柱螺纹，如图 5.1.2（b）所示。

在圆锥表面上所形成的螺纹称为圆锥螺纹，如图 5.1.2（c）所示。

在圆柱或圆锥外表面上所形成的螺纹称为外螺纹，如图 5.1.2 所示。

在内圆柱或内圆锥表面上所形成的螺纹称为内螺纹，如图 5.1.3 所示。

沿一条螺旋线所形成的螺纹称为单线螺纹，如图 5.1.4（a）所示。

沿两条或两条以上轴向等距分布的螺旋线所形成的螺纹，称为多线螺纹，如图 5.1.4（b）、（c）所示。

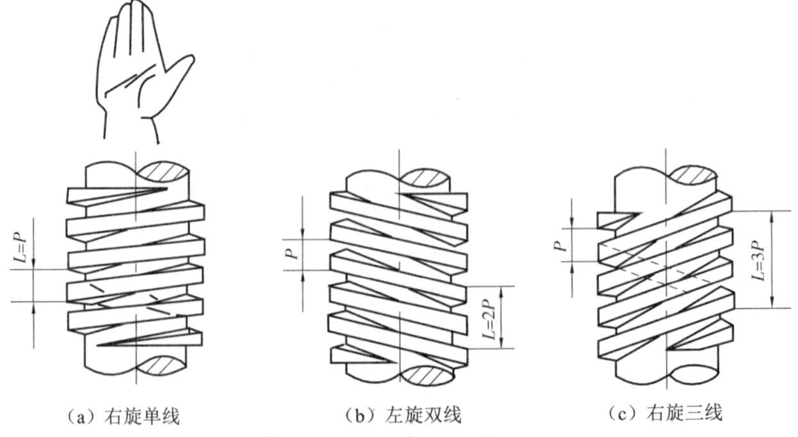

图 5.1.4　螺纹的旋向与线数

顺时针旋转时旋入的螺纹称为右旋螺纹，如图 5.1.4（a）所示。

逆时针旋转时旋入的螺纹称为左旋螺纹，如图 5.1.4（b）所示。

联接螺纹按其规格及用途不同，可分为普通螺纹、英制螺纹和管螺纹三种。普通螺纹又称三角螺纹，常用于固定、联接、调节或测量等。普通螺纹又可分为普通粗牙螺纹和普通细牙螺纹，普通粗牙螺纹不注螺距，普通细牙螺纹多用于薄壁零件的联接。

2. 圆柱螺纹的主要参数（图 5.1.5）

大径 d（D）：与外螺纹的牙顶（或内螺纹牙底）相重合的假想圆柱面的直径；这个直径是螺纹的公称直径（管螺纹除外）。

小径 d_1（D_1）：与外螺纹的牙底（或内螺纹牙顶）相重合的假想圆柱面的直径。常用作危险剖面的计算直径。

中径 d_2（D_2）：是一假想的与螺栓同心的圆柱直径，此圆柱周向切割螺纹，使螺纹在此圆柱面上的牙厚和牙间距相等。

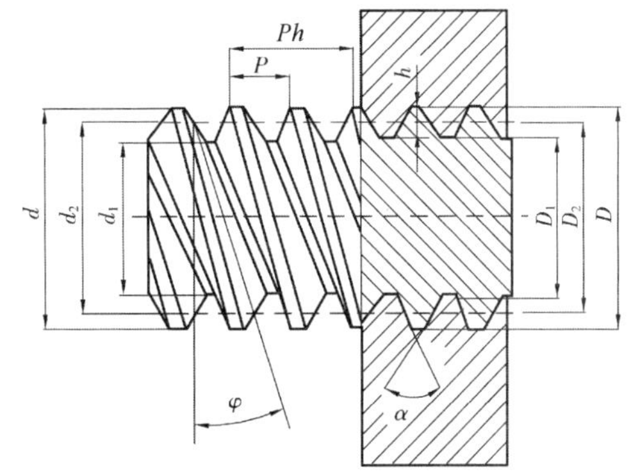

图 5.1.5　圆柱螺纹的主要参数

螺距 P：相邻两螺牙在中径线上对应两点间的轴向距离，是螺纹的基本参数。

线数 n：螺纹的螺旋线根数。沿一条螺旋线形成的螺纹称为单线螺纹，沿 n 条等距螺旋线形成的螺纹称为 n 线螺纹。

导程 Ph：螺栓在固定的螺母中旋转一周时，沿自身轴线所移动的距离。在单头螺纹中，螺距和导程是一致的，在多头螺纹中，导程等于螺距 P 和线数 n 的乘积。

升角 φ：螺纹中径上螺旋线的切线与垂直于螺纹轴心线的平面之间的夹角；由几何关系可得：

$$\tan\varphi=\frac{nP}{\pi d_2}=\frac{Ph}{\pi d_2}$$

牙型角 α：是螺纹牙在轴向截面上量出的两直线侧边间的夹角。

原始三角形高度 H 和牙型高度 h：前者是由原始三角形顶点沿垂直轴线方向到其底边的距离；后者是在螺纹牙型上，牙顶到牙底在垂直于轴线方向上的距离。

3. 三角螺纹的尺寸计算（表 5.1.2）

表 5.1.2　三角螺纹的尺寸计算

名称		代号	计算公式
外螺纹	牙型角	α	60°

续表

名称		代号	计算公式
外螺纹	原始三角形高度	H	$H=0.866P$
	牙型高度	h	$h=\frac{5}{8}H=\frac{5}{8}\times 0.866P=0.5413P$
	中径	d_2	$d_2=d-2\times\frac{3}{8}H=d-0.6495P$
	小径	d_1	$d_1=d-2h=d-1.0825P$
内螺纹	中径	D_2	$D_2=d_2$
	小径	D_1	$D_1=d_1$
	大径	D	$D=d=$公称直径
螺纹升角		φ	$\tan\varphi=\frac{nP}{\pi d_2}$

（二）螺纹的加工方法

1. 车削螺纹

（1）低速车削三角螺纹（图 5.1.6）

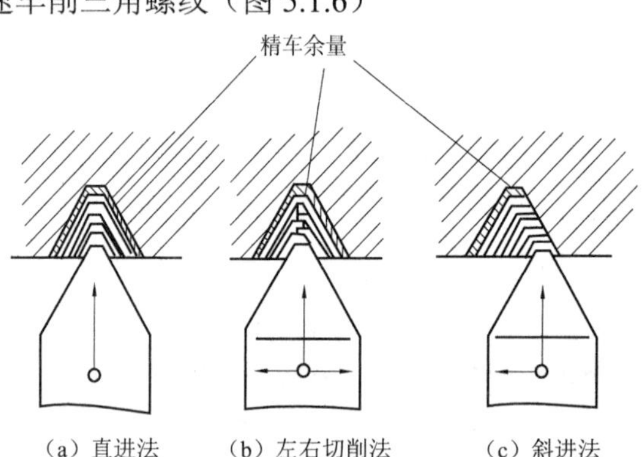

图 5.1.6　螺纹加工方法

1）直进法。车削时只朝 X 方向进给，在几次切削后，把螺纹加工到所需尺寸和表面粗糙度。

视频：普通车床高速车螺纹

2）左右切削法。车螺纹时，除了朝 X 方向进行切削外，同时还进行了 Z 方向左右的微量进给，经过几次切削后，把螺纹加工到所需尺寸。

3）斜进法。当螺距较大，螺纹槽较深，切削余量较大时，为了加工方便，除了朝 X 方向进行切削外，同时还进行了 Z 方向单向微量进给，经过几次切削后，把螺纹加工到所需尺寸。

（2）高速车削三角外螺纹

高速车削三角外螺纹时，只能采用直进法对螺纹进行加工，否则会影响螺纹精度。

2. 在车床上套螺纹

1）板牙的结构。套螺纹是指用板牙切削外螺纹的一种加工方法，如

图 5.1.7 所示。用板牙切制螺纹操作简便，生产效率高。板牙是一种标准的多刃螺纹加工工具，其结构形状如图 5.1.8 所示。它像一个圆螺母，其两侧的锥角是切削部分，因此正反都可使用，中间有完整的齿形为校正部分。

视频：在车床上套螺纹

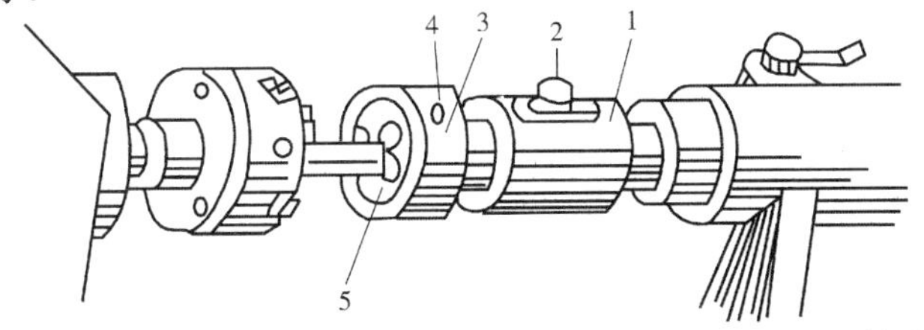

1. 工具体；2. 销钉；3. 滑动套筒；4. 螺钉；5. 板牙。

图 5.1.7 在车床上套螺纹

图 5.1.8 板牙的结构形状

2）套螺纹时外圆直径的确定。套螺纹时，工件外圆比螺纹的公称尺寸略小（按工件螺距大小决定）。套螺纹圆杆直径可按下列的近似公式计算：

$$d_0=d-(0.13\sim0.15)P$$

式中，d_0——圆柱直径；

d——螺纹大径；

P——螺距。

板牙套螺纹的工艺要求：

① 用板牙套螺纹，通常适用于公称直径小于 16mm 或螺距小于 2mm 的外螺纹。

② 外圆车至所需尺寸后，端面倒角要小于或等于 45°，使板牙容易切入。

③ 套螺纹前必须找正尾座，使之与车床主轴轴线重合，水平方向的偏移量不得大于 0.05mm。

④ 板牙装入套螺纹工具时，必须使板牙平面与主轴轴线垂直。

（三）三角外螺纹车刀

1. 螺纹车刀刀具参数

螺纹车刀的刀具参数有前角 γ_0、后角 α_0、主偏角 κ_r、副偏角 κ'_r、刀

尖角 ε_r、刃倾角 λ_s、刀尖半径 r_ε 等，具体角度的定义方法请参阅有关切削手册。硬质合金螺纹车刀在切削碳素钢时的角度参数可参考图 5.1.9。在确定角度参数值的过程中，应考虑工件材料、硬度、切削性能、具体轮廓形状和刀具材料等诸多因素。

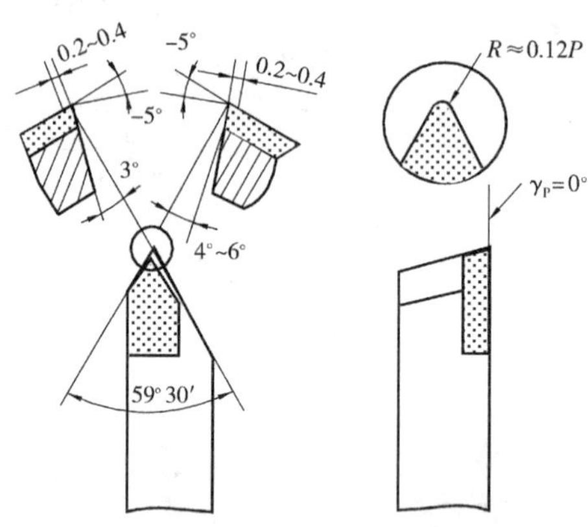

图 5.1.9　硬质合金三角外螺纹车刀

对于夹固式外螺纹车刀，刀杆及刀片的参数已做成标准值，可直接按参数选用。夹固式外螺纹车刀如图 5.1.10 所示。

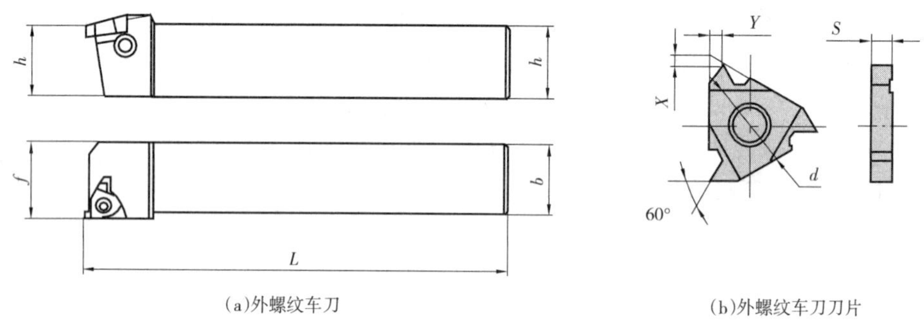

(a)外螺纹车刀　　(b)外螺纹车刀刀片

图 5.1.10　夹固式外螺纹车刀

文档：螺纹车刀的安装要求

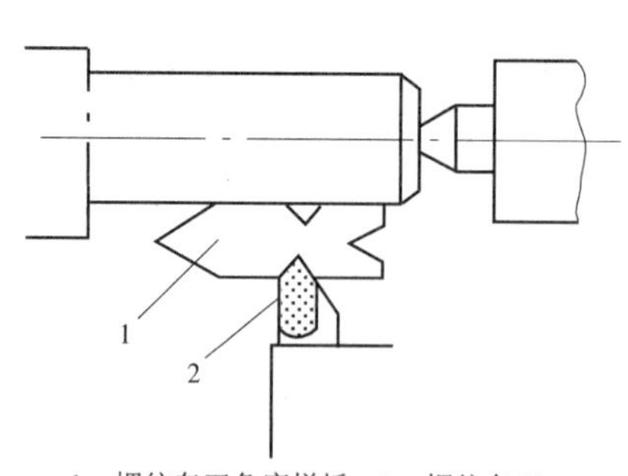

1. 螺纹车刀角度样板；2. 螺纹车刀。

图 5.1.11　螺纹车刀安装

2. 车刀安装

安装螺纹车刀时，应使刀尖与工件中心同高，并使两刃夹角中线垂直于工件轴线。安装时，可将样板内侧水平靠在已精车外圆柱面，然后将车刀移入样板相应角度缺口中，通过对比车刀两刃与缺口的间隙来调整刀具的安装角，如图 5.1.11 所示。

（四）常用螺纹切削的进给次数与背吃刀量

因为螺纹牙型较深，不能一次切削完成，所以在螺纹加工过程中，可分数次进给，每次进给的背吃刀量为螺纹深度减精加工背吃刀量所得的差按递减规律分配，如表 5.1.3 所示。

表 5.1.3　公制螺纹常用的背吃刀量和切削次数　　（单位：mm）

螺距		1.0	1.5	2.0	2.5	3.0	3.5	4.0
牙深		0.649	0.974	1.299	1.624	1.949	2.273	2.598
背吃刀量（直径）及切削次数	1 次	0.7	0.8	0.9	1.0	1.2	1.5	1.5
	2 次	0.4	0.6	0.6	0.7	0.7	0.7	0.8
	3 次	0.2	0.4	0.6	0.6	0.6	0.6	0.6
	4 次		0.16	0.4	0.4	0.4	0.6	0.6
	5 次			0.1	0.4	0.4	0.4	0.4
	6 次				0.15	0.4	0.4	0.4
	7 次					0.2	0.2	0.4
	8 次						0.15	0.3
	9 次							0.2

（五）车螺纹指令

1. G32 单行程螺纹插补指令

格式：

```
G32  X(U) __Z(W) __F__;
```

其中，F——公制螺纹导程，单位为 mm；

X（U）、Z（W）——螺纹终点的绝对或相对坐标，X（U）省略时为圆柱螺纹切削，Z（W）省略时为端面螺纹切削，X（U）、Z（W）都编入时可加工圆锥螺纹。

该指令的运动轨迹如图 5.1.12 所示。

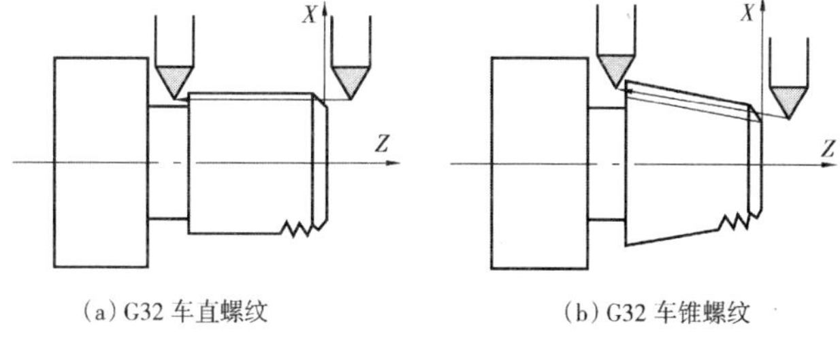

(a) G32 车直螺纹　　(b) G32 车锥螺纹

图 5.1.12　G32 指令的运动轨迹

切螺纹的机床应当带主轴脉冲编码器，因为螺纹切削是从检测到主轴上位置编码器的信号后才开始的，所以即使进行多次螺纹切削，零件周围上的切削点仍然相同，工件上的螺纹轨迹也是相同的。从粗车到精车，同一轨迹要进行多次螺纹切削，主轴的转速必须是一定的。当主轴转速变化时，有时螺纹会或多或少产生偏差。在螺纹切削方式下“移动速率控制”和“主轴速率控制”功能将被忽略。而且在“进给保持”键起作用时，其移动过程在完成一个切削循环后就停止了。

螺纹加工应注意的事项：

1）主轴转速不应过高，尤其是大导程螺纹，过高的转速使进给速度太快而导致异常。

2）为了能在伺服电动机正常运转的情况下切削螺纹，应注意在两端设置足够的升速进刀段 δ_1 和降速退刀段 δ_2，即在 Z 轴方向有足够的切入、切出空刀量，如图 5.1.13 所示。切入与切出空刀量通常可取 $\delta_1 \geqslant 2P$；$\delta_2 \geqslant 0.5P$。

【例 5.1.1】 用 G32 加工 M20×1.5 圆柱螺纹，假设分两刀，如图 5.1.14 所示。

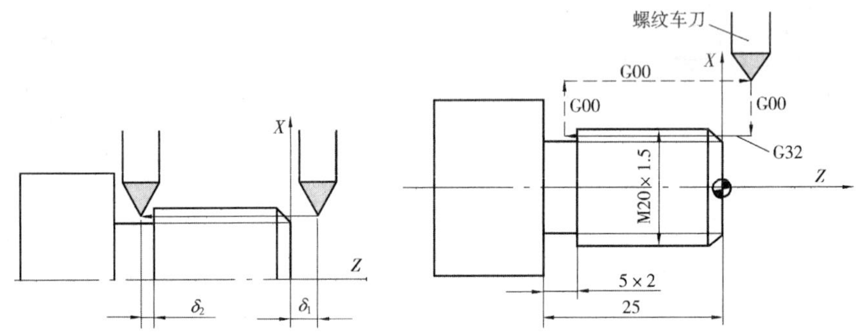

图 5.1.13 切入与切出空刀量

图 5.1.14 螺纹加工

```
…
G00 X28.0 Z3.0;
X18.5;
G32 Z-22.0  F1.5;
G00  X28.0;
Z3.0;
G00 X18.2;
G32 Z-22.0  F1.5;
G00 X28.0;
Z3.0;
…
```

2. G92 螺纹切削单一固定循环指令

格式：

```
G92  X（U）__Z（W）__F__R__;
```

其中，X（U）、Z（W）——螺纹终点坐标值；

F——螺纹导程；

R——螺纹切削路线的半径差；

G92——模态指令，具有自保性。

这个指令实质为固定循环加工螺纹指令。当加工圆柱螺纹时，第一步是刀具先沿 X 轴进刀至 X（U）坐标；第二步是沿 Z 轴切削螺纹，当到达某一位置时，接收到从机床来的信号，启动螺纹倒角，到达 Z（W）坐标；第三步是刀具沿 X 轴退刀至 X 初始坐标；第四步是沿 Z 轴返回初始坐标，加工结束。G92 指令实际上是把“快速进刀—螺纹切削—快速退刀—返回起点”四个动作合成为一个循环。它在螺纹切削结束时有退尾倒角功能，如图 5.1.15 所示，倒角长度根据所指定的参数在 $0.1L$～$12.7L$ 的范围设置。

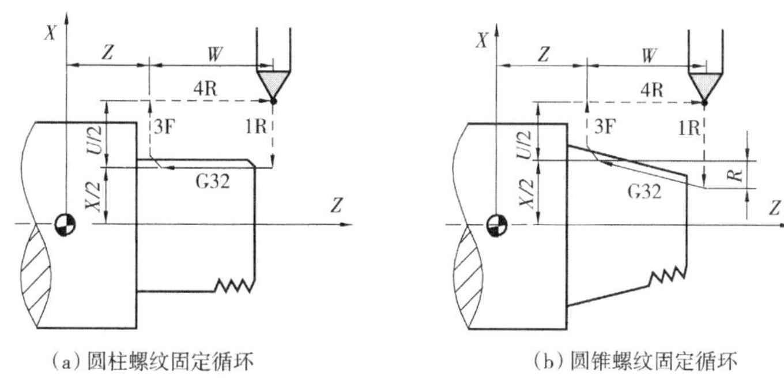

（a）圆柱螺纹固定循环　　（b）圆锥螺纹固定循环

图 5.1.15　G92 车螺纹

圆锥螺纹循环加工过程与圆柱螺纹基本相同，R 指定的数值可正可负，其正负号的判断方法与 G90 相同，如图 5.1.16 所示。

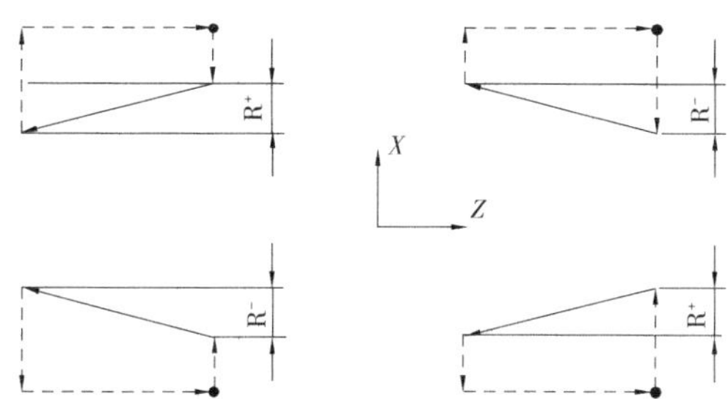

图 5.1.16　内外圆锥螺纹循环 R 正负号的判断

【例 5.1.2】　用 G92 加工 M20×1.5 圆柱螺纹（图 5.1.17），分四刀完成。

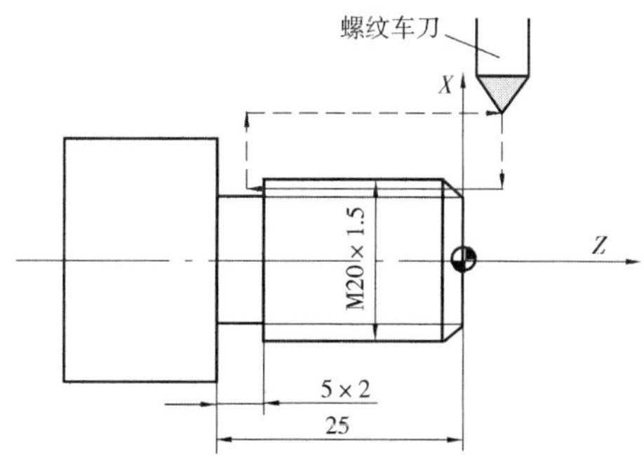

图 5.1.17　G92 车圆柱螺纹举例

动画：G92 车螺纹

```
…
N50 G00 X28.0Z3.0;
N60 G92 X19.2 Z-22.0  F1.5;
N70 X18.6;
N80 X18.2;
N90 X18.04;
```

【例 5.1.3】 用 G92 加工 M20×1.5 圆锥螺纹（图 5.1.18），分四刀完成。

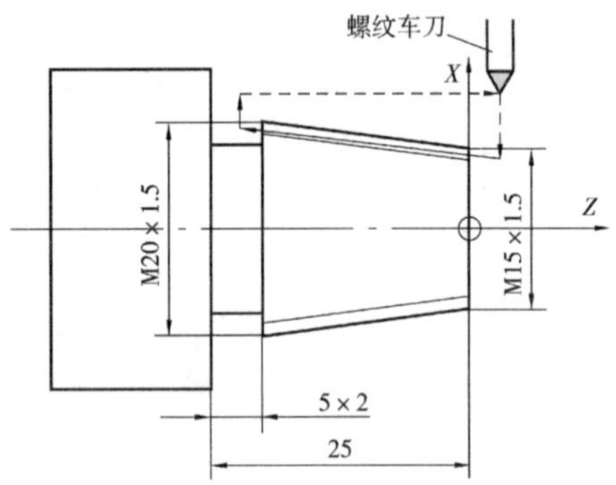

图 5.1.18　G92 车圆锥螺纹举例

```
N50 G00 X28.0 Z2.0;
N60 G92 X19.7 Z-22.0 R-3.0 F1.5;
N70 X19.1;
N80 X18.7;
N90 X18.54;
```

【例 5.1.4】 用 G92 加工 M24×4/2 双线螺纹（图 5.1.19），假设每条螺纹分两刀完成。

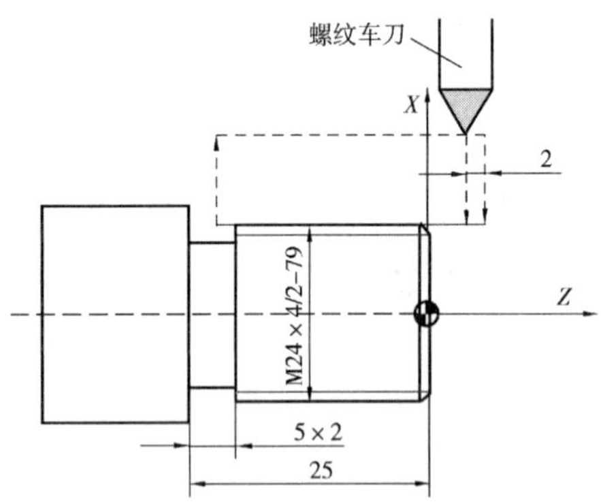

图 5.1.19　G92 车双线螺纹

```
N50 G00 X28.0 Z3.0;              快速靠近工件
N60 G92 X21.9 Z-22.0 F4;         加工第一头螺纹
N70 X21.4;
N80 G00 X28.0  Z5.0;             重新定位，移动一个螺距
```

```
N90 G92 X21.9 Z-22.0 F4;          加工第二头螺纹
N100 X21.4;
```

说明：双线及多线螺纹的加工方法其实与单线螺纹的加工方法差不多，只不过双线螺纹在加工完第一条螺纹后，需移动一个螺距，然后加工第二条螺纹，直至完成。

螺纹切削单一固定循环指令（G92）使用应注意的事项：

1）在螺纹切削期间，按下“进给保持”键时，刀具将在完成一个螺纹切削循环后进入进给保持状态。

2）G92 指令是模态指令，当 Z 轴移动量没有变化时，只需为 X 轴指定移动量即可重复固定循环。

3）执行 G92 循环，在螺纹切削的收尾处，沿接近 45° 的方向斜向退刀，退到 Z 向距离。

4）在 G92 指令执行期间，进给速度倍率、主轴速度倍率均无效。

（六）零件的检测

1. 单项测量

视频：螺纹检测

单项测量是指选择合适的量具来测量螺纹某一项参数的精度，常见的有测量螺纹的顶径、螺距、中径。

（1）顶径测量

由于螺纹的顶径公差较大，一般用游标卡尺测量即可。

（2）螺距测量

在车削螺纹时，不管螺距正确与否，从第一次纵向进给运动开始就要进行检查。第一刀可在工件上划出一条很浅的螺旋线，用钢直尺[图 5.1.20（a）]或游标卡尺［图 5.1.20（b）］进行测量。加工成型后，螺距也可用螺距规［图 5.1.20（c）］测量。当用钢直尺或游标卡尺测量时，可多测几个螺距长度，然后取平均值。当用螺距规测量时，应将螺距规沿着通过工件轴线的平面方向嵌入牙槽中，如完全吻合，则说明被测螺距是正确的。

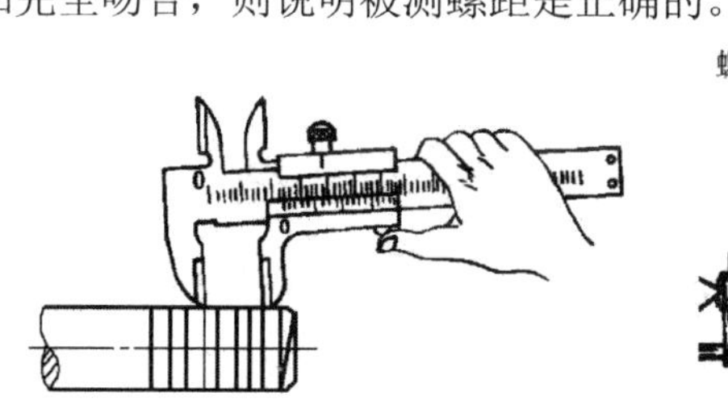

（a）用钢直尺测量　　（b）用游标卡尺测量　　（c）用螺距规测量

图 5.1.20　螺距的测量

（3）中径测量

三角螺纹的中径可用螺纹千分尺测量，如图 5.1.21（a）所示。螺纹千分尺由尺架、砧座、下测量头、上测量头和测微螺杆组成，使用方法与一般千分尺相似，读数原理与一般千分尺相同，只是它有两个可以调节的测量头。在测量时，两个与螺纹牙型角相同的测量头正好卡在螺纹牙侧，所得到的千分尺读数就是螺纹中径的实际尺寸。所以，螺纹千分尺通过测量三角螺纹的中径尺寸来判断螺纹合格与否。

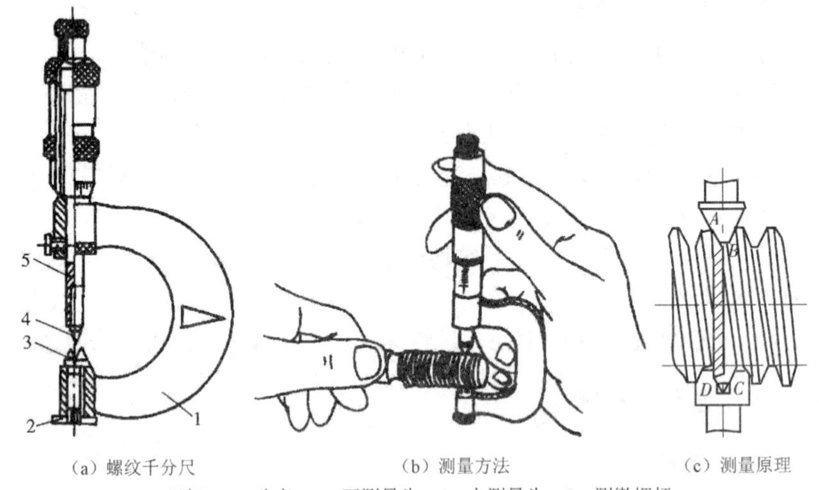

（a）螺纹千分尺　　（b）测量方法　　（c）测量原理

1．尺架；2．砧座；3．下测量头；4．上测量头；5．测微螺杆。

图 5.1.21　螺纹中径的测量

2．综合测量

综合测量是采用螺纹量规对螺纹各部分尺寸同时进行综合检验的一种测量方法。这种方法效率高，使用方便，能较好地保证互换性，广泛应用于标准螺纹或大批量生产的螺纹工件的测量。

螺纹的测量通常可以采用螺纹规，螺纹规又有环规和塞规之分，如图 5.1.22 所示。螺纹环规用来测量外螺纹，螺纹塞规用来测量内螺纹。其中，螺纹环规又有通规和止规之分。测量时，如果通规刚好能旋入，而止规不能旋入，则说明螺纹精度合格。对于精度要求不高的外螺纹，也可以用标准螺母来检验，以旋入工件时是否顺利和松紧程度来确定是否合格。

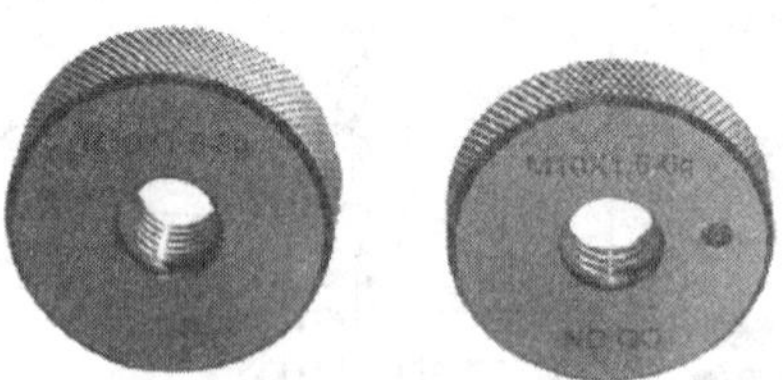

图 5.1.22　螺纹规

三、工艺准备

（一）图样分析

该零件为一螺纹短轴，由外圆、槽、锥度及螺纹等特征组成。外圆公称尺寸为$\phi 38$，尺寸公差为 IT8，基轴制，表面粗糙度 $Ra1.6\mu m$。槽有两处，右边是尺寸为 4×2 的螺纹退刀槽，精度要求不高。左边是一 8mm 宽的槽，槽底直径为ϕ32，公差为±0.02。锥度尺寸为 1∶4，表面粗糙度为 Ra1.6μm。右端的外螺纹为公制三角螺纹，右旋，单线，公称直径 22，螺距 1.5，中径公差 7g。零件总长 70±0.1，其他表面粗糙度要求为 Ra3.2μm。毛坯材料为 45 钢，毛坯尺寸为ϕ40×73。

（二）夹具选择

该零件可选用数控车床通用夹具——自定心卡盘进行装夹。

（三）刀具准备，填写刀具卡

1. 刀具选择

根据零件的形状及尺寸，选择三把车刀。

1#刀为 95° 夹固式外圆车刀，如图 5.1.23（a）所示。

2#刀为 4mm 宽的夹固式切槽刀（要求能进行纵向进刀），如图 5.1.23（b）所示。

3#刀为 60° 夹固式外螺纹车刀，如图 5.1.23（c）所示。

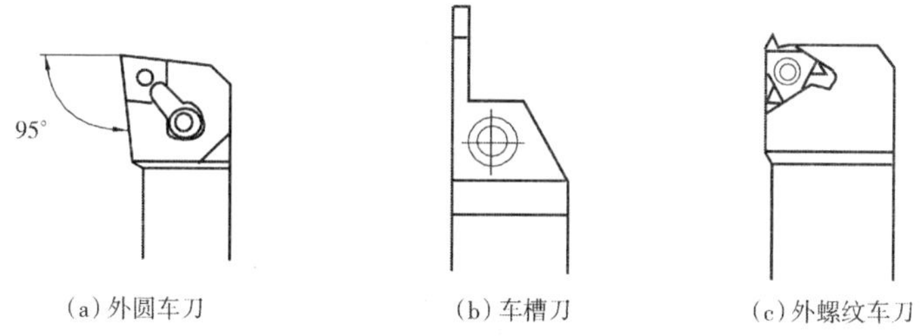

图 5.1.23 加工刀具

2. 填写刀具卡

参见附表 2.11。

（四）量具准备

0～150mm 钢直尺一根，用于测长度。

0～150mm 游标卡尺一把，用于测量外圆和长度。

M22×1.5 螺纹环规一副，用于检查螺纹。

25～50mm 千分尺一把，用于测量外圆及槽的尺寸。

（五）编制加工工艺，填写工序卡

1. 工艺编制

（1）车左头

1）95° 夹固式外圆车刀粗车左头ϕ38 外圆。

2）95° 夹固式外圆车刀精车左头ϕ38 外圆。

3）粗车左头ϕ32×8 外沟槽。用 4mm 宽夹固式切槽刀完成ϕ32 槽的加工。粗车采用直进法，两侧与槽底均留 0.15mm 余量，如图 5.1.24（a）所示。

4）精车左头ϕ32×8 外沟槽。用 4mm 宽夹固式切槽刀，采用先右侧壁，再槽底，最后左侧壁的走刀路线完成ϕ32 槽的精车，如图 5.1.24（b）所示。

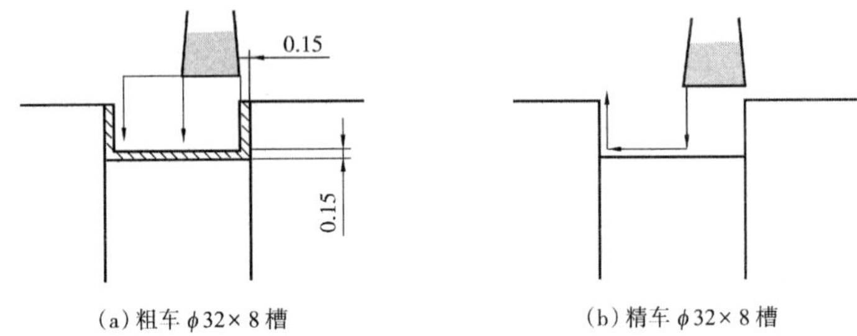

(a) 粗车 ϕ32×8 槽　　(b) 精车 ϕ32×8 槽

图 5.1.24　车左头

（2）车右头

1）用 95° 外圆车刀车总长。

2）粗车右头外形。

3）精车右头外形［图 5.1.25（a）］。精车右头除槽和螺纹外的所有外形，螺纹大径可比螺纹的公称直径小约 0.2mm。

4）车 4×2 退刀槽［图 5.1.25（b）］。用 4mm 宽夹固式切槽刀，采用一次直进车槽法，完成 4×2 螺纹退刀槽的加工。

5）车 M22×1.5 三角外螺纹［图 5.1.25（c）］。用 60° 夹固式外螺纹车刀，采用直进法分四刀完成 M22×1.5 螺纹的粗、精车。螺纹车削四刀的切削量分别为 0.8mm、0.6mm、0.4mm、0.16mm。

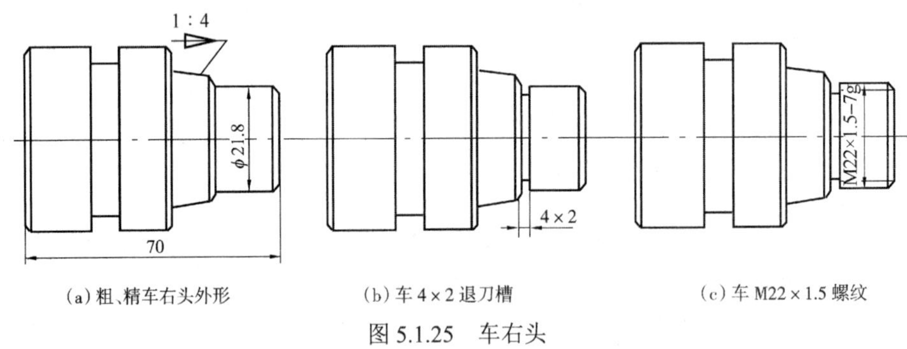

(a) 粗、精车右头外形　　(b) 车 4×2 退刀槽　　(c) 车 M22×1.5 螺纹

图 5.1.25　车右头

2. 填写工序卡

参见附表 2.12。

（六）坐标计算

1）对于左头ϕ38 外圆，由于其公差较为小，故 X 向可直接取公称尺寸。

2）对于左头ϕ32×8 槽的粗车，可用 G75 指令完成。根据工艺安排内容，考虑到槽底与槽侧壁留 0.15mm 的余量，循环的起点与终点坐标分别为（X40，Z－22.15）和（X32.3，Z－25.85）。（注意：坐标应根据实际切槽刀的刀宽来定）。

3）对于右头的 1∶4 锥度，考虑到计算与编程方便，可求出忽略 C1 倒角时的尺寸ϕ26，如图 5.1.26 所示。

4）对于右头 M22×1.5 三角螺纹，查表 5.1.3 可知，牙深为 0.974mm，结合工艺安排的内容，可知四刀对应的直径分别为 X21.2、X20.6、X20.2 和 X20.04。Z 向考虑到车刀加速与减速过程，选择车刀的切入与切出空刀量分别取 3mm 和 2mm，如图 5.1.27 所示。

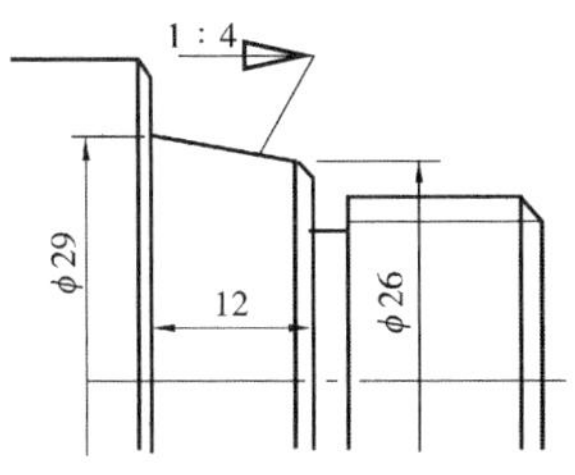

图 5.1.26　锥度起点计算

图 5.1.27　螺纹切入与切出空刀量

（七）编制加工程序，填写加工程序单

1. 编制加工程序

根据前面的工艺分析和坐标计算，所编的加工程序如下：

```
O0511;（车左头）
N10 G21 G40 G97 G99;           程序初始化
N20 T0101;                     选择 95°夹固式外圆车刀
N30 M03 S800;                  主轴正转，转速为 800r/min
N40 G00 X40.0 Z2.0;            快速靠近工件
N50 G90 X39.0 Z-42.0F0.25      外圆粗车循环
N60 G00 S1500;                 取消 G90，并转速设定为 1500r/min
N100 G94 X-1.0 Z0.0 F0.1;      精车端面
N110 G00 X32.0 Z2.0;           快速进刀
N120 G01 X38.0Z-1.0;           车 C1 倒角
N130 Z-42.0;                   车φ38 外圆
N140 X42.0;                    X 向退刀
N150 G00 X150.0 Z100.0;        快速退刀远离工件
N160 S500 T0202;               换转速 500r/min，换切槽刀
N170 G00 X40.0 Z-22.15;        进刀
N180 G75 R1;
N190 G75 X32.3 Z-25.85 P2500 Q3500 R0 F0.05;
车槽循环，X 向每次进刀量 2.5mm，Z 向每次进刀量 3.5mm，X 向留 0.3 余量
```

```
N200 G00 Z-22.0;                 进刀
N210 G01X32.0 F0.06;             车右侧壁
N220 Z-26.0;                     车槽底φ32
N230 X40.0;                      车左槽壁
N240 G00 X150.0 Z100.0;          快速退刀
N250 M30;                        程序结束
%
O0512;（车右头）
N10 G21 G40 G97 G99;             程序初始化
N20 T0101;                       选择 95°夹固式外圆车刀
N30 M03 S800;                    主轴正转，转速为 800r/min
N40 G00 X42.0 Z2.0;              快速靠近工件
N50 G71 U1.5 R0.5;               外圆粗车循环，背吃刀量 1.5mm
N60 G71 P70 Q130 U1              X 向余量 1mm，Z 向余量 0.2mm
W0.2 F0.2;                       进给量 0.2mm/r
N70 G00 G42 X15.0.;              X 向进刀，并建立刀具半径右补偿
N80 G01 X21.8 Z-1.5 F0.1;        车 C1.5 倒角，进给量 0.1mm/r
N90 Z-18.0;                      车 M22×1.5 螺纹的大径
N100 G01 X26.0 C1.;              车 C1 倒角
N110 X29.0 Z-30.0;               车 1∶4 圆锥面
N120 X36.0;                      车台阶面
N130 G40 X40.0 W-2.0;            车 C1 倒角，并取消刀具半径补偿。
N160 S1500;                      主轴正转，转速为 1500r/min
N170 G00 X26.0 Z2.0;             快速靠近工件
N180 G94 X-1.0 Z0.0 F0.1;        精车端面
N185 G00 X42.0 Z2.0;             快速定位
N190 G70 P70 Q130;               精车循环
N200 G00 X100.0 Z100.0;          快速退刀远离工件
N210 T0202;                      选择 4mm 夹固式切槽刀
N220 M03 S550;                   主轴正转，转速为 550r/min
N230 G00 X28.0 Z-18.0;           快速靠近工件（刀位点为左刀尖）
N240 G01 X20.0 F0.05;            切槽
N260 X28.0;                      退刀
N270 G00 X150.0 Z100.0;          快速退刀远离工件
N280 T0303;                      换 60°夹固式外螺纹车刀
N290 M03 S600;                   主轴正转，转速为 600r/min
N300 G00 X26.0 Z3.0;             快速靠近工件
N310 G92 X21.2 Z-16.0 F1.5;      螺纹加工，第一次进刀 0.8mm
N320 X20.6;                      螺纹加工，第二次进刀 0.6mm
```

```
N330 X20.2;                   螺纹加工，第三次进刀 0.4mm
N340 X20.04;                  螺纹加工，第四次进刀 0.16mm
N350 G00 X150.0 Z100.0;       快速退刀远离工件
N360 M30;                     程序结束
%
```

2. 填写加工程序单

参见附表 2.13。

四、任务实施

01 刀具装夹。分别将 95° 夹固式外圆车刀、4mm 宽夹固式切槽刀和 60° 夹固式外螺纹车刀安装于刀架的 1#、2#和 3#刀位。装夹刀具时注意调整好刀具角度、高度和伸出长度。

02 工件装夹。将工件置于自定心卡盘中，夹住ϕ40 外圆，控制工件伸出长 45～50mm，经找正后夹紧工件。

03 对刀。分别完成 95° 夹固式外圆车刀和 4mm 宽夹固式切槽刀的对刀操作。

04 程序的输入与调试。将 O0511 加工程序输入数控装置中，仔细检查程序的正确性。

05 自动运行加工程序，完成零件左头的加工。一次精车后，需对精度要求较高的尺寸进行检查，以便在刀补修调或程序修正后进行二次精车。

06 拆下工件，掉头包铜皮夹住ϕ38 外圆。

07 用 95° 夹固式外圆车刀车工件总长。

08 分别完成 95°夹固式外圆车刀、4mm 宽夹固式切槽刀和 60° 夹固式外螺纹车刀的对刀操作。对于前两把车刀，如果掉头前的对刀误差较小，掉头后 X 向不需重新对刀，只需对 Z 向即可。而外螺纹车刀应进行 X 向和 Z 向的对刀。

09 程序的输入与调试。将 O0512 加工程序输入数控装置中，仔细检查程序的正确性。

10 自动运行加工程序，完成零件右头的加工。一次精车后，需对精度要求较高的尺寸进行检查，以便对刀补或程序修正后进行二次精车。特别对于螺纹，如果检测的数值偏大，可在刀补磨耗中进行相应的修正，然后再次运行螺纹部分的加工程序。注意：在加工螺纹时，应在机床上检测，一旦零件卸下，将很难将工件装回原位，容易导致二次加工的螺纹出现乱牙。

五、考核评价

1）学生完成零件自检，填写“考核评分表”（附表 2.24），并同刀具卡、工序卡和程序单一起上交。

2）教师对零件进行检测，对刀具卡、工序卡和程序单进行批改，对学生整个任务的实施过程进行分析，并填写“考核评分表”（附表 2.24）对学生进行成绩评定。

六、自主练习

1）请写出 G32、G92 指令的格式，并画出其加工轨迹的简图。

2）螺纹常用的检测工具有哪些？

3）对图 5.1.28 所示零件进行工艺分析，并填写加工工序卡、刀具卡和程序单（毛坯：$\phi 25 \times 90$）。

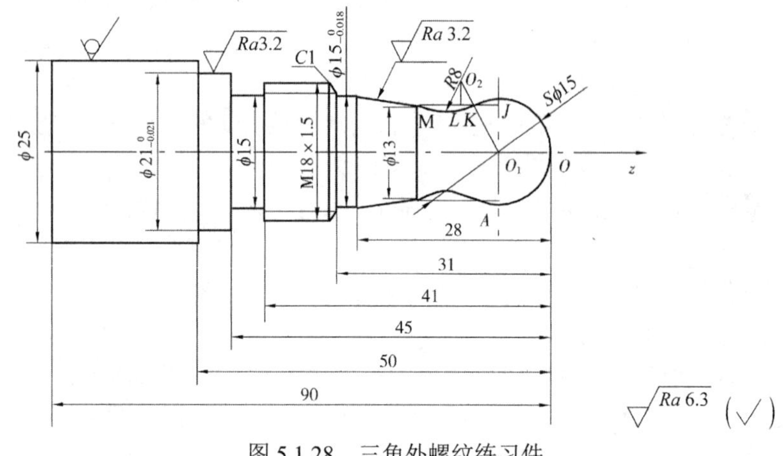

图 5.1.28　三角外螺纹练习件

任务 5.2 内螺纹零件的加工

一、工作任务

（一）生产任务（表 5.2.1）

表 5.2.1　生产任务单

单位名称							编号	
产品清单	序号	零件名称	毛坯外形、尺寸	数量	材料	出单日期	交货日期	技术要求
	1	内螺纹零件	$\phi 40 \times 70$	1	45 钢			见图样
	2							
	3							

续表

<table>
<tr><td rowspan="3">产品清单</td><td>序号</td><td>零件名称</td><td>毛坯外形、尺寸</td><td>数量</td><td>材料</td><td>出单日期</td><td>交货日期</td><td>技术要求</td></tr>
<tr><td>4</td><td></td><td></td><td></td><td></td><td></td><td></td><td></td></tr>
<tr><td>5</td><td></td><td></td><td></td><td></td><td></td><td></td><td></td></tr>
<tr><td colspan="5">出单人签字：

日期：_____年_____月_____日</td><td colspan="4">接单人签字：

日期：_____年_____月_____日</td></tr>
<tr><td colspan="9">车间负责人签字：

日期：_______年_______月_______日</td></tr>
</table>

（二）内螺纹零件图（图 5.2.1）

材料 45 钢，毛坯尺寸ϕ40×70（为任务 5.1 的练习件）。

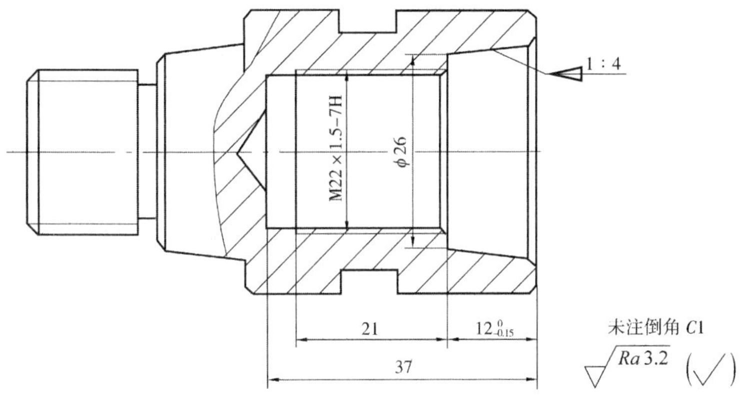

图 5.2.1　内螺纹零件图

二、相关知识

（一）内螺纹的加工方法

1. 在车床上攻螺纹

攻螺纹是用丝锥切削内螺纹的一种加工方法，又称攻丝。丝锥是用高速钢制成的一种成型多刃刀具，可以加工车刀无法车削的小直径内螺纹，而且操作方便，生产效率高，工件互换性好。单件、小批生产中，可以用手用丝锥手工攻螺纹；当批量较大时，则应在车床、钻床或攻螺纹机上用机用丝锥加工。攻螺纹通常适合于一些较小螺纹孔的加工，可达到的精度等级为 IT7～IT6，表面粗糙度 *Ra*6.3～1.6μm。

1）丝锥的结构。丝锥上开 3～4 条容屑槽、这些容屑槽形成了切削刃和前角，如图 5.2.2（a）、（b）所示。

2）攻螺纹时，应在工件上待加工螺纹处先预钻出底孔后才能进行，如图 5.2.3 所示。

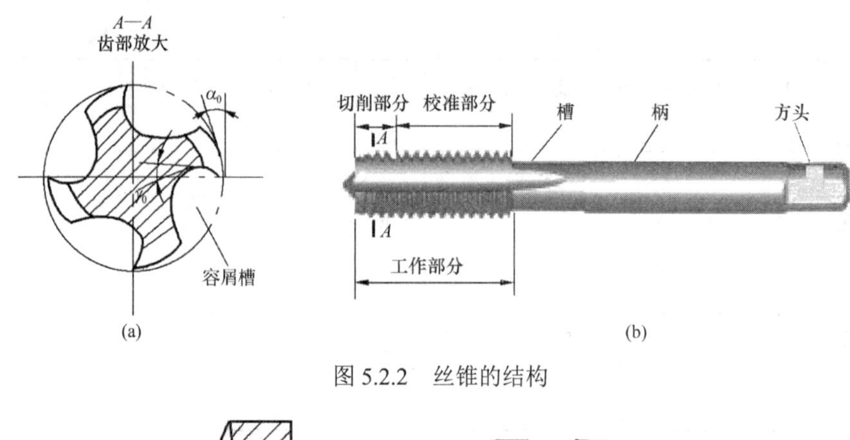

图 5.2.2　丝锥的结构

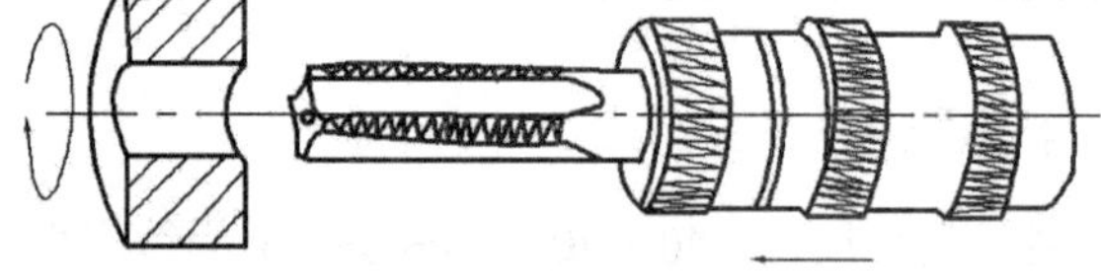

图 5.2.3　攻螺纹

2. 车削内螺纹

车削内螺纹是在车床上采用成型车刀或螺纹梳刀加工出内螺纹的方法，如图 5.2.4 所示。车削内螺纹通常适合较大螺纹孔的加工，可达到的精度等级为 IT4～IT8，表面粗糙度 Ra1.6～0.4μm。内螺纹的加工方法与外螺纹的加工方法基本相同，但进、退刀方向相反。车内螺纹时，由于刀杆细长、刚性差、切屑不易排出、切削液不易注入及不便于观察等原因，比车削外螺纹要困难得多。本任务主要讨论车削内螺纹的方法。

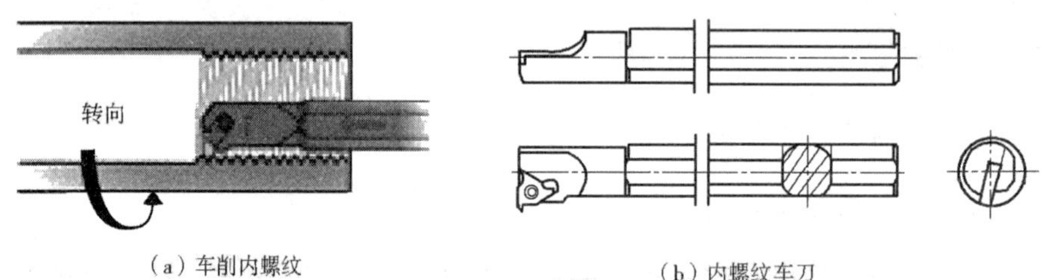

图 5.2.4　车削内螺纹及内螺纹车刀

在车内螺纹前，一般应先钻孔、扩孔或车孔。切削时的挤压作用，会使内孔直径会缩小，所以车螺纹前孔径应略大于螺纹小径的公称尺寸，一般可按下式计算。

车削塑性材料：

$$d=D-P$$

车削脆性材料：

$$d=D-1.05P$$

式中，d——螺纹底孔直径，mm；

D——螺纹大径，mm；
P——螺纹螺距，mm。

（二）螺纹切削复合循环指令 G76

对于螺距较小、牙型较浅的螺纹，可以用本项目任务 5.1 介绍过的 G32 和 G92 指令通过直进法进行切削。但当螺纹的螺距较大、牙型较深时，直进法车螺纹会使刀具两边产生较大切削抗力，引起工件振动，影响加工精度和表面粗糙度。而且，由于所需刀数较多，用 G32 或 G92 编程的程序冗长，编程效率较低，这时可以采用 G76 指令进行螺纹加工。

螺纹切削复合循环指令 G76 的格式：

```
G76  P(m)  (r)  (a)  Q(Δd_min)  R(d);
G76  X(U)__Z(W)__R(i)  P(k)  Q(Δd)  F__;
```

其中，m——精加工重复次数 01～99。

r——倒角量，即螺纹切削收尾处斜 45° 的 *Z* 向退刀量，设定范围 01~99，单位为 0.1*Ph*。

a——刀尖角度（螺纹牙型角），可选择 80°、60°、55°、30°、29°、0°。

Δd_{min}——最小切深，单位为 μm；该值用不带小数点半径值表示。

d——精加工余量，单位为 mm；该值用小数点半径值表示。

X（U）__Z（W）__——螺纹切削终点处的坐标。

i——螺纹半径差，方向与 G92 的 R 相同。如果 i＝0，则进行直螺纹切削。

k——牙型高度，单位为 μm；该值用不带小数点半径值表示。

Δd——第一刀背吃刀量，单位为 μm；该值用不带小数点半径值表示。

F——导程，如果是单线螺纹，则该值为螺距。

G76 螺纹切削复合循环轨迹如图 5.2.5 所示。由图 5.2.5 可知，其以斜进法分层切削螺纹，因此更适合加工螺距较大、牙型较深的螺纹。

G76 指令既可以用于内螺纹的加工，又可以用于外螺纹的加工；既可以用于单线螺纹加工，又可以用于多线螺纹的加工；既可以用于直螺纹加工，又可以用于锥螺纹的加工；既可用于三角螺纹加工，又可以用于梯形螺纹的加工。下面将举例说明 G76 在各种类型螺纹中的应用情况。另外，G76 用于梯形螺纹的加工则将在任务 5.3 中介绍。

【例 5.2.1】 写出加工图 5.2.6 所示零件中内螺纹 M28×2 的加工程序段。

程序	说明
G00 X24.0 Z4.0;	快速靠近工件
G76 P010060 Q100 R0.05;	车 60°螺纹，最小切深 0.1mm 精修余量 0.05mm，精修 1 刀
G76 X28.0 Z-20.0 P1299 Q400 F2;	螺纹大径 28mm，总切深 1.299mm 首刀切深 0.4mm，螺距 2mm

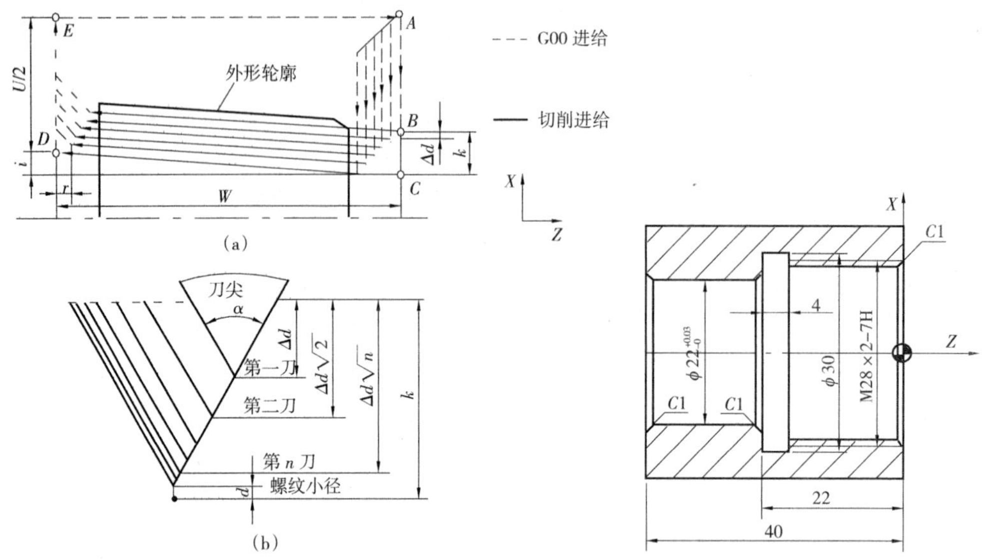

图 5.2.5　G76 螺纹切削复合循环轨迹　　　　图 5.2.6　G76 加工内螺纹举例

【例 5.2.2】　用 G76 指令加工图 5.2.7 所示的三角外螺纹，写出程序段。

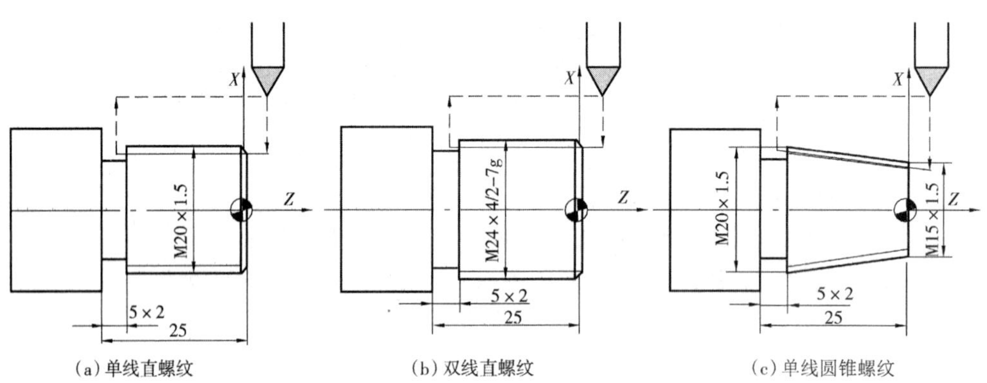

(a) 单线直螺纹　　(b) 双线直螺纹　　(c) 单线圆锥螺纹

图 5.2.7　G76 车三角外螺纹举例

加工图 5.2.7（a）单线直螺纹的程序段：

```
G00 X26.0 Z4.0;
G76 P010060 Q100 R0.05;
G76 X18.04 Z-22.0 P974 Q400 F1.5;
```

加工图 5.2.7（b）双线直螺纹的程序段：

```
G00 X28.0 Z4.0;
G76 P010060 Q100 R0.05;
G76 X21.4 Z-22.0 P1299 Q500 F4;
G00 X28.0 Z6.0;
G76 P010060 Q100 R0.05;
G76 X21.4  Z-22.0  P1299  Q500 F4;
```

加工图 5.2.7（c）单线圆锥螺纹的程序段：

```
G00 X26.0 Z4.0
G76 P010060 Q100 R0.05 ;
G76 X18.54 Z-22.0 R-3.25 P974 Q400 F1.5;
```

（三）内螺纹的检测

内螺纹通常采用螺纹塞规进行检测，其有通端与止端之分（图 5.2.8），使用方法与螺纹环规相同。测量时，如果通端面刚好能旋入，而止端不能旋入，则说明螺纹精度合格。对于精度要求不高的内螺纹，也可以用标准螺杆来检测，以旋入工件时是否顺利和松紧的程度来确定是否合格。对于要求较高的内螺纹，可以用专用的内螺纹测量仪进行检测。

图 5.2.8　螺纹塞规

三、工艺准备

（一）图样分析

该零件为一螺纹短轴，所有外形表面均已在本项目任务 5.1 中完成加工，本任务主要加工内孔、锥度及内螺纹等特征。锥度尺寸为 1∶4，小头尺寸为ϕ26，深为 12，表面粗糙度为 *Ra*3.2μm。内孔总深 37，其中螺纹部分长为 21。螺纹为三角内螺纹，右旋，单线，公称直径为 22，螺距 1.5，中径公差为 7H。毛坯材料为 45 钢，为任务 5.1 的练习件。

（二）夹具选择

该零件的加工选用数控车床通用夹具——自定心卡盘进行装夹。

（三）刀具准备，填写刀具卡

1. 刀具选择

根据零件的形状及尺寸，选择两把车刀：

内孔粗、精车选择 95° 夹固式内孔车刀［图 5.2.9（a）］。

内螺纹加工选择 60° 夹固式内螺纹车刀［图 5.2.9（b）］。

另外，还需要一支 A2.5（或 B2.5）的中心钻［图 5.2.9（c）］、一支ϕ10 直柄麻花钻［图 5.2.9（d）］、一支ϕ18 锥柄麻花钻［图 5.2.9（e）］，材料均为高速钢。

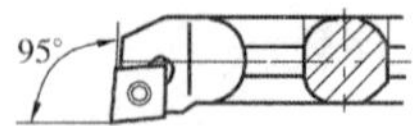

（a）95° 夹固式内孔车刀

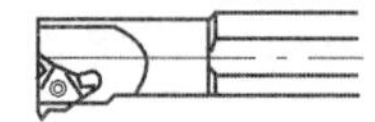
（b）60° 夹固式内螺纹车刀

（c）A2.5（或B2.5）中心钻

（d）ϕ10直柄麻花钻

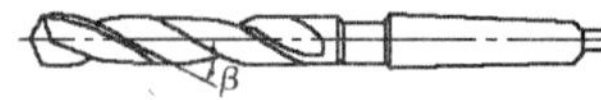

（e）ϕ18锥柄麻花钻

图 5.2.9　加工刀具

2. 填写刀具卡

参见附表 2.11。

（四）量具准备

M22×1.5－7H 螺纹塞规一副，用于检测内螺纹。
0～150mm 游标卡尺一把，用于测量内孔。

（五）编制加工工艺，填写工序卡

1. 工艺编制

（1）打中心孔
用 A2.5（或 B2.5 中心钻）打中心孔，主轴转速 1000r/min 以上。
（2）钻孔
用ϕ10 直柄麻花钻手工钻孔至深 40，主轴转速约 600r/min。
（3）扩孔
用ϕ18 锥柄麻花钻扩孔至深 40，主轴转速约 350r/min。
（4）粗车零件内表面
用 95° 夹固式内孔车刀采用 G71 径向分层切削零件内孔表面。
（5）精车零件内表面
用 95° 夹固式内孔车刀完成零件除螺纹外的所有内表面的精加工。
（6）车内螺纹
用 60° 夹固式内螺纹车刀采用斜进法完成内螺纹的加工。车内螺纹时，安排切入空刀量为 4mm，首刀切深 0.4mm，最小切深 0.1mm，精修余量 0.05mm，精修 1 刀。

2. 填写工序卡

参见附表 2.12。

（六）坐标计算

1. 螺纹底孔的计算

$$d=D-P=22-1.5=20.5\text{（mm）}$$

2. 孔口尺寸的计算

考虑到锥孔孔口倒角的坐标直接计算不方便，编程时将采取 G01 直接倒角的方法，这样只需求出图 5.2.10（a）中 B 点的坐标即可。$12_{-0.15}^{\ 0}$ 编程尺寸应取中间值（即 11.925），当刀具起点离工件端面为 2mm 时，图 5.2.10(b)中的 CD＝13.925。根据 1∶4 的锥度计算可得 $BD_{直径}$＝3.48。于是可得 X_B＝26＋3.48＝29.48。

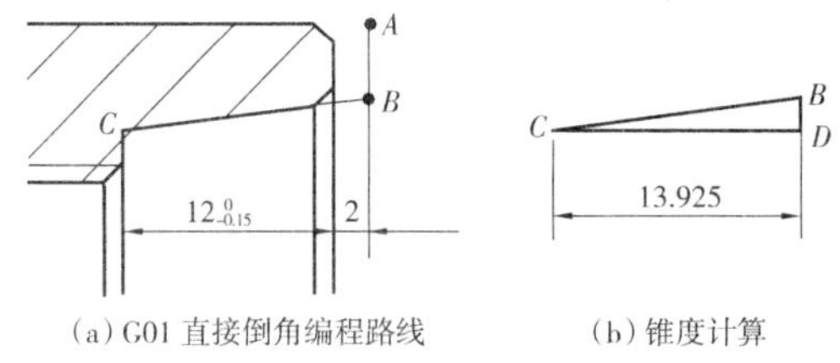

(a) G01 直接倒角编程路线　　(b) 锥度计算

图 5.2.10　孔口尺寸间接计算

（七）编制加工程序，填写加工程序单

1. 编制加工程序

根据前面的工艺分析和坐标计算，所编的加工程序如下：

```
O0521;
N10 G21 G40 G97 G99;        程序初始化
N20 T0101;                  选择 95°夹固式内孔车刀
N30 M03 S500;               主轴正转，转速为 500r/min
N40 G00 X18.0 Z2.0;         快速靠近工件
N50 G71 U1 R0.5;            外圆粗车循环，背吃刀量 1mm
N60 G71P70 Q120             X 向余量 0.5mm，Z 向余量 0.2mm
U-0.5 W0.2 F0.2;            进给量 0.2mm/r
N70 G00 X38.0;              X 向进刀
N80 G41 G01 X29.48          车 C1 倒角，并建立刀具半径左补偿
Z2.0 C3 F0.1;               进给量 0.1mm/r
N90 X26.0 Z-11.925;         车 1∶4 圆锥面
N100 X20.5 C1.;             车 C1 倒角
N110 Z-37.0;                车 M22×1.5 的螺纹底孔
N120 G40 X18.0;             X 向退刀并取消刀具半径补偿。
N150 M03 S800 T0101;        主轴正转，转速为 800r/min
N160 G00 X18.0Z2.0;         快速靠近工件
N170 G70 P70 Q120;          精车循环
N180 G00 Z100.0;            刀具快速返回换刀点
N190 T0202;                 选择 60°夹固式内螺纹车刀
N200 M03 S600;              主轴正转，转速为 600r/min
N210 G00 X18.0 Z2.0;        快速靠近工件
N220 G01 Z-8.0 F0.3;        Z 向进刀至螺纹切削起点
N230 G76 P010060            车 60°螺纹，最小切深 0.1
```

```
Q100 R0.05;                   精修余量0.05，精修1刀
N240 G76 X22.0                螺纹大径22，总切深0.75
Z-33.0P750 Q400 F1.5;         首刀切深0.4，螺距1.5
N250 G00 Z100.0;              Z向快速退刀远离工件
N260 X150.0;                  X向快速退刀
N270 M30;                     程序结束
%
```

2. 填写加工程序单

参见附表 2.13。

四、任务实施

01 工件装夹。将工件置于自定心卡盘中，夹住ϕ38 外圆，经找正后夹紧工件。

02 刀具装夹。分别将 95° 夹固式内孔车刀和 60° 夹固式内螺纹车刀安装于刀架的 1#刀位、2#刀位。（安装时注意每把刀的中心高、伸出长度及主偏角的大小）。

分别将 A2.5（或 B2.5）中心钻和ϕ10 直柄麻花钻安装到相应的钻夹头中。

03 将安装有中心钻的钻夹头置于尾座套筒内，移动尾座，调整好位置后将尾座锁紧。

04 开启主轴，开启切削液，打中心孔。

05 调整转速，换ϕ10 直柄麻花钻，打孔。

06 调整转速，换ϕ18 锥柄麻花钻，扩孔。

07 对刀。分别完成内孔车刀和内螺纹车刀的对刀操作。注意，内孔刀的刀具半径补偿类型代号设为“2”。

08 程序的输入与调试。将 O0521 加工程序输入数控装置中，仔细检查程序的正确性。

09 自动运行加工程序，完成加工。

10 对工件进行在线检查，如螺纹或其他尺寸加工不到位，对刀补或程序进行相应的修正，并再次加工。

11 卸下工件，清理机床。

五、考核评价

1）学生完成零件自检，填写“考核评分表”（附表 2.25），并同刀具卡、工序卡和程序单一起上交。

2）教师对零件进行检测，对刀具卡、工序卡和程序单进行批改，对学生整个任务的实施过程进行分析，并填写“考核评分表”（附表 2.25）对学生进行成绩评定。

六、自主练习

1）写出 G76 指令的格式，并说明各参数的含义。

2）对图 5.2.11 所示零件进行工艺分析，并填写加工工序卡、刀具卡和程序单。

毛坯尺寸为$\phi 40\times 60$。

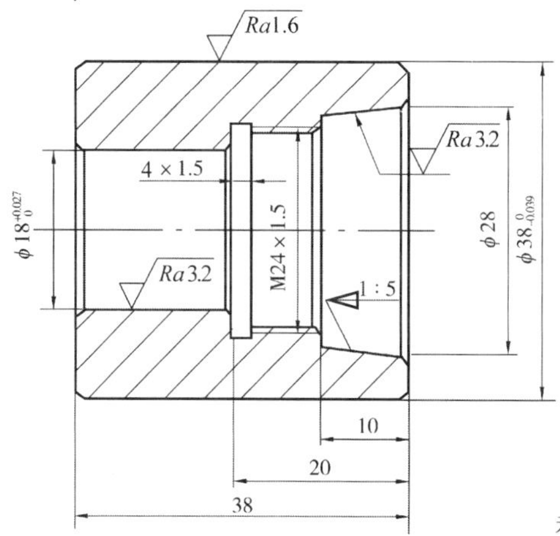

图 5.2.11　课后练习件

任务 5.3　梯形螺纹零件的加工

一、工作任务

（一）生产任务（表 5.3.1）

表 5.3.1　生产任务单

单位名称							编号	
产品清单	序号	零件名称	毛坯外形、尺寸	数量	材料	出单日期	交货日期	技术要求
	1	梯形螺纹短轴	$\phi 40\times 85$	1	45 钢			见图样
	2							
	3							
	4							
	5							
出单人签字： 日期：____年____月____日					接单人签字： 日期：____年____月____日			
车间负责人签字： 日期：____年____月____日								

（二）梯形螺纹零件图（图 5.3.1）

材料 45 钢，毛坯尺寸 $\phi40\times85$。

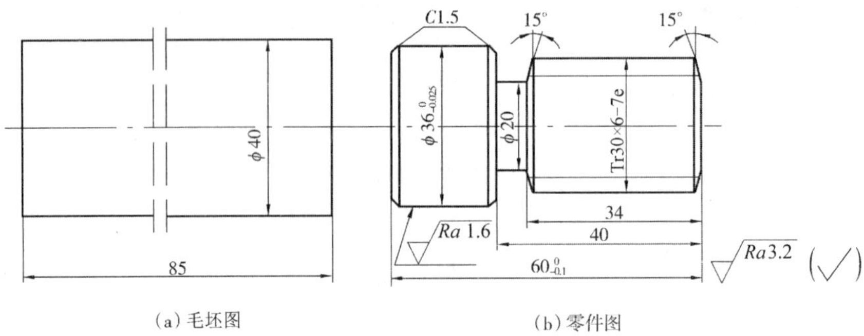

（a）毛坯图　（b）零件图

图 5.3.1　梯形螺纹短轴

二、相关知识

（一）梯形螺纹及其标记

梯形螺纹属于传动螺纹，具有牙根强度高、螺旋副对中性好、传动摩擦小、效率高等优点，是传动螺纹的主要形式，被广泛应用于传递动力或运动的螺旋机构中，如在车床上的长丝杠和中、小滑板的丝杠等都是梯形螺纹。梯形螺纹有公制和英制两种，英制梯形螺纹（牙型角 29°）在我国较少采用，我国常用公制梯形螺纹（牙型角 30°）。

梯形螺纹的特征代号为 Tr，其标记如下：

梯形螺纹的特征代号 大径×导程（P 螺距）旋向—公差代号—旋合长度代号。

例如，大径 40、导程 14、螺距 7、左旋、中径顶径公差代号为 7e、中等旋合长度的梯形螺纹的标注为 Tr40×14（P7）LH－7e。

对于单线螺纹，大径后面直接标螺距数值即可。对于右旋螺纹，可以不标旋向。例如，大径 40、螺距 7、单线、右旋、中径顶径公差代号为 7e、中等旋合长度的梯形螺纹的标注为 Tr40×P7－7e。

（二）公制梯形螺纹各部分的名称及计算方法

公制梯形螺纹的各部分名称及代号如图 5.3.2 所示。

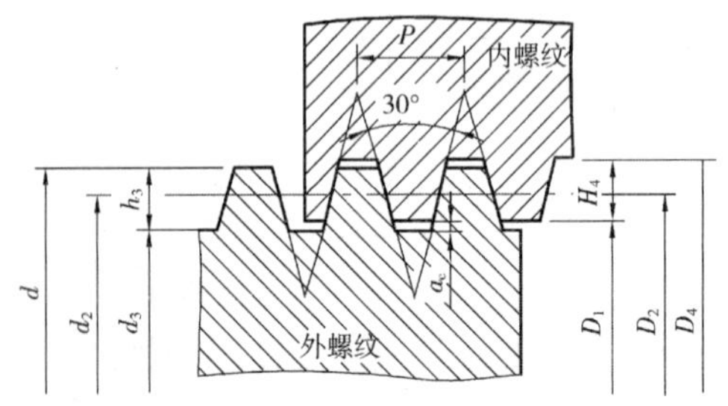

图 5.3.2　公制梯形螺纹的各部分名称及代号

梯形螺纹各部分名称、代号及计算公式如表 5.3.2 所示。

文档：梯形螺纹基本尺寸（国标）

表 5.3.2　梯形螺纹各部分名称、代号及计算公式

<table>
<tr><th colspan="2">名称</th><th>代号</th><th colspan="4">计算公式</th></tr>
<tr><td colspan="2">牙型角</td><td>α</td><td colspan="4">30°</td></tr>
<tr><td colspan="2">螺距</td><td>P</td><td colspan="4">由螺纹标准确定</td></tr>
<tr><td colspan="2" rowspan="2">牙顶间隙</td><td rowspan="2">a_c</td><td>P</td><td>1.5～5</td><td>6～12</td><td>14～44</td></tr>
<tr><td>a_c</td><td>0.25</td><td>0.5</td><td>1</td></tr>
<tr><td rowspan="4">外螺纹</td><td>大径</td><td>d</td><td colspan="4">公称直径</td></tr>
<tr><td>中径</td><td>d_2</td><td colspan="4">$d_2=d-0.5P$</td></tr>
<tr><td>小径</td><td>d_3</td><td colspan="4">$d_3=d-2h_3$</td></tr>
<tr><td>牙型高度</td><td>h_3</td><td colspan="4">$h_3=0.5P+a_c$</td></tr>
<tr><td rowspan="4">内螺纹</td><td>大径</td><td>D_4</td><td colspan="4">$D_4=d+2a_c$</td></tr>
<tr><td>中径</td><td>D_2</td><td colspan="4">$D_2=d_2$</td></tr>
<tr><td>小径</td><td>D_1</td><td colspan="4">$D_1=d-P$</td></tr>
<tr><td>牙型高度</td><td>H_4</td><td colspan="4">$H_4=h_3$</td></tr>
<tr><td colspan="2">牙顶宽</td><td>f，f'</td><td colspan="4">$f=f'=0.366P$</td></tr>
<tr><td colspan="2">牙槽底宽</td><td>W，W'</td><td colspan="4">$W=W'=0.366P-0.536a_c$</td></tr>
</table>

文档：梯形螺纹直径与螺距（国标）

（三）梯形螺纹车刀及安装

1. 外梯形螺纹车刀

文档：梯形螺纹牙型尺寸（国标）

车梯形外螺纹时，径向切削力较大，为了减小切削力，螺纹车刀也应分为粗车刀和精车刀两种。

1）高速钢梯形螺纹粗车刀。高速钢梯形螺纹粗车刀如图 5.3.3 所示。为了切削梯形螺纹时能留精车余量，刀尖角应小于牙型角，刀尖宽度应小于牙型槽底宽。

图 5.3.3　高速钢梯形螺纹粗车刀

文档：梯形螺纹公差（国标）

2）高速钢梯形螺纹精车刀。高速钢梯形螺纹精车刀如图 5.3.4 所示。车刀的径向前角为 0°，两侧切削刃之间的夹角等于牙型角。

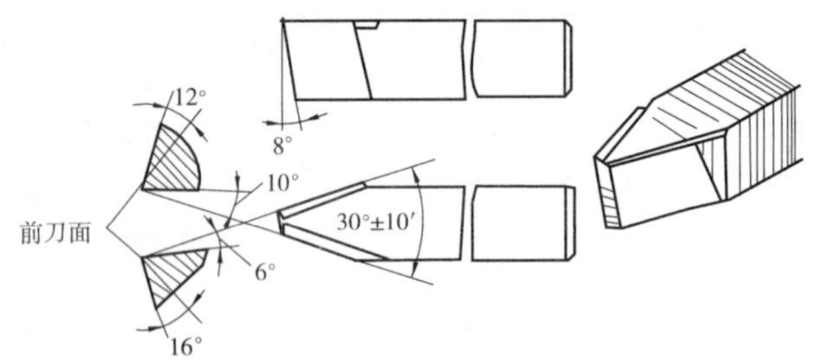

图 5.3.4 高速钢梯形螺纹精车刀

3）硬质合金梯形螺纹车刀。硬质合金梯形螺纹车刀如图 5.3.5 所示。为了提高效率，在车削一般精度梯形螺纹时，可以采用硬质合金梯形螺纹车刀进行高速车削。

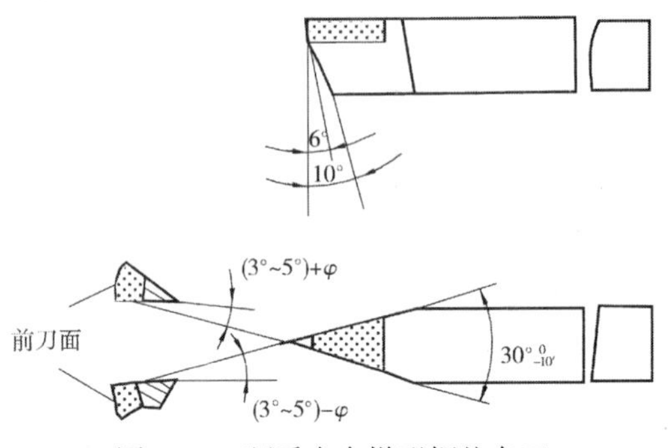

图 5.3.5 硬质合金梯形螺纹车刀

2. 梯形内螺纹车刀

梯形内螺纹车刀比外螺纹车刀刚性差，所以刀柄的截面应尽量大些。刀柄的截面面积与长度应根据工件的孔径与孔深来选取，梯形内螺纹车刀如图 5.3.6 所示。

3. 梯形螺纹车刀的安装

安装梯形螺纹车刀时，应使刀尖对准工件中心，以防止牙型角的变化。为了保证梯形螺纹车刀两刃夹角中线垂直于工件轴线，当梯形螺纹车刀在基面内安装时，可用螺纹样板进行校正，如图 5.3.7 所示。

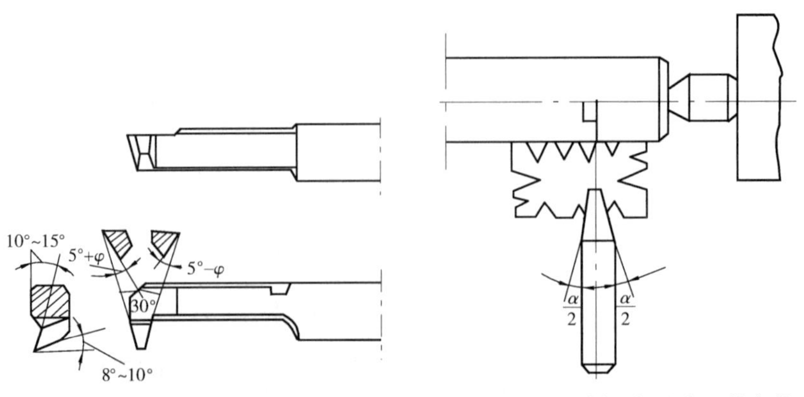

图 5.3.6 梯形内螺纹车刀

图 5.3.7 梯形螺纹车刀的安装

（四）梯形螺纹加工方法

视频：数控车床（内置刀架）车梯形螺纹

车削梯形螺纹的方法有低速车削法和高速车削法。通常对于精度要求较高的梯形螺纹采用低速车削的方法。

1. 低速车削螺纹

1）左右切削法［图 5.3.8（a）］。车削 $P<8$mm 的梯形螺纹时，常采用左右切削法，防止因三个切削刃同时参与切削而产生振动和扎刀现象。

2）车直槽法［图 5.3.8（b）］。用左右切削法车削时，在每次横向进刀时，都必须使车刀向左或向右做微量移动，很不方便。因此，粗车时可先用矩形螺纹车刀（刀头宽度应等于牙槽底宽）车出螺旋直槽，槽底直径应等于螺纹小径，然后用梯形螺纹精车刀车两侧。

3）车阶梯槽法［图 5.3.8（c）］。在粗车 $P>8$mm 的梯形螺纹时，可采用车直槽法，用刀头宽小于 $P/2$ 的矩形螺纹车刀车至接近螺纹中径处，再用刀头宽等于牙槽底宽的矩形螺纹车刀把槽深车至接近螺纹牙型高度，这样就车出了一个阶梯槽。然后用梯形螺纹精车刀车两侧。

4）分层切削法［图 5.3.8（d）］。这种方法按加工的深度和螺纹的槽形进行分层切削，逐层深入。如果能合理地利用宏程序功能，则能方便地实现在数控车床完成梯形螺纹的自动化加工。

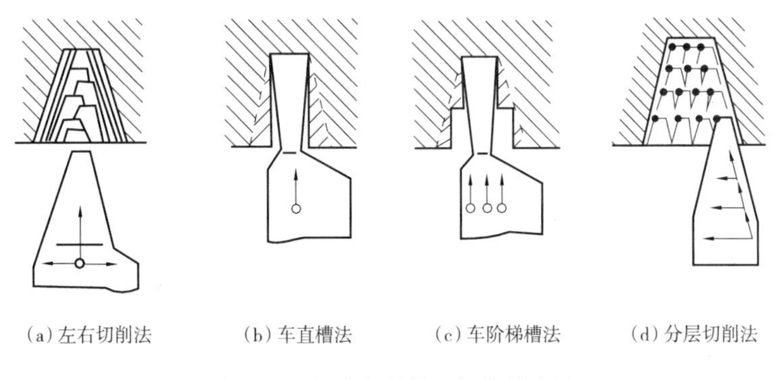
(a) 左右切削法　(b) 车直槽法　(c) 车阶梯槽法　(d) 分层切削法

图 5.3.8　低速车削梯形螺纹的方法

2. 高速切削螺纹

高速切削螺纹时，为了防止切屑拉毛牙侧，不宜采用左右切削法。当车削 $P>8$mm 的梯形螺纹时，为了防止振动，可用硬质合金切槽刀以车直槽法和车阶梯槽法进行粗车，然后用螺纹车刀精车。

（五）检测方法

（1）大径的测量

大径可用游标卡尺或千分尺进行测量。

（2）小径的测量

小径可通过测量牙型高度来间接测量。

（3）中径测量

中径实际上是精度要求最高也是最难测量的尺寸。中径的测量方法有三针测量法、单针测量法等。

1）三针测量法。它是一种比较精确的测量方法，适用于测量精度要求较高、螺旋升角小于 4° 的三角螺纹、梯形螺纹和蜗杆的中径尺寸。测量时，将三根直径相等的量针放在相对两面的螺旋槽中再用千分尺测出两面量针顶点之间的距离 M，如图 5.3.9 所示。然后根据几何关系换算出螺纹中径的实际尺寸。M 与 d_D 的换算关系为

$$M=d_2+4.864d_D-1.866P$$

三针测量的量针直径（d_D）不能太大，否则量针的横截面与螺纹牙侧不相切，无法量得中径的实际尺寸。也不能太小，不然量针陷入牙槽中，使顶点低于螺纹牙顶而无法测量。最佳量针直径是指量针横截面与螺纹中径处于牙侧相切时的量针直径。对于公制梯形螺纹，量针直径的选择范围为 $0.486P<d_D<0.656P$，当量针直径 d_D 取 $0.518P$ 时，误差最小，因此选择量针时就尽量接近最佳值。

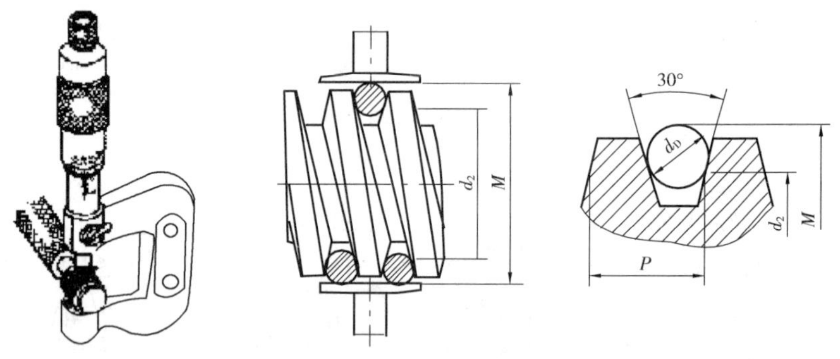

图 5.3.9　三针测量法原理图

【例 5.3.1】　用三针测量法测量 Tr36×6－8e 梯形螺纹中径，请选择最佳量针，并求得千分尺读数合格的 M 值范围。

经查相关公差手册，对公称直径为 36、螺距为 6 的梯形螺纹，中径公差等级为 8 所对应的公差带大小为 0.425。

同时也查得中径公差带位置为 e 的中径基本偏差为－0.118，公差等级 8 的中径公差基本偏差 es＝－0.118。故有中径的上极限偏差为 es＝－0.118，中径的下极限偏差 ei＝－0.118－0.425＝－0.543（mm）。

量针直径：

$$d_D=0.518P=0.518\times 6=3.108\text{（mm）}$$

取 $d_D=3.1$mm。

螺纹中径的公称尺寸：

$$d_2=d-0.5P=36-0.5\times 6=33\text{（mm）}$$

故有中径的尺寸为 $d_2=33_{-0.543}^{-0.118}$mm。

测量读数：

$M=d_2+4.864d_D-1.866P=33+4.864\times3.1-1.866\times6\approx36.882$（mm）

由此可得三针测量法测量梯形螺纹中径时，千分尺读数合格的 M 范围为 36.339～36.764mm。

由于普通的千分尺测头直径较小，很难实现三针测量，因此更多的是采用公法线千分尺，如图 5.3.10 所示。

2）单针测量法。这种方法只需要使用一根符合要求的量针即可测螺纹中径。单针测量法的原理与三针测量法相似，如图 5.3.11 所示，计算公式为

$$A=\frac{M+d_0}{2}$$

式中，A——单针测量值，mm；

d_0——螺纹顶径的实际尺寸，mm；

M——三针测量法测量时量针测量距的计算值，mm。

图 5.3.10　公法线千分尺

（4）综合测量

对于精度要求不高的梯形螺纹，可以采用标准梯形螺纹量规（图 5.3.12），对所加工的内、外梯形螺纹进行综合检查。检测的方法与三角螺纹环规和塞规相同。

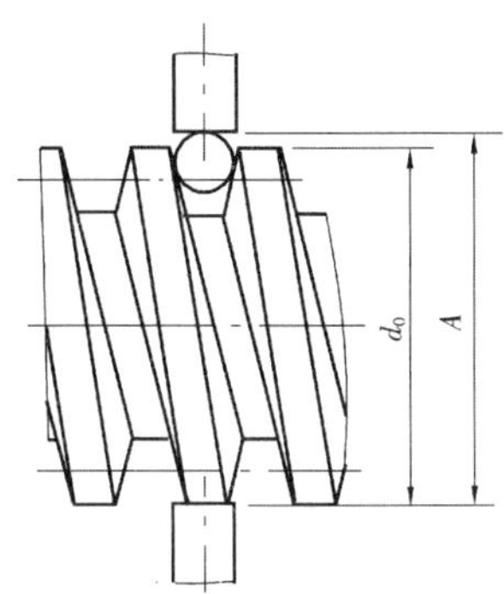

图 5.3.11　单针测量法

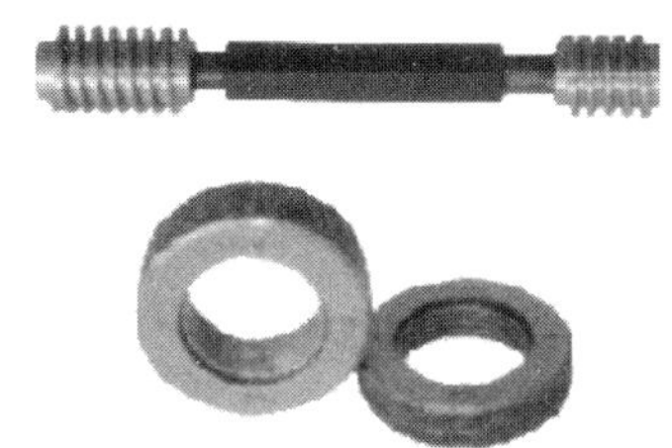

图 5.3.12　梯形螺纹量规

三、工艺准备

（一）图样分析

本任务要完成的是一梯形螺纹短轴。轴的左端为一 $\phi36$ 外圆，尺寸公差等级为 IT7，表面粗糙度要求为 $Ra1.6\mu m$。轴的右端为外梯形螺纹 Tr30×6－7e，牙型角 30°，公称直径为 $\phi30$，螺距为 6，单线，右旋，中径公差为 7e，螺纹两端各有一 15° 倒角。轴的中间为螺纹的退刀槽，直径 $\phi20$，宽度 6。毛坯尺寸为 $\phi40\times85$，材料为 45 钢。

（二）夹具选择

本次梯形螺纹加工选择一夹一顶的装夹方式，即左端用自定心卡盘夹紧，右端用顶尖顶牢工件。

（三）刀具准备，填写刀具卡

1. 刀具选择

根据加工需要，选择的刀具如下：
93° 外圆车刀一把。
4mm 宽切槽刀一把，材料为硬质合金。
30° 梯形螺纹车刀一把（刀尖宽 1.5mm），材料为高速钢。
B2.5 中心钻（带护锥）一支，材料为高速钢。

2. 填写刀具卡

参见附表 2.11。

（四）量具准备

0～150mm 游标卡尺一把，用于测量外圆和长度。
25～50mm 公法线千分尺及量针，测量梯形螺纹中径。
25～50mm 千分尺一把，用于测量外圆。

（五）编制加工工艺，填写工序卡

1. 工艺编制

1）零件外形粗车。用 93° 外圆车刀加工零件除槽、左 15° 倒角及梯形螺纹外的所有特征。

2）零件外形精车。用 93° 外圆车刀加工零件除槽、左 15° 倒角及梯形螺纹外的所有特征。

3）车梯形螺纹的退刀槽。用 4mm 宽切槽刀采用直进法分两刀车槽，并完成螺纹左侧 15° 倒角。

4）车梯形螺纹。用 30° 梯形螺纹车刀完成梯形螺纹加工。车梯形螺纹采用斜进与偏移相结合的方法，即先用斜进法车一个较窄的螺旋槽，再采用 *Z* 向偏移法将螺旋槽加宽，直至得到合格的中径。

5）切断零件。用 4mm 宽切槽刀采用直进法分两刀切断。第一刀 *Z* 向留约 0.3mm 余量，*X* 向到约 $\phi 5$ 处。第二刀先完成 *C*1 倒角，再过中心切断零件。

2. 填写工序卡

参见附表 2.12。

（六）坐标计算

1. 梯形螺纹公称尺寸及公差查表

对于 Tr30×6－7e 的梯形螺纹，经查相关公差手册，有大径 $d=30_{-0.375}^{\ 0}$ mm，中径 $d_2=27_{-0.473}^{+0.118}$ mm，小径 $d_3=23_{-0.537}^{\ 0}$ mm。并由此可取大径的编程尺寸为 d=29.81mm，小径的编程尺寸为 d_3=22.73mm。

2. 量针直径选择与测量读数计算

量针直径：d_D=0.518P=0.518×6=3.108（mm），取 d_D=3.1mm。

测量读数 M=d_2+4.864d_D－1.866P=27+4.864×3.1－1.866×6≈30.882（mm）。由此可得，使用三针测量法测量梯形螺纹中径时，千分尺读数合格的 M 范围为 30.409～30.764mm。

3. 螺纹刀具偏置计算

根据表 5.3.2，中径与小径之间的关系为 h=0.25P+a_c=0.25×6+0.5=2（mm）。并可计算得到 W=P/2－2h×tan（α/2）=3－2×2×tan15°≈1.93（mm）。

可得，刀具在加工螺纹时的偏移量为 ΔW=1.93－1.5=0.43（mm），如图 5.3.13 所示。

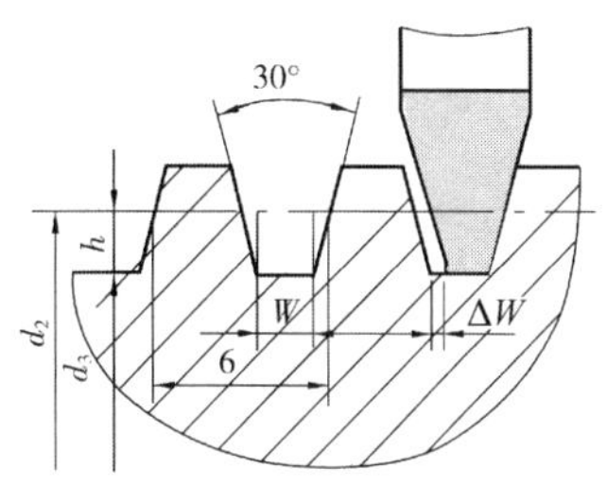

图 5.3.13　偏移量的计算

4. 15°倒角坐标的计算

将工件坐标系原点设定在工件右端面中心 O 处，取大径 d=29.81mm 时，根据计算可得图 5.3.14 中 A、B 和 C 点坐标分别为 A（X20，Z0）、B（X30，Z－1.31）和 C（X30，Z－32.69）。螺纹右侧倒角由外圆车刀加工而成，左侧倒角由切槽刀由外斜向内加工而成。

5. 螺纹切入与切出空刀量

螺纹切入与切出空刀量均设定为 3，如图 5.3.15 所示。

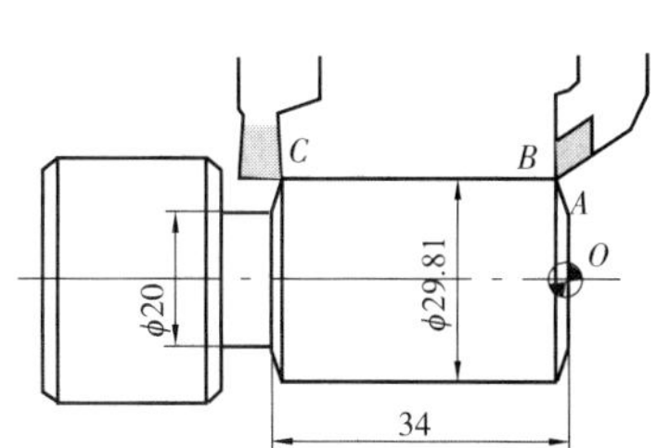

图 5.3.14　倒角的计算

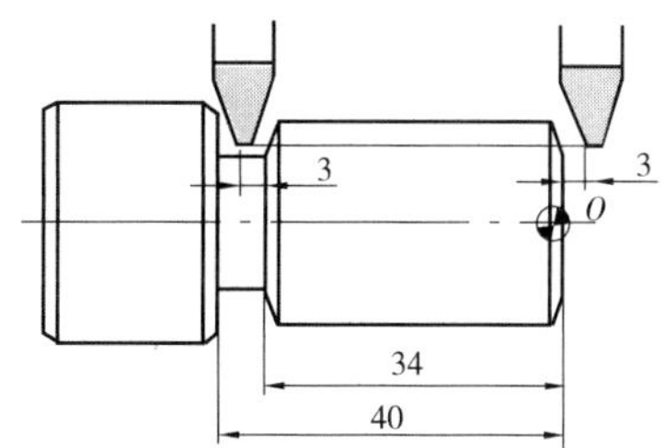

图 5.3.15　螺纹切入与切出空刀量

（七）编制加工程序，填写加工程序单

1. 编制加工程序

根据前面的工艺分析和坐标计算，所编的加工程序如下：

```
O0531;（车零件外形与退刀槽）
N10 G21 G40 G97 G99;               程序初始化
N20 T0101;                         选择外圆车刀
N30 M03 S800;                      主轴正转，转速为800r/min
N40 G00 X42.0 Z1.0;                刀具快速定位
N50 G71 U1.5 R0.5                  外圆粗车循环，背吃刀量1.5mm
N60 G71 P70 Q120 U1 W0.2 F0.2;     留余量X向0.5mm，Z向0.2mm
                                   进给量0.2mm/r
N70 G00 X20.0;                     进刀
N80 G01 Z0.0 F0.1;                 精车进给量0.1mm/r
N90 X29.81 Z-1.31;                 车螺纹右侧倒角
N100 Z-40.0;                       车螺纹大径
N110 X36.0 C1.;                    车C1倒角
N120 Z-61.0;                       车φ36外圆
N130 G00 X150.0 Z2.0;              刀具快速返回换刀点
N140 M03 S1200 T0101;              主轴正转，转速为1200r/min
N150 G00 X40.0 Z1.0;               快速靠近工件
N160 G70 P70 Q120;                 精车循环
N170 G00 X100.0 Z2.0;              快速退刀远离工件
N180 M05;                          主轴停
N190 M00;                          程序暂停（检测零件尺寸）
N200 T0202;                        选择4mm宽切槽刀
N210 M03 S500;                     主轴正转，转速为500r/min
N220 G00 X40.0 Z-40.0;             快速靠近工件
N230 G01 X20.0 F0.06;              车槽，进给量0.06mm/r
N240 X30.0;                        退刀
N250 Z-36.69;                      进刀
N260 X20.0 Z-38.0;                 车螺纹左侧倒角
N270 G00 X150.0;                   退刀
N280 Z2.0;                         退刀
N290 G00 X150.0 Z2.0;              刀具快速返回换刀点
N300 M30;                          程序结束
%
O0532;（车梯形螺纹与切断）
N10 G21 G40 G97 G99;               程序初始化
N20 M03 S80 T0303;                 主轴正转，转速为80r/min，选择
                                   梯形螺纹车刀
```

```
N30 G00 X36.0 Z3.0;          快速靠近工件
N40 M08;                     切削液开
N50 G76 P020030 Q100 R0.1;   第一次车梯形螺纹，精车 2 刀
                             角度30°,精车余量0.1,最小切深0.1
N60 G76 X22.73 Z-37.0        小径φ22.73，牙高 3.5,
P3500 Q300 F6.;              第一刀切深 0.3，导程 6
N70 G00 W0.43;               Z 向移动一个偏移量 0.43
N80 G76 P020030 Q100 R0.1;   第二次车梯形螺纹
N90 G76 X22.73 Z-37.0 P3500 Q300 F6.;
N100 G00 X150.0Z4.0;         快速退刀
N110 M09;                    切削液关
N120 M05;                    主轴停止
N130 M00;                    程序暂停（检测梯形螺纹）
N140 M03 S500 T0202;         主轴正转，转速为500r/min
                             选择切槽刀
N140 G00 X42.0Z-64.3.;       快速靠近工件
N160 G01 X5.0 F0.06;         一刀车槽
N170 X38.0 F0.3;             退刀
N180 Z-61.5;
N190 M00;                    程序暂停（拉开尾座）
N200 G01X33.0 Z-63.95F0.06;  倒 C1.5 角
N210 X0.0;                   切断工件
N220 G00 X150.0;             X 快速向退刀
N230 Z3.0;                   Z 向快速退刀
N240 M30;                    程序结束
%
```

2. 填写加工程序单

参见附表 2.13。

四、任务实施

01 工件装夹。将工件置于自定心卡盘中，控制伸出长度约 50mm，经找正后夹紧工件。

02 刀具装夹。将 93° 外圆车刀安装在刀架的 1#刀位，将 4mm 宽切槽刀安装在 2#刀位，将 30° 梯形螺纹车刀安装在 3#刀位。在安装螺纹车刀时，需注意刀具两侧切削刃的角度，安装方法如图 5.3.7 所示。

03 车ϕ34×15 工艺台阶。

04 掉头夹住工艺台阶，经找正后夹紧工件。

05 用外圆车刀车平端面。

06 用 B2.5 中心钻在工件右端端面中心打一中心孔。

07 将顶尖置于尾座套筒内，顶牢工件，并锁死尾座。

08 分别完成 93° 外圆车刀、4mm 宽切槽刀、30° 梯形螺纹车刀的对刀操作。

09 将 O0531 程序输入数控装置中，仔细检查确保程序正确无误。

10 将 O0532 程序输入数控装置中，仔细检查确保程序正确无误。

11 自动运行 O0531 程序直至程序结束。注意：中途停车时对零件进行检测。

12 自动运行 O0532 程序，第一次中途停车时对梯形螺纹的中径进行检测。如果中径偏大，可修改 3#刀（即螺纹车刀）*Z* 向的磨耗值，然后重新运行程序。如果中径检测合格，则按“循环启动”键恢复运行。

13 在 O0532 程序出现第二次程序暂停时，将移除尾座，然后按“循环启动”键恢复运行，直至程序结束，工件落下。

14 清理机床。

五、考核评价

1）学生完成零件自检，填写“考核评分表”（附表 2.26），并同刀具卡、工序卡和程序单一起上交。

2）教师对零件进行检测，对刀具卡、工序卡和程序单进行批改，对学生整个任务的实施过程进行分析，并填写“考核评分表”（附表 2.26）对学生进行成绩评定。

六、自主练习

1）梯形螺纹加工方法有哪几种？各有何特点？

2）对图 5.3.16 所示零件进行工艺分析，并填写加工工序卡、刀具卡和程序单。

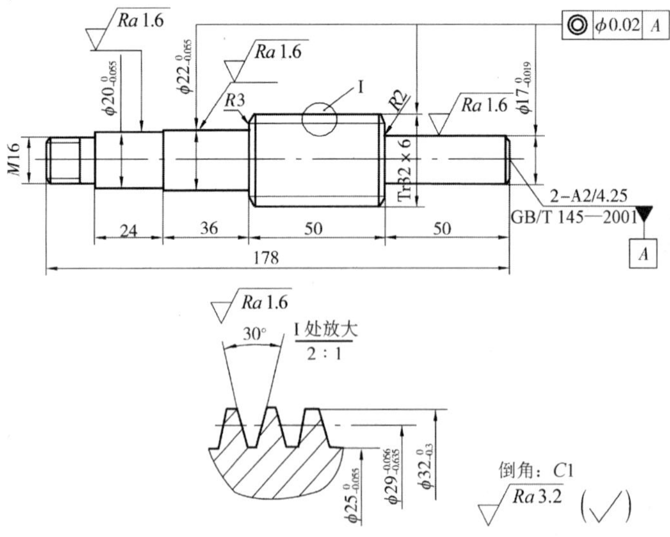

图 5.3.16　梯形螺纹练习件

项目 6 子程序、宏程序与自动编程的应用

◎ **项目导读**

在数控车床上加工零件时，有时零件上存在着多处形状相同的特征，有时零件形状特殊而数控车床没有现成的功能可直接用于加工，有时尽管数控车床手工编程可以解决但工作量较大、编程效率较低。遇到这些特殊的情况时，我们要有针对性地采取不同的对策。本项目通过子程序、宏程序及自动编程的三种编程方法的学习和三个任务的实施，使学生掌握子程序的编制与调用、运用变量编制非圆曲线类零件的加工程序、运用 CAM 软件辅助编程及 DNC 传输程序等内容，并达到《数控车工国家职业标准》规定的各项技能要求。

◎ **最终目标**

能运用子程序、宏程序及自动编程三种编程方法。

◎ **促成目标**

1. 能够运用子程序功能进行零件加工程序的编制；
2. 能运用变量功能编制非圆曲线零件的加工程序；
3. 能够使用计算机绘图设计软件绘制简单（轴、盘、套）零件图；
4. 能够利用计算机绘图软件计算节点；
5. 能够利用 CAM 软件进行简单零件的计算机辅助编程；
6. 能够通过各种途径（如 DNC、网络等）输入加工程序。

◎ **思政目标**

1. 培养勤于思考、善于总结、实事求是的科学精神；
2. 树立信息意识、服务意识，自觉提升信息素养和职业素养。

多槽零件的加工

一、工作任务

（一）生产任务（表 6.1.1）

表 6.1.1　生产任务单

单位名称							编号	
产品清单	序号	零件名称	毛坯外形、尺寸	数量	材料	出单日期	交货日期	技术要求
	1	多槽轴	ϕ40×88	1	45 钢			见图样
	2							
	3							
	4							
	5							
出单人签字： 日期：_____年_____月_____日					接单人签字： 日期：_____年_____月_____日			
车间负责人签字： 日期：_____年_____月_____日								

（二）子程序应用零件图（图 6.1.1）

材料 45 钢，毛坯尺寸ϕ40×88。

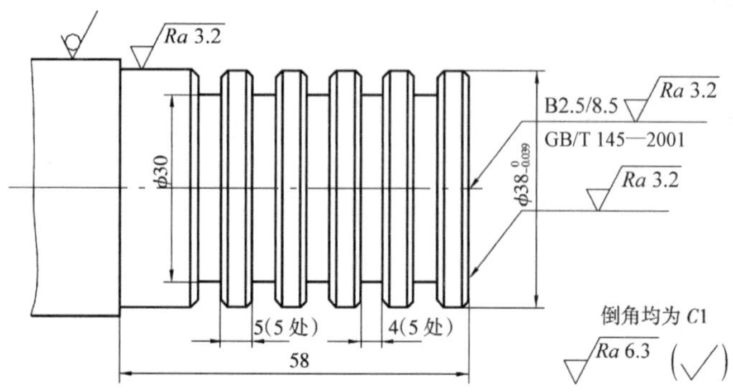

图 6.1.1　多槽轴零件图

二、相关知识

（一）子程序的概念

机床的加工程序有主程序和子程序两种。所谓主程序是一个完整的零件加工程序，或是零件加工程序的主体部分。它和被加工零件或加工要求一一对应。编程时，不同的零件或不同的加工要求，都有唯一的主程序。

在编制程序时，有时会遇到一个工件上有多处相同的加工内容（即一个零件中有几处形状相同，或刀具运动轨迹相同），这时为了简化程序的编制，可把相同的加工内容单独编成一组程序段并加以命名，这组程序段就称为子程序。子程序存储在 CNC 系统，不可以作为独立的加工程序使用，但可以被主程序反复调用，完成加工中的局部动作。子程序执行结束后，能自动返回主程序中。

（二）子程序的调用

1. 子程序的格式

在大多数数控系统中，子程序与主程序并无本质区别。子程序和主程序在程序名及程序内容的编写方面基本相同，但结束标记不一样。主程序用 M30 或 M02 表示程序结束，而子程序用 M99 表示程序结束，并实现自动返回主程序功能。子程序的格式如下：

```
O1001;
G00 W-14.0;
G01 X20.0;
…
M99;
```

2. 子程序的调用

FANUC 0i 系统中，调用子程序的编程格式如下：

（1）子程序调用格式一

```
M98 P×××× L××××;
```

其中，P 后四位数字为子程序名，L 后的数字表示调用的次数，当 L 省略时为调用一次。

例如：M98 P1001 L3　表示调用 1001 号子程序 3 次。

M98 P1001　表示调用 1001 号子程序 1 次。

（2）子程序调用格式二

```
M98 P△△△△××××;
```

其中，P 后八位数字用来表示子程序调用情况：前四位为调用次数，后四位为所调用的子程序号。当前四位省略时，表示子程序调用一次。

例如：M98 P 31001　表示调用 1001 号子程序 3 次。

　　M98 P1001　表示调用 1001 号子程序 1 次。

3. 子程序的执行

子程序和主程序的执行过程如下：

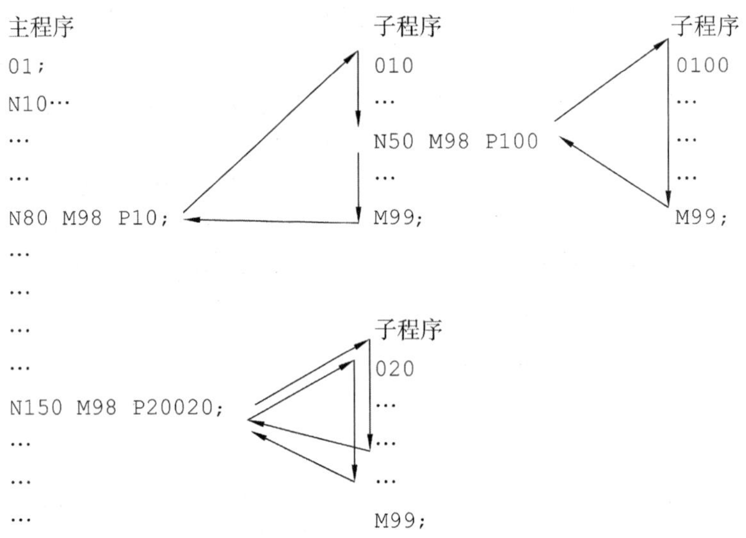

4. 子程序调用的特殊用法

（1）子程序返回主程序的某一程序段

如果在子程序的返回程序段中加上 Pn，则子程序在返回主程序时将返回主程序中顺序号为 n 的程序段。其程序段格式如下：

```
M99 Pn;
```

例如：M99P200；（返回主程序的 N200 段）。

（2）自动返回程序头

如果在主程序中执行 M99，则程序将返回主程序的开头并继续执行程序。也可以在主程序中插入 M99　Pn，用于返回指定的程序段。为了能够执行后面的程序，通常在该指令前加“/”，以便在不需要返回执行时，跳过该程序段。

（3）强制改变子程序重复执行的次数

用 M99　L××指令可强制改变子程序重复执行的次数，其中 L××表示子程序调用的次数。例如，如果主程序用 M98　P101001，而子程序采用 M99　L3 返回，则重复执行 O1001 子程序三次。

（三）子程序应用举例

粗加工图 6.1.2（a）所示工件右端双点画线与粗实线包围部分，采用调用子程序法径向分层切削，每刀切深 3mm（直径），留精车余量 1mm，最后一刀粗车的轨迹为 $A_6B_6C_6D_6E_6F_6G_6$［图 6.1.2（b）］。

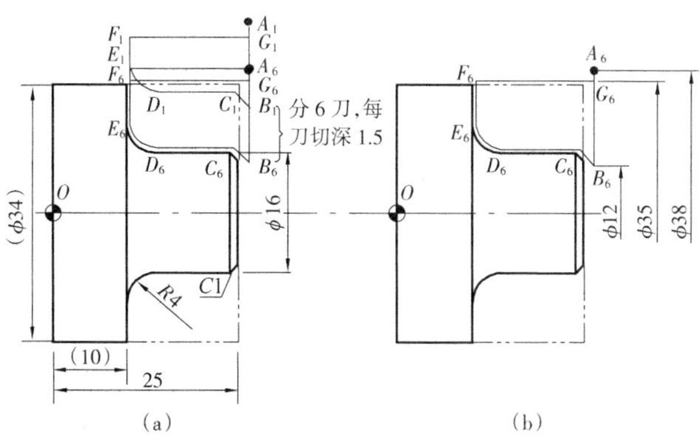

图 6.1.2　子程序举例示意图

所编制的主程序和子程序如下：

O0610；(主程序)	
N10 G21 G40 G97 G99;	程序初始化
N20 M03 S600 T0202;	主轴正转，转速 600r/min，选择2#刀、2#刀补
N30 G00 X54.0 Z26.0;	快速进刀至循环起点 A_1
N40 M98 P60502;	调用 6 次子程序 O0502，粗加工完后 X 向留 1mm 余量
N50 G00 X100.0 Z100.0;	快速退刀
N60 M05;	主轴停止
N70 M30;	程序结束
%	
O0502；(子程序)	
N10 G00 U-26.0;	X 向快速进刀
N20 G01 U4.0 W-2.0;	倒角
N30 Z14.0;	车ϕ16 外圆
N40 G02 U8.0W-4.0 R4.0;	车 R4 圆弧
N50 G01 U11.0;	X 向退刀至下一刀 X 向起点
N60 G00 Z26.0;	Z 向退刀
N70 M99;	子程序结束并返回主程序
%	

三、工艺准备

(一) 图样分析

由加工任务图 6.1.1 可知，该零件为带外沟槽的轴类零件，其中外圆尺寸为 38，精度为 IT8，表面粗糙度为 *Ra*3.2μm；零件上共有 5 处槽，尺寸为ϕ30×4，间隔 5mm，槽口要求有 *C*1 倒角，精度要求不高。零件的毛坯材料为 45 钢，尺寸为ϕ40×88。

（二）夹具选择

该零件为带外沟槽的轴类零件，可以选用数控车床通用夹具——自定心卡盘进行装夹。

（三）刀具准备，填写刀具卡

1. 刀具选择

该零件的外圆及端面用 95° 外圆车刀进行加工，槽选用 4mm 宽切槽刀进行加工。

2. 填写刀具卡

参见附表 2.11。

（四）量具准备

0～150mm 钢直尺一根，用于测长度。
0～150mm 游标卡尺一把，用于测量槽的尺寸。
25～50mm 千分尺一把，用于测量外圆。

（五）编制加工工艺，填写工序卡

1. 工艺编制

1）外圆粗车。
2）外圆精车。
3）加工 5 处ϕ30×4 槽。

由于槽精度要求不高，故可用槽刀直进法一次车削成型，两侧 *C*1 倒角可用槽刀左右两个刀尖直接车出。经分析，完成一个槽的加工需要经过刀切槽、右侧倒角、左侧倒角三个阶段。切槽阶段包括三个动作：刀具从上一个槽结束点 *A′*进入 *A* 点、由 *A* 点车槽到 *B* 点、从 *B* 点退刀回 *A* 点，如图 6.1.3（a）所示。右侧倒角阶段包括三个动作：从 *A* 点进刀至 *C* 点、从 *C* 点车右侧倒角至 *D* 点、从 *D* 点退刀回 *A* 点，如图 6.1.3（b）所示。左侧倒角阶段包括三个动作：从 *A* 点进刀至 *E* 点、从 *E* 点车左侧倒角至 *D* 点、从 *D* 点退刀回 *A* 点，如图 6.1.3（c）所示。

2. 填写工序卡

参见附表 2.12。

（六）坐标计算

根据工艺安排，刀具车槽的起点 *A* 可设定在ϕ40 处，由图 6.1.3 可知，槽的起点 *A* 相对上一个槽的结束点 *A′*的增量坐标为 *W*−9，*C* 相对 *A* 的

增量坐标为 $W2$，D 相对 C 的增量坐标为（$U-4$，$W-2$），E 相对 A 的增量坐标为 $W-2$，D 相对 E 的增量坐标为（$U-4$，$W2$）。

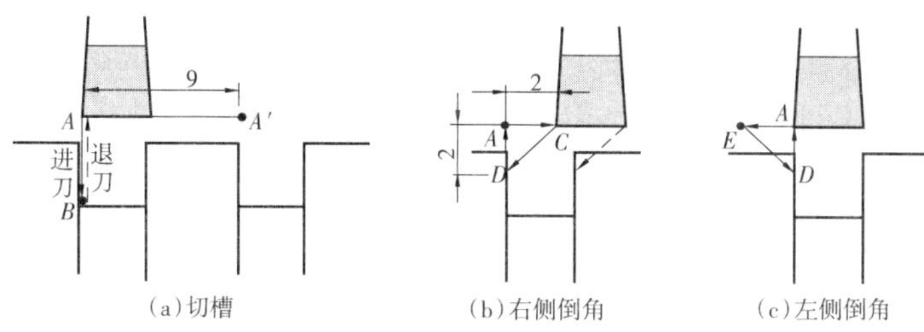

图 6.1.3 一个切槽循环的过程

（七）编制加工程序，填写程序单

1. 编制加工程序

根据工艺分析与坐标计算的结果，编制的程序如下：

```
O0611;（主程序）
N10 G21 G40 G97 G99;              程序初始化
N20 M03 S800 T0101;               主轴正转，转速 800r/min
                                  选择外圆车刀
N30 G00 X42.0 Z2.0;               快速进刀至循环起点
N40 G90 X38.5 Z-58.0 F0.2;        外圆粗车
N50 G00 S1200;                    取消 G90 固定循环，并设定
                                  精车转速为 1200r/min
N60 G00 X32.0 Z2.0;               快速进刀
N70 G01 X38.0 Z-1.0 F0.1;         倒角
N80 Z-58.0;                       车φ38 至 58 长
N90 X42.0;                        X 向退刀
N100 G00 X150.0 Z2.0;             刀具回换刀点
N110 S400 T0202;                  转速换为 400r/min
                                  选择切槽刀
N120 G00 X40.0 Z0.0;              进刀到子程序循环的起点
N130 M98 P50612;                  调用 5 次子程序 O0612
                                  完成 5 处槽的加工
N140 G00 X150.0 Z2.0;             快速退刀
N150 M05;                         主轴停止
N160 M30;                         程序结束
%
O0612;（子程序）
N10 G00 W-9.0;                    Z 向快速进刀至车槽起点 A
N20 G01 X30.0 F0.05;              车槽至 B 点
N30 G00 X40.0;                    退刀回 A 点
```

```
N40 W2.0;                进刀至C点
N50 G01 U-4.0 W-2.0;     右侧倒角至D点
N60 U4.0;                退刀回A点
N70 W-2.0;               进刀至E点
N80 U-4.0 W2.0;          左侧倒角至D点
N90 U4.0;                退刀回A点
N100 M99;                子程序结束并返回主程序
%
```

2. 填写加工程序单

参见附表2.13。

四、任务实施

01 刀具的装夹。将95°外圆车刀和4mm宽切槽刀分别置于刀架的1#刀位和2#刀位，调整好刀具高度、伸出长度和主偏角与副偏角后，夹紧刀具。

02 用95°外圆车刀车一约ϕ36×15的工艺台阶。

03 夹住工艺台阶处，经找正后夹紧零件。

04 对刀。分别完成外圆车刀和切槽刀的对刀操作（注意：切槽刀的刀位点为左刀尖）。

05 将装有B2.5中心钻的钻夹头安装在尾座套筒内，打中心孔。

06 活顶尖置于尾座套筒内，顶牢工件，并将尾座和套筒锁死。

07 输入并调试加工程序。将O0611程序和O0612程序输入数控装置中，并仔细检查程序，确保程序准确无误。注意：检查刀具进、退刀和换刀过程中会否与尾座、工件及卡盘发生碰撞。

08 自动运行加工程序，完成加工。

09 卸下工件，清理机床。

五、考核评价

1）学生完成零件自检，填写“考核评分表”（附表2.27），并同刀具卡、工序卡和程序单一起上交。

2）教师对零件进行检测，对刀具卡、工序卡和程序单进行批改，对学生整个任务的实施过程进行分析，并填写“考核评分表”（附表2.27）对学生进行成绩评定。

六、自主练习

1）子程序与主程序有何区别？

2）调用子程序的程序段格式是怎样的？

3）对图6.1.4所示零件进行工艺分析，并填写加工工序卡、刀具卡和程序单。

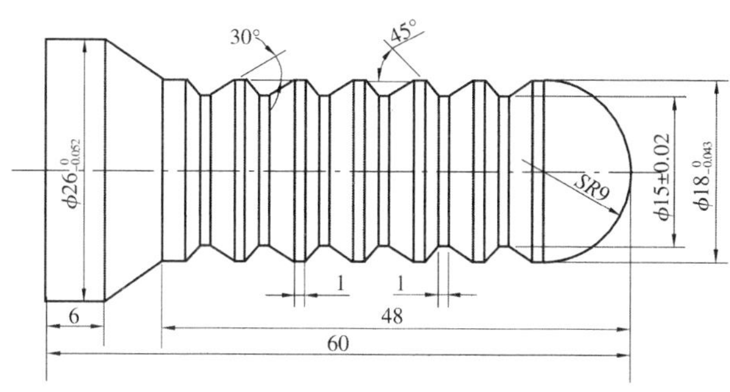

图 6.1.4　子程序练习件

任务 6.2　椭圆轴的加工

一、工作任务

（一）生产任务（表 6.2.1）

表 6.2.1　生产任务单

单位名称							编号	
产品清单	序号	零件名称	毛坯外形、尺寸	数量	材料	出单日期	交货日期	技术要求
	1	椭圆轴	φ40×88	1	45 钢			见图样
	2							
	3							
	4							
	5							
出单人签字： 日期：_____年_____月_____日					接单人签字： 日期：_____年_____月_____日			
车间负责人签字： 日期：_____年_____月_____日								

（二）椭圆轴零件图（图 6.2.1）

材料 45 钢，毛坯尺寸φ40×88（为任务 6.1 的练习件）。

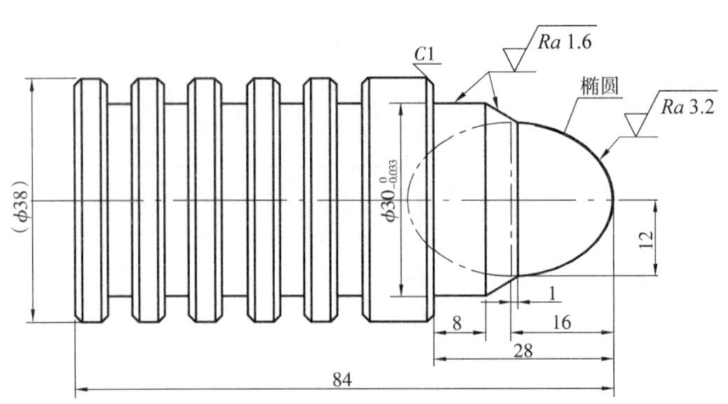

图 6.2.1　椭圆轴零件图

二、相关知识

针对多处相同加工内容，用户宏程序允许使用变量、算术和逻辑运算及条件转移等功能，使得程序编制更加方便、更加灵活，而且它使得数控车床加工椭圆等二次非圆曲线成为可能。我们把含有变量的程序称为用户宏程序。

（一）变量

用一个可赋值的代号代替具体的坐标值，这个代号就称为变量。例如，#1＝#2＋100，表示将变量#2 的值与 100 相加后再赋值给#1。

按性质和用途分，变量又分为系统变量、公共变量和局部变量三类。

1. 系统变量

这是固定用途的变量，它用于读和写 CNC 运行时的各种数据，如刀具的当前的位置和补偿值。FANUC 0i 系统中#1000 及以上的变量均为系统变量。

2. 公共变量

它指在主程序内和由主程序调用的各用户宏程序内公用的变量。FANUC 中共有 60 个公共变量，其中#100～#149 在断电时将被初始化为空，#500～#509 能保存数据，即使断电数据也不会丢失。

3. 局部变量

它指局限于在用户宏程序内使用的变量。同一个局部变量在不同的宏程序内其值是不通用的。FANUC 系统有 33 个局部变量，分别为#1～#33，断电时将被初始化为空。

（二）变量的运算

1. 算术、逻辑运算和运算符

FANUC 0i TC 提供的运算如表 6.2.2 所示。运算符右边的表达式可包含常量和由函数或运算符组成的变量。表达式中的变量可以用常数赋值，如#1=3，也可以用表达式赋值，如#1=#2+#3。

表 6.2.2 FANUC 0i TC 提供的运算

函数名称	函数代号	举例
加法	#i=#j+#k	#1=#2+#3
减法	#i=#j-#k	#1=#2-100
乘法	#i=#j*#k	#1=#2*#3
除法	#i=#j/#k	#1=#1/5
正弦（度单位）	#i=SIN［#J］	#1=SIN［#2］
余弦	#i=COS［#J］	#1=COS［30］
正切	#i=TAN［#J］	#1=TAN［#2+#3］
反正切	#i=ATAN［#J］/［#K］	#1=ATAN［#2］/［#3］
平方根	#i=SQRT［#J］	#1=SQRT［#2］
绝对值	#i=ABS［#J］	#1=ABS［#2］
小数点以下舍去	#i=FIX［#J］	#1=FIX［#2］
小数点以上进位	#i=FUP［#J］	#1=FUP［#2］
小数点以下四舍五入	#i=ROUND［#J］	#1=ROUND［#2］
或	#i=#jOR#k	
异或	#i=#jXOR#k	
与	#i=#jAND#k	

2. 运算符的优先级

运算符的优先级最高的是函数，其次是*、/、AND，最后是+、-、OR、XOR，括号可以用来改变运算的次序。如下式中，I 级为运算优先级最高，V 级为运算优先级最低。

#1=SIN［［#2+#3］*#4+#5］*#6

Ⅰ Ⅱ Ⅲ Ⅳ Ⅴ

（三）赋值方式

变量的赋值方式可分为直接和间接两种。

1. 直接赋值

直接赋值即将数值直接赋给变量。例如，将图 6.2.2 椭圆长半轴 80、

短半轴 50 分别赋给变量#1 和#2 的表达式为

#1＝80；（表示将数值 80 赋值给变量#1）

#2＝50；（表示将数值 50 赋值给变量#2）

也可以将一个变量的值赋给另一变量，例如：

#103＝#2；（表示将变量#2 的值赋值给变量#103）

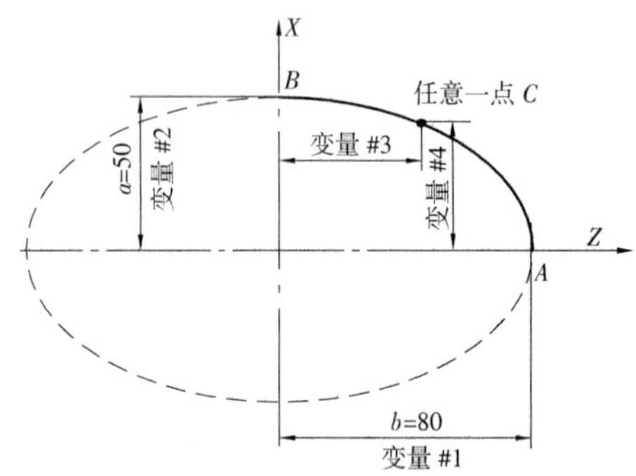

图 6.2.2　椭圆轮廓及变量

2. 间接赋值

间接赋值就是用表达式赋值，即把表达式内运算的结果赋值给某个变量。图 6.2.2 中曲线为一个椭圆，粗实线部分为要加工部分。经过分析，该椭圆的方程为 $\frac{X^2}{a^2}+\frac{Z^2}{b^2}=1$，即 $X=a\frac{\sqrt{b^2-Z^2}}{b}$。对于椭圆上任意一点 C，其 X 坐标的变量表达式为

#4＝#2*SQRT［/#1*#1－#3*#3］/#1

（四）跳转与循环语句

转向语句分为无条件转向语句和条件转向语句两种。

1. 无条件转向语句

程序段格式为

```
GOTO N
```

其中，N——程序段号。

例如，GOTO 85 表示无条件转向执行 N85 的程序段，而不论 N85 程序段在转向语句之前还是之后。

2. 条件转向语句（IF 语句）

条件转向语句一般由条件表达式和转向目标两部分构成。

程序段格式为

```
IF［条件表达式］GOTO A
```

表示为“如果条件表达式成立，那么转向执行 NA 程序段”。

条件判断的运算符有EQ（等于）、NE（不等于）、GT（大于）、GE（大于或等于）、LT（小于）、LE（小于或等于）。

3. 循环（WHILE语句）

在WHILE后指定一个条件表达式，当指定条件满足时，执行从DO到END之间的程序，否则转到END后的程序。例如：

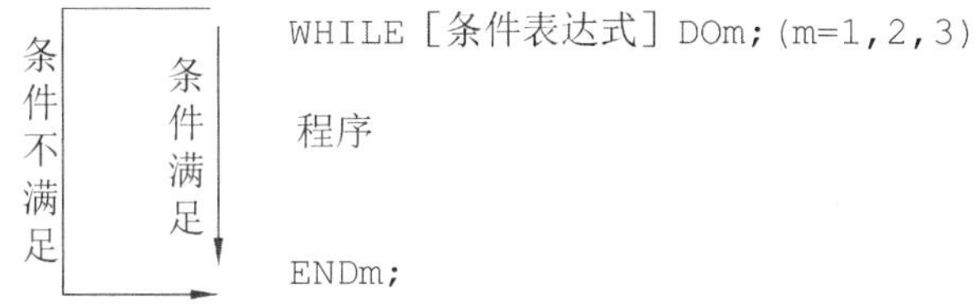

【例6.2.1】　分别用IF和WHILE语句完成图6.2.2所示椭圆段的任意点C的X坐标随Z坐标变化而赋值的程序。

IF语句:

```
N1 #1=80;
N2 #2=50
N3 #3=80;
N4 #4=0;
N5 IF [#3 LT 0] GOTO 9;
N6 #4=#2*SQRT
       [#1*#1-#3*#3] /#1;
N7 #3=#3-0.1;
N8 GOTO5;
N9 …
```

WHILE语句:

```
N1 #1=80;
N2 #2=50;
N3 #3=80;
N4 #4=0;
N5 WHILE [#3 GE 0] DO 1;
N6 #4=#2*SQRT
       [#1*#1-#3*#3] /#1;
N7 #3=#3-0.1;
N8 END1;
N9 …
```

（五）宏程序的调用方法

宏程序的调用方法类似于子程序的调用方法，但子程序调用时无法指定变量，而宏程序调用可以指定变量。宏程序的调用有非模态（G65）调用和模态调用（G66）两种方式。

当指定G65时，以地址P指定的用户宏程序被调用，数据（自变量）能传递到用户宏程序体中。G65调用的格式如下：

G65 P__L__〈自变量指定〉

其中，P——要调用的程序；

L——调用的次数；

自变量——传递到宏程序体中的数据。

下面为用G65调用宏程序的例子，主程序N80段中G65将A1.0 B1.0数据传给宏程序的变量#1和变量#2，并且执行两次。

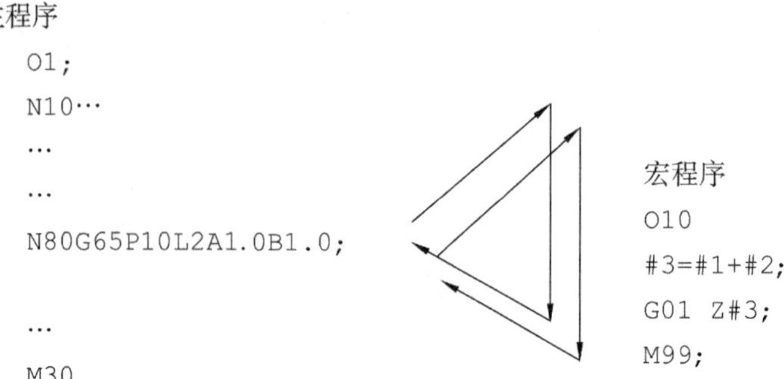

G66 调用宏程序的方法与 G65 类似，但其具有模态的特性。G67 取消模态调用。

（六）非圆曲线的拟合方法

当采用不具备非圆曲线插补功能的数控系统编制非圆曲线轮廓零件的程序时，往往采取拟合处理的方法。所谓拟合处理，是指用若干段直线段或圆弧段去近似代替非圆曲线的方法。手工编程中常用的拟合方法有等间距法、等插补段法及三点定圆法，其中使用比较普遍的是等间距法。等间距法可根据需要对角度或不同的坐标轴进行等分，如图 6.2.3 所示。

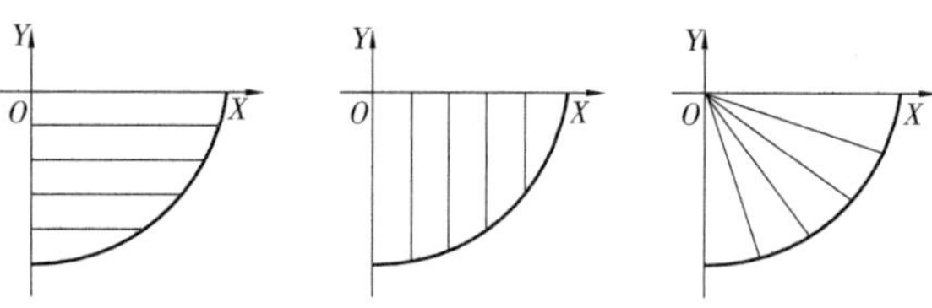

图 6.2.3　等间距法的示意图

拟合曲线不能与理想曲线完全重合，存在一定的拟合误差，拟合误差的大小取决于拟合的方法和拟合线段的数目。拟合计算时，在保证拟合精度的前提下，尽量选较少的拟合段数。

（七）宏程序编程举例

加工如图 6.2.4（a）所示的椭圆弧零件，毛坯尺寸为ϕ32×100，试编写加工程序。

当以椭圆中心为原点时，椭圆方程为$\dfrac{x^2}{10^2}+\dfrac{z^2}{20^2}=1$，椭圆中心 O_1 到轴线的距离为 20，到工件右端面的距离为 30，如图 6.2.4（a）所示。假设椭圆上某点 A，其到椭圆中心 O_1 的距离 X 向为#4，Z 向为#3，拟合采用 Z 轴等间距法，间距为 0.4，#3 为自变量；椭圆的起点和终点到 O_1 的距离 X 向为#2＝5，Z 向为#1＝20*SQRT［10*10－#2*#2］/10。而当以工件右端面中心 O 为原点时，可知 A 点的 X 坐标为 2*（20－#4），Z 坐标为#3－30。该零件的加工程序如下：

```
O0620;
N10 G21 G40 G97 G99;                    程序初始化
N20 M03 S600 T0101;                     主轴正转速 600r/min,选择粗车刀
N30 G00 X32.0 Z2.0;                     快速进刀至循环起点
N40 G73 U4.0 W0 R3.0;                   粗车循环，最大退出量 X 向 4
                                        Z 向 0，分 3 刀
N50 G73 P60 Q180 U1 W0 F0.2;            粗车循环，留余量 X 向 1，Z 向 0
                                        进给量 0.2mm/r
N60 #2=5.0;                             变量#2 赋初始值 5
N70 #1=20*SQRT[10*10-#2*#2]/10;变量#1 赋初始值
N80 #3=#1;                              将变量#1 的值赋值给变量#3
N90 G00 G42 X30.0 Z2.0;                 快速进刀至切削起点，并设定刀具
                                        半径右补偿
N100 G01 Z [#1-30]F0.1                  车φ30 外圆至椭圆起点
N110 WHILE [[#1+#3]GT0.4 DO1;           当刀具离椭圆终点距离大于 0.4
                                        时，继续循环
N120 #4=10* SQRT                        计算 A 点坐标
        [20*20-#3*#3]/20;
N130 G01 X [2* [20-#4]]                 进刀至 A 点，进给量 0.1mm/r
Z[#3-30]F0.1;
N140 #3=#3-0.4;                         #3 变量减少 0.4
N150 END1;                              WHILE 循环结束
N160 G01 X30.0 Z[-30-#1];               进刀至椭圆终点
N170 Z-62.0;                            车φ30 外圆至长 62
N180 G40 X32.0;                         X 向退刀并取消刀具半径补偿
N190 G00 X150.0 Z100.0                  刀具快速回换刀点
N200 T0202 S1200;                       选择精车刀，主轴转速 1200r/min
N210 G00 X32.0 Z2.0;                    刀具快速进刀
N220 G70 P60 Q180;                      精车循环
N230 G00 X150.0 Z100 0;                 快速退刀
N240 M30;                               程序结束
%
```

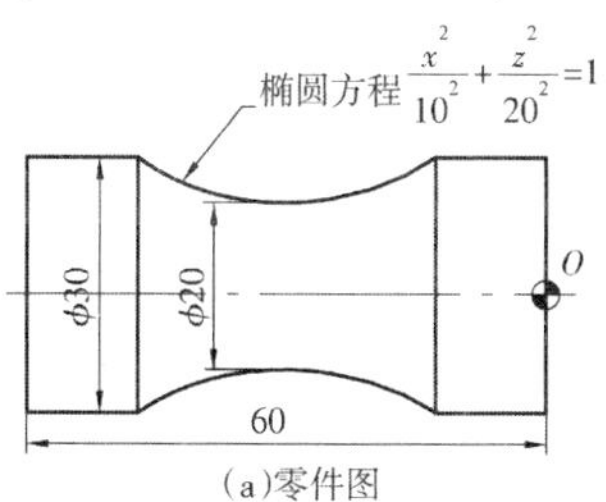

(a)零件图

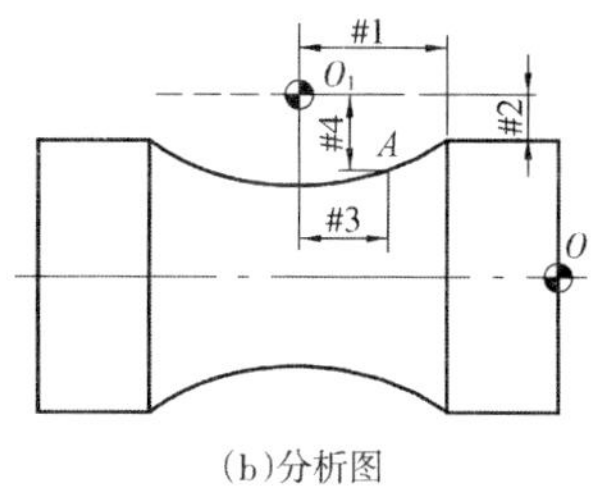

(b)分析图

图 6.2.4　宏程序举例示意图

三、工艺准备

（一）图样分析

该零件的左段在任务 6.1 中已经加工成型，本任务只需加工右段即可。根据图样要求，加工内容主要有椭圆、锥度、外圆、台阶面和倒角等。表面粗糙度除右端的椭圆面要求 *Ra*3.2μm 外，其余为 *Ra*1.6μm。

（二）夹具选择

该零件可用自定心卡盘进行装夹。

（三）刀具准备，填写刀具卡

1. 刀具选择

零件的加工选择 95° 外圆车刀，刀尖圆弧半径 *R*0.4。

2. 填写刀具卡

参见附表 2.11。

（四）量具准备

0～150mm 钢直尺一根，用于测长度。
0～150mm 游标卡尺一把，用于测量外圆和长度。
25～50mm 千分尺一把，用于测量外圆。

（五）编制加工工艺，填写工序卡

1. 工艺编制

该零件的加工分粗加工和精加工。

1）粗加工。粗加工采用 95° 外圆车刀，用 G73 进行切削，切削速度 120m/min，进给量 0.2mm/r，切削量为 *X* 向为 15mm（半径），*Z* 向为 0，分 6 刀，留精车余量 *X* 向 1mm，*Z* 向 0.2mm。

2）精加工。精车采用 95° 外圆车刀，切削速度 150m/min，进给量 0.1mm/r，不留余量。

2. 填写工序卡

参见附表 2.12。

（六）坐标计算

根据分析，椭圆方程为 $\frac{x^2}{12^2}+\frac{z^2}{16^2}=1$。椭圆的终点 *B* 到椭圆中心 O_1 的 *Z* 向距离为 1，由此可得 *B* 点的 *X* 向坐标有

$$\#3=12\times\sqrt{1-\frac{1^2}{16^2}}$$

对于椭圆上某一点 A 点，其相对椭圆中心 O_1 的距离 Z 向为#1，X 向为#2，且

$$\#2=12\times\sqrt{1-\frac{\#1^2}{16^2}}$$

当以工件右端面中心 O 为工件坐标系原点时，A 点的坐标为 X［2*#2］Z［#1－16］。现采用 Z 向等间距拟合法对椭圆进行拟合，间距为0.4，自变量为#1，如图6.2.5所示。

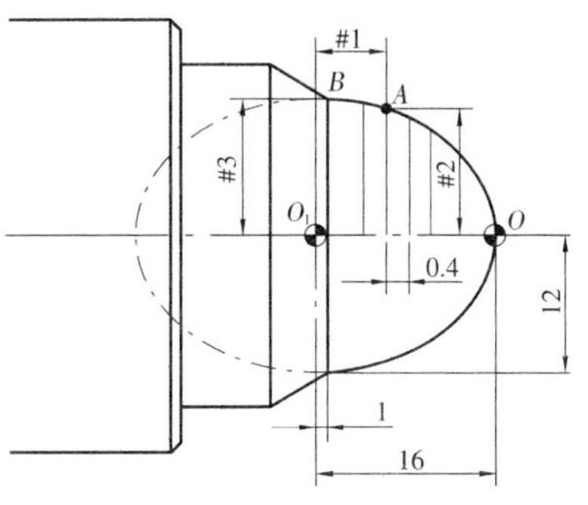

图6.2.5 数学处理

（七）编制加工程序，填写加工程序单

1. 编制加工程序

根据前面的工艺分析和坐标计算，所编的加工程序如下：

```
O0621;
N10 G21 G40 G97 G99;                  程序初始化
N20 M03 S600 T0101;                   启动主轴，转速 600r/min，选择
                                      95°外圆车刀
N30 G96 S100;                         设定恒线速度切削，切削速度为
                                      100m/min
N40 G50 S2500;                        设定主轴最高转速 2500r/min
N50 G00 X40.0 Z2.0;                   快速进刀至循环起点
N60 G73 U15 W0 R6;                    粗车设定切削余量 15mm，分 6 刀
N70 G73 P80 Q220 U1 W0.2 F0.2;        粗车循环，留余量 X 向 1，Z 向 0.2
                                      进给量 0.2mm/r
N80 #1=16;                            变量#1 赋初始值 16
N90 #2=0;                             变量#2 赋初始值 0
N100 #3=12*SQRT[16*16-1]/16;变量#3 赋初始值
N110 G00 G42 X-1.0;                   X 向进刀，并设定刀具半径右补偿
N120 G01 Z0.0 F0.1;                   Z 向进刀，设定精车进给量 0.1mm/r
N130 WHILE[#1-1]GT 0.4]DO1;           当刀具离椭圆终点距离大于 0.4
                                      时，继续循环
N140 #2=12*SQRT                       计算 A 点坐标
        [16*16-#1*#1]/16;
N150 G01 X[2*#2]Z[#1-16];             进刀至 A 点
N160 #1=#1-0.4;                       #1 变量减少 0.4
N170 END1;                            WHILE 循环结束
```

```
N180 G01 X[2*#3]Z-15;          进刀至椭圆终点 B
N190 X30.0 Z-20.0;             车锥面
N200 Z-28.0;                   车φ30 外圆
N210 X36.0;                    车台阶面
N220 G40 U4.0 W-2.0;           倒角，并取消刀具半径补偿
N230 G00 X150.0 Z100.0;        刀具快速回换刀点
N240 G96 S150;                 切削速度 150m/min
N250 G00 X40.0 Z2.0;           刀具快速进刀
N260 G70 P80 Q220;             精车循环
N270 G00 X150.0 Z100.0;        快速退刀
N280 G97 S500;                 取消恒线速度，设定主轴转速为
                               500r/min
N290 M30;                      程序结束
%
```

2. 填写加工程序单

参见附表 2.13。

四、任务实施

01 工件装夹。将工件置于自定心卡盘中，留约 36mm 长在外，夹住ϕ38 外圆，经找正后夹紧工件。

02 刀具装夹。将 95° 外圆车刀置于 1#刀位，在调整好刀具高度、伸出长度和主偏角与副偏角后，夹紧刀具。

03 车总长并完成对刀。用 95° 外圆车刀将工件总长车至 84 后，完成对刀操作。同时将 1#刀补的补偿类型代号设置于为 3，半径值设置为 0.4。

04 程序的输入与调试。将 O0621 程序输入数控装置中，并仔细检查程序，确保程序输入无误。

05 自动方式下运行加工程序，完成零件加工。

06 卸下工件，清理机床。

五、考核评价

1）学生完成零件自检，填写“考核评分表”（附表 2.28），并同刀具卡、工序卡和程序单一起上交。

2）教师对零件进行检测，对刀具卡、工序卡和程序单进行批改，对学生整个任务的实施过程进行分析，并填写“考核评分表”（附表 2.28）对学生进行成绩评定。

六、自主练习

1）变量按性质和用途分有哪些？

2）循环语句有哪些？有何区别？

3）对图 6.2.6 所示零件进行工艺分析，并填写加工工序卡、刀具卡和程序单。

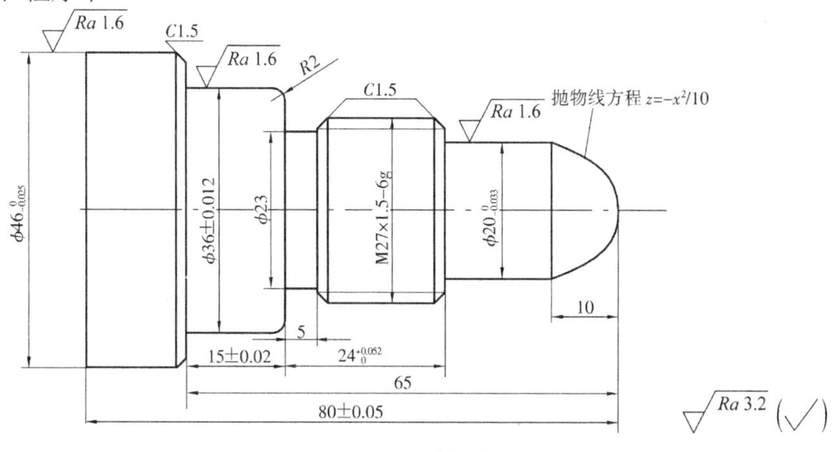

图 6.2.6　练习件

任务 6.3 复杂轴类零件（三潭印月模型）的加工

一、工作任务

（一）生产任务（表 6.3.1）

表 6.3.1　生产任务单

单位名称							编号	
产品清单	序号	零件名称	毛坯外形、尺寸	数量	材料	出单日期	交货日期	技术要求
	1	三潭印月	ϕ42×130	1	铝			见模型
	2							
	3							
	4							
	5							
出单人签字： 日期：_____年_____月_____日				接单人签字： 日期：_____年_____月_____日				
车间负责人签字： 日期：_____年_____月_____日								

（二）完成模型图（图 6.3.1）

根据提供的三维模型，完成图 6.3.1 所示三潭印月模型的自动编程与加工。毛坯材料为铝，尺寸为ϕ42×130。

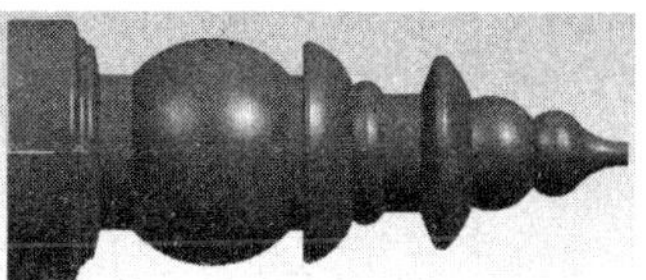

图 6.3.1　三潭印月模型

二、相关知识

（一）手工编程与自动编程

1. 手工编程

手工编程就是从分析零件图样、确定加工工艺过程、数值计算、编写零件加工程序单、制作控制介质到程序校验都是人工完成。它要求编程人员不仅要熟悉数控指令及编程规则，还要具备数控加工工艺知识和数值计算能力。对于加工形状简单、计算量小、程序段数不多的零件，采用手工编程较容易，而且经济、及时。因此，在点位加工或直线与圆弧组成的轮廓加工中，手工编程仍广泛应用。对于形状复杂的零件，特别是具有非圆曲线、列表曲线及曲面的零件，用手工编程就有一定困难，出错的概率增大，有时甚至无法编出程序，必须用自动编程的方法编制程序。

2. 自动编程

自动编程是指用计算机编制数控加工程序的过程。编程人员只需根据零件图样的要求，使用数控语言或借助 CAM 软件，由计算机自动地进行数值计算及后置处理，编写出零件加工程序单，并将加工程序通过直接通信的方式送入数控机床，指挥机床工作。自动编程的优点是效率高，正确性好。自动编程由计算机代替人完成复杂的坐标计算和书写程序单的工作，它可以解决许多手工编制无法完成的复杂零件编程难题。自动编程较适合形状复杂零件的加工程序编制，如模具加工、多轴联动加工等场合，是进行曲面加工的主要手段。实现自动编程的方法主要有语言式自动编程和图形交互式自动编程两种。

（1）APT 语言自动编程

APT（automatically programmed tool）是一种自动编程工具的简称，是对工件、刀具的几何形状及刀具相对于工件的运动等进行定义时所用的一种接近于英语的符号语言。把用 APT 语言书写的零件加工程序输入计算机，经计算机的 APT 语言编程系统编译产生刀位文件（CLDATA file），然后进行数控后置处理，生成数控系统能接收的零件数控加工程序的过程，称为 APT 语言自动编程。

（2）CAD/CAM 集成系统数控编程

这种编程方法是以待加工零件 CAD 模型为基础的一种集加工工艺规划及数控编程为一体的自动编程方法，它采用人机对话的处理方式，利用 CAD/CAM 功能生成加工程序。零件 CAD 模型的描述方法多种多样，适用于数控编程的主要有表面模型和实体模型，其中表面模型在数控编程中应用较为广泛。CAD/CAM 软件编程加工过程：图样分析、零件分析、三维造型、生成加工刀具轨迹、后置处理生成加工程序、程序校验、程序传输并进行加工。利用 CAD/CAM 系统进行自动编程的流程如图 6.3.2 所示。

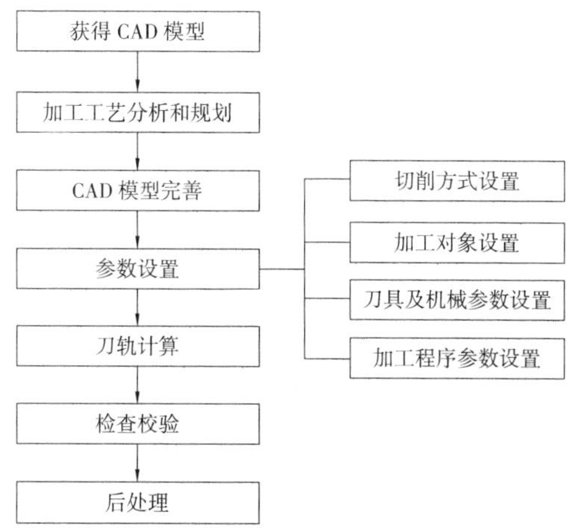

图 6.3.2　利用 CAD/CAM 系统进行自动编程的流程

CAD/CAM 集成系统数控编程的主要特点是零件的几何形状可在零件设计阶段采用CAD/CAM集成系统的几何设计模块在图形方式下进行定义、显示和修改，最终得到零件的几何模型。数控编程的一般过程包括刀具的定义或选择，刀具相对于零件表面的运动方式的定义，切削加工参数的确定，刀路轨迹的生成，加工过程的动态图形仿真显示，程序验证及后处理等，一般是在屏幕菜单及命令驱动等图形交互方式下完成的，具有形象、直观和高效等优点。

目前，比较成熟的 CAM 系统主要以两种形式实现 CAD/CAM 系统集成：一体化的 CAD/CAM 系统（如 UGII、Catia、Cimatron、Pro/ENGINEER、CAXA 等）和相对独立的 CAM 系统（如 Mastercam、Edgecam、Powermill 等）。前者以内部统一的数据格式直接从 CAD 系统获取产品几何模型，而后者主要通过中性文件从其他 CAD 系统获取产品几何模型。然而，无论哪种形式的 CAM 系统，都由五个模块组成，即交互工艺参数输入模块、刀具轨迹生成模块、刀具轨迹编辑模块、加工动态仿真模块和后置处理模块。

（二）UG 软件介绍

UG（Unigraphics）起源于麦道飞机制造公司，现属于德国西门子的 UGS PLM 软件公司，是一个集成化的 CAD/CAE/CAM 系统，是当前国际、国内最为流行的工业设计平台。其庞大的模块群为企业提供了从产品设计、产品分析、加工装配、检验，到过程管理、虚拟动作等全系列的支持，其主要模块有产品造型、数控加工、产品装配等通用模块和计算机辅助工业设计、钣金设计、模具设计、管路设计布局等专用模块。该软件的容量较大，对计算机的硬件配置要求也较高，所以早期版本在我国使用不是很广泛。但随着计算机配置的不断升级，该软件在国内外

CAD/CAE/CAM 市场上已占有了很大的份额。

一般认为 UG 是业界中最好、最具代表性的数控软件。其最突出的优点是功能强大的刀具轨迹生成方法，包括车削、铣削、线切割等。UG 车削加工的一般步骤：

01 打开待加工部件，完成加工初始化。

02 创建几何体组。

创建几何体组的途径：使用“创建几何体”图标，或在主菜单上选择“插入”→“几何体”，或在“操作导航器”中，将 MB3（右键）定位在要插入几何体的位置，然后选择“插入”→“几何体”。

UG 车加工中可以创建的几何体类型有机床坐标系、工件（用于实体选择）、工件（毛坯＋部件）、包容、避让等，如图 6.3.3 所示。

03 创建刀具组。

创建刀具组的途径：使用“创建刀具”图标，或在主菜单上选择“插入”→“刀具”，或在“操作导航器”中，将 MB3 定位在要插入刀具的位置，然后选择“插入”→“刀具”。

UG 车削模块可以创建的刀具类型有内（外）圆车刀、切槽刀、螺纹车刀、钻头等，如图 6.3.4 所示。

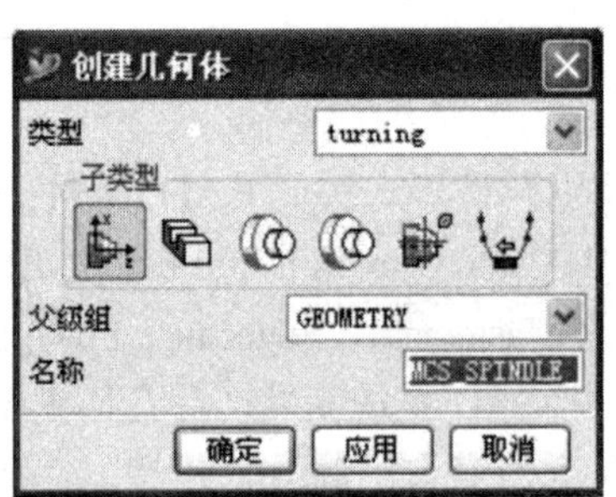

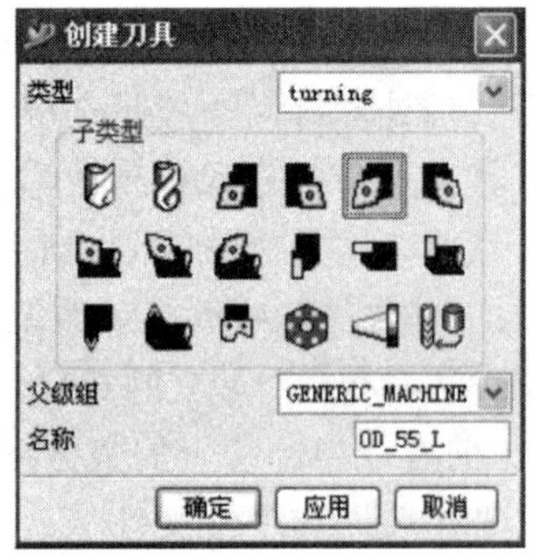

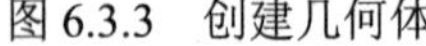

图 6.3.3　创建几何体　　图 6.3.4　创建刀具

另外，UG 也允许调用 UG 刀库中已有刀具，调用刀具的图标是。

04 创建方法组。

创建方法组的途径：使用“创建方法”图标，或在主菜单上选择“插入”→“方法”，或在“操作导航器”中，将 MB3 定位在要插入方法的位置，然后选择“插入”→“方法”。

UG 车加工中有以下方法可用：辅助车加工、中心线车加工、精车、车槽、粗车和车螺纹等。通过创建方法，可以指定加工的进给率、颜色、附加的刀路、部件余量、内公差/外公差、显示选项和继承等信息，如图 6.3.5 所示。

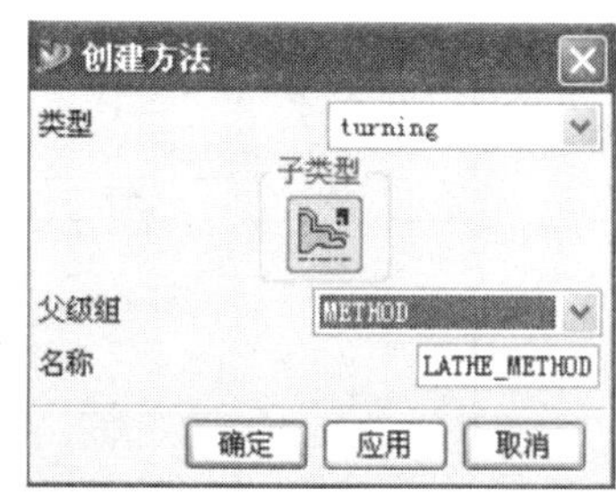

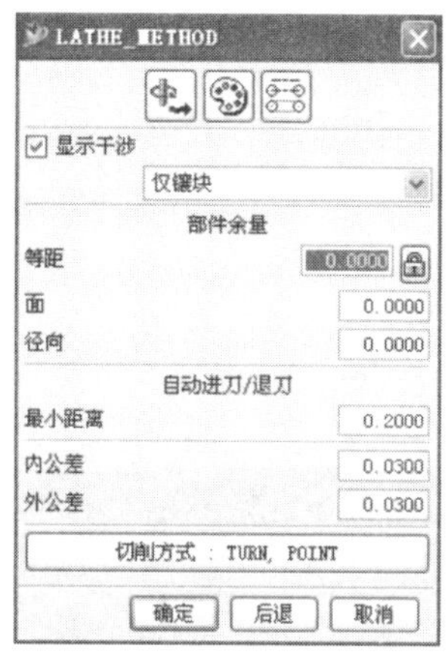

图 6.3.5　创建方法

05 创建程序组。

创建程序组的途径：使用“创建程序”图标，或在主菜单上选择“插入”→“程序”，或在“操作导航器”中，将 MB3 定位在要插入程序的位置，然后选择“插入”→“程序”。程序组使用户能够将操作归组并排列到程序中，方便对操作的管理和程序的输出。“创建程序”对话框如图 6.3.6 所示。

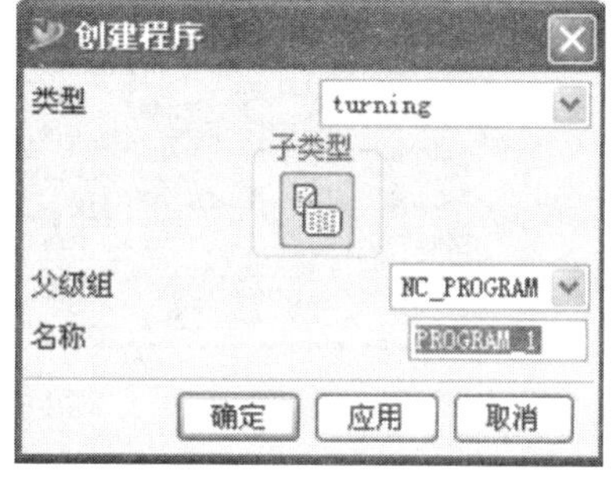

图 6.3.6　“创建程序”对话框

06 创建操作。

创建操作的途径：使用“创建操作”图标，或在主菜单上选择“插入”→“操作”，或在“操作导航器”中，将 MB3 定位在要插入操作的位置，然后选择“插入”→“操作”。

UG 车加工可以创建的操作类型有粗加工、精加工、孔加工、切槽和车螺纹等，如图 6.3.7 所示。创建操作时，除需指定操作的子类型外，还需指定操作所用的程序组、几何体组、刀具组和方法组等父级组。

创建操作过程中，应对切削方式、切削区域、切削深度、层角度、交变模式、进刀/退刀、切削、避让、进给率、机床、拐角、余量等信息进行设置。在所有参数正确设置完毕后，便可生成相应的刀轨。

07 轨迹验证与仿真加工。

创建操作后，可对生成的刀路轨迹进行验证、过切检查和仿真加工。对刀轨进行验证和仿真途径：使用工具栏上的“确认”按钮，或相应的操作对话框下方的“确认”按钮，或在“操作导航器”中，选择“刀轨”→“确认”。在对刀轨进行验证时，可以选择 2D 效果，也可以选择 3D 效果，如图 6.3.8 所示。

08 后处理。

当刀轨经过验证后，可以后处理生成加工程序。后处理的操作方法是选择要后处理的对象，单击“后处理”图标，选择相应的后处理器，生成加工程序。

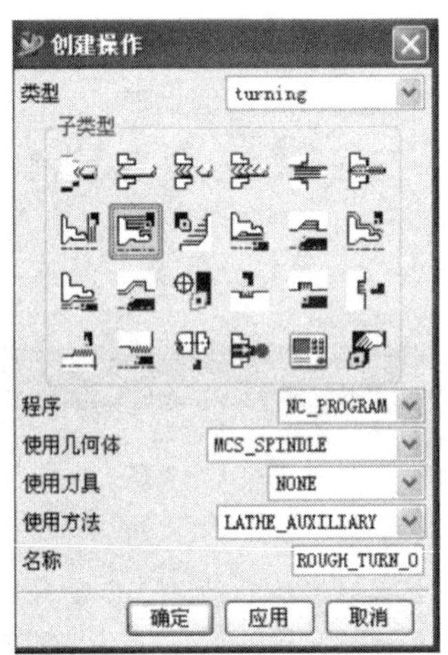

图 6.3.7 创建操作

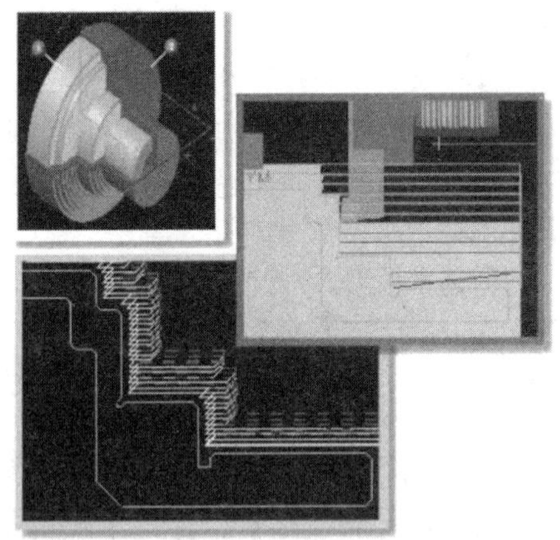

图 6.3.8 仿真加工

（三）DNC 程序传输

由于自动编程产生的程序冗长，靠手工输入机床的方法工作量大而且容易出错，为此需要借助通信技术实现程序在计算机与机床间的传输。目前，传输程序可以通过 DNC 传输、USB 传输、无线网络传输，甚至通过专用的存储卡，其中 DNC 传输的方式为目前国内应用较为普遍的传输方式。

1. DNC 传输数据线

该数据线通常采用的是 RS-232 接口，其连接方式有 9 针与 9 针相连和 9 针与 25 针相连两种。数据线的连接插件与连接方式如图 6.3.9 和图 6.3.10 所示。

图 6.3.9　RS-232 接口

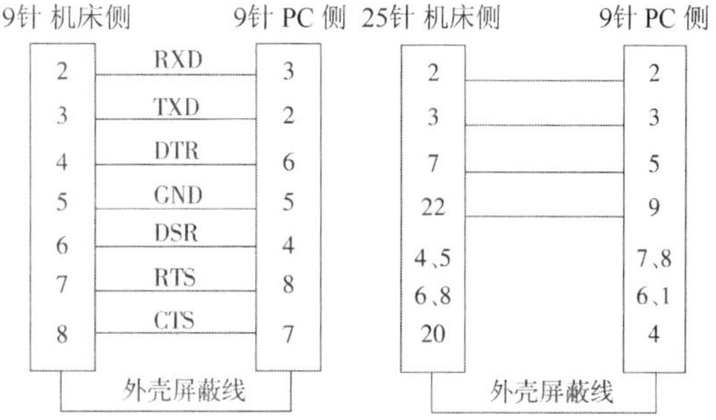

图 6.3.10　RS-232 接口内部连接方式

2. DNC 传输软件

目前用于程序传输的软件有 CIMCO、V24、WINDNC、WIN PCIN 等，各种软件的操作方法和传输原理基本相同。现以 CIMCO 为例说明程序的传输过程。

CIMCO 软件由丹麦的 CIMCO 公司开发，是一套包括机床联网通信、数控程序编辑、刀路检查、程序管理系统等诸多模块的数控传输软件（图 6.3.11）。

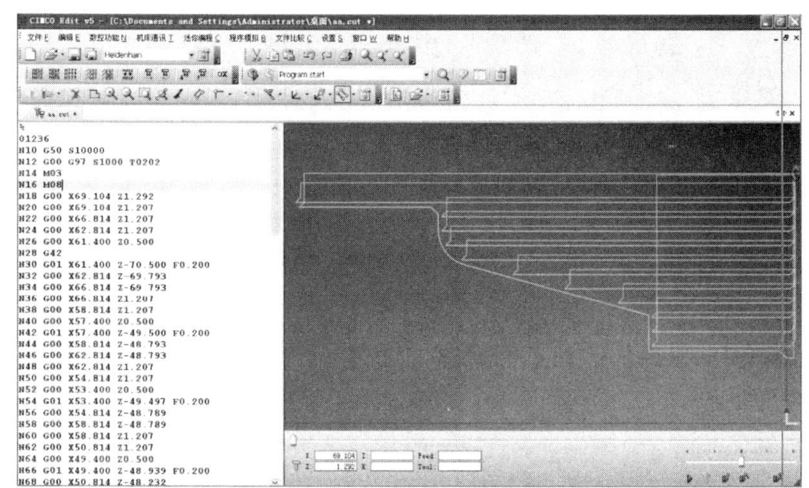

图 6.3.11　CIMCO 软件界面

（1）传输软件的设定

单击菜单“机床通讯”→“DNC 设置”，在打开的如图 6.3.12 所示的“设置:Machine 2”对话框中进行如下参数设置。

传输端口：根据计算机接线选择的端口设置 COM1 或 COM2。

波特率：选择 4800 或 9600。

数据位：7。

停止位：2。

奇偶位：偶。

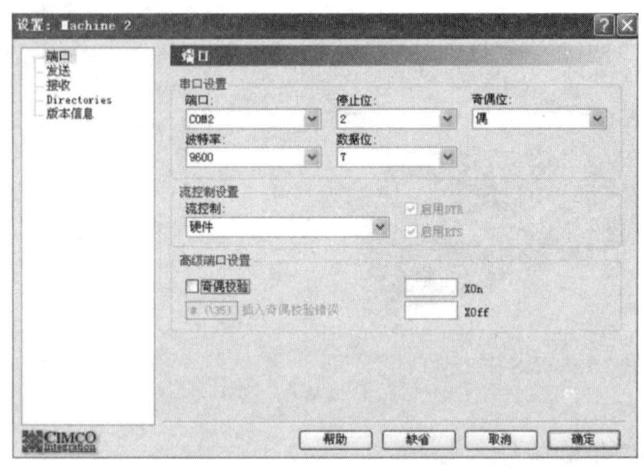

图 6.3.12　传输参数设定

（2）机床参数的设定

查阅 FANUC 0i TC 系统的各参数的使用说明，对系统的相关参数进行设置，设置内容与上述软件参数设置相同。

（3）程序传输

程序传输的一般步骤如下：

01 按机床操作面板的“EDIT”键，按“PROG”键，输入程序名 O××××，按屏幕下方的软键 OPRT→READ→EXE。

02 在传输软件 CIMCO 中，单击“机床通讯”→“发送”，选择机床，单击“确定”按钮。

三、工艺准备

（一）图样分析

该模型实质为一个由多处圆弧、外圆、槽、锥度等特征组成的复杂轴类零件，圆弧多是其最大的特点，该零件精度要求主要体现在零件轮廓线连接上。经过对模型的测量分析，零件的最大直径为左端基座处的 39，最小直径为右端头部的ϕ3.6，总长为 95mm。为保证该零件的外观，获得较好的光泽度，加工材料选择铝材，毛坯尺寸为ϕ42×130。

（二）刀具准备，填写刀具卡

1. 刀具选择

经过对模型的形状和尺寸的分析可知，图 6.3.13（a）所示Ⅰ、Ⅱ、

Ⅲ三处是刀具易发生干涉的地方。若整个加工过程采用一把刀完成，为避免刀具在加工过程时与工件发生干涉，刀具的主偏角 κ_r 应大于 80°，副偏角 κ_r'应大于 90°，这种刀尖角不足 10° 的理想化刀具没有实际应用价值。基于以上分析，可以采用两把刀完成加工，其一为 κ_r=93°、κ_r'=52° 的外圆仿形车刀［图 6.3.13（b）］，另一把为 2mm 宽的切槽刀［图 6.3.13（c）］。前者主要完成整体外形的加工，后者完成图中Ⅱ、Ⅲ两处“槽”的清角任务。

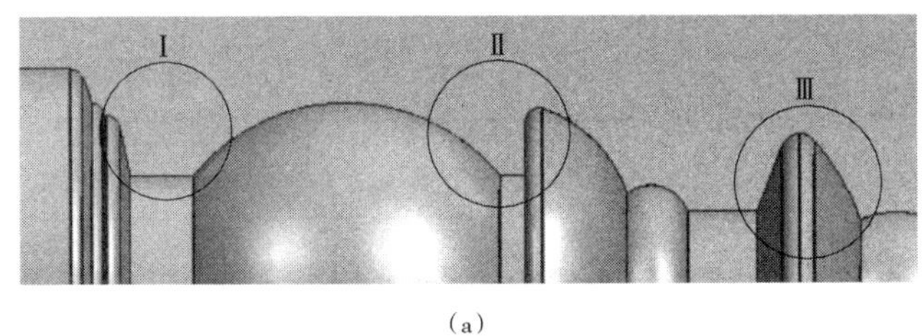

（a）

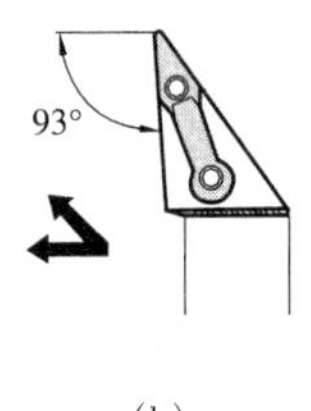

（b）

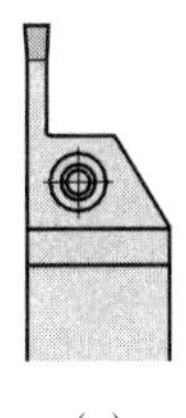

（c）

图 6.3.13 工刀具选用

2. 填写刀具卡

参见附表 2.11。

（三）编制加工工艺，填写工序卡

1. 工艺编制

该零件的加工分粗加工、精加工、清角和切断。

1）粗加工。粗车采用 93° 外圆仿形车刀径向分层切削，背吃刀量 2mm，主轴转速 1600r/min，进给量 0.2mm/r，留余量 X 向 1mm、Z 向 0.3mm。

2）精加工。精车采用 93° 外圆仿形车刀，主轴转速 2200r/min，进给量 0.1mm/r，不留余量。

3）车槽清角。用 2mm 宽切槽刀清角，主轴转速 600r/min，进给量 0.08mm/r。

4）切断。

2. 填写工序卡

参见附表 2.12。

四、任务实施

01 启动 UG，并打开三潭印月的文件 styy.prt。

02 进入加工模块，完成车加工初始化。

03 创建几何体。

在操作导航器几何视图下，双击坐标系标记 MCS_SPINDLE WORKPIECE，将工件坐标系 MCS 原点设定在工件右端面中心处，如图 6.3.14 所示；双击工件几何体标记 MCS_SPINDLE WORKPIECE，在“创建几何体”对话框中选择部件和毛坯。

创建包容几何体 CONTAINMET，如图 6.3.15 所示，并按图 6.3.16（a）所示切削区域对包容范围进行设置，设置径向修剪 1 为 1.8，径向修剪 2 为 21，轴向修剪 1 为 2，轴向修剪 2 为−96，如图 6.3.16（b）所示。

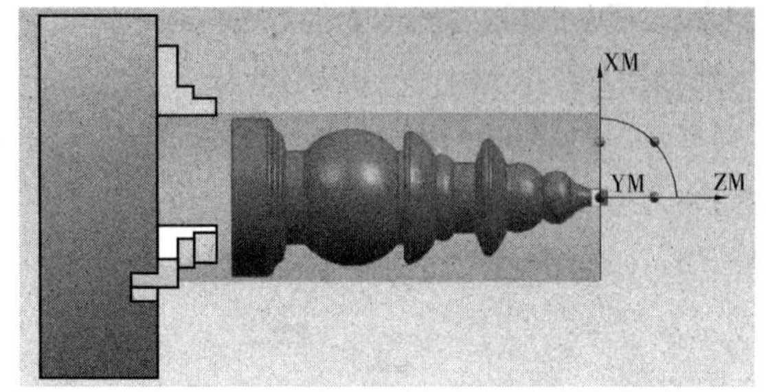

图 6.3.14　创建加工坐标系

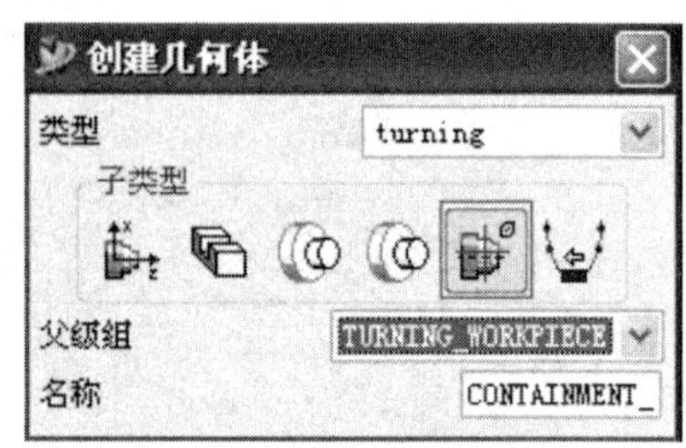

图 6.3.15　创建几何体

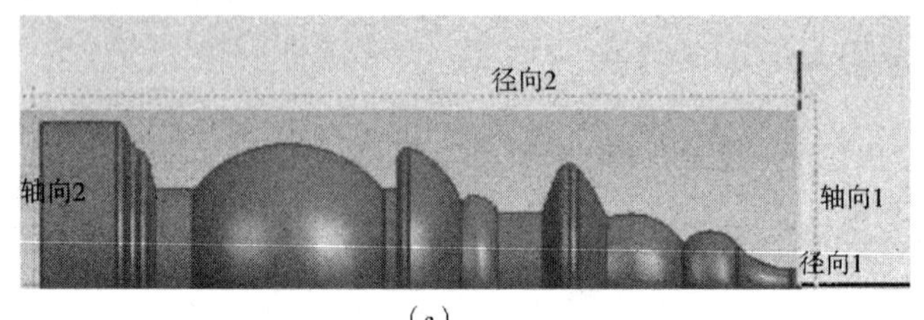

（a）

CONTAINMENT

修剪平面

☑ 修剪	径向 1	1.80000
☑ 修剪	径向 2	21.00000
☑ 修剪	轴向 1	2.00000
☑ 修剪	轴向 2	-96.00000

（b）

图 6.3.16　设定加工范围

04 创建刀具。

创建外圆车刀 OD_35_L，设置刀片角度 35°，刀尖半径 0.8，方向角度 52°，其他值默认，如图 6.3.17（a）所示。创建 OD_GROOVE_L 切槽刀，设置刀片宽度 2mm，其他值默认，如图 6.3.17（b）所示。

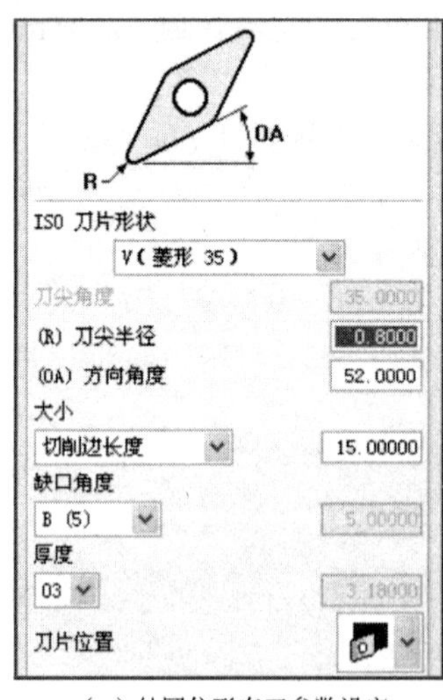

（a）外圆仿形车刀参数设定

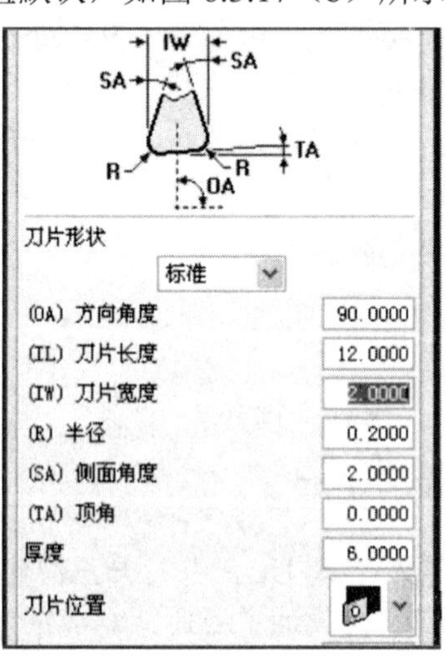

（b）切槽刀参数设定

图 6.3.17　创建加工刀具

05 创建粗加工操作。

创建粗加工操作ROUGH_TURN_OD，在对话框中选择turning类型、NC_PROGRAM 程序组、CONTAINMENT 几何体、OD_35_L 刀具、LATHE_ROUGH 方法，如图 6.3.18（a）所示。在“ROUGH_TURN_OD”对话框中，选择“单向线性切削方式”，设置切削深度最大值 2mm、最小 0.5mm，交变模式为“根据层”，如图 6.3.18（b）所示。

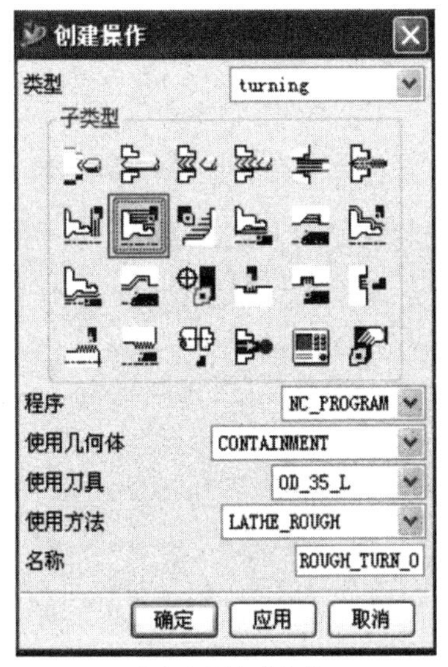

（a）加工方式选择

（b）粗加工操作对话框

图 6.3.18　创建粗加工操作

在“进给和速度”对话框中单击“速度”选项卡，选择主轴输出模式为 RPM，设置粗加工主轴转速 1600r/min；单击“进给”选项卡，设置剪切速度为 0.2mm/r，第一刀切削为 0.1mm/r，步进 0.2mm/r，其他值默认，如图 6.3.19 所示。

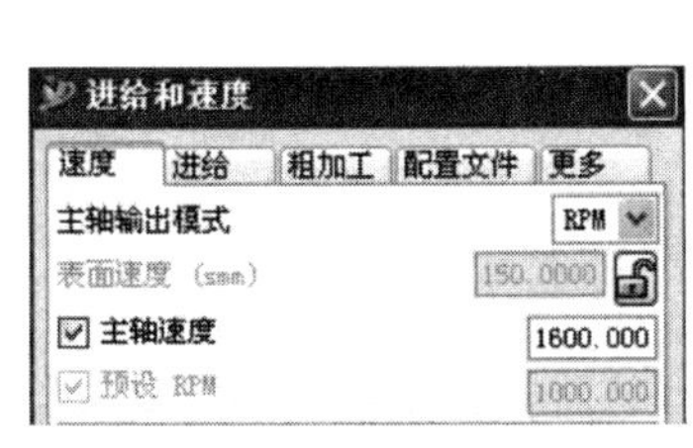

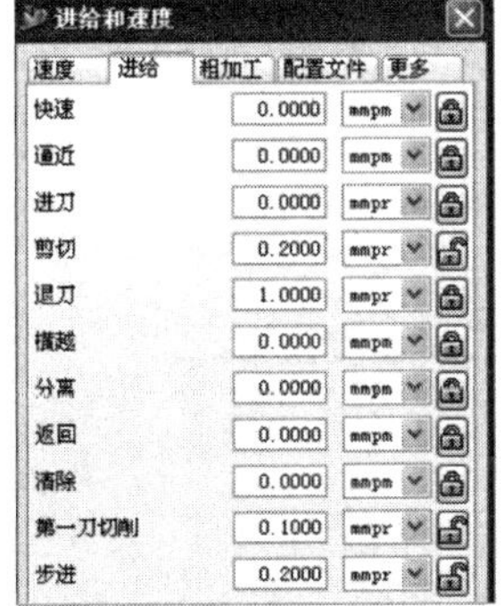

图 6.3.19　主轴转速与进退刀速度设定

在“毛坯”对话框中，设置粗加工余量：面 0.3mm（Z 向），径向 0.5mm（半径），如图 6.3.20 所示。

在“避让”对话框中单击“逼近”选项卡，“从点（FR）”设置在离工件较远点（60，50），“起点（ST）”设置在离工件较近点（3，22），其他值默认，如图 6.3.21 所示。

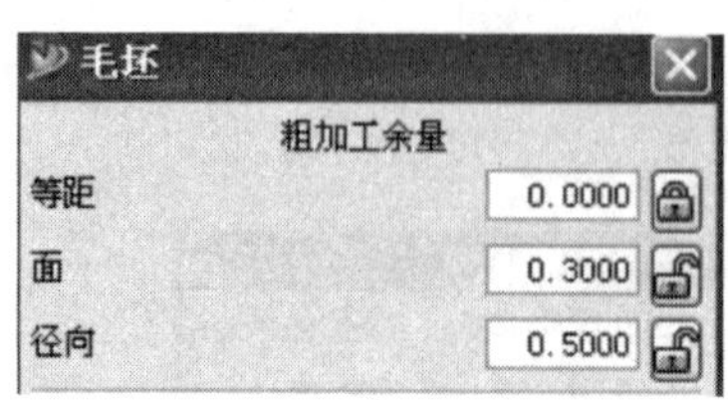

图 6.3.20　余量设定

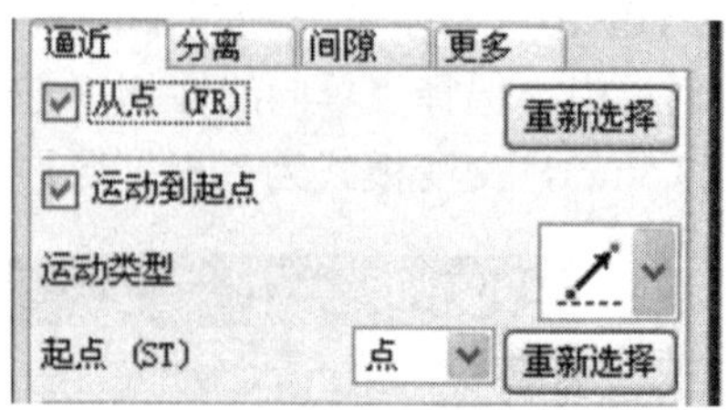

图 6.3.21　起点设定

其他选项保留默认设置，生成刀轨如图 6.3.22 所示。

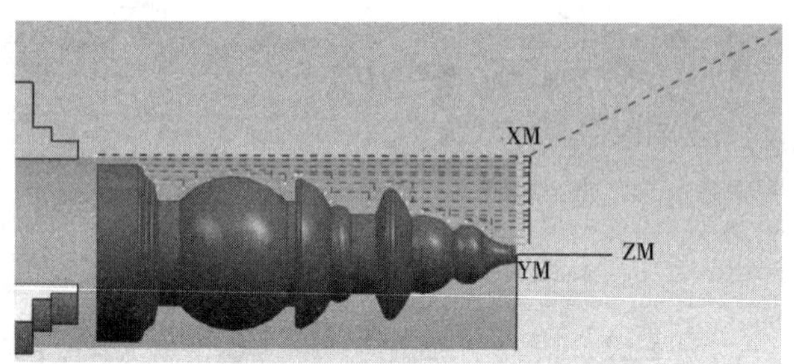

图 6.3.22　生成粗加工刀路

06 创建精加工操作。

创建精加工操作 FINISH_TURN_OD，在对话框中选择 turning 类型、NC_PROGRAM 程序组、CONTAINMENT 几何体、OD_35_L 刀具、LATHE_FINISH 方法，如图 6.3.23 所示。

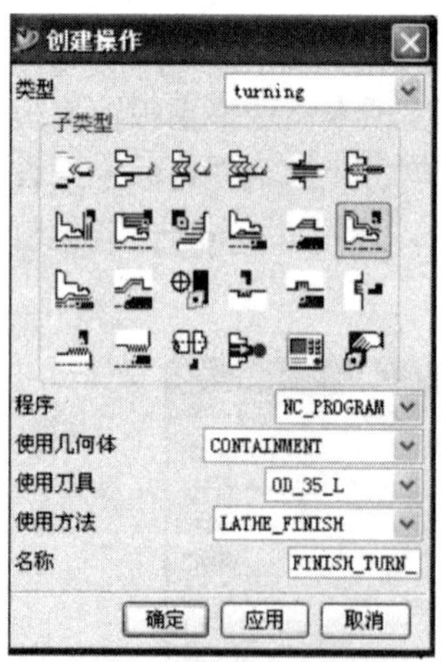

图 6.3.23　创建精加工操作

在“FINISH_TURN_OD”对话框中，选择“全部完成切削方式”；在“进给和速度”对话框中设置主轴转速 2200r/min，剪切、第一刀切削和步进均为 0.1mm/r；“避让”对话框的设置同第 5 步粗加工操作；“毛坯”对话框中余量均设置为 0；其他保留默认设置，生成的精加工刀路如图 6.3.24 所示。

07 切槽清角。

创建切槽操作 GROOVE_OD，在对话框中选择 turning 类型、NC_PROGRAM 程序组、TURNING_WORKPIECE 几何体、OD_GROOVE_L 刀具、LATHE_GROOVE 方法，如图 6.3.25 所示。

在 GROOVE_OD 对话框中，选择“单向直切”，最大步长为 80%，清刀方式为“仅向下”，如图 6.3.26 所示。

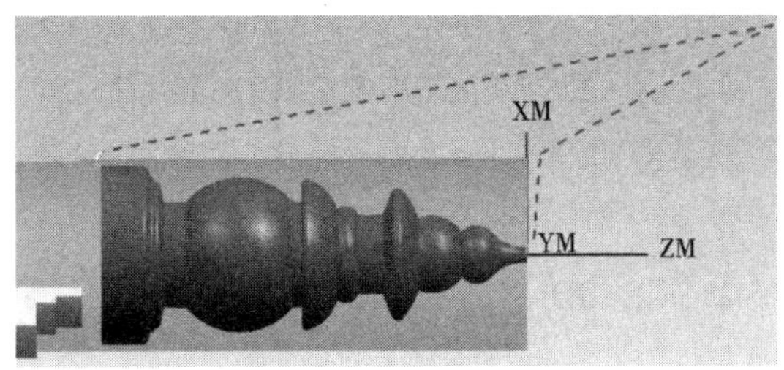

图 6.3.24　生成精加工刀路

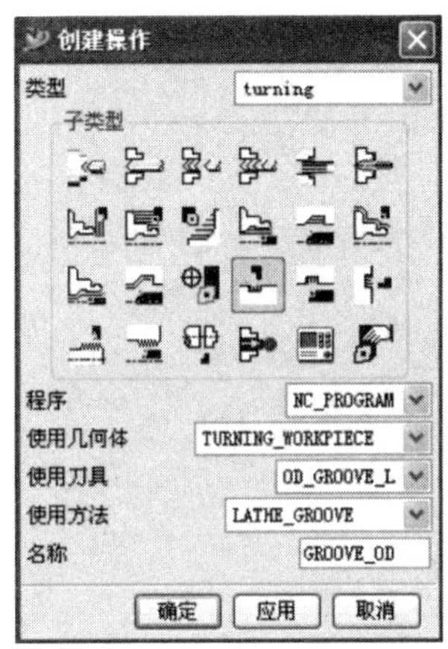

图 6.3.25　创建切槽操作

图 6.3.26　切槽对话框

选择“切削区域”→“包容”，设置径向修剪平面和轴向修剪平面，如图 6.3.27（a）所示；在“进给和速度”对话框中设置主轴转速 600r/min，剪切、第一刀切削、步进均为 0.08mm/r；“毛坯”对话框中余量均设置为 0；在“避让”对话框中设置“从点”为（60，50），设置“运动到起点”为（−33，16），其他选项保留默认值，生成刀路轨迹如图 6.3.27（b）所示。

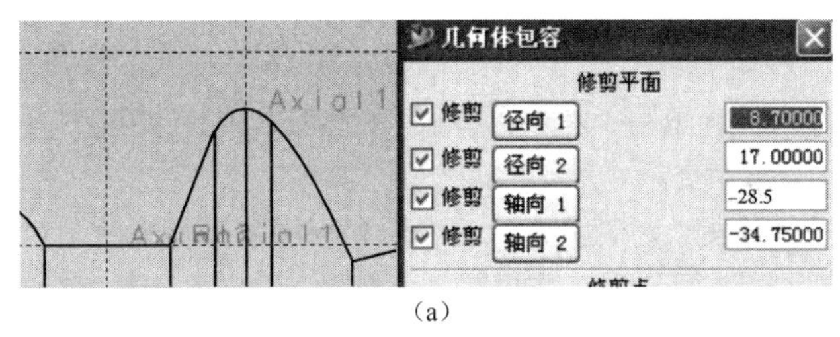

（a）

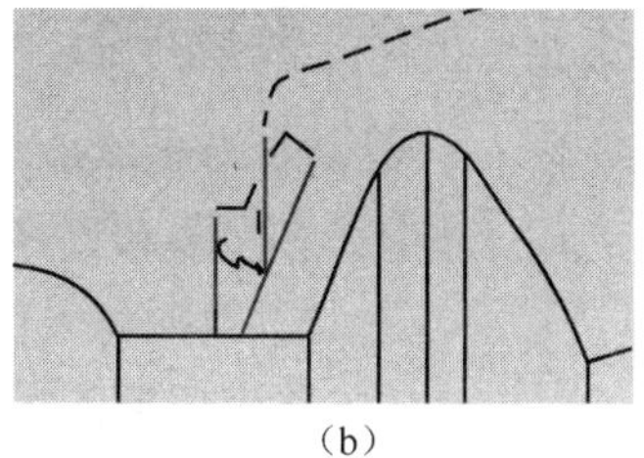

（b）

图 6.3.27　设定清角区域并生成清角刀路（一）

采用同样的方法完成另一处槽的清角操作，并生成刀路轨迹，如图 6.3.28 所示。

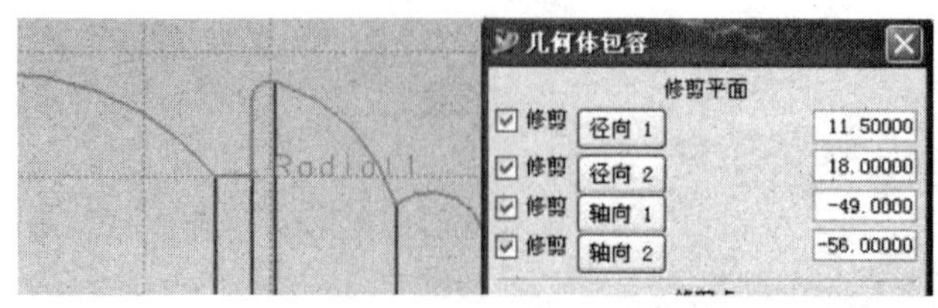

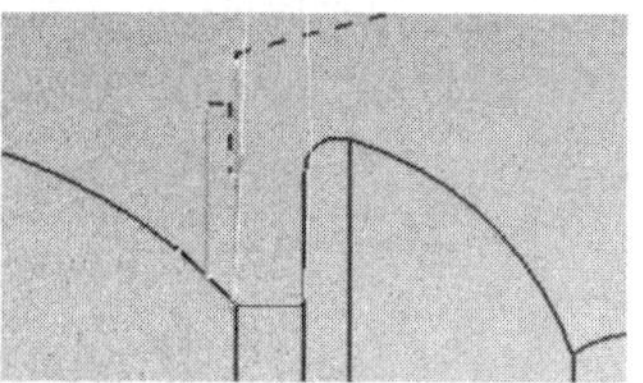

图 6.3.28　设定清角区域并生成清角刀路（二）

08 仿真模拟。

在几何体操作导航器中右击 WORKPIECE，在弹出的快捷菜单中选择“刀轨”→“确定”，通过 2D 或 3D 对加工过程进行仿真模拟，如图 6.3.29 所示。

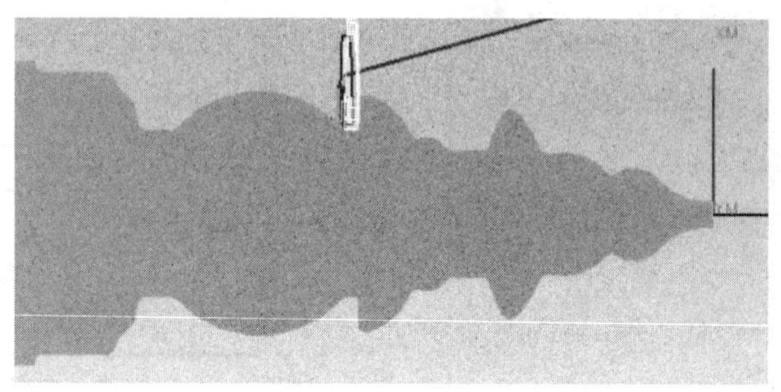

图 6.3.29　仿真加工

09 后处理生成加工程序，并填写程序单（附表 2.13）。

10 将程序导入机床。

将传输数据线连接到计算机与机床的相应端口上，启动 CIMCO 软件，并将程序以 DNC 方式传入机床。

11 完成工件与刀具的安装。

12 完成对刀操作。

13 自动运行加工程序，直至完成加工。

14 卸下工件，清理机床。

五、考核评价

1）学生完成零件自检，填写“考核评分表”（附表 2.29），并同刀具卡、工序卡和程序单一起上交。

2）教师对零件进行检测，对刀具卡、工序卡和程序单进行批改，对学生整个任务的实施过程进行分析，并填写“考核评分表”（附表 2.29）对学生进行成绩评定。

六、自主练习

1）写出 UG 数控车自动编程的步骤。

2）对图 6.3.30 所示零件进行造型，并创建加工刀路。

3）填写加工图 6.3.30 所示零件的加工工序卡、刀具卡和程序单。

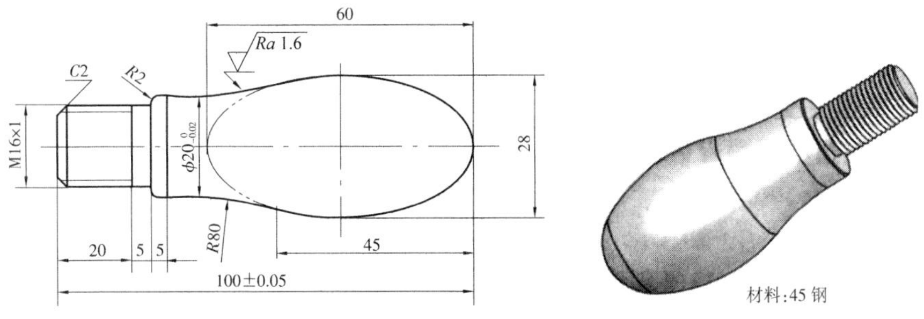

图 6.3.30　自动编程练习件

附录一　数控车工国家职业标准（选摘）

1　职业概况

1.1　职业名称

数控车工。

1.2　职业定义

从事编制数控加工程序并操作数控车床进行零件车削加工的人员。

1.3　职业等级

本职业共设四个等级，分别为：中级（国家职业资格四级）、高级（国家职业资格三级）、技师（国家职业资格二级）、高级技师（国家职业资格一级）。

1.4　职业环境

室内、常温。

1.5　职业能力特征

具有较强的计算能力和空间感，形体知觉及色觉正常，手指、手臂灵活，动作协调。

1.6　基本文化程度

高中毕业（或同等学历）。

1.7　培训要求

1.7.1　培训期限

全日制职业学校教育，根据其培养目标和教学计划确定。晋级培训期限：中级不少于400 标准学时；高级不少于 300 标准学时；技师不少于 200 标准学时；高级技师不少于 200 标准学时。

1.7.2　培训教师

培训中、高级人员的教师应取得本职业技师及以上职业资格证书或相关专业中级及以上专业技术职称任职资格；培训技师的教师应取得本职业高级技师职业资格证书或相关专业高级专业技术职称任职资格；培训高级技师的教师应取得本职业高级技师职业资格证书2 年以上或取得相关专业高级专业技术职称任职资格 2 年以上。

1.7.3　培训场地设备

满足教学要求的标准教室、计算机机房及配套的软件、数控车床及必要的刀具、夹具、量具和辅助设备等。

1.8　鉴定要求

1.8.1　适用对象

从事或准备从事本职业的人员。

1.8.2　申报条件

——中级：（具备以下条件之一者）

（1）经本职业中级正规培训达规定标准学时数，并取得结业证书。

（2）连续从事本职业工作 5 年以上。

（3）取得经劳动保障行政部门审核认定的，以中级技能为培养目标的中等以上职业学校本职业（或相关专业）毕业证书。

（4）取得相关职业中级职业资格证书后，连续从事本职业 2 年以上。

——高级：（具备以下条件之一者）

（1）取得本职业中级职业资格证书后，连续从事本职业工作 2 年以上，经本职业高级正规培训，达到规定标准学时数，并取得结业证书。

（2）取得本职业中级职业资格证书后，连续从事本职业工作 4 年以上。

（3）取得劳动保障行政部门审核认定的，以高级技能为培养目标的职业学校本职业（或相关专业）毕业证书。

（4）大专以上本专业或相关专业毕业生，经本职业高级正规培训，达到规定标准学时数，并取得结业证书。

——技师：（具备以下条件之一者）

（1）取得本职业高级职业资格证书后，连续从事本职业工作 4 年以上，经本职业技师正规培训达规定标准学时数，并取得结业证书。

（2）取得本职业高级职业资格证书的职业学校本职业（专业）毕业生，连续从事本职业工作 2 年以上，经本职业技师正规培训达规定标准学时数，并取得结业证书。

（3）取得本职业高级职业资格证书的本科（含本科）以上本专业或相关专业的毕业生，连续从事本职业工作 2 年以上，经本职业技师正规培训达规定标准学时数，并取得结业证书。

——高级技师：

取得本职业技师职业资格证书后，连续从事本职业工作 4 年以上，经本职业高级技师正规培训达规定标准学时数，并取得结业证书。

1.8.3　鉴定方式

分为理论知识考试和技能操作考核。理论知识考试采用闭卷方式，技能操作（含软件应用）考核采用现场实际操作和计算机软件操作方式。理论知识考试和技能操作（含软件应用）考核均实行百分制，成绩皆达60分及以上者为合格。技师和高级技师还需进行综合评审。

1.8.4 考评人员与考生配比

理论知识考试考评人员与考生配比为1∶15，每个标准教室不少于2名相应级别的考评员；技能操作（含软件应用）考核考评员与考生配比为1∶2，且不少于3名相应级别的考评员；综合评审委员不少于5人。

1.8.5 鉴定时间

理论知识考试为120min，技能操作考核中实操时间为：中级、高级不少于240min，技师和高级技师不少于300min，技能操作考核中软件应用考试时间为不超过120min，技师和高级技师的综合评审时间不少于45min。

1.8.6 鉴定场所设备

理论知识考试在标准教室里进行，软件应用考试在计算机机房进行，技能操作考核在配备必要的数控车床及必要的刀具、夹具、量具和辅助设备的场所进行。

2 基本要求

2.1 职业道德

2.1.1 职业道德基本知识

2.1.2 职业守则

（1）遵守国家法律、法规和有关规定；
（2）具有高度的责任心、爱岗敬业、团结合作；
（3）严格执行相关标准、工作程序与规范、工艺文件和安全操作规程；
（4）学习新知识新技能、勇于开拓和创新；
（5）爱护设备、系统及工具、夹具、量具；
（6）着装整洁，符合规定；保持工作环境清洁有序，文明生产。

2.2 基础知识

2.2.1 基础理论知识

（1）机械制图；
（2）工程材料及金属热处理知识；
（3）机电控制知识；
（4）计算机基础知识；
（5）专业英语基础。

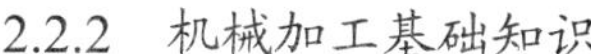

2.2.2 机械加工基础知识

（1）机械原理；
（2）常用设备知识（分类、用途、基本结构及维护保养方法）；
（3）常用金属切削刀具知识；
（4）典型零件加工工艺；
（5）设备润滑和切削液的使用方法；
（6）工具、夹具、量具的使用与维护知识；
（7）普通车床、钳工基本操作知识。

2.2.3 安全文明生产与环境保护知识

（1）安全操作与劳动保护知识；
（2）文明生产知识；
（3）环境保护知识。

2.2.4 质量管理知识

（1）企业的质量方针；
（2）岗位质量要求；
（3）岗位质量保证措施与责任。

2.2.5 相关法律、法规知识

（1）劳动法的相关知识；
（2）环境保护法的相关知识；
（3）知识产权保护法的相关知识。

3 工作要求

本标准对中级工、高级工的技能要求依次递进，高级别涵盖低级别的要求。

3.1 中级

职业功能	工作内容	技能要求	相关知识
一、加工准备	（一）读图与绘图	1. 能读懂中等复杂程度（如曲轴）的零件图 2. 能绘制简单的轴、盘类零件图 3. 能读懂进给机构、主轴系统的装配图	1. 复杂零件的表达方法 2. 简单零件图的画法 3. 零件三视图、局部视图和剖视图的画法 4. 装配图的画法
	（二）制定加工工艺	1. 能读懂复杂零件的数控车床加工工艺文件 2. 能编制简单（轴、盘）零件的数控加工工艺文件	数控车床加工工艺文件的制定
	（三）零件定位与装夹	能使用通用卡具（如自定心卡盘、单动卡盘）进行零件装夹与定位	1. 数控车床常用夹具的使用方法 2. 零件定位、装夹的原理和方法

续表

职业功能	工作内容	技能要求	相关知识
一、加工准备	（四）刀具准备	1. 能够根据数控加工工艺文件选择、安装和调整数控车床常用刀具 2. 能够刃磨常用车削刀具	1. 金属切削与刀具磨损知识 2. 数控车床常用刀具的种类、结构和特点 3. 数控车床、零件材料、加工精度和工作效率对刀具的要求
二、数控编程	（一）手工编程	1. 能编制由直线、圆弧组成的二维轮廓数控加工程序 2. 能编制螺纹加工程序 3. 能够运用固定循环、子程序进行零件的加工程序编制	1. 数控编程知识 2. 直线插补和圆弧插补的原理 3. 坐标点的计算方法
	（二）计算机辅助编程	1. 能够使用计算机绘图设计软件绘制简单（轴、盘、套）零件图 2. 能够利用计算机绘图软件计算节点	计算机绘图软件（二维）的使用方法
三、数控车床操作	（一）操作面板	1. 能够按照操作规程启动及停止机床 2. 能使用操作面板上的常用功能键（如回零、手动、MDI、修调等）	1. 熟悉数控车床操作说明书 2. 数控车床操作面板的使用方法
	（二）程序输入与编辑	1. 能够通过各种途径（如 DNC 网络等）输入加工程序 2. 能够通过操作面板编辑加工程序	1. 数控加工程序的输入方法 2. 数控加工程序的编辑方法 3. 网络知识
	（三）对刀	1. 能进行对刀并确定相关坐标系 2. 能设置刀具参数	1. 对刀的方法 2. 坐标系的知识 3. 刀具偏置补偿、半径补偿与刀具参数的输入方法
	（四）程序调试与运行	能够对程序进行校验、单步执行、空运行并完成零件试切	程序调试的方法
四、零件加工	（一）轮廓加工	1. 能进行轴、套类零件加工，并达到以下要求： （1）尺寸公差等级：IT6 （2）几何公差等级：IT8 （3）表面粗糙度：*Ra*1.6μm 2. 能进行盘类、支架类零件加工，并达到以下要求： （1）轴径公差等级：IT6 （2）孔径公差等级：IT7 （3）形位公差等级：IT8 （4）表面粗糙度：*Ra*1.6μm	1. 内外径的车削加工方法、测量方法 2. 几何公差的测量方法 3. 表面粗糙度的测量方法
	（二）螺纹加工	能进行单线等节距的三角螺纹、圆锥螺纹的加工，并达到以下要求： （1）尺寸公差等级：IT7～IT6 级 （2）几何公差等级：IT8 （3）表面粗糙度：*Ra*1.6μm	1. 常用螺纹的车削加工方法 2. 螺纹加工中的参数计算
	（三）槽类零件加工	能进行内径槽、外径槽和端面槽的加工，并达到以下要求： （1）尺寸公差等级：IT8 （2）几何公差等级：IT8 （3）表面粗糙度：*Ra*3.2μm	内、外径槽和端槽的加工方法

续表

职业功能	工作内容	技能要求	相关知识
四、零件加工	（四）孔加工	能进行孔加工，并达到以下要求： （1）尺寸公差等级：IT7 （2）几何公差等级：IT8 （3）表面粗糙度：*Ra*3.2μm	孔的加工方法
	（五）零件精度检验	能够进行零件的长度、内外径、螺纹、角度精度检验	1．通用量具的使用方法 2．零件精度检验及测量方法
五、数控车床维护与精度检验	（一）数控车床日常维护	能够根据说明书完成数控车床的定期及不定期维护保养，包括机械、电、气、液压、冷却、数控系统检查和日常保养等	1．数控车床说明书 2．数控车床日常保养方法 3．数控车床操作规程 4．数控系统（进口与国产数控系统）使用说明书
	（二）数控车床故障诊断	1．能读懂数控系统的报警信息 2．能发现并排除由数控程序引起的数控车床的一般故障	1．使用数控系的报警信息表的方法 2．数控机床的编程和操作故障诊断方法
	（三）数控车床精度检查	能进行数控车床水平的检查	1．水平仪的使用方法 2．机床垫铁的调整方法

3.2　高级

职业功能	工作内容	技能要求	相关知识
一、加工准备	（一）读图与绘图	1．能够读懂中等复杂程度（如刀架）的装配图 2．能够根据装配图拆画零件图 3．能够测绘零件	1．根据装配图拆画零件图的方法 2．零件的测绘方法
	（二）制定加工工艺	能编制复杂零件的数控车床加工工艺文件	复杂零件数控加工工艺文件的制定
	（三）零件定位与装夹	1．能选择和使用数控车床组合夹具和专用夹具 2．能分析并计算车床夹具的定位误差 3．能够设计与自制装夹辅助工具（如心轴、轴套、定位件等）	1．数控车床组合夹具和专用夹具的使用、调整方法 2．专用夹具的使用方法 3．夹具定位误差的分析与计算方法
	（四）刀具准备	1．能够选择各种刀具及刀具附件 2．能够根据难加工材料的特点，选择刀具的材料、结构和几何参数 3．能够刃磨特殊车削刀具	1．专用刀具的种类、用途、特点和刃磨方法 2．切削难加工材料时的刀具材料和几何参数的确定方法
二、数控编程	（一）手工编程	能运用变量编程编制含有公式曲线的零件数控加工程序	1．固定循环和子程序的编程方法 2．变量编程的规则和方法
	（二）计算机辅助编程	能用计算机绘图软件绘制装配图	计算机绘图软件的使用方法
	（三）数控加工仿真	能利用数控加工仿真软件实施加工过程仿真以及加工代码检查、干涉检查、工时估算	数控加工仿真软件的使用方法
三、零件加工	（一）轮廓加工	能进行细长、薄壁零件加工，并达到以下要求： （1）轴径公差等级：IT6 （2）孔径公差等级：IT7 （3）几何公差等级：IT8 （4）表面粗糙度：*Ra*1.6μm	细长、薄壁零件加工的特点及装夹、车削方法

续表

职业功能	工作内容	技能要求	相关知识
三、零件加工	（二）螺纹加工	1. 能进行单线和多线等节距的T型螺纹、锥螺纹加工，并达到以下要求： （1）尺寸公差等级：IT6 （2）几何公差等级：IT8 （3）表面粗糙度：*Ra*1.6μm 2. 能进行变节距螺纹的加工，并达到以下要求： （1）尺寸公差等级：IT6 （2）几何公差等级：IT7 （3）表面粗糙度：*Ra*1.6μm	1. T型螺纹、锥螺纹加工中的参数计算 2. 变节距螺纹的车削加工方法
	（三）孔加工	能进行深孔加工，并达到以下要求： （1）尺寸公差等级：IT6 （2）几何公差等级：IT8 （3）表面粗糙度：*Ra*1.6μm	深孔的加工方法
	（四）配合件加工	能按装配图上的技术要求对套件进行零件加工和组装，配合公差达到：IT7级	套件的加工方法
	（五）零件精度检验	1. 能在加工过程中使用百（千）分表等进行在线测量，并进行加工技术参数的调整 2. 能够进行多线螺纹的检验 3. 能进行加工误差分析	1. 百（千）分表的使用方法 2. 多线螺纹的精度检验方法 3. 误差分析的方法
四、数控车床维护与精度检验	（一）数控车床日常维护	1. 能制定数控车床的日常维护规程 2. 能监督检查数控车床的日常维护状况	1. 数控车床维护管理基本知识 2. 数控机床维护操作规程的制定方法
	（二）数控车床故障诊断	1. 能判断数控车床机械、液压、气压和冷却系统的一般故障 2. 能判断数控车床控制与电气系统的一般故障 3. 能够判断数控车床刀架的一般故障	1. 数控车床机械故障的诊断方法 2. 数控车床液压、气压元器件的基本原理 3. 数控机床电气元件的基本原理
	（三）机床精度检验	1. 能利用量具、量规对机床主轴的垂直平行度、机床水平度等一般机床几何精度进行检验 2. 能进行机床切削精度检验	1. 机床几何精度检验内容及方法 2. 机床切削精度检验内容及方法

4 比重表

4.1 理论知识

项目		中级/%	高级/%	技师/%	高级技师/%
基本要求	职业道德	5	5	5	5
	基础知识	20	20	15	15
相关知识	加工准备	15	15	30	—
	数控编程	20	20	10	—
	数控车床操作	5	5	—	—
	零件加工	30	30	20	15
	数控车床维护与精度检验	5	5	10	10
	培训与管理	—	—	10	15
	工艺分析与设计	—	—	—	40
合计		100	100	100	100

4.2　技能操作

<table>
<tr><th colspan="2">项目</th><th>中级/%</th><th>高级/%</th><th>技师/%</th><th>高级技师/%</th></tr>
<tr><td rowspan="7">机能要求</td><td>加工准备</td><td>10</td><td>10</td><td>20</td><td>—</td></tr>
<tr><td>数控编程</td><td>20</td><td>20</td><td>30</td><td>—</td></tr>
<tr><td>数控车床操作</td><td>5</td><td>5</td><td>—</td><td>—</td></tr>
<tr><td>零件加工</td><td>60</td><td>60</td><td>40</td><td>45</td></tr>
<tr><td>数控车床维护与精度检验</td><td>5</td><td>5</td><td>5</td><td>10</td></tr>
<tr><td>培训与管理</td><td>—</td><td>—</td><td>5</td><td>10</td></tr>
<tr><td>工艺分析与设计</td><td>—</td><td>—</td><td>—</td><td>35</td></tr>
<tr><td colspan="2">合计</td><td>100</td><td>100</td><td>100</td><td>100</td></tr>
</table>

注：读者可通过 www.abook.cn 网址下载如下资源，①数控车工中、高级理论知识试卷及详细答案；②中、高级数控车工技能操作工件评分表。

附录二　6S 管理表

附表 2.1　设备安全运行率登记表

SAFETY（安全）

机床名称：____________　机床型号：____________　机床编号：____________

		月			
		1	2		
		3	4		
		5	6		
	7	8	9	10	
11	12	13	14	15	16
17	18	19	20	21	22
	23	24	25	26	
当月事故数量		27	28	（目标）	
		29	30	0	
		31			

说明：

1．绿色表示无事故。
2．红色表示有事故。
3．每次小伤做一次记录。
4．月目标为“0 事故”。

附表 2.2　设备运行率登记表

机床名称：__________　机床型号：__________　机床编号：__________　月份：__________

①	②	③	④	⑤	⑥	⑦
⑧	⑨	⑩	⑪	⑫	⑬	⑭
⑮	⑯	⑰	⑱	⑲	⑳	㉑
㉒	㉓	㉔	㉕	㉖	㉗	㉘
㉙	㉚	㉛				

附表 2.3 设备维护保养表

设备编号：__________ 设备名称：数控车床 日期：____年____月____日 标记：√良好 0尚可 ×不良

<table>
<tr><th colspan="3" rowspan="2">项目</th><th colspan="31">设备维护保养记录</th></tr>
<tr><th>1</th><th>2</th><th>3</th><th>4</th><th>5</th><th>6</th><th>7</th><th>8</th><th>9</th><th>10</th><th>11</th><th>12</th><th>13</th><th>14</th><th>15</th><th>16</th><th>17</th><th>18</th><th>19</th><th>20</th><th>21</th><th>22</th><th>23</th><th>24</th><th>25</th><th>26</th><th>27</th><th>28</th><th>29</th><th>30</th><th>31</th></tr>
<tr><td rowspan="5">每天</td><td rowspan="5">检查
润滑
清洁</td><td>1. 检查切削液高度，不足补充</td><td></td><td></td><td></td><td></td><td></td><td></td><td></td><td></td><td></td><td></td><td></td><td></td><td></td><td></td><td></td><td></td><td></td><td></td><td></td><td></td><td></td><td></td><td></td><td></td><td></td><td></td><td></td><td></td><td></td><td></td><td></td></tr>
<tr><td>2. 检查液压系统压力</td><td></td><td></td><td></td><td></td><td></td><td></td><td></td><td></td><td></td><td></td><td></td><td></td><td></td><td></td><td></td><td></td><td></td><td></td><td></td><td></td><td></td><td></td><td></td><td></td><td></td><td></td><td></td><td></td><td></td><td></td><td></td></tr>
<tr><td>3. 检查安装装置（防护门、急停开关等）</td><td></td><td></td><td></td><td></td><td></td><td></td><td></td><td></td><td></td><td></td><td></td><td></td><td></td><td></td><td></td><td></td><td></td><td></td><td></td><td></td><td></td><td></td><td></td><td></td><td></td><td></td><td></td><td></td><td></td><td></td><td></td></tr>
<tr><td>4. 清除导轨护罩上和切削区的切屑并清洁</td><td></td><td></td><td></td><td></td><td></td><td></td><td></td><td></td><td></td><td></td><td></td><td></td><td></td><td></td><td></td><td></td><td></td><td></td><td></td><td></td><td></td><td></td><td></td><td></td><td></td><td></td><td></td><td></td><td></td><td></td><td></td></tr>
<tr><td>5. 清洁机床外表面及操作台</td><td></td><td></td><td></td><td></td><td></td><td></td><td></td><td></td><td></td><td></td><td></td><td></td><td></td><td></td><td></td><td></td><td></td><td></td><td></td><td></td><td></td><td></td><td></td><td></td><td></td><td></td><td></td><td></td><td></td><td></td><td></td></tr>
<tr><th colspan="3" rowspan="2">项目</th><th colspan="31">设备维护保养记录</th></tr>
<tr><th colspan="8">第一周</th><th colspan="8">第二周</th><th colspan="8">第三周</th><th colspan="7">第四周</th></tr>
<tr><td rowspan="6">每周</td><td rowspan="6">清洁
检查</td><td>6. 卡盘或夹头加润滑脂</td><td colspan="8"></td><td colspan="8"></td><td colspan="8"></td><td colspan="7"></td></tr>
<tr><td>7. 清洁主轴油冷却装置散热器、电控柜通风口</td><td colspan="8"></td><td colspan="8"></td><td colspan="8"></td><td colspan="7"></td></tr>
<tr><td>8. 清洁主轴端部切削液管，清洁切削液箱过滤器</td><td colspan="8"></td><td colspan="8"></td><td colspan="8"></td><td colspan="7"></td></tr>
<tr><td>9. 检查液压系统油位，不足补充</td><td colspan="8"></td><td colspan="8"></td><td colspan="8"></td><td colspan="7"></td></tr>
<tr><td>10. 检查主轴冷却系统油位，不足补充</td><td colspan="8"></td><td colspan="8"></td><td colspan="8"></td><td colspan="7"></td></tr>
<tr><td>11. 检查导轨润滑器内润滑油，不足补充</td><td colspan="8"></td><td colspan="8"></td><td colspan="8"></td><td colspan="7"></td></tr>
<tr><td colspan="3">保养人签字</td><td></td><td></td><td></td><td></td><td></td><td></td><td></td><td></td><td></td><td></td><td></td><td></td><td></td><td></td><td></td><td></td><td></td><td></td><td></td><td></td><td></td><td></td><td></td><td></td><td></td><td></td><td></td><td></td><td></td><td></td><td></td></tr>
</table>

附表 2.4 6S 现场管理检查表（整理）

受检部门： 检查部门(人员)： 检查时间：

项次	检查项目	检查内容	检查状况	不合格项
1	通道	通道是否阻塞，脏乱		
		通道是否有物资，障碍		
		摆放物品是否超出通道		
		畅通，整洁		
2	工作场所的物品、设备	半月以上物品杂乱摆放		
		角落摆放不必要的物品		
		一周内要用的物品且整理好		
		二日内要用的物品且整理好		
3	办公桌、工作台上下	杂乱摆放不用的物品		
		半月才用一次的东西也有		
		当日使用但杂乱		
		物品存放最低限量但整齐		
4	料架、资料柜	杂乱摆放不必要的物品		
		料架、资料柜破旧，不整齐		
		摆放不使用的物品但整齐		
		摆放物为近日使用且整齐		
5	仓库、储藏间	塞满东西，人不易行走		
		东西杂乱摆放		
		有定位管理但未执行		
		有定位但摆放不成横竖不成线		

附表 2.5 6S 现场管理检查表（整顿）

受检部门： 检查部门(人员)： 检查时间：

项次	检查项目	检查内容	检查状况	不合格项
1	设备、机器、仪器	破乱不堪，不能使用，杂乱放置		
		不能使用但集中在一起		
		能使用、有保养但摆放不整齐		
		摆放整齐干净，呈最佳状态		
2	工具	不能使用的工具杂乱放置		
		均为可用工具，但缺乏保养		
		工具有保养，有定位放置		
		工具采用目视管理		
3	零件、材料	不良品与良品杂放一起		
		只有良品，但保管方法不好		
		不良品没有及时处理但有区分及标识		
		保管有定位、有图示，任何人都清楚		
4	图纸、试样	过期与在用的杂放一起		
		不是最新版本且随意摆放		

续表

项次	检查项目	检查内容	检查状况	不合格项
4	图纸、试样	有资料夹保管，但摆放随意		
		有目录且整齐，任何人都能使用		
5	文件、档案	零乱摆放，使用时无法找		
		虽然零乱，但可以找到		
		共同文件资料被定位，集中保管		
		明确定位，使用后目视管理		

附表 2.6 6S 现场管理检查表（清扫）

受检部门： 检查部门(人员)： 检查时间：

项次	检查项目	检查内容	检查状况	不合格项
1	通道	有烟蒂、纸屑、铁屑、其他杂物		
		虽无脏物，但地面不平整		
		有水渍、灰尘		
		使用拖把，并定期打蜡，很光亮		
2	作业场所	有烟蒂、纸屑、铁屑、其他杂物		
		有水渍、灰尘		
		零件、材料、包装材存放不妥，掉地上		
		使用拖把，并定期打蜡，很光亮		
3	办公桌 作业台	文件、工具、零件很脏乱且布满灰尘		
		桌面、作业台面虽干净，但破损未修理		
		桌面、台面干净整齐		
		除桌面外，椅子及四周均干净亮丽		
4	窗 墙板 顶棚	破烂但仅应急简单处理		
		乱贴挂不必要的东西		
		还算干净		
		干净亮丽，很是舒爽		
5	设备 工具 仪器	有生锈		
		虽无生锈，但有油垢		
		有轻微灰尘		
		使用中有防止不干净之措施，并随时清理		

附表 2.7 6S 现场管理检查表（清洁）

受检部门： 检查部门(人员)： 检查时间：

项次	检查项目	检查内容	检查状况	不合格项
1	通道 作业区	没有划分		
		划线感觉还可		
		划线清楚，地面有清扫		
		通道及作业区感觉很舒畅		
2	地面	有油或水		

续表

项次	检查项目	检查内容	检查状况	不合格项
2	地面	有油渍或水渍，显得不干净		
		经常清理，没有脏物		
		地面干净亮丽，感觉舒服		
3	办公桌 作业台、 椅子、架子、 会议室	很脏乱		
		虽有清理，但还是显得脏乱		
		自己感觉很好		
		任何人都会觉得很舒服		
4	洗手台、 厕所等	容器或设备脏乱		
		有清理，但还有异味		
		经常清理，没异味		
		干净亮丽，还加以装饰，感觉舒服		
5	储物室	虽阴湿，但加有通风		
		照明不足		
		照明适度，通风好，感觉清爽		
		干干净净，整整齐齐，感觉舒服		

附表 2.8　6S 现场管理检查表（素养）

受检部门：　　　　　　　检查部门(人员)：　　　　　　　检查时间：

项次	检查项目	检查内容	检查状况	不合格项
1	日常 6S 活动	没有活动		
		虽有清洁清扫工作，但非 6S 计划性工作		
		开会有对 6S 加以宣传		
		活动热烈，大家均有感觉		
2	服装	不整洁		
		纽扣或鞋带不规范		
		厂服、识别证依规定		
		穿着依规定，并感觉有活力		
3	仪容	不修边幅且衣服脏		
		头发、胡须过长		
		均依规定整理		
		感觉精神有活力		
4	行为规范	举止粗暴，口出脏言		
		衣衫不整，不讲卫生		
		自己的事可做好，但缺乏公德心		
		富有主动精神、团队精神		
5	时间观念	稍有时间观念，开会迟到的很多		
		不愿受时间约束，但会尽力去做		
		约定时间，并全力去完成		
		约定的时间，并提早做好		

附表 2.9　6S 现场管理检查表（安全）

受检部门：　　　　　　　　检查部门（人员）：　　　　　　　　检查时间：

项次	检查项目	检查内容	检查状况	不合格项
1	消防设施	没有配备灭火器、消火栓等设施		
		有配备灭火器、消火栓等设施，但设施不齐全		
		消防设施未放在指定位置		
		消防通道不通畅		
		消防设施齐全，摆放规范，消防通道通畅		
2	劳保用品	未穿戴防护眼镜、劳保服、劳保鞋等用品		
		穿戴劳保用品不规范		
		劳保用品穿戴齐全、规范		
3	应急医疗用品	未配备应急医疗用品		
		配备了应急医疗用品，但学生不清楚安置何处		
		学生不太熟悉应急医疗用品的使用		
		学生能熟练应用应急医疗用品		
4	安全标志	未张贴安全标志		
		有安全标志，但张贴不够醒目		
		安全标志醒目，一目了然		
5	安全知识	态度不端正，不积极学习安全知识		
		安全知识欠熟悉		
		对安全操作规程等非常熟悉		
6	设备操作	操作马虎，违反安全操作规程，发生安全事故		
		操作时有思想放松行为，但未造成安全事故		
		操作时主动采取各种防护措施		
		操作前后及时检查设备运行状况并进行维护		

附表 2.10　生产任务单

<table>
<tr><td colspan="2">单位名称</td><td colspan="5"></td><td>编号</td><td></td></tr>
<tr><td rowspan="6">产品清单</td><td>序号</td><td>零件名称</td><td>毛坯外形、尺寸</td><td>数量</td><td>材料</td><td>出单日期</td><td>交货日期</td><td>技术要求</td></tr>
<tr><td>1</td><td></td><td></td><td></td><td></td><td></td><td></td><td></td></tr>
<tr><td>2</td><td></td><td></td><td></td><td></td><td></td><td></td><td></td></tr>
<tr><td>3</td><td></td><td></td><td></td><td></td><td></td><td></td><td></td></tr>
<tr><td>4</td><td></td><td></td><td></td><td></td><td></td><td></td><td></td></tr>
<tr><td>5</td><td></td><td></td><td></td><td></td><td></td><td></td><td></td></tr>
<tr><td colspan="5">出单人签字：

日期：______年______月______日</td><td colspan="4">接单人签字：

日期：______年______月______日</td></tr>
<tr><td colspan="9">车间负责人签字：

日期：______年______月______日</td></tr>
</table>

附表 2.11　数控车削加工刀具卡

<table>
<tr><td colspan="2">单位名称</td><td colspan="2"></td><td>零件名称</td><td></td><td>零件图号</td><td colspan="2"></td></tr>
<tr><td colspan="2" rowspan="4">工件安装定位简图</td><td colspan="2" rowspan="4"></td><td>车间</td><td>设备名称</td><td>设备型号</td><td colspan="2">设备编号</td></tr>
<tr><td></td><td></td><td></td><td colspan="2"></td></tr>
<tr><td>材料牌号</td><td>毛坯种类</td><td>毛坯尺寸</td><td colspan="2">工序时间</td></tr>
<tr><td></td><td></td><td></td><td colspan="2"></td></tr>
<tr><td>序号</td><td>刀具号</td><td>刀具类型</td><td>刀杆型号</td><td>刀片型号</td><td>刀尖半径</td><td>补偿代号</td><td>换刀方式</td><td>备注</td></tr>
<tr><td>1</td><td></td><td></td><td></td><td></td><td></td><td></td><td></td><td></td></tr>
<tr><td>2</td><td></td><td></td><td></td><td></td><td></td><td></td><td></td><td></td></tr>
<tr><td>3</td><td></td><td></td><td></td><td></td><td></td><td></td><td></td><td></td></tr>
<tr><td>4</td><td></td><td></td><td></td><td></td><td></td><td></td><td></td><td></td></tr>
<tr><td>5</td><td></td><td></td><td></td><td></td><td></td><td></td><td></td><td></td></tr>
<tr><td>6</td><td></td><td></td><td></td><td></td><td></td><td></td><td></td><td></td></tr>
<tr><td>7</td><td></td><td></td><td></td><td></td><td></td><td></td><td></td><td></td></tr>
<tr><td>8</td><td></td><td></td><td></td><td></td><td></td><td></td><td></td><td></td></tr>
</table>

编制		审核		批准		日期	____年____月____日	共__页	第__页

附表 2.12　数控车削加工工序卡

<table>
<tr><td>单位名称</td><td colspan="3"></td><td>零件名称</td><td></td><td>零件图号</td><td></td></tr>
<tr><td rowspan="4">工件安装定位简图</td><td rowspan="4" colspan="3"></td><td>车间</td><td>设备名称</td><td>设备型号</td><td>设备编号</td></tr>
<tr><td></td><td></td><td></td><td></td></tr>
<tr><td>材料牌号</td><td>毛坯种类</td><td>毛坯尺寸</td><td>工序时间</td></tr>
<tr><td></td><td></td><td></td><td></td></tr>
<tr><td>工步号</td><td>工步内容</td><td>刀具名称</td><td>主轴转速</td><td>进给速度</td><td>背吃刀量</td><td>余量</td><td>备注</td></tr>
<tr><td>1</td><td></td><td></td><td></td><td></td><td></td><td></td><td></td></tr>
<tr><td>2</td><td></td><td></td><td></td><td></td><td></td><td></td><td></td></tr>
<tr><td>3</td><td></td><td></td><td></td><td></td><td></td><td></td><td></td></tr>
<tr><td>4</td><td></td><td></td><td></td><td></td><td></td><td></td><td></td></tr>
<tr><td>5</td><td></td><td></td><td></td><td></td><td></td><td></td><td></td></tr>
<tr><td>6</td><td></td><td></td><td></td><td></td><td></td><td></td><td></td></tr>
<tr><td>7</td><td></td><td></td><td></td><td></td><td></td><td></td><td></td></tr>
<tr><td>8</td><td></td><td></td><td></td><td></td><td></td><td></td><td></td></tr>
</table>

编制		审核		批准		日期	____年____月____日	共__页	第__页

附表 2.13　数控车削加工程序单

单位名称			零件名称		零件图号	
画出简图并标出原点位置			刀具号	刀具名称	刀具作用	

段号	程序名	O________	注释

编制		审核		批准		____年____月____日	共__页	第__页

附表 2.14　考核评分表（任务 1.3）

<table>
<tr><td colspan="2">零件名称</td><td colspan="2"></td><td>零件图号</td><td colspan="2"></td><td>操作人员</td><td></td><td>完成工时</td><td></td></tr>
<tr><td>序号</td><td colspan="4">鉴定项目及标准</td><td>配分</td><td>评分标准（扣完为止）</td><td>自检</td><td>检验结果</td><td>得分</td><td>备注</td></tr>
<tr><td>1</td><td rowspan="8">任务实施（45 分）</td><td colspan="3">工件安装</td><td>5</td><td>装夹方法不正确扣 5 分</td><td>—</td><td></td><td></td><td></td></tr>
<tr><td>2</td><td colspan="3">刀具安装</td><td>5</td><td>刀具装夹不正确扣 5 分</td><td>—</td><td></td><td></td><td></td></tr>
<tr><td>3</td><td colspan="3">程序录入</td><td>5</td><td>程序输入不正确每处扣 1 分</td><td>—</td><td></td><td></td><td></td></tr>
<tr><td>4</td><td colspan="3">量具使用</td><td>5</td><td>量具使用不正确每次扣 1 分</td><td></td><td></td><td></td><td></td></tr>
<tr><td>5</td><td colspan="3">对刀操作</td><td>10</td><td>对刀不正确每次扣 5 分</td><td>—</td><td></td><td></td><td></td></tr>
<tr><td>6</td><td colspan="3">零件加工过程</td><td>5</td><td>加工不连续，每中止一次扣 1 分</td><td>—</td><td></td><td></td><td></td></tr>
<tr><td>7</td><td colspan="3">完成工时</td><td>5</td><td>每超时 5 分钟扣 1 分</td><td>—</td><td></td><td></td><td></td></tr>
<tr><td>8</td><td colspan="3">安全文明</td><td>5</td><td>撞刀、未清理机床和保养设备扣 5 分</td><td>—</td><td></td><td></td><td></td></tr>
<tr><td rowspan="3">9</td><td rowspan="11">工件质量（55 分）</td><td rowspan="6">外圆</td><td rowspan="3">$\phi 38$</td><td>0</td><td rowspan="2">15</td><td rowspan="2">超差 0.01 不扣分，0.01～0.02 扣 8 分，0.02 以上扣 15 分</td><td rowspan="2"></td><td rowspan="2"></td><td rowspan="2"></td><td rowspan="2"></td></tr>
<tr><td>−0.1</td></tr>
<tr><td>$Ra6.3$</td><td>4</td><td>降一级扣 2 分，降二级扣 4 分</td><td></td><td></td><td></td><td></td></tr>
<tr><td rowspan="3">10</td><td rowspan="3">$\phi 34$</td><td>0</td><td rowspan="2">15</td><td rowspan="2">超差 0.01 不扣分，0.01～0.02 扣 8 分，0.02 以上扣 15 分</td><td rowspan="2"></td><td rowspan="2"></td><td rowspan="2"></td><td rowspan="2"></td></tr>
<tr><td>−0.1</td></tr>
<tr><td>$Ra6.3$</td><td>4</td><td>降一级扣 2 分，降二级扣 4 分</td><td></td><td></td><td></td><td></td></tr>
<tr><td rowspan="2">11</td><td rowspan="4">长度</td><td rowspan="2">35</td><td>+0.1</td><td rowspan="2">7</td><td rowspan="2">超差 0.02 之内不扣分，0.02～0.05 扣 4 分，0.05 以上扣 7 分</td><td rowspan="2"></td><td rowspan="2"></td><td rowspan="2"></td><td rowspan="2"></td></tr>
<tr><td>−0.1</td></tr>
<tr><td rowspan="2">12</td><td rowspan="2">15</td><td>+0.06</td><td rowspan="2">6</td><td rowspan="2">超差 0.02 之内不扣分，0.02～0.05 扣 3 分，0.05 以上扣 6 分</td><td rowspan="2"></td><td rowspan="2"></td><td rowspan="2"></td><td rowspan="2"></td></tr>
<tr><td>−0.06</td></tr>
<tr><td>13</td><td colspan="3">倒角 $C1$（2 处）</td><td>4</td><td>每少一处扣 2 分</td><td></td><td></td><td></td><td></td></tr>
<tr><td colspan="5">合计</td><td>100</td><td></td><td>—</td><td></td><td></td><td></td></tr>
</table>

附表 2.15　考核评分表（任务 1.4）

零件名称				零件图号		操作人员		完成工时	
序号	鉴定项目及标准			配分	评分标准（扣完为止）	自检	检验结果	得分	备注
1	操作过程（50 分）	机床选择		2	机床选择不正确扣 2 分	—			
2		毛坯定义与工件安装		5	毛坯定义不正确扣 2 分，工件安装不正确扣 3 分	—			
3		刀具选择与安装		5	刀具的选择不正确或刀具装夹不正确扣 5 分	—			
4		程序录入		8	程序输入不正确每处扣 1 分	—			
5		对刀操作		12	对刀不正确每次扣 4 分	—			
6		零件加工过程		5	加工不连续，每中止一次扣 1 分	—			
7		仿真结果的保存		3	未保存或保存错误扣 3 分	—			
8		完成工时		5	每超时 5 分钟扣 1 分	—			
9		安全文明		5	撞刀一次扣 1 分	—			
10	仿真结果（50 分）	外圆	$\phi38$	8	超差 0.1 之内不扣分，超差 0.1 以上扣 8 分				
11 12			$\phi30$	8	超差 0.1 之内不扣分，超差 0.1 以上扣 8 分				
13		长度	24	5	超差 0.1 之内不扣分，超差 0.1 以上扣 5 分				
			16	5	超差 0.1 之内不扣分，超差 0.1 以上扣 5 分				
14			10	5	超差 0.1 之内不扣分，超差 0.1 以上扣 5 分				
15			70	6	超差 0.1 之内不扣分，超差 0.1 以上扣 6 分				
16		圆弧	$SR10$	8	超差 0.1 之内不扣分，超差 0.1 以上扣 8 分				
17			$R5$	5	超差 0.1 之内不扣分，超差 0.1 以上扣 8 分				
合计				100		—			

附表 2.16 考核评分表（任务 2.1）

零件名称		零件图号			操作人员			完成工时		
序号	鉴定项目及标准				配分	评分标准（扣完为止）	自检	检验结果	得分	备注
1	工艺准备（20 分）	填写刀具卡			5	刀具选用不合理每处扣 1 分，刀具卡填写不正确每处扣 1 分	—			
2		填写加工工序卡			5	工序编排不合理每处扣 1 分，工序卡填写不正确每处扣 1 分	—			
3		填写加工程序单			10	程序编制不正确每处扣 1 分	—			
4	任务实施（20 分）	工件安装			2	装夹方法不正确扣 2 分	—			
5		刀具安装			2	刀具装夹不正确扣 2 分	—			
6		程序录入			2	程序输入不正确每处扣 0.5 分	—			
7		对刀操作			3	对刀不正确每次扣 1 分	—			
8		零件加工过程			3	加工不连续，每中止一次扣 1 分	—			
9		完成工时			4	每超时 5 分钟扣 1 分	—			
10		安全文明			4	撞刀、未清理机床和保养设备扣 4 分	—			
11	工件质量（50 分）	外圆	$\phi30$	0 -0.084	12	超差 0.01～0.02 扣 6 分，0.02 以上扣 12 分				
				$Ra3.2$	4	降一级扣 2 分，降二级扣 4 分				
12			$\phi34$	0 -0.1	12	超差 0.01～0.02 之扣 6 分，0.02 以上扣 12 分				
				$Ra3.2$	4	降一级扣 2 分，降二级扣 4 分				
13		长度	36	$+0.1$ -0.1	6	超差 0.02 之内不扣分、0.02～0.05 扣 4 分，0.05 以上扣 6 分				
14			16	$+0.06$ -0.06	6	超差 0.02 之内不扣分、0.02～0.05 扣 4 分，0.05 以上扣 6 分				
15		倒角 *C*1（3 处）			6	每处 2 分				
16	误差分析（10 分）	零件自检			4	自检有误每处扣 1 分，未自检扣 4 分	—			
17		填写工件误差分析			6	误差分析不到位扣 1～4 分，未进行误差分析扣 6 分	—			
合计					100		—			

误差分析（学生填）

考核结果（教师填）

检验员		记分员		日期	_____年_____月_____日

附表 2.17　考核评分表（任务 2.2）

零件名称		零件图号		操作人员		完成工时	

序号	鉴定项目及标准				配分	评分标准（扣完为止）	自检	检验结果	得分	备注
1	工艺准备（20 分）	填写刀具卡			5	刀具选用不合理每处扣 1 分，刀具卡填写不正确每处扣 1 分	—			
2		填写加工工序卡			5	工序编排不合理每处扣 1 分，工序卡填写不正确每处扣 1 分	—			
3		填写加工程序单			10	程序编制不正确每处扣 1 分	—			
4	任务实施（20 分）	工件安装			2	装夹方法不正确扣 2 分	—			
5		刀具安装			2	刀具装夹不正确扣 2 分	—			
6		程序录入			2	程序输入不正确每次扣 0.5 分	—			
7		对刀操作			3	对刀不正确每次扣 1 分	—			
8		零件加工过程			3	加工不连续，每中止一次扣 1 分	—			
9		完成工时			4	每超时 5 分钟扣 1 分	—			
10		安全文明			4	撞刀、未清机床和保养设备扣 4 分	—			
11	工件质量（50 分）	外圆	$\phi38$	0 −0.039	7	超差 0.005 不扣分，0.005～0.01 扣 4 分，0.01 以上扣 7 分				
				$Ra1.6$	3	降一级扣分，降二级扣 3 分				
12			$\phi32$	0 −0.039	7	超差 0.005 不扣分，0.005～0.01 扣 4 分，0.01 以上扣 7 分				
				$Ra1.6$	3	降一级扣 1 分，降二级扣 3 分				
13			$\phi28$	0 −0.033	7	超差 0.005 之内不扣分，0.005～0.01 扣 4 分，0.01 以上扣 7 分				
				$Ra1.6$	3	降一级扣 1 分，降二级扣 3 分				
14		锥度	45°	±5′	3	超差 2′ 之内扣 2 分，2′ 以上扣 3 分				
				$Ra1.6$	3	降一级扣 1 分，降二级扣 3 分				
15		圆弧	$R1$		2	超差扣 2 分				
16		长度	100±0.1		4	超差扣 4 分				
17			42		2	超差扣 2 分				
18			28		2	超差扣 2 分				
19		其余 $Ra3.2$			2	超差扣 2 分				
20		倒角 $C1$（1 处）			2	未倒角扣 2 分				
21	误差分析（10 分）	零件自检			4	自检有误每处扣 1 分，未自检扣 4 分	—			
22		填写工件误差分析			6	误差分析不到位扣 1～4 分，未进行误差分析扣 6 分	—			
合计					100		—			

误差分析（学生填）

考核结果（教师填）

检验员		记分员		日期	＿＿＿年＿＿＿月＿＿＿日

附表 2.18　考核评分表（任务 2.3）

零件名称			零件图号			操作人员		完成工时		
序号	鉴定项目及标准				配分	评分标准（扣完为止）	自检	检验结果	得分	备注
1	工艺准备（20 分）	填写刀具卡			5	刀具选用不合理每处扣 1 分，刀具卡填写不正确每处扣 1 分	—			
2	工艺准备（20 分）	填写加工工序卡			5	工序编排不合理每处扣 1 分，工序卡填写不正确每处扣 1 分	—			
3	工艺准备（20 分）	填写加工程序单			10	程序编制不正确每处扣 1 分	—			
4	任务实施（20 分）	工件安装			2	装夹方法不正确扣 2 分	—			
5	任务实施（20 分）	刀具安装			2	刀具装夹不正确扣 2 分	—			
6	任务实施（20 分）	程序录入			2	程序输入不正确每处扣 0.5 分	—			
7	任务实施（20 分）	对刀操作			3	对刀不正确每次扣 1 分	—			
8	任务实施（20 分）	零件加工过程			3	加工不连续，每中止一次扣 1 分	—			
9	任务实施（20 分）	完成工时			4	每超时 5 分钟扣 1 分	—			
10	任务实施（20 分）	安全文明			4	撞刀、未清理机床和保养设备扣 4 分	—			
11	工件质量（50 分）	外圆	$\phi 20$		5	超差扣 5 分				
12	工件质量（50 分）	外圆	$\phi 24$	+0.02 −0.02	10	超差 0.005 不扣分，0.005～0.01 扣 5 分，0.01 以上扣 10 分				
	工件质量（50 分）	外圆	$\phi 24$	*Ra*3.2	5	降一级扣 3 分，降二级扣 5 分				
13	工件质量（50 分）	切槽	4（3 处）		6	超差每处扣 2 分				
14	工件质量（50 分）	长度	4（4 处）		8	超差每处扣 2 分				
15	工件质量（50 分）	长度	4	+0.02	8	超差 0.005 不扣分，0.005～0.01 扣 4 分，0.01 以上扣 8 分				
16	工件质量（50 分）	长度	4	−0.02						
17	工件质量（50 分）	长度	6	+0.02 −0.02	8	超差 0.005 不扣分，0.005～0.01 扣 4 分，0.01 以上扣 8 分				
18	误差分析（10 分）	零件自检			4	自检有误每处扣 1 分，未自检扣 4 分	—			
19	误差分析（10 分）	填写工件误差分析			6	误差分析不到位扣 1～4 分，未进行误差分析扣 6 分	—			
合计					100		—			

误差分析（学生填）

考核结果（教师填）

检验员		记分员		日期	______年______月______日

附表 2.19　考核评分表（任务 3.1）

零件名称			零件图号		操作人员		完成工时			
序号	鉴定项目及标准				配分	评分标准（扣完为止）	自检	检验结果	得分	备注
1	工艺准备（20 分）	填写刀具卡			5	刀具选用不合理每处扣 1 分，刀具卡填写不正确每处扣 1 分	—			
2		填写加工工序卡			5	工序编排不合理每处扣 1 分，工序卡填写不正确每处扣 1 分	—			
3		填写加工程序单			10	程序编制不正确每处扣 1 分	—			
4	任务实施（20 分）	工件安装			2	装夹方法不正确扣 2 分	—			
5		刀具安装			2	刀具装夹不正确扣 2 分	—			
6		程序录入			2	程序输入不正确每处扣 0.5 分	—			
7		对刀操作			3	对刀不正确每次扣 1 分	—			
8		零件加工过程			3	加工不连续，每中止一次扣 1 分	—			
9		完成工时			4	每超时 5 分钟扣 1 分	—			
10		安全文明			4	撞刀、未清理机床和保养设备扣 4 分	—			
11	工件质量（50 分）	外圆	$\phi38$	0 −0.033	6	超 0.005 不扣分，0.005～0.01 扣 3 分，0.01 以上扣 6 分				
				*Ra*1.6	3	降一级扣 1 分，降二级扣 3 分				
12			$\phi30$	0 −0.033	6	超 0.005 不扣分，0.005～0.01 扣 3 分，0.01 以上扣 6 分				
				*Ra*1.6	3	降一级扣 1 分，降二级扣 3 分				
13		圆弧	*SR*9		5	超差扣 5 分				
14			*R*10		6	超差扣 3 分，未成型扣 6 分				
15			*R*4		3	超差扣 3 分				
16		长度	75	0 −0.1	6	超差 0.02 之内不扣分，0.02～0.05 扣 3 分、0.05 以上扣 6 分				
17			21		2	超差扣 2 分				
18			10		2	超差扣 2 分				
19			10		2	超差扣 2 分				
20			9		2	超差扣 2 分				
21		*Ra*3.2（4 处）			4	每处扣 1 分				
22	误差分析（10 分）	零件自检			4	自检有误每处扣 1 分，未自检扣 4 分	—			
23		填写工件误差分析			6	误差分析不到位扣 1～4 分，未进行误差分析扣 6 分	—			
合计					100		—			

误差分析（学生填）

考核结果（教师填）

检验员		记分员		日期	______年______月______日

附表 2.20　考核评分表（任务 3.2）

<table>
<tr><td colspan="2">零件名称</td><td colspan="2"></td><td colspan="2">零件图号</td><td>操作人员</td><td></td><td colspan="2">完成工时</td><td></td></tr>
<tr><td>序号</td><td colspan="4">鉴定项目及标准</td><td>配分</td><td>评分标准（扣完为止）</td><td>自检</td><td>检验结果</td><td>得分</td><td>备注</td></tr>
<tr><td>1</td><td rowspan="3">工艺准备（20 分）</td><td colspan="3">填写刀具卡</td><td>5</td><td>刀具选用不合理每处扣 1 分，刀具卡填写不正确每处扣 1 分</td><td>—</td><td></td><td></td><td></td></tr>
<tr><td>2</td><td colspan="3">填写加工工序卡</td><td>5</td><td>工序编排不合理每处扣 1 分，工序卡填写不正确每处扣 1 分</td><td>—</td><td></td><td></td><td></td></tr>
<tr><td>3</td><td colspan="3">填写加工程序单</td><td>10</td><td>程序编制不正确每处扣 1 分</td><td>—</td><td></td><td></td><td></td></tr>
<tr><td>4</td><td rowspan="7">任务实施（20 分）</td><td colspan="3">工件安装</td><td>2</td><td>装夹方法不正确扣 2 分</td><td>—</td><td></td><td></td><td></td></tr>
<tr><td>5</td><td colspan="3">刀具安装</td><td>2</td><td>刀具装夹不正确扣 2 分</td><td>—</td><td></td><td></td><td></td></tr>
<tr><td>6</td><td colspan="3">程序录入</td><td>2</td><td>程序输入不正确每次扣 0.5 分</td><td>—</td><td></td><td></td><td></td></tr>
<tr><td>7</td><td colspan="3">对刀操作</td><td>3</td><td>对刀不正确每次扣 1 分</td><td>—</td><td></td><td></td><td></td></tr>
<tr><td>8</td><td colspan="3">零件加工过程</td><td>3</td><td>加工不连续，每中止一次扣 1 分</td><td>—</td><td></td><td></td><td></td></tr>
<tr><td>9</td><td colspan="3">完成工时</td><td>4</td><td>每超时 5 分钟扣 1 分</td><td>—</td><td></td><td></td><td></td></tr>
<tr><td>10</td><td colspan="3">安全文明</td><td>4</td><td>撞刀、未清理机床和保养设备扣 4 分</td><td>—</td><td></td><td></td><td></td></tr>
<tr><td>11</td><td rowspan="9">工件质量（50 分）</td><td rowspan="2">外圆</td><td>$\phi 20$</td><td>+0.02
−0.02</td><td>6</td><td>超差 0.005 不扣分，0.005～0.01 扣 3 分，0.01 以上扣 6 分</td><td></td><td></td><td></td><td></td></tr>
<tr><td>12</td><td>$\phi 15$</td><td>+0.02
−0.02</td><td>6</td><td>超差 0.005 不扣分，0.005～0.01 扣 3 分，0.01 以上扣 6 分</td><td></td><td></td><td></td><td></td></tr>
<tr><td>13</td><td rowspan="4">圆弧</td><td colspan="2">SR5</td><td>6</td><td>超差扣 6 分</td><td></td><td></td><td></td><td></td></tr>
<tr><td>14</td><td colspan="2">R40</td><td>6</td><td>超差扣 6 分</td><td></td><td></td><td></td><td></td></tr>
<tr><td>15</td><td colspan="2">R12</td><td>6</td><td>超差扣 6 分</td><td></td><td></td><td></td><td></td></tr>
<tr><td>16</td><td colspan="2">光滑连接</td><td>4</td><td>圆弧过渡不光滑每处扣 2 分</td><td></td><td></td><td></td><td></td></tr>
<tr><td>17</td><td rowspan="2">长度</td><td>70</td><td>+0.05
−0.05</td><td>8</td><td>超差 0.02 之内不扣分、0.02～0.05 扣 4 分、0.05 以上扣 8 分</td><td></td><td></td><td></td><td></td></tr>
<tr><td>18</td><td>25</td><td>+0.05
−0.05</td><td>4</td><td>超差扣 4 分</td><td></td><td></td><td></td><td></td></tr>
<tr><td>19</td><td colspan="3">Ra3.2（4 处）</td><td>4</td><td>超差每处扣 1 分</td><td></td><td></td><td></td><td></td></tr>
<tr><td>20</td><td rowspan="2">误差分析（10 分）</td><td colspan="3">零件自检</td><td>4</td><td>自检有误每处扣 1 分，未自检扣 4 分</td><td>—</td><td></td><td></td><td></td></tr>
<tr><td>21</td><td colspan="3">填写工件误差分析</td><td>6</td><td>误差分析不到位扣 1～4 分，未进行误差分析扣 6 分</td><td>—</td><td></td><td></td><td></td></tr>
<tr><td colspan="5">合计</td><td>100</td><td></td><td>—</td><td></td><td></td><td></td></tr>
</table>

误差分析（学生填）

考核结果（教师填）

检查员		记分员		日期	____年____月____日

附表 2.21　考核评分表（任务 4.1）

零件名称		零件图号		操作人员		完成工时	

序号	鉴定项目及标准				配分	评分标准（扣完为止）	自检	检验结果	得分	备注
1	工艺准备（20 分）	填写刀具卡			5	刀具选用不合理每处扣 1 分，刀具卡填写不正确每处扣 1 分	—			
2		填写加工序卡			5	工序编排不合理每处扣 1 分，工序卡填写不正确每处扣 1 分	—			
3		填写加工程序单			10	程序编制不正确每处扣 1 分	—			
4	任务实施（20 分）	工件安装			2	装夹方法不正确扣 2 分	—			
5		刀具安装			2	刀具装夹不正确扣 2 分	—			
6		程序录入			2	程序输入不正确每次扣 0.5 分	—			
7		对刀操作			3	对刀不正确每次扣 1 分	—			
8		零件加工过程			3	加工不连续，每中止一次扣 1 分	—			
9		完成工时			4	每超时 5 分钟扣 1 分	—			
10		安全文明			4	撞刀、未清理机床和保养设备扣 4 分	—			
11	工件质量（50 分）	外圆	$\phi 38$	js7（±0.012）	12	超差 0.005 不扣分，0.005～0.01 扣 6 分，0.01 以上扣 12 分				
				*Ra*1.6	6	降一级扣 3 分，降二级扣 6 分				
12		内孔	$\phi 12$	H8 $\left(^{+0.027}_{0}\right)$	12	超差 0.005 不扣分，0.005～0.01 扣 6 分，0.01 以上扣 12 分				
				*Ra*0.8	6	降一级扣 3 分，降二级扣 3 分				
13		长度	40	0	10	超差 0.02 之内不扣分，0.02～0.05 扣 5 分，0.05 以上扣 10 分				
				−0.1						
14		*Ra*3.2（2 处）			4	每少一处扣 2 分				
15	误差分析（10 分）	零件自检			4	自检有误每处扣 1 分，未自检扣 4 分	—			
16		填写工件误差分析			6	误差分析不到位扣 1～4 分，未进行误差分析扣 6 分	—			
合计					100		—			

误差分析（学生填）

考核结果（教师填）

检验员		记分员		日期	____年____月____日

附表 2.22　考核评分表（任务 4.2）

零件名称			零件图号			操作人员			完成工时	
序号	鉴定项目及标准				配分	评分标准（扣完为止）	自检	检验结果	得分	备注
1	工艺准备（20 分）	填写刀具卡			5	刀具选用不合理每处扣 1 分，刀具卡填写不正确每处扣 1 分	—			
2		填写加工工序卡			5	工序编排不合理每处扣 1 分，工序卡填写不正确每处扣 1 分	—			
3		填写加工程序单			10	程序编制不正确每处扣 1 分	—			
4	任务实施（20 分）	工件安装			2	装夹方法不正确扣 2 分	—			
5		刀具安装			2	刀具装夹不正确扣 2 分	—			
6		程序录入			2	程序输入不正确每处扣 0.5 分	—			
7		对刀操作			3	对刀不正确每次扣 1 分	—			
8		零件加工过程			3	加工不连续，每中止一次扣 1 分	—			
9		完成工时			4	每超时 5 分钟扣 1 分	—			
10		安全文明			4	撞刀、未清理机床和保养设备扣 4 分	—			
11	工件质量（50 分）	外圆	$\phi34$	0 −0.025	6	超差0.005不扣分，0.005～0.01 扣3分，0.01 以上扣6 分				
				$Ra1.6$	3	降一级扣 1.5 分，降二级扣 3 分				
12		内孔	$\phi22.5$		3	超差扣 3 分				
13			$\phi28$		2	超差扣 2 分				
14			$\phi18$	+0.027 0	8	超差 0.005 不扣分，0.005～0.01 扣 4 分，0.01 以上扣 8 分				
				$Ra3.2$	2	降一级扣 1 分，降二级扣 2 分				
15		锥度	1∶5		3	超差扣 3 分				
16		槽	2×1.5		3	超差扣 3 分				
17		长度	38		3	超差扣 3 分				
18			20		2	超差扣 2 分				
19			10		2	超差扣 2 分				
20		几何公差	◎ $\phi0.03$ A		3	超差 0.01 之内扣 1 分，0.01 以上扣 3 分				
21			⊥ 0.02 A		3	超差 0.01 之内扣 1 分，0.01 以上扣 3 分				
22		C1.5（2 处）、C1（5 处）			7	每少一处扣 1 分				
23	误差分析（10 分）	零件自检			4	自检有误每处扣 1 分，未自检扣 4 分	—			
		填写工件误差分析			6	误差分析不到位扣 1～4 分，未进行误差分析扣 6 分	—			
合计					100		—			

误差分析（学生填）

考核结果（教师填）

检验员		记分员		日期	____年____月____日

附表 2.23　考核评分表（任务 4.3）

<table>
<tr><td colspan="2">零件名称</td><td colspan="2"></td><td colspan="2">零件图号</td><td>操作人员</td><td></td><td colspan="2">完成工时</td><td></td></tr>
<tr><td>序号</td><td colspan="4">鉴定项目及标准</td><td>配分</td><td>评分标准（扣完为止）</td><td>自检</td><td>检验结果</td><td>得分</td><td>备注</td></tr>
<tr><td>1</td><td rowspan="3">工艺准备（20 分）</td><td colspan="3">填写刀具卡</td><td>5</td><td>刀具选用不合理每处扣 1 分，刀具卡填写不正确每处扣 1 分</td><td>—</td><td></td><td></td><td></td></tr>
<tr><td>2</td><td colspan="3">填写加工工序卡</td><td>5</td><td>工序编排不合理每处扣 1 分，工序卡填写不正确每处扣 1 分</td><td>—</td><td></td><td></td><td></td></tr>
<tr><td>3</td><td colspan="3">填写加工程序单</td><td>10</td><td>程序编制不正确每处扣 1 分</td><td>—</td><td></td><td></td><td></td></tr>
<tr><td>4</td><td rowspan="7">任务实施（20 分）</td><td colspan="3">工件安装</td><td>2</td><td>装夹方法不正确扣 2 分</td><td>—</td><td></td><td></td><td></td></tr>
<tr><td>5</td><td colspan="3">刀具安装</td><td>2</td><td>刀具装夹不正确扣 2 分</td><td>—</td><td></td><td></td><td></td></tr>
<tr><td>6</td><td colspan="3">程序录入</td><td>2</td><td>程序输入不正确每处扣 0.5 分</td><td>—</td><td></td><td></td><td></td></tr>
<tr><td>7</td><td colspan="3">对刀操作</td><td>3</td><td>对刀不正确每次扣 1 分</td><td>—</td><td></td><td></td><td></td></tr>
<tr><td>8</td><td colspan="3">零件加工过程</td><td>3</td><td>加工不连续，每中止一次扣 1 分</td><td>—</td><td></td><td></td><td></td></tr>
<tr><td>9</td><td colspan="3">完成工时</td><td>4</td><td>每超时 5 分钟扣 1 分</td><td>—</td><td></td><td></td><td></td></tr>
<tr><td>10</td><td colspan="3">安全文明</td><td>4</td><td>撞刀、未清理机床和保养设备扣 4 分</td><td>—</td><td></td><td></td><td></td></tr>
<tr><td rowspan="3">11</td><td rowspan="15">工件质量（50 分）</td><td rowspan="7">外圆</td><td rowspan="3">$\phi 80$</td><td>0</td><td rowspan="2">4</td><td rowspan="2">超差 0.005 不扣分，0.005～0.01 扣 2 分，0.01 以上扣 4 分</td><td rowspan="2"></td><td rowspan="2"></td><td rowspan="2"></td><td rowspan="2"></td></tr>
<tr><td>−0.035</td></tr>
<tr><td>$Ra1.6$</td><td>1</td><td>降一级扣 0.5 分，降二级扣 1 分</td><td></td><td></td><td></td><td></td></tr>
<tr><td rowspan="3">12</td><td rowspan="3">$\phi 90$</td><td>0</td><td rowspan="2">4</td><td rowspan="2">超差 0.005 不扣分，0.005～0.01 扣 2 分，0.01 以上扣 4 分</td><td rowspan="2"></td><td rowspan="2"></td><td rowspan="2"></td><td rowspan="2"></td></tr>
<tr><td>−0.087</td></tr>
<tr><td>$Ra3.2$</td><td>1</td><td>降一级扣 0.5 分，降二级扣 1 分</td><td></td><td></td><td></td><td></td></tr>
<tr><td>13</td><td colspan="2">$\phi 64$</td><td>1</td><td>超差扣 1 分</td><td></td><td></td><td></td><td></td></tr>
<tr><td rowspan="3">14</td><td rowspan="3">内孔</td><td rowspan="3">$\phi 50$</td><td>+0.039</td><td rowspan="2">4</td><td rowspan="2">超差 0.005 不扣分，0.005～0.01 扣 2 分，0.01 以上扣 4 分</td><td rowspan="2"></td><td rowspan="2"></td><td rowspan="2"></td><td rowspan="2"></td></tr>
<tr><td>0</td></tr>
<tr><td>$Ra1.6$</td><td>1</td><td>降一级扣 0.5 分，降二级扣 1 分</td><td></td><td></td><td></td><td></td></tr>
<tr><td>15</td><td rowspan="2">圆弧</td><td colspan="2">$R4$</td><td>2</td><td>超差扣 2 分</td><td></td><td></td><td></td><td></td></tr>
<tr><td>16</td><td colspan="2">$R3$</td><td>2</td><td>超差扣 2 分</td><td></td><td></td><td></td><td></td></tr>
<tr><td rowspan="2">17</td><td rowspan="2">锥度</td><td colspan="2">45°</td><td>2</td><td>超差扣 2 分</td><td></td><td></td><td></td><td></td></tr>
<tr><td colspan="2">$Ra1.6$</td><td>1</td><td>降一级扣 0.5 分，降二级扣 1 分</td><td></td><td></td><td></td><td></td></tr>
<tr><td>18</td><td>切槽</td><td colspan="2">3×2</td><td>2</td><td>超差扣 2 分</td><td></td><td></td><td></td><td></td></tr>
</table>

续表

序号	鉴定项目及标准				配分	评分标准（扣完为止）	自检	检验结果	得分	备注
19	工作质量（50 分）	长度	30	0 −0.1	3	超差 0.02 之内扣 2 分，0.02 以上扣 3 分				
				*Ra*3.2	1	降一级扣 0.5 分，降二级扣 1 分				
				*Ra*1.6	1	降一级扣 0.5 分，降二级扣 1 分				
20			18	+0.15 +0.1	3	超差 0.02 之内扣 2 分，0.02 以上扣 3 分				
21			18	+0.15 0	3	超差 0.02 之内扣 2 分，0.02 以上扣 3 分				
				*Ra*3.2	1	降一级扣 0.5 分，降二级扣 1 分				
22			4	+0.05 −0.05	3	超差 0.02 之内扣 2 分，0.02 以上扣 3 分				
				*Ra*1.6	1	降一级扣 0.5 分，降二级扣 1 分				
23			4		1	超差扣 1 分				
24		几何公差	⊥ 0.02 *A* ▱ 0.03		3	超差 0.005 不扣分，0.005～0.01 扣 1 分，0.01 以上扣 1.5 分				
25			◎ ϕ0.02 *A*		2	超差 0.005 不扣分，0.005～0.01 扣 1 分，0.01 以上扣 2 分				
26		倒角	*C*1（3 处）		3	每少一处扣 1 分				
27	误差分析（10 分）	零件自检			4	自检有误每处扣 1 分，未自检扣 4 分	—			
28		填写工件误差分析			6	误差分析不到位扣 1～4 分，未进行误差分析扣 6 分	—			
合计					100		—			

误差分析（学生填）

考核结果（教师填）

检验员		记分员		日期	＿＿＿年＿＿＿月＿＿＿日

附表 2.24　考核评分表（任务 5.1）

零件名称				零件图号			操作人员		完成工时	
序号	鉴定项目及标准				配分	评分标准（扣完为止）	自检	检验结果	得分	备注
1	工艺准备（20 分）	填写刀具卡			5	刀具选用不合理每处扣 1 分，刀具卡填写不正确每处扣 1 分	—			
2		填写加工工序卡			5	工序编排不合理每处扣 1 分，工序卡填写不正确每处扣 1 分	—			
3		填写加工程序单			10	程序编制不正确每处扣 1 分	—			
4	任务实施（20 分）	工件安装			2	装夹方法不正确扣 2 分	—			
5		刀具安装			2	刀具装夹不正确扣 2 分	—			
6		程序录入			2	程序输入不正确每处扣 0.5 分	—			
7		对刀操作			3	对刀不正确每处扣 1 分	—			
8		零件加工过程			3	加工不连续，每中止一次扣 1 分	—			
9		完成工时			4	每超时 5 分钟扣 1 分	—			
10		安全文明			4	撞刀、未清理机床和保养设备扣 4 分	—			
11	工件质量（50 分）	外圆	$\phi 38$	0 −0.039	5	超差 0.005 不扣分，0.005～0.01 扣 3 分，0.01 以上扣 5 分				
				*Ra*1.6	2	降一级扣 1 分，降二级扣 2 分				
12			$\phi 32$	+0.02 −0.02	5	超差 0.005 不扣分，0.005～0.01 扣 3 分，0.01 以上扣 5 分				
13			$\phi 29$		2	超差扣 2 分				
14		锥度	1∶4		3	超差扣 3 分				
			*Ra*1.6		2	降一级扣 1 分，降二级扣 2 分				
15		切槽	4×2		2	超差扣 2 分				
16		螺纹	M22×1.5−7g		10	超差扣 5 分，未成型扣 10 分				
17		长度	70	+0.1 −0.1	4	超差 0.02 不扣分，0.02～0.05 扣 2 分，0.05 以上扣 4 分				
18			30	+0.06 −0.06	4	超差 0.02 不扣分，0.02～0.05 扣 3 分，0.05 以上扣 4 分				
19			18		2	超差扣 2 分				
20			12		2	超差扣 2 分				
21			8		2	超差扣 2 分				
22		倒角	*C*1 *C*1.5		4	四处：每少一处扣 1 分				
23		*Ra*3.2（两处）			1	超差每处扣 0.5 分				
24	误差分析（10 分）	零件自检			4	自检有误每处扣 1 分，未自检扣 4 分	—			
25		填写工件误差分析			6	误差分析不到位扣 1～4 分，未进行误差分析扣 6 分	—			
合计					100		—			

误差分析（学生填）

考核结果（教师填）

检验员		记分员		日期	____年____月____日

附表 2.25　考核评分表（任务 5.2）

<table>
<tr><td colspan="2">零件名称</td><td colspan="2"></td><td colspan="2">零件图号</td><td>操作人员</td><td></td><td colspan="2">完成工时</td><td></td></tr>
<tr><td>序号</td><td colspan="4">鉴定项目及标准</td><td>配分</td><td>评分标准（扣完为止）</td><td>自检</td><td>检验结果</td><td>得分</td><td>备注</td></tr>
<tr><td>1</td><td rowspan="3">工艺准备（20分）</td><td colspan="3">填写刀具卡</td><td>5</td><td>刀具选用不合理每处扣 1 分，刀具卡填写不正确每处扣 1 分</td><td>—</td><td></td><td></td><td></td></tr>
<tr><td>2</td><td colspan="3">填写加工工序卡</td><td>5</td><td>工序编排不合理每处扣 1 分，工序卡填写不正确每处扣 1 分</td><td>—</td><td></td><td></td><td></td></tr>
<tr><td>3</td><td colspan="3">填写加工程序单</td><td>10</td><td>程序编制不正确每处扣 1 分</td><td>—</td><td></td><td></td><td></td></tr>
<tr><td>4</td><td rowspan="7">任务实施（20 分）</td><td colspan="3">工件安装</td><td>2</td><td>装夹方法不正确扣 2 分</td><td>—</td><td></td><td></td><td></td></tr>
<tr><td>5</td><td colspan="3">刀具安装</td><td>2</td><td>刀具装夹不正确扣 2 分</td><td>—</td><td></td><td></td><td></td></tr>
<tr><td>6</td><td colspan="3">程序录入</td><td>2</td><td>程序输入不正确每处扣 0.5 分</td><td>—</td><td></td><td></td><td></td></tr>
<tr><td>7</td><td colspan="3">对刀操作</td><td>3</td><td>对刀不正确每处扣 1 分</td><td>—</td><td></td><td></td><td></td></tr>
<tr><td>8</td><td colspan="3">零件加工过程</td><td>3</td><td>加工不连续，每中止一次扣 1 分</td><td>—</td><td></td><td></td><td></td></tr>
<tr><td>9</td><td colspan="3">完成工时</td><td>4</td><td>每超时 5 分钟扣 1 分</td><td>—</td><td></td><td></td><td></td></tr>
<tr><td>10</td><td colspan="3">安全文明</td><td>4</td><td>撞刀、未清理机床和保养设备扣 4 分</td><td>—</td><td></td><td></td><td></td></tr>
<tr><td>11</td><td rowspan="9">工件质量（50 分）</td><td>内孔</td><td colspan="2">$\phi 26$</td><td>4</td><td>超差扣 4 分</td><td></td><td></td><td></td><td></td></tr>
<tr><td>12</td><td rowspan="2">锥度</td><td colspan="2">1∶4</td><td>8</td><td>超差扣 8 分</td><td></td><td></td><td></td><td></td></tr>
<tr><td>13</td><td colspan="2">$Ra3.2$</td><td>4</td><td>降一级扣 2 分，降二级扣 4 分</td><td></td><td></td><td></td><td></td></tr>
<tr><td>14</td><td>螺纹</td><td colspan="2">M22×1.5−7H</td><td>14</td><td>超差扣 7 分，未成型扣 14 分</td><td></td><td></td><td></td><td></td></tr>
<tr><td>15</td><td rowspan="4">长度</td><td rowspan="2">12</td><td>0</td><td rowspan="2">8</td><td rowspan="2">超差 0.02 之内不扣分，0.02～0.05 扣 4 分，0.05 以上扣 8 分</td><td rowspan="2"></td><td rowspan="2"></td><td rowspan="2"></td><td rowspan="2"></td></tr>
<tr><td>16</td><td>−0.15</td></tr>
<tr><td rowspan="2">17</td><td colspan="2">21</td><td>4</td><td>超差扣 2 分</td><td></td><td></td><td></td><td></td></tr>
<tr><td colspan="2">37</td><td>4</td><td>超差扣 4 分</td><td></td><td></td><td></td><td></td></tr>
<tr><td>18</td><td>未注倒角</td><td colspan="2">$C1$（2 处）</td><td>4</td><td>每少一处扣 2 分</td><td></td><td></td><td></td><td></td></tr>
<tr><td>19</td><td rowspan="2">误差分析（10 分）</td><td colspan="3">零件自检</td><td>4</td><td>自检有误每处扣 1 分，未自检扣 4 分</td><td>—</td><td></td><td></td><td></td></tr>
<tr><td>20</td><td colspan="3">填写工件误差分析</td><td>6</td><td>误差分析不到位扣 1～4 分，未进行误差分析扣 6 分</td><td>—</td><td></td><td></td><td></td></tr>
<tr><td colspan="5">合计</td><td>100</td><td></td><td>—</td><td></td><td></td><td></td></tr>
</table>

误差分析（学生填）

考核结果（教师填）

检验员		记分员		日期	＿＿＿年＿＿＿月＿＿＿日

附表 2.26 考核评分表（任务 5.3）

零件名称		零件图号		操作人员		完成工时	

序号	鉴定项目及标准			配分	评分标准（扣完为止）	自检	检验结果	得分	备注
1	工艺准备（20分）	填写刀具卡		5	刀具选用不合理每处扣 1 分，刀具卡填写不正确每处扣 1 分	—			
2		填写加工工序卡		5	工序编排不合理每处扣 1 分，工序卡填写不正确每处扣 1 分	—			
3		填写加工程序单		10	程序编制不正确每处扣 1 分	—			
4	任务实施（20分）	工件安装		2	装夹方法不正确扣 2 分	—			
5		刀具安装		2	刀具装夹不正确扣 2 分	—			
6		程序录入		2	程序输入不正确每处扣 0.5 分	—			
7		对刀操作		3	对刀不正确每次扣 1 分	—			
8		零件加工过程		3	加工不连续，每中止一次扣 1 分	—			
9		完成工时		4	每超时 5 分钟扣 1 分	—			
10		安全文明		4	撞刀、未清理机床和保养设备扣 4 分	—			
11	工件质量（50分）	外圆	$\phi 36^{0}_{-0.025}$	8	超差 0.005 不扣分，0.005～0.01 扣 4 分，0.01 以上扣 8 分				
			*Ra*1.6	4	降一级扣 2 分，降二级扣 4 分				
12			$\phi 20$	4	超差扣 4 分				
13		倒角	15°（2 处）	4	每少一处扣 2 分				
			*C*1.5（2 处）	2	每少一处扣 1 分				
14		梯形螺纹	Tr30×6−7e	15	超差扣 8 分，未成型扣 15 分				
15		长度	$60^{0}_{-0.1}$	6	超差 0.02 之内不扣分，0.02～0.05 扣 3 分，0.05 以上扣 6 分				
16			40	2	超差扣 2 分				
17			34	2	超差扣 2 分				
18		*Ra*3.2（3 处）		3	超差扣 3 分				
19	误差分析（10分）	零件自检		4	自检有误每处扣 1 分，未自检扣 4 分	—			
20		填写工件误差分析		6	误差分析不到位扣 1～4 分，未进行误差分析扣 6 分	—			
合计				100		—			

误差分析（学生填）

考核结果（教师填）

检验员		记分员		日期	____年____月____日

附表 2.27　考核评分表（任务 6.1）

零件名称		零件图号		操作人员		完成工时	
序号	鉴定项目及标准		配分	评分标准（扣完为止）	自检	检验结果	得分	备注
1	工艺准备（20 分）	填写刀具卡	5	刀具选用不合理每处扣 1 分，刀具卡填写不正确每处扣 1 分	—			
2		填写加工工序卡	5	工序编排不合理每处扣 1 分，工序卡填写不正确每处扣 1 分	—			
3		填写加工程序单	10	程序编制不正确每处扣 1 分	—			
4	任务实施（20 分）	工件安装	2	装夹方法不正确扣 2 分	—			
5		刀具安装	2	刀具装夹不正确扣 2 分	—			
6		程序录入	2	程序输入不正确每次扣 0.5 分	—			
7		对刀操作	3	对刀不正确每次扣 1 分	—			
8		零件加工过程	3	加工不连续，每中止一次扣 1 分	—			
9		完成工时	4	每超时 5 分钟扣 1 分	—			
10		安全文明	4	撞刀、未清理机床和保养设备扣 4 分	—			
11	工件质量（50 分）	外圆 $\phi38_{-0.039}^{0}$	8	超差 0.005 不扣分，0.005～0.01 扣 4 分，0.01 以上扣 8 分				
		外圆 $\phi38$ *Ra*3.2	4	降一级扣 2 分，降二级扣 4 分				
12		切槽 $\phi30\times4$（5 处）	12.5	每处 2.5 分				
13		中心孔 B2.5	2	超差扣 2 分				
14		长度 58 IT	3	超差扣 3 分				
		长度 58 *Ra*3.2	2	降一级扣 1 分，降二级扣 2 分				
15		长度 5（5 处）	7.5	超差扣 1.5 分				
16		倒角 *C*1（11 处）	6	每少一处扣 0.5 分				
17		*Ra*6.3（5 处）	5	超差每处扣 1 分				
18	误差分析（10 分）	零件自检	4	自检有误每处扣 1 分，未自检扣 4 分	—			
19		填写工件误差分析	6	误差分析不到位扣 1～4 分，未进行误差分析扣 6 分	—			
合计			100		—			

误差分析（学生填）

考核结果（教师填）

检验员		记分员		日期	____年____月____日

附表 2.28 考核评分表（任务 6.2）

零件名称		零件图号		操作人员		完成工时	

序号	鉴定项目及标准		配分	评分标准（扣完为止）	自检	检验结果	得分	备注
1	工艺准备（20分）	填写刀具卡	5	刀具选用不合理每处扣1分，刀具卡填写不正确每处扣1分	—			
2		填写加工工序卡	5	工序编排不合理每处扣1分，工序卡填写不正确每处扣1分	—			
3		填写加工程序单	10	程序编制不正确每处扣1分	—			
4	任务实施（20分）	工件安装	2	装夹方法不正确扣2分	—			
5		刀具安装	2	刀具装夹不正确扣2分	—			
6		程序录入	2	程序输入不正确每次扣0.5分	—			
7		对刀操作	3	对刀不正确每次扣1分	—			
8		零件加工过程	3	加工不连续，每中止一次扣1分	—			
9		完成工时	4	每超时5分钟扣1分	—			
10		安全文明	4	撞刀、未清理机床和保养设备扣4分	—			
11	工件质量（50分）	外圆 $\phi30_{-0.033}^{0}$	10	超0.005不扣分，0.005～0.01扣5分，0.01以上扣10分				
		外圆 $\phi30$ *Ra*1.6	4	降一级扣2分，降二级扣4分				
12		椭圆 IT	18	超差扣9分，未成型扣18分				
		椭圆 *Ra*3.2	3	降一级扣2分，降二级扣3分				
13		长度 28	3	超差扣3分				
14		长度 8	3	超差扣3分				
15		长度 1	3	超差扣3分				
16		长度 84	4	超差扣4分				
17		倒角 *C*1（1处）	2	超差扣2分				
18	误差分析（10分）	零件自检	4	自检有误每处扣1分，未自检扣4分	—			
19		填写工件误差分析	6	误差分析不到位扣1～4分，未进行误差分析扣6分	—			
合计			100		—			

误差分析（学生填）

考核结果（教师填）

检验员		记分员		日期	____年____月____日

附表 2.29 考核评分表（任务 6.3）

<table>
<tr><td colspan="2">零件名称</td><td></td><td>零件图号</td><td></td><td>操作人员</td><td></td><td>完成工时</td><td></td></tr>
<tr><td>序号</td><td colspan="2">鉴定项目及标准</td><td>配分</td><td>评分标准（扣完为止）</td><td>自检</td><td>检验结果</td><td>得分</td><td>备注</td></tr>
<tr><td>1</td><td rowspan="14">任务实施（60 分）</td><td>正确创建粗加工操作</td><td>8</td><td>操作正确得 8 分，不正确或不合理每处扣 1 分，扣完为止</td><td>—</td><td></td><td></td><td></td></tr>
<tr><td>2</td><td>正确创建精加工操作</td><td>8</td><td>操作正确得 8 分，不正确或不合理每处扣 1 分，扣完为止</td><td>—</td><td></td><td></td><td></td></tr>
<tr><td>3</td><td>正确创建切槽加工操作</td><td>8</td><td>操作正确得 8 分，不正确或不合理每处扣 1 分，扣完为止</td><td>—</td><td></td><td></td><td></td></tr>
<tr><td>4</td><td>输出加工程序</td><td>6</td><td>操作正确得 8 分，不正确或不合理每处扣 1 分，扣完为止</td><td>—</td><td></td><td></td><td></td></tr>
<tr><td>5</td><td>填写刀具卡</td><td>4</td><td>刀具选用不合理每处扣 1 分，刀具卡填写不正确每处扣 1 分</td><td>—</td><td></td><td></td><td></td></tr>
<tr><td>6</td><td>填写加工程序卡</td><td>4</td><td>工序编排不合理每处扣 1 分，工序卡填写不正确每处扣 1 分</td><td>—</td><td></td><td></td><td></td></tr>
<tr><td>7</td><td>填写加工序单</td><td>4</td><td>程序编制不正确每处扣 1 分，程序单填写不正确每处扣 1 分</td><td>—</td><td></td><td></td><td></td></tr>
<tr><td>8</td><td>工件安装</td><td>2</td><td>装夹方法不正确扣 2 分</td><td>—</td><td></td><td></td><td></td></tr>
<tr><td>9</td><td>刀具安装</td><td>2</td><td>刀具装夹不正确扣 2 分</td><td>—</td><td></td><td></td><td></td></tr>
<tr><td>10</td><td>对刀操作</td><td>2</td><td>对刀不正确每次扣 1 分</td><td>—</td><td></td><td></td><td></td></tr>
<tr><td>11</td><td>程序传输</td><td></td><td>程序输入不正确每处扣 0.5 分</td><td></td><td></td><td></td><td></td></tr>
<tr><td>12</td><td>零件加工过程</td><td>4</td><td>加工不连续，每中止一次扣 1 分</td><td>—</td><td></td><td></td><td></td></tr>
<tr><td>13</td><td>完成工时</td><td>4</td><td>每超时 5 分钟扣 1 分</td><td>—</td><td></td><td></td><td></td></tr>
<tr><td>14</td><td>安全文明</td><td>4</td><td>撞刀、未清理机床和保养设备扣 4 分</td><td>—</td><td></td><td></td><td></td></tr>
<tr><td>15</td><td rowspan="4">工件质量（35 分）</td><td>外形尺寸</td><td>20</td><td>按照 IT0 对称公差与模型比较。尺寸每处超差扣 1 分，扣完为止</td><td></td><td></td><td></td><td></td></tr>
<tr><td>16</td><td>表面粗糙度</td><td>6</td><td>降一级扣 3 分，降二级扣 6 分</td><td></td><td></td><td></td><td></td></tr>
<tr><td>17</td><td>轮廓线的光顺连接</td><td>4</td><td>欠光顺每处扣 1 分，扣完为止</td><td></td><td></td><td></td><td></td></tr>
<tr><td>18</td><td>特征完整性</td><td>5</td><td>每少一个特征扣 1 分，扣完为止</td><td></td><td></td><td></td><td></td></tr>
<tr><td>19</td><td>误差分析（5 分）</td><td>填写工件误差分析</td><td>5</td><td>误差分析不到位扣 1～4 分，未进行误差分析扣 5 分</td><td>—</td><td></td><td></td><td></td></tr>
<tr><td colspan="3">合计</td><td>100</td><td></td><td>—</td><td></td><td></td><td></td></tr>
</table>

误差分析（学生填）

考核结果（教师填）

检验员		记分员		日期	____年____月____日

参 考 文 献

韩鸿鸾，荣维芝，2002．数控机床加工程序的编制［M］．北京：机械工业出版社．

胡荆生，2000．公差配合与技术测量基础［M］．北京：中国劳动社会保障出版社．

李家林，2011．6S 精益推行手册（实战图解精华版）［M］．北京：人民邮电出版社．

林岩，2002．数控加工编程及操作［M］．北京：高等教育出版社．

林岩，2007．数控车工技能实训［M］．北京：化学工业出版社．

彭德荫，2001．车工工艺与技能训练［M］．北京：中国劳动社会保障出版社．

沈建峰，朱勤惠，2007．数控加工生产实例［M］．北京：化学工业出版社．

唐应谦，1996．车床数字控制［M］．北京：中国劳动出版社．

熊军，2007．数控机床原理与结构［M］．北京：人民邮电出版社．

余英良，2004．数控加工编程及操作［M］．北京：高等教育出版社．

余英良，2007．数控车削加工实训及案例解析［M］．北京：化学工业出版社．

张忠新，2009．中国式 5S 管理：制造业 6S 成功之路［M］．南京：东南大学出版社．

中华人民共和国劳动和社会保障部，2005．国家职业标准：数控车工［S］．北京：中国劳动社会保障出版社．